Studienbücher der
Geographie

Bahrenberg / Giese / Mevenkamp / Nipper

Statistische Methoden in der Geographie

Band 1

Univariate und bivariate Statistik

Studienbücher der

Geographie

(Früher: Teubner Studienbücher der Geographie)

Herausgegeben von

Prof. Dr. Hans Gebhardt, Heidelberg

Prof. Dr. Roland Baumhauer, Würzburg

Prof. Dr. Jörg Bendix, Marburg

Prof. Dr. Paul Reuber, Münster

Die Studienbücher der Geographie behandeln wichtige Teilgebiete, Probleme und Methoden des Faches, insbesondere der Allgemeinen Geographie. Über Teildisziplinen hinweggreifende Fragestellungen sollen die vielseitigen Verknüpfungen der Problemkreise sichtbar machen. Je nach der Thematik oder dem Forschungsstand werden einige Sachgebiete in theoretischer Analyse oder in weltweiten Übersichten, andere hingegen stärker aus regionaler Sicht behandelt. Den Herausgebern liegt besonders daran, Problemstellungen und Denkansätze deutlich werden zu lassen. Großer Wert wird deshalb auf didaktische Verarbeitung sowie klare und verständliche Darstellung gelegt. Die Reihe dient den Studierenden zum ergänzenden Eigenstudium, den Lehrern des Faches zur Fortbildung und den an Einzelthemen interessierten Angehörigen anderer Fächer zur Einführung in Teilgebiete der Geographie.

Statistische Methoden in der Geographie

Band 1
Univariate und bivariate Statistik

5., vollständig neubearbeitete und korrigierte Auflage

von

Dr. rer. nat. Gerhard Bahrenberg
Professor an der Universität Bremen

Dr. rer. nat. Ernst Giese
Professor an der Universität Gießen

Dr. rer. pol. Nils Mevenkamp
Dozent am Management Center Innsbruck

Dr. rer. nat. Josef Nipper
Professor an der Universität zu Köln

Mit 81 Abbildungen und 69 Tabellen
und einem Tafelanhang

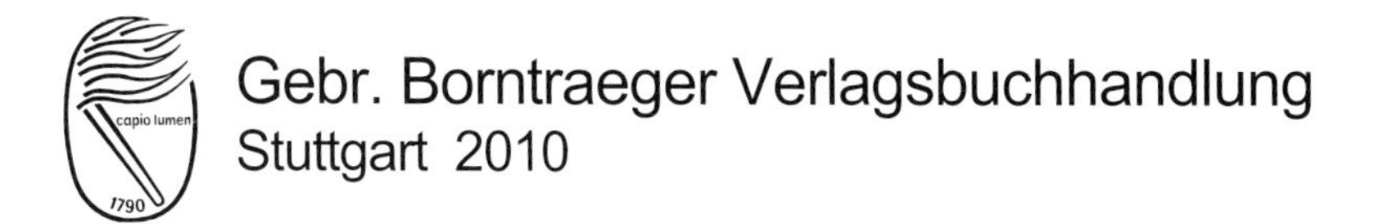

Gebr. Borntraeger Verlagsbuchhandlung
Stuttgart 2010

Prof. Dr. rer. nat. **Gerhard Bahrenberg**
1943 geboren in Bad Kreuznach; 1962-1969 Studium der Geographie und Mathematik in Münster; 1969 1. Staatsexamen und Promotion; 1969-1975 Wissenschaftlicher Assistent am Seminar für Geographie und ihre Didaktik der Gesamthochschule Duisburg; 1974 Habilitation für Geographie und ihre Didaktik; 1975 Wissenschaftlicher Rat und Professor an der Gesamthochschule Duisburg; seit 1975 Professor für Sozial- und Wirtschaftsgeographie an der Universität Bremen; seit August 2008 im Ruhestand.

Prof. Dr. rer. nat. **Ernst Giese**
1938 geboren in München; 1958-1964 Studium der Fächer Geographie und Mathematik in München und Münster; 1964 1. Staatsexamen und 1965 Promotion in Münster; 1965-1971 Wissenschaftlicher Assistent am Institut für Geographie und Länderkunde der Westfälischen Wilhelms-Universität in Münster; 1971 Habilitation für Geographie in Münster; 1971-1973 Wissenschaftlicher Rat und Professor an der Westfälischen Wilhelms-Universität in Münster; 1973-2007 Professor für Wirtschaftsgeographie an der Justus-Liebig-Universität in Gießen; seit April 2007 emeritiert.

Dr. rer. pol. **Nils Mevenkamp**
1965 geboren in Bochum; 1986-1992 Studium der Geographie an der Universität Bremen; 1992 Diplomexamen und 1999 Promotion in Bremen; 1999-2005 Wissenschaftlicher Assistent am Institut für Geographie der Universität Bremen; 2005-2009 Lektor für die Methodenausbildung am Institut für Geographie an der Universität Bremen; seit 2009 Dozent für Mathematik, Statistik und Empirische Sozialforschung am Management Center Innsbruck.

Prof. Dr. rer. nat. **Josef Nipper**
1947 geboren in Vestrup; 1968-1973 Studium der Fächer Geographie, Mathematik und Mathematische Logik in Münster; 1973 1. Staatsexamen und 1975 Promotion in Münster; 1973-1978 Wissenschaftlicher Angestellter, anschließend bis 1984 Hochschulassistent am Geographischen Institut der Universität Gießen; 1983 Habilitation für Wirtschafts- und Sozialgeographie; 1983-1984 Gastprofessor an der Wilfried Laurier University in Waterloo (Ontario, Kanada); 1984-1986 Professor für Stadtgeographie an der Justus-Liebig-Universität in Gießen; seit 1986 Professor für Sozial- und Wirtschaftsgeographie an der Universität zu Köln.

ISBN 978-3-443-07146-2
ISSN 1618-9175

Gedruckt auf alterungsbeständigem Papier nach ISO 9706-1994

Gebr. Borntraeger Verlagsbuchhandlung, Johannesstr. 3A, D-70176 Stuttgart, Germany
mail@borntraeger-cramer.de www.borntraeger-cramer.de

Druck: Typofactory Stuttgart GmbH
Printed in Germany

Vorwort

Vollständig neubearbeitete Auflage... Der hier vorliegende Band 1 'Univariate und bivariate Statistik' der 'Statistischen Methoden in der Geographie' ist wie der bisherige als Einführung für Studierende gedacht. Insofern ist die zu Grunde liegende Idee und der Aufbau des Buches nicht völlig neu. Umgestaltet worden ist jedoch – in unterschiedlicher Intensität – die Darstellung zu den einzelnen Themen und es sind einige Ergänzungen erfolgt, wie z.B. ein Abschnitt zur Messung räumlicher Konzentration oder einer zu den Grundregeln der Kombinatorik. Neu sind zudem die meisten Beispiele. Anlass hierfür war die Überlegung, den Lesern an Beispielen, die aus ihrem 'unmittelbaren' Umfeld (räumlich und zeitlich) kommen, die angesprochenen Methoden nahe zu bringen.

Neu im Sinne von übernommen aus der Neubearbeitung des Bandes 2 'Multivariate Statistik' ist die Idee des Kastens. Hiermit wird das Ziel verfolgt, Ergänzungen vorzunehmen, die nicht notwendigerweise für das Verständnis zwingend sind, und Aussagen hervorzuheben. Und wie im Band 2 wird auch hier mit den dort bewährten drei Typen gearbeitet:

FuF : Formeln und Formales
Es werden ausführlichere mathematische Ableitungen vorgenommen.

MuG: Möglichkeiten und Grenzen
Es wird auf Möglichkeiten der Interpretation eingegangen sowie auf (statistische) Voraussetzungen und Grenzen bei der Anwendung einer Methode hingewiesen.

MiG : Methode in der Geographie
Es wird (meistens an Beispielen) darüber informiert, wo und wie die Methoden in geographischer Forschung eingesetzt werden können.

Für diese Auflage ist auch neu, dass das Buch vollständig mit der Software LaTeX erstellt worden ist, wobei die gleiche Argumentation wie bei der Überarbeitung des Bandes 2 gilt: LaTeX bietet sich an, da der Text viele mathematische Zeichen und Formeln enthält.

Nicht neu ist, dass wir uns bemüht haben, die Fehler, auf die wir aufmerksam gemacht worden sind bzw. die wir selber entdeckt haben, zu berichtigen. Allen, die uns dabei geholfen haben, möchten wir dafür herzlich danken. Nicht neu ist auch, dass – wie die vergangenen Auflagen gezeigt haben – solche Fehler nicht ganz zu vermeiden sind und wir daher wieder alle Leser bitten, uns auch bei dieser Auflage auf solche Fehler hinzuweisen. Gar nicht neu ist, dass sich Herr Udo Beha, Kartograph am Geographischen Institut der Universität zu Köln, wieder in vorbildlicher Weise um die Graphik gekümmert hat. Die Autoren sind sich bewusst, dass für ihn, einem Schwarzwälder Urgestein, ein solches Vorgehen nur normal ist. Das schnelle Umsetzen unserer Entwürfe in ansprechende Abbildungen und Karten und insbesondere die große Nachsicht, jedem kleinsten Änderungswunsch unmittelbar nachzukommen, mag für ihn normal sein... selbstverständlich ist es nicht.

Bremen, Gießen, Innsbruck, Köln, Winter 2009/10

Gerhard Bahrenberg
Ernst Giese
Nils Mevenkamp
Josef Nipper

Inhaltsverzeichnis

1 Die Stellung der Statistik in der empirischen Forschung

In den empirischen Wissenschaften geht es darum, beobachtbare (empirische) Sachverhalte (Phänomene, Ereignisse) zu beschreiben und zu erklären. Wie dabei am besten vorgegangen wird, um wissenschaftlichen Ansprüchen zu genügen, ist in der Wissenschaft durchaus nicht immer eindeutig zu beantworten. Allerdings werden die meisten Wissenschaftler zustimmen, dass es in einer Weise geschehen soll, die intersubjektiv nachprüfbar ist. Das bedeutet, die Aussagen über Sachverhalte, die von einem Wissenschaftler gemacht werden, sollen von einem anderen, der über den gleichen Kenntnisstand, die gleichen Informationen und die gleichen Hilfsmittel verfügt, nachvollzogen, überprüft, kritisiert und gegebenenfalls als falsch zurückgewiesen werden können.

Diese Forderung ist allerdings leichter zu stellen als zu erfüllen. Man denke etwa an das folgende Beispiel. Im Rahmen einer Analyse von Kundeneinzugsbereichen von Geschäften in einer Stadt S wird die Behauptung (Vermutung) geäußert: Der Kundeneinzugsbereich des Geschäfts $G1$ ist größer als derjenige des Geschäfts $G2$.

Um diese Behauptung zu überprüfen, müssen zunächst die in ihr auftretenden unklaren oder gar unverständlichen Begriffe präzisiert werden. Ein solcher Begriff ist offensichtlich 'Größe des Kundeneinzugsbereichs eines Geschäfts'. Es stellen sich eine Reihe von Fragen (wie die folgenden Fragen F1 bis F3), die zu beantworten sind, um den Begriff eindeutig festzulegen.

F1: Was wollen wir unter 'Kunden' verstehen?

Es sind unterschiedliche, durchaus sinnvolle Definitionen denkbar, wie z.B.

F1-A: Personen, die sich die Schaufenster des Geschäfts ansehen,
F1-B: Personen, die das Geschäft betreten,
F1-C: Personen, die in dem Geschäft etwas kaufen,
F1-D: Personen, die sich selbst als 'Kunden' des Geschäfts bezeichnen.

Haben wir uns für eine Alternative entschieden, müssen wir überlegen, wie wir die 'Größe des Kundeneinzugsbereichs' bestimmen können. Intuitiv haben wir die Vorstellung, ein Kundeneinzugsbereich sei größer, wenn die Kunden auch aus weiter entfernten Wohngebieten kommen. Damit bieten sich die Entfernungen zwischen Kundenwohnungen und Geschäft als Kriterium an. Wir wollen diese im Folgenden kurz 'Entfernungen' nennen und müssen uns fragen:

F2: Wie sollen wir die jeweilige Entfernung messen?

Auch hier sind wiederum unterschiedliche Festlegungen denkbar, wie z.B.

F2-A: als Luftlinienentfernung,
F2-B: als straßenkilometrische Entfernung,
F2-C: als Zeitaufwand, der benötigt wird, um mit dem Pkw von der Wohnung zum Geschäft zu kommen (einschließlich des Zeitaufwands für die notwendigen Fußwege, die Parkplatzsuche usw.),
F2-D: als Zeitaufwand, der bei Benutzung öffentlicher Verkehrsmittel für den Weg 'Wohnung – Geschäft' benötigt wird.

Die oben formulierte Ausgangsbehauptung betrifft nun nicht einen einzelnen Kunden, sondern ein Kollektiv, eine sogenannte Grundgesamtheit, nämlich jeweils *alle* Kunden des Geschäfts, da die Größe des Einzugsbereichs ja durch die Entfernungen zwischen *allen* Kundenwohnungen und dem Geschäft bestimmt werden soll. Es stellt sich daher die Frage:

F3: Wie können wir die einzelnen Entfernungen zu einem Maß aggregieren, das die Gesamtheit aller Entfernungen und damit die Größe des Einzugsbereichs charakterisiert?

Denkbare Maße sind

F3-A: die durchschnittliche Entfernung aller Kunden,
F3-B: die Entfernung desjenigen Kunden, der am weitesten vom Geschäft entfernt wohnt,
F3-C: die Entfernung zwischen dem Geschäft und demjenigen Stadtteil, aus dem die meisten Kunden kommen.

Haben wir uns für ein Maß entschieden, müssen wir für alle Kunden des Geschäfts die Entfernungen bzw. das Wohngebiet feststellen, was z.B. durch eine Befragung geschehen kann. Es ist jedoch aus Kosten- und Zeitgründen unmöglich, alle Kunden zu befragen. Wir müssen uns mit einem Teil der Kunden zufrieden geben und diesen Teil der zu befragenden Kunden so auswählen, dass man mit hinreichender Sicherheit sagen kann: Die Größe des Einzugsbereichs der befragten Kunden entspricht mit hinreichender Genauigkeit der Größe des Einzugsbereichs aller Kunden. Die Menge der befragten Kunden nennt man eine Stichprobe der Grundgesamtheit 'alle Kunden'. Eine Stichprobe, deren Eigenschaften man auf die Grundgesamtheit übertragen kann, heißt repräsentative Stichprobe, und es erhebt sich sofort die Frage:

F4: Wie lässt sich eine Stichprobe so auswählen, dass sie repräsentativ ist?

Wir wollen dieser Frage jetzt nicht ausführlich nachgehen, sondern nur auf einige Schwierigkeiten bei der Stichprobenauswahl hinweisen. Zunächst ist es für die 'richtige' Stichprobenauswahl notwendig zu wissen, aus welchen Elementen die Grundgesamtheit besteht. Sollen z.B. die Wohnortwünsche der über 65-jährigen Bundesbürger im Jahre 2005 untersucht werden, ist die Grundgesamtheit eindeutig definiert. In unserem Beispiel des Kundeneinzugsbereichs ist jedoch die Grundgesamtheit unbekannt, da z.B. keine zeitliche Festlegung in der Ausgangsbehauptung vorgenommen wurde, Einzugsbereiche von Geschäften aber regelmäßigen wie unregelmäßigen zeitlichen Schwankungen unterliegen. Es ist zu vermuten, dass die Größe des Einzugsbereichs eines Geschäfts 1960 und 2005 unterschiedlich ist, dass sie montags anders ist als samstags und am frühen Vormittag anders als kurz nach Büroschluss. Wir müssen also unsere Ausgangsbehauptung in zeitlicher Hinsicht präzisieren und nehmen an, sie laute: Der Kundeneinzugsbereich des Geschäfts $G1$ ist über das Jahr 2005 gesehen größer als derjenige des Geschäfts $G2$. Wir benötigen dann einen Plan für eine Stichprobenauswahl, die die im Laufe des Jahres, der Woche und des Tages auftretenden systematischen Verzerrungen ausschließt, die also für 2005 repräsentativ ist. Außerdem müssen wir überlegen, wie viele Kunden wir befragen wollen: Reichen 10, müssen es 100 oder gar 1000 sein, um von unserer Stichprobe mit ausreichender Gewissheit auf die Grundgesamtheit schließen zu können. Es stellt sich also die Frage:

F5: Wie groß muss die Stichprobe mindestens sein?

Wir wollen nun einmal annehmen, wir hätten jeweils 30 Kunden - definiert als Personen, die das Geschäft wenigstens betreten (F1-B) - als repräsentative Stichprobe ausgewählt, als Entfernung hätten wir die straßenkilometrische Entfernung (F2-B), als Maß für die Größe des Einzugsbereichs hätten wir die durchschnittliche (straßenkilometrische) Entfernung (F3-A) gewählt und das Resultat unserer Stichprobenuntersuchung sei: Die durchschnittliche Entfernung der 30 Kunden des Geschäfts $G1$ ist $d_{G1} = 5{,}5\,\text{km}$, des Geschäfts $G2$ ist $d_{G2} = 5{,}4\,\text{km}$.

Für die beiden Stichproben wäre die Ausgangsbehauptung „Der Kundeneinzugsbereich des Geschäfts $G1$ ist größer als derjenige des Geschäfts $G2$" damit richtig. Es stellt sich nun die Frage

F6: Können wir das Stichprobenergebnis auf die Grundgesamtheit übertragen?

Vielleicht erscheint uns die 100-m-Differenz angesichts der geringen Zahl von nur 30 befragten Kunden als nicht groß genug, sondern eher als zufälliges Resultat unserer Kundenauswahl. Dann könnte nicht verallgemeinernd von einem bestehenden Unterschied zwischen den Kundeneinzugsbereichen der beiden Geschäfte gesprochen werden. Wir benötigen offensichtlich ein methodisches Instrumentarium, um von Stichproben auf die Grundgesamtheit 'zu schließen'.

Vergegenwärtigen wir uns den geschilderten Ablauf der hypothetischen Untersuchung, so lassen sich folgende Arbeitsschritte unterscheiden (vgl. Abb. 1).

Wir beginnen zunächst mit einer inhaltlichen Fragestellung zur Größe der Kundeneinzugsbereiche zweier Geschäfte (Schritt 1). In einem zweiten Schritt erfolgt zunächst die Präzisierung der Begriffe 'Kunde' (Fl) und 'Entfernung (zwischen Kundenwohnung und Geschäft)' (F2). Diese begriffliche Präzisierung ist ausschließlich inhaltlich bestimmt, indem wir uns klar werden, worüber wir eigentlich Aussagen machen wollen. Bei unserer Frage F3 geht es dann darum, unsere fachinhaltliche Fragestellung bzw. Behauptung in diejenige einer formalisierten Sprache (in diesem Fall diejenige der Statistik; eine andere in der Geographie oft benutzte ist diejenige der Kartographie) zu übersetzen. Aus der Behauptung „Der Kundeneinzugsbereich des Geschäfts $G1$ ist größer als derjenige des Geschäfts $G2$" wird bei Wahl der Alternative F3-A die Behauptung „Die durchschnittliche Entfernung der Kunden des Geschäfts $G1$ ist größer als diejenige der Kunden des Geschäfts $G2$". Wir haben damit eine geeignete statistische Methode (die Durchschnittsbildung) ausgewählt, um eine Grundgesamtheit zu charakterisieren. Die Auswahl einer Alternative bei F3 ist zwar stark inhaltlich bestimmt, aber man muss bereits etwas von Statistik verstehen, um sie angemessen vornehmen zu können. Insofern ist der Schritt 2 zwischen der inhaltlichen und der statistisch-methodischen Ebene angesiedelt. Hinzuweisen ist bei diesem Schritt aber auch auf eine Gefahr, die gelegentlich übersehen wird. Die Übersetzung der inhaltlichen Fragestellung in eine formalisierte statistische Sprache hängt davon ab, was man an statistischen Methoden bereits gelernt hat, d.h. sie wird durch das vorhandene bzw. bekannte statistische Instrumentarium möglicherweise unangemessen determiniert. Insofern ist der Schritt 2 mit seiner zweiseitigen Beziehung zu Schritt 4 besonders kritisch. Zudem ist darauf hinzuweisen, dass das Vorhandensein bzw. Fehlen bestimmter Daten (Schritt 3)

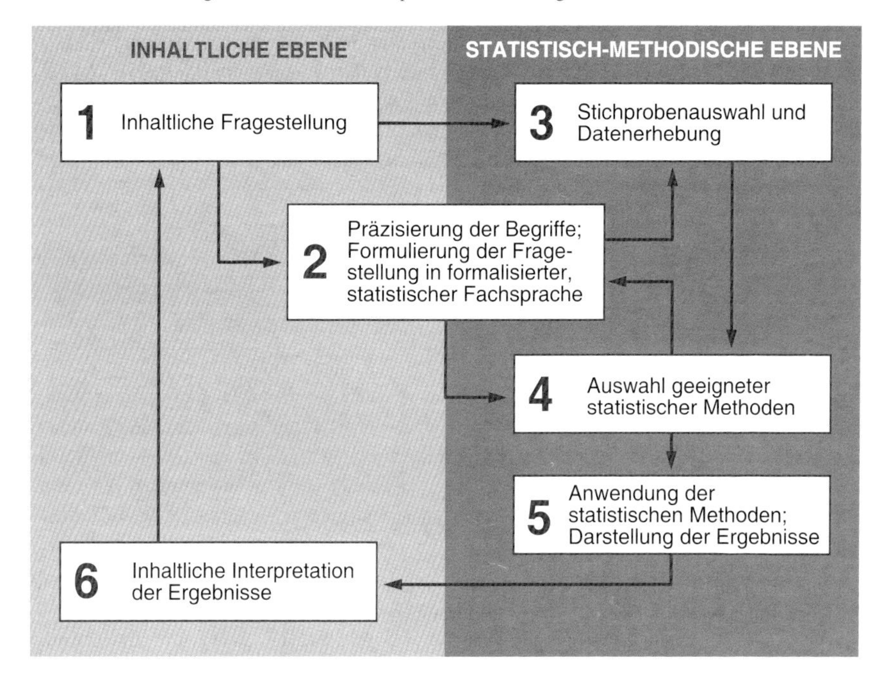

Abb. 1: Die Stellung der Statistik in der empirischen Forschung

z.B. nur die Anwendung ganz spezifischer statistischer Methoden (Schritt 4 bzw. Schritt 5) möglich machen kann, was wiederum die Umsetzung der fachinhaltlichen Fragestellung in diejenige der formalisierten Sprache (Schritt 2) beeinflussen kann.

Statistische Methoden zur Charakterisierung von Grundgesamtheiten entsprechend F3 werden im übrigen unter dem Begriff deskriptive bzw. beschreibende Statistik zusammengefasst und bilden den Inhalt des Kapitels 4 dieses Buches.

Schritt 3 in Abb. 1 dient zur Beantwortung unserer Fragen F4 und F5 und wird u.a. in Kapitel 2 behandelt. Die Auswertung der erhobenen Stichprobendaten (Schritte 4 und 5) erfolgt mittels geeigneter Methoden, wobei vor allem der Schluss von Eigenschaften der Stichprobe auf Eigenschaften der Grundgesamtheit (vgl. Frage F6) zentrale Bedeutung hat. Verfahren, die letzteres bewerkstelligen, gehören zum Bereich der analytischen bzw. schließenden Statistik. Diese sind Gegenstand vor allem des Kapitels 5, in dem wir uns zudem mit den Möglichkeiten und Problemen derartiger Schlüsse beschäftigen werden.

Am Ende unserer hypothetischen Untersuchung könnte als statistisches Ergebnis stehen: Die durchschnittliche Entfernung aller Kunden des Geschäfts $G1$ ist 2005 größer als die durchschnittliche Entfernung aller Kunden des Geschäfts $G2$ im selben Jahr. Unter Beachtung der gemachten Festsetzungen insbesondere in Schritt 2 führt dieses zu folgendem, fachinhaltlich formulierten Ergebnis (Schritt 6): Der Kundeneinzugsbereich des Geschäfts $G1$ ist 2005 insgesamt größer als derjenige des Geschäfts $G2$. Dieses Ergebnis ließe sich nun noch weiter interpretieren (Schritt 6), indem nach Begründungen für dieses Ergebnis gesucht wird (falls das noch nicht in Schritt 1 geschehen ist), Vergleiche mit ähnlichen Untersuchungen in anderen Städten angestellt oder differenziertere Untersuchungen über den Einfluss verschiedener Faktoren wie Lage, Güterangebot, Betriebsform der Geschäfte auf den Kundeneinzugsbereich begonnen werden und sich damit neuen inhaltlichen Fragestellungen zugewandt wird.

Wie die obigen Ausführungen zeigen und auch die Abb. 1 andeutet, ist der empirische Forschungsprozess ein kompliziertes Wechselspiel verschiedener Schritte, die teils fachinhaltlicher, teils methodischer Art sind. Es sind hier gewiss nicht alle Wechselwirkungen und Zusammenhänge angesprochen worden (in Abb. 1 sind nur Zusammenhänge durch Pfeile dargestellt, die in der Regel eine Rolle spielen; es können allerdings durchaus weitere Pfeile sinnvoll sein). Klar wird jedoch, dass in einem solchen Forschungsprozess formalisierte Sprachen eine wichtige Rolle spielen. Statistik ist eine solche formalisierte Sprache.

Wir möchten an dieser Stelle besonders betonen, dass die Statistik nur ein Hilfsmittel für die empirische Forschung ist und auch nur eines von vielen anderen – allerdings ein oftmals unentbehrliches. Der Einsatz statistischer Methoden ist in vielen Fällen notwendig, er ist aber nicht hinreichend für qualitativ hochwertige Forschung. Denn Validität und Aussagekraft einer empirischen Untersuchung hängen zum gleichen Teil von der inhaltlichen Fragestellung ab; stellt man uninteressante Fragen, kann man auch unter Anwendung der ausgeklügelsten statistischen Methoden keine interessanten Antworten erwarten.

Genau in diese Richtung zielt auch die Aussage von ALBERT (1964, S. 37): „Allerdings muß in diesem Zusammenhang darauf hingewiesen werden, dass die Verwendung der mathematischen Sprache keineswegs den informativen Gehalt der mit ihrer Hilfe formulierten Aussagen garantiert. ... Der Gebrauch einer Präzisionssprache schützt nicht vor einer unbrauchbaren methodologischen Konzeption. Man kann gewissermaßen mit großer ‘Präzision‘ nichts sagen.“ ALBERT ist im Grundsatz ein starker Befürworter quantitativer Methoden. Er sieht aber deutlich auch deren Grenzen. Noch drastischer mag die von Albert im gleichen Aufsatz in einer Fußnote gemachte Aussage auf diesen Punkt hinweisen: „Vor allem verträgt sich mathematische Exaktheit ganz ausgezeichnet mit methodischer Schlamperei.“ (ALBERT 1964, S. 38).

2 Grundbegriffe der Statistik

2.1 Untersuchungselemente, Variablen

Die Gegenstände empirischer Untersuchungen sind einzelne Untersuchungselemente oder Mengen von Untersuchungselementen. Die Untersuchungselemente können je nach Fragestellung Menschen, Familien, Pflanzen, Tiere, Gesteine, Klimastationen, Verwaltungsbezirke, Staaten, Geschäfte, Kraftfahrzeuge, Bodenarten, Häfen, Raumeinheiten (Punkte oder Flächen), Zeiteinheiten (Punkte oder Intervalle) o.a. sein. Statt Untersuchungselement sagen wir auch Untersuchungseinheit, Proband, Merkmalsträger, Objekt.

Aussagen über Untersuchungselemente zu machen, bedeutet, ihnen bestimmte Eigenschaften zuzuschreiben. Solche Eigenschaften können als Ausprägungen (= Werte) von Variablen (= Merkmalsdimensionen) aufgefasst werden. Sagt man z.B., die Person A ist 1,83 m groß, so haben wir dem Untersuchungselement 'Person A' den Wert '1,83' der Variablen 'Körperlänge in m' zugewiesen.

Genauer können wir eine Variable wie folgt definieren: Eine *Variable* (Merkmalsdimension) ist eine Funktion, die jedem in Frage kommenden Untersuchungselement genau einen Wert aus dem Bereich der Reellen Zahlen (= Variablenwert) zuordnet. Die Variablenwerte nennt man auch Daten.

Auf den ersten Blick ist diese Definition durchaus einschränkend. Betrachten wir z.B. das Merkmal 'Stellung im Beruf' mit den fünf Ausprägungen 'Beamter', 'Angestellter', 'Arbeiter', 'Selbständiger', 'sonstiger Beruf', so sind diese Ausprägungen sicher keine reellen Zahlen. Den Ausprägungen könnten aber eindeutig reelle Zahlen zugewiesen werden, z.B.

1 für Beamter,	2 für Angestellter,	3 für Arbeiter,
4 für Selbständiger,	5 für sonstiger Beruf.	

Damit wäre eine Variable 'Stellung im Beruf' definiert, die die Werte 1, 2, 3, 4, 5 annehmen kann. Natürlich ließe sich die Zuordnung auch durch andere reelle Zahlen bewerkstelligen. Wichtig ist nur, dass die Zuordnung eindeutig ist.

Variablen werden immer mit großen Buchstaben bezeichnet, z.B. X, Y, Z, ihre Werte mit kleinen Buchstaben, z.B. x_5, x_j, y_i, z_k. Dabei ist

$$\begin{aligned} x_5 &= \text{Wert der Variablen } X \text{ für das Untersuchungselement Nr. 5,} \\ x_j &= \text{Wert der Variablen } X \text{ für das Untersuchungselement } j, \\ y_i &= \text{Wert der Variablen } Y \text{ für das Untersuchungselement } i, \\ z_k &= \text{Wert der Variablen } Z \text{ für das Untersuchungselement } k. \end{aligned}$$

Variablen werden nach der Art ihrer Werte in qualitative (artmäßige) und quantitative (zahlenmäßige) Variablen unterschieden.

Unter *qualitativen* Variablen verstehen wir solche wie Geschlecht (männlich, weiblich), Familienstand (ledig, verheiratet, verwitwet, geschieden), Stellung im Beruf (s.o.), Wohnort (Hamburg, Frankfurt, Wien, ...). Die Ausprägungen entsprechen dann verschiedenen Zuständen, Situationen usw. Wenn nun die Ausprägungen, wie in der Definition für eine

Variable gefordert, durch reelle Zahlen gekennzeichnet werden – wie etwa oben im Fall der Variablen 'Stellung im Beruf'–, stellen die Zahlen keine Größenangaben dar, sondern nur eine andere Art der Bezeichnung bzw. Namensgebung. Man könnte schließlich die Ausprägungen anstatt durch Zahlen durch andere Symbole, z.B. durch Buchstaben oder auch Bilder, kennzeichnen.

Quantitative Variablen sind solche wie das Gewicht einer Person, das Haushaltseinkommen, die Entfernung der Wohnung eines Kunden vom Geschäft $G1$, die Größe eines Gebietes oder Zensuren. Bei ihnen erfolgt die Zuordnung der Werte mit Hilfe einer Messskala, so dass Vergleiche im Sinne einer Größer/Kleiner-Relation (schwerer/leichter, höher/tiefer, weiter/näher, besser/schlechter) möglich sind.

Quantitative Variablen unterscheidet man des Weiteren in diskrete und stetige Variablen. Diskret nennt man Variablen, die nur endlich oder abzählbar unendlich viele unterschiedliche Werte annehmen können. Beispiele für diskrete Variablen sind: Zensuren, Anzahl der Einwohner einer Stadt, Anzahl der Mitglieder eines Haushalts. Hingegen umfasst der Wertebereich einer stetigen Variablen zumindest ein ganzes Intervall der reellen Zahlen (z.B. alle reellen Zahlen zwischen dem Minimum und dem Maximum, das die Variable annehmen kann) und damit überabzählbar unendlich viele Werte. Beispiele für stetige Variablen sind: Temperaturen, Gewichte, Längen.

Aufgrund der begrenzten Genauigkeit der entsprechenden Messinstrumente werden allerdings viele, eigentlich stetige Variablen diskretisiert, indem z.B. Temperaturen nur auf 0,1 °C genau angegeben werden. Umgekehrt behandelt man diskrete Variable oft wie stetige, wenn zum Beispiel für die diskrete Variable 'Anzahl der Einwohner in den Gemeinden einer Region' die mittlere Anzahl der Einwohner in den Gemeinden berechnet wird und ein Wert von z.B. 1108,6 resultiert. Es kann im Einzelfall von der inhaltlichen Fragestellung abhängen, ob man eine Variable als diskret oder stetig ansieht und behandelt.

2.2 Skalenniveaus von Variablen

Die angesprochenen Kategorisierungen bei Variablen deuten schon die Vielfalt in der Unterschiedlichkeit von Variablen an. Für die Anwendung statistischer Methoden sind insbesondere die Maßskalen zur Messung der Variablenwerte von grundlegender Bedeutung, da viele Verfahren nur auf Daten eines bestimmten Skalenniveaus anwendbar sind. Nach der Skalierungsart sind folgende Skalenniveaus zu unterscheiden:

Nominalskala
Ordinalskala
Metrische Skalen
– Intervallskala
– Rationalskala

↓ zunehmender Informationsgehalt

Man spricht von nominalskalierten, ordinalskalierten, metrischskalierten Variablen bzw. von Nominaldaten, Ordinaldaten, metrischen Daten usw. Metrische Skalen werden auch als Kardinalskalen bezeichnet.

Nominalskala (nominal scale)

Stellen die Ausprägungen (Werte) einer Variablen nur ‘Namen‘ im Sinne einer Bezeichnung durch ein Wort, einen Buchstaben oder eine Zahl dar und sind die Ausprägungen nicht im Sinne einer Größer/Kleiner-Relation vergleichbar, handelt es sich um eine nominalskalierte Variable. Beispiele sind die ‘Stellung im Beruf‘, der ‘Wohnort‘, das ‘Geschlecht‘. Ersetzt man die beiden Ausprägungen ‘männlich‘ und ‘weiblich‘ der Variablen ‘Geschlecht‘ durch die Ziffern 0 und 1, so stellen die Ziffern lediglich eine kürzere Bezeichnung dar, sie können aber nicht als Zahlen im üblichen Sinn interpretiert werden. Insbesondere ist es in diesem Zusammenhang sinnlos zu sagen, die ‘1‘ sei größer oder mehr als die ‘0‘.

Variablen mit nur zwei möglichen Ausprägungen (z.B. männlich/weiblich bei der Variablen ‘Geschlecht‘) bezeichnet man im Übrigen als binär bzw. dichotom, solche mit mehr als zwei Ausprägungen (z.B. Arbeiter, Angestellter, Beamter, Selbständiger bei der Variablen ‘Stellung im Beruf‘) als polytom.

Ordinalskala (ordinal scale)

Können die möglichen Ausprägungen einer Variablen untereinander daraufhin verglichen werden, ob sie kleiner/größer (besser/schlechter, höher/tiefer, ...) als eine andere oder gleich einer anderen Ausprägung sind, und auf diese Weise in eine Ordnung gebracht werden, spricht man von einer ordinalskalierten Variablen. Beispiele sind ‘Schulnoten‘ oder ‘Bewertung deutscher Universitäten hinsichtlich ihrer Attraktivität für ein Studium‘, aber auch die ‘Rangliste der deutschen Großstädte hinsichtlich ihrer Attraktivität‘. Eine solche Variable, bei der nur eine geordnete Reihenfolge der Elemente möglich ist, wird auch als rangskalierte Variable bezeichnet.

Die sich ergebenden unterschiedlichen Werte (z.B. Noten, Ränge) geben allerdings keinen Aufschluss darüber, wie groß der Unterschied zwischen den Werten ist. Das bedeutet vor allem, man kann keine sinnvollen Differenzen bilden. So lässt sich bei Schulnoten aus der gleichen Differenz (z.B. zwischen 1 und 2 sowie zwischen 5 und 6) entnehmen, dass die mit 1 und 2 bzw. mit 5 und 6 benoteten Leistungen sich unterscheiden, wohl aber nicht, dass auch der Leistungsunterschied identisch ist. Noch deutlicher wird das bei rangskalierten Daten. Lässt man z.B. die Schüler einer Klasse 1000 m wettlaufen, ohne die jeweils benötigte Zeit zu messen, erhält man eine Rangordnung der Schüler nach der Reihenfolge des Einlaufs. Man kann dann hinterher nicht mehr feststellen, wie groß die Abstände zwischen den einzelnen Schülern waren. Insbesondere gilt nicht, dass der zeitliche Abstand zwischen dem ersten und dem zweiten etwa gleich dem zeitlichen Abstand zwischen dem neunten und zehnten Schüler ist, auch wenn die Differenz der Rangplätze jeweils 1 ist.

Nominaldaten und Ordinaldaten werden auch zusammen als kategoriale Daten bezeichnet. In beiden Fällen erhalten alle diejenigen Objekte, die die gleiche Ausprägung besitzen, den gleichen Wert, sie werden also sozusagen einer Kategorie z.B. ‘Arbeiter‘, ‘Angestellter‘ oder ‘Schüler mit sehr guter Leistung‘, ‘Schüler mit mangelhafter Leistung‘ zugeordnet.

Tab. 1: Charakterisierung von Skalenniveaus

Skalen-niveau	Zweck	Mögliche Relationen und Operatoren	Beispiele
Nominal-skala	Identifikation von Untersuchungs-elementen i,j	$x_i = x_j$ $x_i \neq x_j$	Geschlecht, Stellung im Beruf
Ordinal-skala	Identifikation und Ordnung (der Größe nach) von Untersuchungselementen i,j	wie oben und zusätzlich $x_i < x_j$ $x_i > x_j$	Städte der Größe nach geordnet, Schüler nach Schulnoten geordnet
Intervall-skala	Identifikation, Ordnung und Bewertung von Untersuchungselementen, so dass Aussagen wie „i ist um a Einheiten größer als j" möglich sind	wie oben und zusätzlich $x_i = x_j + a$ $x_i = x_j - b$ $x_i + x_j = c$	Temperatur in °C, Jahresangaben im Gregorianischen Kalender
Rational-skala	Identifikation, Ordnung und Bewertung von Untersuchungselementen, so dass zusätzlich Aussagen wie „i ist a mal so groß wie j" möglich sind	wie oben und zusätzlich $x_i = a \cdot x_j$ $x_i = x_j / b$ $x_i \cdot x_j = c$	Temperatur in °K, Wegelängen in km, Gebietsgrößen in km^2

Metrische Skalen

Ihnen liegt eine konstante Maßeinheit zugrunde (z.B. 1m, 1g, 1 °C), so dass Differenzen und Summen von zwei oder mehreren Werten sinnvoll gebildet werden können. Dadurch werden Aussagen möglich wie „Element A ist um x Einheiten größer (höher, besser) als Element B". Das bedeutet, man kann im Unterschied zur Ordinalskala nicht nur feststellen, ob ein Element A einen größeren Variablenwert als ein Element B hat, sondern darüber hinaus lässt sich auch angeben, wie groß der Unterschied zwischen den beiden Variablenwerten der Elemente A und B ist. Metrische Skalen werden weiter unterschieden in die Intervall- und in die Rationalskala.

Intervallskala (interval scale)

Intervallskalierte Variablen besitzen keinen absoluten Nullpunkt, es wird höchstens ein Nullpunkt nach Übereinkunft festgelegt. Das hat zur Konsequenz, dass sich keine interpretierbaren Multiplikationen und Divisionen von Variablenwerten durchführen lassen; insbesondere lassen sich keine Aussagen machen wie „Der Variablenwert des Elementes A ist x-mal so groß wie derjenige des Elements B". Die in °C gemessene Temperatur ist z.B. intervallskaliert. Ein Temperaturwert von 30 °C bedeutet in physikalischem Sinn nicht, dass es doppelt so warm ist wie bei 15 °C.

Rationalskala (ratio scale)

Bei rationalskalierten Variablen wird mit dem Wert 0 der absolute Nullpunkt des durch die Variable beschriebenen realen Phänomens abgebildet. Eine solche Variable kann demzufolge nur positive und keine negativen Variablenwerte aufweisen. Bei solchen Variablen kann das Vielfache eines Variablenwertes auch inhaltlich als Vielfaches interpretiert werden; es sind Multiplikationen und Divisionen von Variablenwerten möglich und sinnvoll. Beispiele für rationalskalierte Variablen sind die Größe von Gebieten in km^2, die Entfernung zwischen Orten in km, die Anzahl der Einwohner in Gemeinden, aber auch die Temperatur gemessen in °K.

Tab. 1 fasst die Eigenschaften der verschiedenen Skalenniveaus zusammen.

Die Skalenniveaus bilden in der genannten Reihenfolge eine hierarchische Stufung mit zunehmendem Informationsgehalt. Eine Variable mit einem bestimmten Skalenniveau kann auch in eine Variable mit einem niedrigeren Skalenniveau umgewandelt werden, wie etwa die metrischskalierte Variable 'Gemessene Zeit im 1000 m-Lauf' in die ordinalskalierte Variable 'Reihenfolge des Einlaufes beim 1000 m-Lauf'. Der umgekehrte Schritt ist nicht möglich. Von solchen Umwandlungen macht man vor allem dann Gebrauch, wenn unterschiedlich skalierte Variablen gleichzeitig untersucht werden sollen und die Vorgehensweise gleiche Skalenniveaus erfordert.

2.3 Die Problematik Grundgesamtheit – Stichprobe

Die Menge aller Untersuchungselemente, für die eine Aussage gemacht werden soll, heißt *Grundgesamtheit* oder Population (population). Wie das einführende Beispiel der Kundeneinzugsbereiche zeigte, ist die Definition einer Grundgesamtheit nicht immer leicht. Sie setzt vor allem eine genaue Formulierung der Fragestellung voraus.

Grundgesamtheiten können endlich oder unendlich groß sein, je nachdem, wie viele Elemente sie enthalten. Die Menge der Zeitpunkte in einem Jahr an einer Klimastation, für die der Jahresgang der Temperatur beschrieben werden soll, ist unendlich, zumindest theoretisch, wenn auch die Temperatur nur zu endlich vielen Zeitpunkten tatsächlich gemessen wird. Die Menge der Kunden eines Geschäfts ist zwar endlich, aber ohne Angabe eines Zeitraums unbekannt. Dagegen ist die Grundgesamtheit der Kunden eines Geschäfts im Jahr 2005 endlich, und ihre Größe ist feststellbar, wenn auch nur mit einigem Aufwand.

Eine Untersuchung der Grundgesamtheit ist entweder unmöglich, da die Grundgesamtheit unendlich ist, oder aus Zeit- und/oder Kostengründen nicht durchführbar. Wie in dem einführenden Beispiel kann man in solchen Fällen nur eine endliche Teilmenge der Grundgesamtheit untersuchen. Man hat für sie den Begriff der Stichprobe (sample) eingeführt:

Eine *Stichprobe* ist eine endliche Teilmenge der Grundgesamtheit. Sie ist nach bestimmten Regeln (Stichprobenauswahlverfahren) so zu entnehmen, dass sie für die Grundgesamtheit repräsentativ ist. Das Ziel ist dabei, von den Eigenschaften der Stichprobe auf entsprechende Eigenschaften der Grundgesamtheit zu schließen. Eine Stichprobe, die solche Schlüsse zulässt, heißt *repräsentativ*.

Methoden der deskriptiven, beschreibenden Statistik (vgl. Kapitel 4) können sowohl auf Grundgesamtheiten als auch auf Stichproben angewendet werden, Methoden der analytischen, schließenden Statistik (vgl. Kapitel 5) jedoch nur auf Stichproben. Allerdings ist bei geographischen Untersuchungen häufig zu beobachten, dass Methoden der analytischen Statistik auf Grundgesamtheiten angewandt werden, etwa wenn getestet wird, ob Eigenschaften einer Grundgesamtheit statistisch signifikant sind. Eine solche Praxis ist zumindest sehr fragwürdig, auch wenn man sie rechtfertigt mit dem Argument, eine gegebene Grundgesamtheit könne aufgefasst werden als eine Realisierung von unendlich vielen, theoretisch denkbaren Grundgesamtheiten (vgl. zu dieser Kontroverse die Anmerkungen von SUMMERFIELD 1983 mit weiterführender Literatur).

Wenn man einmal davon ausgeht, dass exakt genug gemessen wird, dann hängt die *Repräsentativität* der Stichprobe aus statistischer Sicht von dem Stichprobenumfang (der Größe der Stichprobe) und dem Stichprobenauswahlverfahren ab.

Abhängige und unabhängige Stichproben

Man kann grundsätzlich zwischen abhängigen und unabhängigen Stichproben unterscheiden. *Abhängige Stichproben* liegen dann vor, wenn die Untersuchungseinheiten (Merkmalsträger) der Stichproben einander paarweise zugeordnet werden können. Abhängige Stichproben treten sehr oft bei Messwiederholungen auf, z.B. wenn im Rahmen einer medizinischen Testreihe von denselben Testpersonen sowohl vor (1. Stichprobe) als auch nach der Einnahme eines Medikaments (2. Stichprobe) die Körpertemperatur gemessen würde. An die Stelle der zeitlichen Abhängigkeit der Merkmalsträger kann auch eine soziale Abhängigkeit treten, z.B. zwischen Eltern (1. Stichprobe) und ihren Kindern (2. Stichprobe), zwischen Geschwistern oder zwischen Lebenspartnern. Man spricht auch von gepaarten oder verbundenen Stichproben (paired samples, connected samples).

In der Geographie sind meistens unabhängige (nicht gepaarte, nicht verbundene) Stichproben (unpaired samples) von Interesse, d.h. Stichproben, für die keine paarweisen Beziehungen zwischen den einzelnen Stichprobenelementen existieren. Beispiele sind ländliche vs. städtische Gemeinden, Kunden aus der Stadt vs. dem Umland, Bodenproben von Sonnen- vs. Schattenlagen usw. Die Unterscheidung zwischen abhängigen und unabhängigen Stichproben ist für einige Verfahren der Schätz- und Teststatistik von Bedeutung. Die in diesem Band vorgestellten Methoden beziehen sich ohne Ausnahme auf unabhängige Stichproben.

Stichprobenumfang (sample size)

Allgemein gilt das sogenannte Gesetz der großen Zahl. Danach nähern sich die Eigenschaften der Stichprobe mit wachsendem Stichprobenumfang den Eigenschaften der Grundgesamtheit an. Daher sollten möglichst große Stichproben gewählt werden. Andererseits möchte man aus Zeit- und/oder Kostengründen den Stichprobenumfang möglichst gering halten.

Eine allgemein verbindliche Untergrenze für den notwendigen Stichprobenumfang gibt es nicht. Es lassen sich nur einige Anhaltspunkte für die Bestimmung des Stichprobenumfangs angeben:

- Je stärker die Werte der untersuchten Variablen streuen, desto größer sollte der Stichprobenumfang sein.
- Stichprobenumfänge von weniger als 30 gelten allgemein als zu klein, um Repräsenta-

tivität zu erreichen. Es gibt jedoch einige Verfahren der analytischen Statistik, die auf Stichproben extrem kleinen Umfangs anwendbar sind.

- Für die Repräsentativität einer Stichprobe ist weniger der relative Anteil der Stichprobengröße an der Größe der Grundgesamtheit von Bedeutung, sondern vielmehr die absolute Größe der Stichprobe. Das muss allein auch schon aus mathematischen Gründen so sein, da bei einer unendlich großen Grundgesamtheit ja gar kein relativer Anteil berechnet werden kann (Division durch 0).

Stichprobenauswahlverfahren

Nur zufällige Auswahlverfahren, bei denen jedes Element der Grundgesamtheit die gleiche Chance hat, in die Stichprobe aufgenommen zu werden, gewährleisten die Repräsentativität der Stichprobe und erlauben eine Schätzung der in der Stichprobe gegenüber der Grundgesamtheit auftretenden Abweichungen. Einige Verfahren, die dieses Kriterium zumindest weitgehend erfüllen und in der Geographie häufig verwendet werden, werden hier kurz vorgestellt.

Reine Zufallsstichprobe

Sie ist auf endliche Grundgesamtheiten anwendbar. Eine Methode, reine Zufallsstichproben zu erzeugen, bietet das Lotterieverfahren. Soll z.B. aus der Grundgesamtheit der 439 deutschen Kreise eine Stichprobe von 10 Elementen gezogen werden, so nummeriert man die Kreise von 1 bis 439 durch und fertigt 439 Zettelchen an, auf denen jeweils eine der Zahlen 1 bis 439 steht. Diese Zettelchen werden in einen Behälter (Urne) gelegt. Anschließend werden 10 Zettelchen herausgezogen. Die Kreise, die auf den gezogenen Zettelchen durch die Nummer angegeben sind, sind die Elemente der Stichprobe.

Einfacher lassen sich Zufallsstichproben mit Hilfe einer Tafel von Zufallszahlen (Tafel 1, Anhang) ziehen. Diese Tafel ist ein Auszug aus einer im Prinzip beliebig erweiterbaren Tabelle. Notiert sind in dieser Tafel einstellige Ziffern zwischen 0 und 9, die der Übersichtlichkeit halber jeweils zu 10×5-stelligen Zahlenblöcken angeordnet sind. Soll nun eine Stichprobe von 10 Elementen aus den 439 Kreisen gezogen werden, so heißt das: es werden 10 Zufallszahlen kleiner als 440 benötigt. Wenn wir nun beispielsweise rein zufällig mit der Bleistiftspitze in der 6. Zeile von oben die 11. Spalte treffen, so erhalten wir die Ziffer 2. Da wir auf Grund der Zahl der Kreise (insgesamt 439) lediglich dreistellige Zufallszahlen benötigen, liest man in der getroffenen Zahlenreihe von der Ziffer 2 an z.B. nach rechts weiter, und zwar in jeweils Dreiziffergruppen (man könnte auch nach links, nach oben oder nach unten gehen). Liest man nach rechts so ergeben sich die Dreiziffergruppen: 248 - 921 - 308 - 900 - 410 - 814 - ff. Diejenigen dreistelligen Zahlen, die innerhalb der obigen Zahlenfolge kleiner sind als 440, sind die gesuchten Zufallszahlen. Als erste in Frage kommende Zufallszahl ergibt sich die Zahl 248. Insgesamt erhalten wir folgende 10 Zufallszahlen: 248, 308, 410, 189, 415, 150, 18, 386, 368, 202. Würde man mit einer anderen Startziffer beginnen oder nicht nach rechts, sondern in eine andere Richtung gehen, so erhält man eine andere Folge von Zufallszahlen. Diese sind aber genau so wahrscheinlich, wie diejenige, die wir gezogen haben. Sie würde daher genau so gut den angestrebten Zweck – Erzeugung einer reinen Zufallsstichprobe – erfüllen.

Allgemein kann folgende Vorschrift befolgt werden, wenn aus einer Grundgesamtheit von N Elementen mit Hilfe einer Zufallszahlentabelle eine Stichprobe von n Elementen ausgewählt werden soll:

1. Ordne den Elementen der Grundgesamtheit die Zahlen von 1 bis N zu.
2. Wähle eine beliebige Ziffer der Tafel zum Ausgangspunkt und lies die folgenden Ziffern jeweils in Gruppen zu z Ziffern, falls n eine z-stellige Zahl ist.
3. Ist eine so gefundene Ziffernfolge als Zahl kleiner oder gleich N, so ist das durch diese Zahl bezeichnete Objekt Element der Stichprobe. Ist die abgelesene Zahl größer als N oder ist das Element schon in die Stichprobe aufgenommen, dann wird diese Zahl nicht berücksichtigt. Man wiederholt den dargestellten Prozess, bis die n Elemente der Stichprobe ausgewählt sind.

Man kann sich auch Tafeln mit Zufallszahlen von einem Computer ausgeben lassen. Sie werden mit Hilfe eines sogenannten Zufallszahlengenerators erzeugt. So bieten Tabellenkalkulationsprogramme in der Regel ein Modul an, um Zufallszahlen zu generieren.

Die folgenden Auswahlverfahren sind Modifikationen der reinen Zufallsauswahl.

Systematische Stichprobe

Sie wird erreicht, indem man die Elemente in eine Rangordnung bringt, die zufällig sein kann oder den Ausprägungen einer bestimmten Variablen folgt. Anschließend wird dann jedes x-te Element ausgewählt. Dieses Verfahren wird häufig angewandt, da es leicht durchzuführen ist. Wählt man z.B. aus einer alphabetisch geordneten Liste von Studenten einer Universität jeden 20. aus, erhält man eine systematische Stichprobe.

Eine solche Stichprobe ist dann eine Zufallsstichprobe, wenn das Verfahren, nach der die Reihenfolge bestimmt wurde, unabhängig ist von der oder den Variablen, die untersucht werden sollen. Insbesondere darf in der Rangordnung nicht eine Periodizität enthalten sein, die genau durch das Kriterium 'jedes x-te Element' reproduziert wird. Lägen z.B. die Monatsmitteltemperaturen einer Klimastation für die letzten 100 Jahre vor und diese Werte wären nach dem Datum in eine Rangordnung gebracht, dann würde natürlich eine systematische Stichprobe, die jeden 12. Wert aufnimmt, in keiner Weise eine repräsentative Stichprobe für das Temperaturgeschehen über diese 100 Jahre abgeben, da nur immer die Temperatur des gleichen Monats in die Stichprobe aufgenommen wird.

Geschichtete Stichprobe

Die Elemente einer endlichen Grundgesamtheit werden in Klassen (Schichten) zusammengefasst, wobei angenommen wird, dass die Elemente aus der gleichen Klasse hinsichtlich der untersuchten Frage ähnliche Eigenschaften aufweisen und dass sich Elemente aus verschiedenen Klassen diesbezüglich unterscheiden. Anschließend wird aus jeder Klasse (Schicht) eine reine Zufallsstichprobe gezogen. Dabei richtet sich der Umfang dieser *Teilstichprobe* in der Regel danach, wie groß der Anteil der Klasse in der Grundgesamtheit ist. Will man z.B. das Freizeitverhalten der Bevölkerung untersuchen, ist es sinnvoll, die Bevölkerung zunächst nach dem Alter in Schichten aufzuteilen (z.B. ≤ 25, 26 – 50, 51 – 65, > 65), um dann aus jeder Schicht eine Zufallsstichprobe zu ziehen. Grundlage für ein solches Vorgehen wäre die Annahme, dass sich das Freizeitverhalten mit dem Alter der Personen ändert.

Zur Bildung von Schichten können natürlich auch mehrere Variablen herangezogen werden. Man erhält dann Mehrfach-Schichtungen. So könnte im Falle des Freizeitverhalten eine zusätzliche Schichtung nach dem Einkommen sinnvoll sein.

Klumpenstichprobe

Voraussetzung ist, dass die Grundgesamtheit schon in gleichsam 'natürliche' Gruppen aufgeteilt ist. Eine dieser Gruppen (Klumpen) wird dann als Stichprobe gewählt. Bei einer Untersuchung über das Freizeitverhalten der deutschen Großstadtbewohner werden die Bewohner *einer* Großstadt, z.B. Frankfurts, als Stichprobe ausgewählt. Von dem Verhalten der Frankfurter soll dann auf das Verhalten der deutschen Großstadtbewohner geschlossen werden.

An diesem Beispiel wird deutlich, dass Klumpenstichproben am stärksten von reinen Zufallsstichproben abweichen und nur selten repräsentativ sind. Denn Frankfurt kann ja möglicherweise über ein das Freizeitverhalten beeinflussendes Freizeitangebot verfügen, das nicht typisch für eine deutsche Großstadt im Allgemeinen ist. Damit wären auch die Frankfurter in ihrem Freizeitverhalten nicht repräsentativ für deutsche Großstadtbewohner. Es ist bei Klumpenstichproben daher genau zu prüfen, ob der ausgewählte Klumpen nicht die Fragestellung betreffende 'Verzerrungen' aufweist, die seine Eignung als repräsentative Stichprobe in Frage stellen bzw. welche der gefundene Ergebnisse dann noch verallgemeinert werden dürfen.

Zusammenfassend lässt sich sagen:

- Die Definition der Grundgesamtheit für eine empirische Untersuchung ist sehr problematisch und sollte äußerst sorgfältig vorgenommen werden.
- Wird eine Stichprobe gezogen, um mit ihrer Hilfe Aussagen über die Grundgesamtheit zu treffen, muss die Stichprobe repräsentativ sein.
- Die Repräsentativität einer Stichprobe hängt (aus statistischer Sicht) von dem Stichprobenumfang und von dem Stichprobenauswahlverfahren ab. Klumpenstichproben sind am wenigsten repräsentativ. Reine Zufallsstichprobe, systematische Stichprobe und geschichtete Stichprobe liefern in der Praxis annähernd gleich 'gute' Ergebnisse. Für welche dieser drei man sich entscheidet, hängt von den Umständen des Einzelfalles ab, nicht zuletzt auch von den zur Verfügung stehenden Ressourcen.

Eine gute Möglichkeit, die Repräsentativität einer Stichprobe wenigstens grob zu überprüfen, besteht darin, zu untersuchen, ob die Stichprobe ähnliche Eigenschaften wie die Grundgesamtheit hinsichtlich von Variablen aufweist, die mit der untersuchten Variablen in Beziehung stehen. Voraussetzung dafür ist allerdings, dass entsprechende Daten zur Verfügung stehen. So könnte bei einer Haushaltsbefragung zum Freizeitverhalten in einer Stadt z.B. abgeglichen werden, ob wichtige Charakteristika wie Haushaltsgröße, Haushaltseinkommen, etc. bei den befragten Haushalten mit denjenigen für die gesamte Stadt übereinstimmen, die den statistischen Berichten der Stadt entnommen werden können.

3 Typische geographische Fragestellungen und statistische Methoden

In den empirischen Wissenschaften stehen bei der Analyse von Daten (= Werte einer Variablen) in der Regel zwei Fragen im Mittelpunkt.

1. Wie variieren die Variablenwerte innerhalb der Grundgesamtheit bzw. wie verteilen sie sich auf die Elemente der Grundgesamtheit?
2. Wie kann eine beobachtete Verteilung einer Variablen begründet werden?

Die erste Frage zielt auf eine Beschreibung, die zweite auf eine Erklärung.

Die verschiedenen Disziplinen unterscheiden sich weitgehend dadurch, welche Elemente bzw. Grundgesamtheiten sie zum Gegenstand ihrer Untersuchungen machen und welche Variablen sie betrachten. Wir wollen an dieser Stelle nicht die immer wieder intensiv geführte Diskussion um die Inhalte geographischer Forschung fortsetzen. Der geographischen Fachliteratur lässt sich jedoch folgendes entnehmen: Die Geographie beschäftigt sich mit einer großen Vielfalt von Objekten und Variablen und hat darum enge Beziehungen zu fast allen empirischen Wissenschaften. Wenn man überhaupt Schwerpunkte geographischer Forschung ausmachen kann, so dürfte einer dieser Schwerpunkte wohl in der Beschreibung und Erklärung von Sachverhalten hinsichtlich ihrer erdoberflächlichen Verbreitung, Verteilung, Ausbreitung und Verknüpfung liegen. Das bedeutet, in der Geographie werden Variablen häufig hinsichtlich der räumlichen Lokalisierung ihrer Ausprägungen auf der Erdoberfläche betrachtet. Daher lassen sich die Untersuchungselemente der Geographie meistens als Raumeinheiten (Punkte, linienhafte Elemente oder Flächen) auffassen.

Beachtet man außerdem, dass in allen empirischen Untersuchungen die Ausprägungen einer Variablen auch zeitlich fixierbar sind, so können wir die in der Geographie häufig auftretenden Datenmengen in einem Quader anordnen (Abb. 2). Dieser Quader mag im Folgenden kurz dazu dienen aufzuzeigen, welche Fragen Geographen haben und welche Rolle statistische Analysemethoden bei deren Beantwortung spielen.

Abb. 3 zeigt die beiden häufigsten Ebenen der Betrachtung. In Abb. 3(a) wird analysiert, wie eine oder mehrere Variablen in einer bestimmten Zeiteinheit über die Raumeinheiten hinweg variieren.

Betrachten wir zunächst den einfachsten Fall, dass wir es nur mit einer Variablen (z.B. V_1) zu tun haben. Wir können dann daran interessiert sein, in welchen Raumeinheiten die Variable V_1 besonders hohe oder niedrige Werte annimmt und wo sie durchschnittlich ausgeprägt ist. Wir können uns aber auch fragen, wie sich die Verteilung von V_1 insgesamt beschreiben lässt. Sind die Werte von V_1 insgesamt hoch oder niedrig, streuen sie stark oder schwach? Solche Fragen versucht die *deskriptive Statistik* (Kapitel 4) zu beantworten.

Beispiele für diese Art der Betrachtung sind in der Physischen Geographie Untersuchungen zur räumlichen Verteilung der jährlichen Niederschlagssumme, der Jahresdurchschnittstemperatur, der jährlichen Verdunstung oder der Anzahl der Frosttage in Deutschland, wobei die jeweiligen Werte für die einzelnen über Deutschland verteilten Klimastationen ermittelt worden sind. Beispiele aus dem sozio-ökonomischen Umfeld wären Untersuchun-

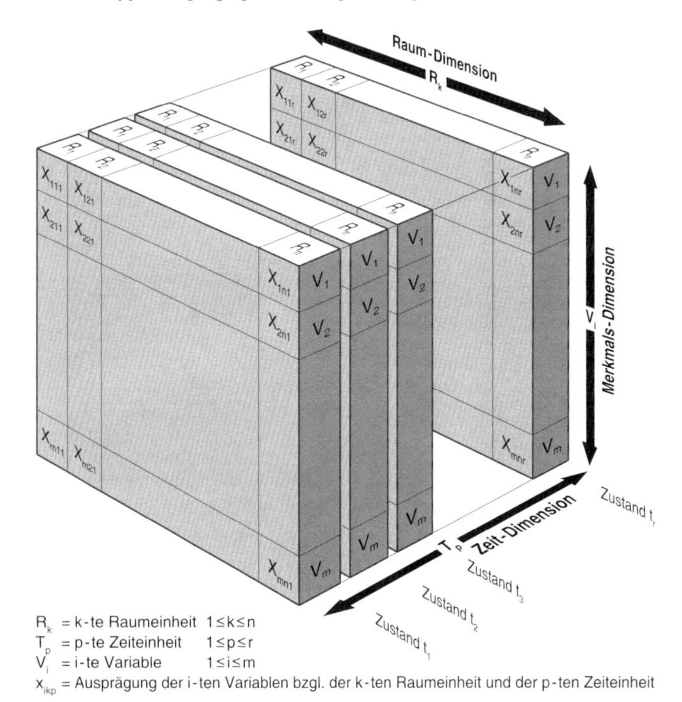

Abb. 2: Der 'geographische Datenquader'

gen zur räumlichen Verteilung der Natalität (= Anzahl der Geburten pro 1000 Einwohner pro Jahr), des Bruttosozialprodukts pro Einwohner, der Bevölkerungsdichte, des Pkw-Besatzes (= Anzahl der Pkw pro 1000 Einwohner) in Deutschland, wobei die jeweiligen Werte hier etwa für die Gemeinden oder Kreise erhoben wurden.

In Abb. 3(b) wird analysiert, wie eine oder mehrere Variablen (z.B. V_1) über die Zeit hinweg in einer bestimmten Raumeinheit variieren. Wir können dabei entsprechende Fragen stellen, wie das bei den Situationen, die in Abb. 3(a) dargestellt sind, der Fall ist.

Betrachten wir jeweils nur eine Variable, so sprechen wir von einer *univariaten Analyse*. Betrachten wir gleichzeitig zwei Variablen, so führen wir eine *bivariate Analyse* durch. Und sind es gleichzeitig mehr als zwei Variablen, so spricht man allgemein von einer *multivariaten Analyse*.

Ist man dabei insbesondere an der Aufdeckung von Regelhaftigkeiten in der räumlichen bzw. zeitlichen Anordnung der Variablenwerte interessiert, kommen Methoden der 'Raumreihenanalyse' (spatial series analysis) bzw. der Zeitreihenanalyse (time series analysis) zur Anwendung. Diese werden mit Ausnahme der zeitlichen Trenduntersuchung in Kap. 6 in diesem Band nicht behandelt. Sie werden jedoch im Band 2 der Statistischen Methoden in der Geographie (BAHRENBERG/GIESE/MEVENKAMP/NIPPER 2008) im Kapitel

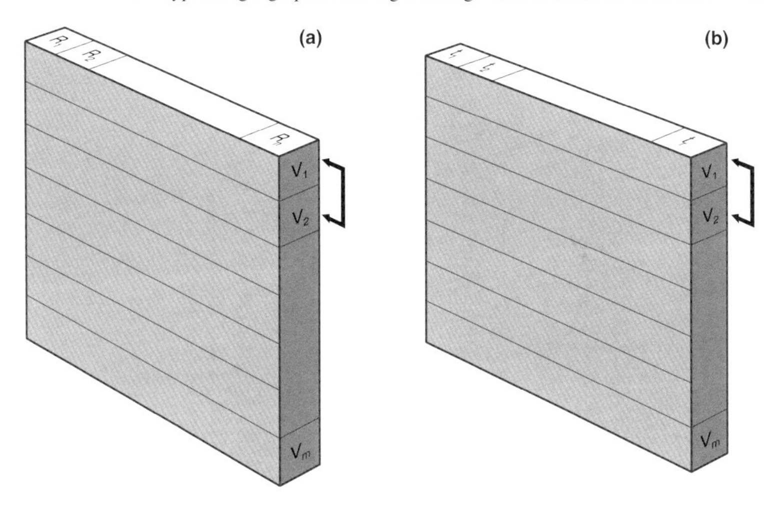

Abb. 3: Räumliche und zeitliche Betrachtung von Variablen

über Autokorrelationen angesprochen. Raumreihenanalyse und Zeitreihenanalyse können zudem zu einer Raum-Zeitreihenanalyse (spatial-time series analysis) erweitert werden, wenn man die Variation einer Variablen gleichzeitig in räumlicher und zeitlicher Hinsicht untersucht.

Häufig stellt man fest, dass zwei oder mehrere Variablen in ähnlicher Weise räumlich (Abb. 3(a)) oder zeitlich (Abb. 3(b)) variieren, was zu der Vermutung Anlass gibt, dass zwischen diesen Variablen ein Zusammenhang besteht. Dieser Sachverhalt soll durch die Pfeil–Klammern in Abb. 3 zum Ausdruck gebracht werden. Andererseits kann man auf Grund von theoretischen Überlegungen, d.h. ohne eine vorhergehende statistische Datenanalyse, zu der Hypothese kommen, dass zwischen zwei oder mehreren Variablen eine Beziehung besteht. Die Feststellung einer ähnlichen räumlichen oder zeitlichen Variation der betreffenden Variablen kann dann als empirische Bestätigung der Hypothese dienen.

In jedem Fall betrachten wir dabei zwei oder mehrere Variablen gleichzeitig und benötigen insbesondere Verfahren zur Messung der Ähnlichkeit der Variationen der betreffenden Variablen. Solche Verfahren werden für den bivariaten Fall, bei dem zwei Variablen betrachtet werden, im Kapitel 6 vorgestellt. Multivariate Verfahren für mehr als zwei Variablen werden erst im zweiten Band (BAHRENBERG/GIESE/MEVENKAMP/NIPPER 2008) behandelt. Multivariate Analysemethoden erweisen sich im Übrigen dann als besonders notwendig, wenn man an nicht direkt messbaren bzw. beobachtbaren Phänomenen interessiert ist. Solche Phänomene beschreiben wir sprachlich mit Hilfe von Begriffen, die sogenannten komplexen Variablen entsprechen. Beispiele sind Intelligenz, wirtschaftlicher Entwicklungsstand, soziale Segregation, Klima, usw. Um Aussagen über derartige Phäno-

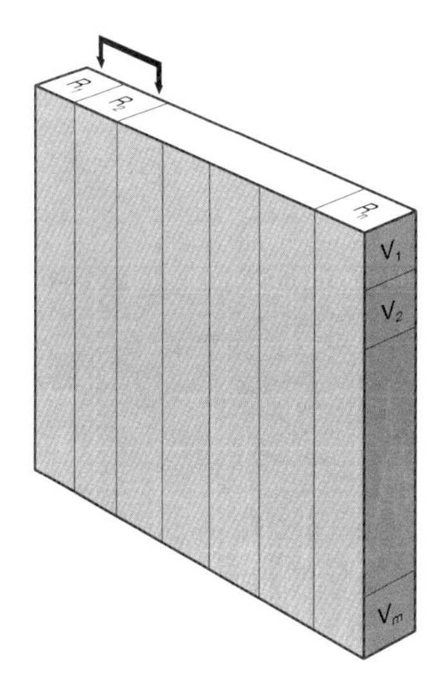

Abb. 4:
Die Betrachtung von Raumeinheiten

mene, die gewöhnlich von hohem theoretischen Interesse sind, empirisch überprüfen zu können, müssen wir die komplexen Variablen der Beobachtung zugänglich machen. Dieses geschieht meistens dadurch, dass in einem ersten Schritt versucht wird die komplexe Variable über eine Vielzahl von direkt messbaren Einzelaspekten (*Indikatoren*; z.B. für das Klima: Monatsmitteltemperatur, mittlerer monatliche Niederschlag, mittlere monatliche Verdunstung, Zahl der Frosttage im Jahr, usw.) zu erfassen. In einem zweiten Schritt werden diese dann in eine bzw. einige wenige komplexe Variablen zusammengefasst, die nicht direkt erfassbar sind, die aber das Phänomen gut abbilden. Multivariate Methoden wie z.B. eine Hauptkomponenten- oder Faktorenanalyse (vgl. Kap. 6 im zweiten Band, BAHRENBERG/GIESE/MEVENKAMP/NIPPER 2008) können bei diesem zweiten Schritt einen wichtigen Beitrag leisten.

Abschließend sollte darauf hingewiesen werden, dass die Analyse der räumlichen Variation von Variablen

- auch in anderen Disziplinen durchgeführt wird,
- nur ein Spezialfall von Variationsanalysen ist. Andere Arten von Variationsanalysen (z.B. mit Personen als Untersuchungselementen) sind in der Geographie ebenfalls üblich (vgl. das einführende Beispiel mit Kunden als Untersuchungselementen).

Eine nicht selten in der Geographie anzutreffende Betrachtungsweise soll durch Abb. 4 veranschaulicht werden. Hier werden nicht Variablen untersucht, sondern Raumeinheiten.

Gefragt wird danach, wie Raumeinheiten durch die Werte verschiedener Variablen charakterisiert werden. Es interessiert z.B., ob zwei Raumeinheiten hinsichtlich ihrer Wirtschaftsstruktur ähnlich sind. Die Wirtschaftsstruktur müsste dann durch die Variablen $V_1, \cdots, V_m$ erfasst werden. In die gleiche Kategorie gehört die Frage, wie N Raumeinheiten zu Klassen

(Gruppen) zusammengefasst werden können, so dass – hinsichtlich der zugrundeliegenden Variablen – zwei Raumeinheiten aus einer Klasse möglichst ähnlich, zwei Raumeinheiten aus verschiedenen Klassen möglichst unterschiedlich sind. Dazu stehen clusteranalytische Verfahren zur Verfügung (vgl. den zweiten Band, BAHRENBERG/GIESE/MEVENKAMP/NIPPER 2008, Kap. 7).

Wir wollen den Blick auf den geographischen Datenquader mit dem Hinweis beschließen, dass zahlreiche weitere Möglichkeiten zur Auswahl von bestimmten 'Scheiben' bestehen, mit deren Hilfe in der Geographie vorkommende Betrachtungsweisen veranschaulicht werden können.

In diesem Buch werden in den folgenden Kapiteln für die Anwendung und Erprobung der einzelnen Methoden möglichst immer wieder die gleichen Beispiele/Daten verwendet. Diese entstammen insbesondere zwei Quellen:

1. Dem Informationssystem INKAR
   INKAR hält für eine Vielzahl von Sachverhalten zur Raumentwicklung in der Bundesrepublik Deutschland auf unterschiedlichen räumlichen Ebenen Indikatoren und Karten bereit. INKAR wird vom Bundesamt für Bauwesen und Raumordnung (BBR) erstellt und jährlich veröffentlicht (BBR 2005). In diesem Buch werden insbesondere Daten aus INKAR 2005 für die drei räumlichen Ebenen der Kreise, der Raumordnungsregionen und der Bundesländer genutzt. Im Jahre 2005 ist Deutschland in 439 Kreisfreie Städte und Kreise (sie werden im Folgenden abkürzend mit Kreise bezeichnet), 97 Raumordnungsregionen und 16 Bundesländer eingeteilt (vgl. Abb. 5). Die Ebene der Raumordnungsregionen ist ein Raumsystem, was vor allem der Beobachtung der großräumigen Struktur und Entwicklung in Deutschland dienen soll. Die Ebene der Kreise[1] ist eine insbesondere für die Verwaltung wichtige Ebene; sie ist darüber hinaus recht gut geeignet, räumliche Strukturen und Entwicklungen räumlich detaillierter zu erfassen. Die in INKAR erfassten Daten sind bis auf wenige Ausnahmen Relativwerte (z.B. %-Anteile, Veränderungsraten). Einige Verfahren benötigen Absolutwerte (wie Bevölkerungszahl, Flächengröße) als Ausgangsbasis. Diese Daten wurden möglichst der Datenbank GENESIS-Online des Statistischen Bundesamtes entnommen.[2]
2. Einer Befragung von Passanten in der Bremer Innenstadt
   Im Rahmen einer Evaluation von Maßnahmen zur Attraktivitätssteigerung der Bremer Innenstadt wurden vom Institut für Geographie der Universität Bremen im Auftrag des Bremer Senators für Wirtschaft und Häfen[3] Besucherbefragungen zum Einkaufsverhalten und zur Bewertung Bremens als Einkaufsstadt durchgeführt. Die Befragungen fanden zwischen 2001 und 2005 jährlich jeweils im Oktober statt. Über die Jahre haben über 5.000 Passanten daran teilgenommen.

[1] In der Datenbank INKAR sind der Landkreis Hannover und die Kreisfreie Stadt Hannover zur Region Hannover zusammengefasst und werden als nur ein Kreis behandelt.

[2] https://www-genesis.destatis.de/genesis/online/logon

[3] Zu den Kooperationspartnern zählten: Bremer Investitionsgesellschaft (BIG), Senator für Bau und Umwelt (SBU), Amt für Straßen und Verkehr (ASV), Bremer Touristikzentrale (BTZ), City Marketing Vegesack e.V.

Abb. 5: Die Bundesländer und die Raumordnungsregionen der BRD

4 Charakterisierung empirischer Verteilungen

In diesem Kapitel werden Methoden der deskriptiven Statistik vorgestellt, mit deren Hilfe beschrieben werden kann, wie sich die Werte von Variablen auf die Elemente einer endlichen Grundgesamtheit oder einer Stichprobe verteilen. Die Methoden können also Auskunft geben über Fragen wie z.B.: Wo sind die Werte der Variablen vorwiegend zu finden? Wie stark unterscheiden sich die Werte?

Wichtig ist, dass die Beschreibung der Verteilung der Variablenwerte auf 'wesentliche Eigenschaften' der Verteilung gerichtet ist. Diese Einschränkung führt insgesamt zu einem Verlust an Informationen gegenüber den in der ursprünglichen Datenreihe enthaltenen. Dieser wird aber durch größere Übersichtlichkeit wettgemacht, indem die 'wesentlichen Eigenschaften' klar herausgearbeitet werden. Das ist auch eine wichtige Voraussetzung für einen Vergleich mehrerer Verteilungen.

Im Folgenden sollen insbesondere die Entwicklung der Bevölkerung und diejenige des Arbeitsmarktes in Deutschland seit Mitte der 1990er Jahren unter dem Aspekt ihrer räumlichen Strukturierung der fachinhaltliche Schwerpunkt sein. Im Mittelpunkt sollen dabei die beiden folgenden, dem Informationssystem INKAR (BBR 2005) entnommenen Variablen stehen:

- Bevölkerungsentwicklung 1995 bis 2003 in % (= Differenz zwischen der Bevölkerungszahl 2003 und derjenigen von 1995 in % der Bevölkerungszahl von 1995)
- Entwicklung der Arbeitslosenquote September 1995 bis September 2004 in %-Punkten (= Differenz zwischen Arbeitslosenquote 9/2004 und Arbeitslosenquote 9/1995). Die Arbeitslosenquoten sind definiert als %-Anteil der Arbeitslosen an den Erwerbspersonen (= Erwerbstätige + Arbeitslose) im September des betreffenden Jahres. Die hier vorgenommene Differenzenbildung erlaubt dann folgende Interpretation der Werte: ein negativer Wert beinhaltet eine Reduzierung der Arbeitslosenquote, ein positiver Wert eine Erhöhung dieser Quote.

4.1 Ordnung des Datenmaterials, Häufigkeitsverteilungen

Wir gehen aus von der Datenreihe für die Bevölkerungsentwicklung 1995-2003 (= Variable V_1 in Tab. 2). Eine tabellarische Zusammenstellung für 16 Bundesländer liefert einen recht guten Überblick über die Verteilung. Eine entsprechende Tabelle für die 97 Raumordnungsregionen (und noch mehr für die 439 Kreise) wird dieser Zielsetzung nicht mehr gerecht. Und bei der Bremer Passantenbefragung mit noch deutlich größerer Fallzahl gilt das umso mehr. Um also für Variablen mit einer großen Zahl von Elementen die Informationen über die 'wesentlichen Eigenschaften' zu erhalten, wird man versuchen, einen besseren Überblick über die vielen Daten zu erreichen. Hierzu kann zunächst eine der Größe nach geordnete Liste der Variablenwerte erstellt werden. Ist die Anzahl der Elemente groß und kommen in der Datenreihe sehr viele verschiedene Werte vor, so ist eine solche Liste noch immer recht unübersichtlich. Das ist ganz gewiss bei den Daten auf Kreisebene und bei der Bremer Passantenbefragung der Fall. Aber auch schon bei den Daten auf Basis der

97 Raumordnungsregionen fällt es schwer, aus einer geordneten Liste die 'wesentlichen Eigenschaften' zu erkennen. Deshalb führt man eine Aufteilung des gesamten Werteintervalls zwischen dem kleinsten und größten vorkommenden Wert (in dem dann sämtliche Werte liegen) in Klassen (Wertegruppen) durch und ermittelt für jede Klasse die absolute Häufigkeit (absolute frequency), d.h. die Anzahl der in ihr liegenden Elemente bzw. Werte. Die absoluten Häufigkeiten der einzelnen Klassen stellen insgesamt eine Häufigkeitsverteilung (frequency distribution) dar, die in tabellarischer oder graphischer Form abgebildet werden kann (vgl. Tab. 3 und Abb. 6) und einen guten Überblick über die Verteilung der Variablenwerte gibt.

Tab. 2: Werte der Variablen 'Bevölkerungsentwicklung 1995-2003' und 'Entwicklung der Arbeitslosenquote 1995-2004' in den Bundesländern und den Raumordnungsregionen der BRD (Quelle: BBR 2005)

a) Bevölkerungsentwicklung 1995-2003 (V_1) und Entwicklung der Arbeitslosenquote 1995-2004 (V_2) in den Bundesländern

Nr.	Region	V_1	V_2	Nr.	Region	V_1	V_2
01	Schleswig-Holstein	3,6	2,0	09	Bayern	3,6	0,9
02	Hamburg	1,5	0,0	10	Saarland	−2,1	−1,4
03	Niedersachsen	2,7	−0,3	11	Berlin	−2,4	6,2
04	Bremen	−2,4	0,5	12	Brandenburg	1,3	6,2
05	Nordrhein-Westfalen	1,0	0,6	13	Mecklenburg-Vorpommern	−5,0	6,1
06	Hessen	1,3	0,8	14	Sachsen	−5,4	4,6
07	Rheinland-Pfalz	2,0	0,1	15	Sachsen-Anhalt	−7,9	5,3
08	Baden-Württemberg	3,6	−0,4	16	Thüringen	−5,2	3,1

b) Bevölkerungsentwicklung 1995-2003 (V_1) und Entwicklung der Arbeitslosenquote 1995-2004 (V_2) in den Raumordnungsregionen

Nr.	Region	V_1	V_2	Nr.	Region	V_1	V_2
001	Schleswig-Holstein Nord	3,9	2,0	050	Osthessen	0,8	−0,1
002	Schleswig-Holstein Süd-West	2,9	3,5	051	Rhein-Main	1,9	0,9
003	Schleswig-Holstein Mitte	1,2	1,4	052	Starkenburg	2,6	1,3
004	Schleswig-Holstein Ost	0,9	2,4	053	Nordthüringen	−5,9	4,2
005	Schleswig-Holstein Süd	6,8	1,9	054	Mittelthüringen	−2,5	3,5
006	Hamburg	1,5	0,0	055	Südthüringen	−6,3	1,7
007	Westmecklenburg	−2,4	2,9	056	Ostthüringen	−6,5	3,2
008	Mittl. Mecklenburg/Rostock	−4,1	5,2	057	Westsachsen	−3,0	6,9
009	Vorpommern	−7,0	8,7	058	Oberes Elbtal/Osterzgebirge	−2,6	3,5
010	Mecklenburgische Seenplatte	−6,8	8,4	059	Oberlausitz-Niederschlesien	−8,4	6,2
011	Bremen	−0,8	0,3	060	Chemnitz-Erzgebirge	−7,3	3,1
012	Ost-Friesland	3,2	−0,7	061	Südwestsachsen	−7,6	3,6
013	Bremerhaven	−1,0	0,5	062	Mittelrhein-Westerwald	2,9	1,3
014	Hamburg-Umland-Süd	8,2	0,7	063	Trier	1,7	−0,7
015	Bremen-Umland	4,2	0,3	064	Rheinhessen-Nahe	3,2	0,4
016	Oldenburg	8,2	−0,9	065	Westpfalz	−1,1	−2,0
017	Emsland	5,3	−1,7	066	Rheinpfalz	1,8	0,2
018	Osnabrück	3,8	−1,1	067	Saar	−2,1	−1,4
019	Hannover	1,7	0,6	068	Unterer Neckar	2,2	0,3
020	Südheide	3,6	1,2	069	Franken	4,4	−0,6

Tab. 2: (Fortsetzung)

Nr.	Region	V_1	V_2	Nr.	Region	V_1	V_2
021	Lüneburg	6,2	1,9	070	Mittlerer Oberrhein	3,9	0,1
022	Braunschweig	−0,3	−2,1	071	Nordschwarzwald	2,8	0,0
023	Hildesheim	−0,6	0,6	072	Stuttgart	3,5	−0,8
024	Göttingen	−2,8	0,2	073	Ostwürttemberg	1,1	0,1
025	Prignitz-Oberhavel	2,7	6,1	074	Donau-Iller (BW)	5,2	0,7
026	Uckermark-Barnim	1,7	5,9	075	Neckar-Alb	3,1	−1,4
027	Oderland-Spree	1,7	7,7	076	Schwarzwald-Baar-Heuberg	2,4	−0,9
028	Lausitz-Spreewald	−6,2	7,7	077	Südlicher Oberrhein	5,5	−0,3
029	Havelland-Fläming	7,9	4,2	078	Hochrhein-Bodensee	4,3	−1,0
030	Berlin	−2,4	6,2	079	Bodensee-Oberschwaben	4,5	−0,3
031	Altmark	−7,5	4,9	080	Bayerischer Untermain	2,8	0,8
032	Magdeburg	−6,5	3,8	081	Würzburg	2,7	0,9
033	Dessau	−9,8	4,7	082	Main-Rhön	0,7	−0,9
034	Halle/S.	−8,4	7,5	083	Oberfranken-West	1,3	2,3
035	Münster	5,5	0,6	084	Oberfranken-Ost	−1,7	3,6
036	Bielefeld	2,6	2,6	085	Oberpfalz-Nord	1,6	1,2
037	Paderborn	4,2	0,2	086	Industrieregion Mittelfranken	2,1	1,4
038	Arnsberg	1,0	1,9	087	Westmittelfranken	3,1	1,5
039	Dortmund	−0,3	1,4	088	Augsburg	3,7	0,8
040	Emscher-Lippe	−2,8	1,9	089	Ingolstadt	7,6	−1,5
041	Duisburg/Essen	−1,5	−0,5	090	Regensburg	5,5	0,4
042	Düsseldorf	−0,4	0,2	091	Donau-Wald	2,8	1,3
043	Bochum/Hagen	−2,7	0,4	092	Landshut	6,2	0,2
044	Köln	1,8	0,2	093	München	5,1	0,7
045	Aachen	4,7	0,5	094	Donau-Iller (BY)	3,4	1,1
046	Bonn	7,9	0,5	095	Allgäu	3,1	0,7
047	Siegen	−0,2	−0,2	096	Oberland	5,9	1,0
048	Nordhessen	−1,2	0,6	097	Südostoberbayern	5,2	1,0
049	Mittelhessen	0,9	0,5				

V_1 = Bevölkerungsentwicklung 1995-2003, V_2 = Entwicklung der Arbeitslosenquote 1995-2004

An Hand solcher Häufigkeitsverteilungen ist der genaue Variablenwert der einzelnen Elemente nicht mehr erkennbar. Es ist nur bekannt, wie viele Elemente einen Wert zwischen Klassenuntergrenze und Klassenobergrenze haben. In unserem Beispiel weiß man zwar auf Grund der Häufigkeitsverteilung, dass bei der Bevölkerungsentwicklung 5 Raumordnungsregionen Werte zwischen −10% und −7,5% aufweisen (vgl. Tab. 3), aber man weiß nicht mehr, dass die Werte −9,8%, −8,4%, −8,4%, −7,6%, −7,5% sind und um welche Regionen es sich handelt. Insofern bietet Tab. 3 weniger Informationen als Tab. 2, was allerdings für den Gewinn an Übersichtlichkeit in Kauf genommen wird, da nun sehr viel schneller und klarer erkannt werden kann, in welchen Bereichen wie viele Werte liegen.

Das Ziel bei der Erstellung von Häufigkeitsverteilungen ist eine möglichst gute Übersichtlichkeit bei möglichst geringem Informationsverlust. Allgemein gilt: Je weniger Klassen gebildet werden, desto besser ist die Übersichtlichkeit, aber desto größer ist der Informationsverlust.

Tab. 3: Häufigkeitsverteilung der Variable 'Bevölkerungsentwicklung 1995–2003' in der BRD auf Ebene der Raumordnungsregionen

Klassenintervall (in %)	absolute Häufigkeit f_i	relative Häufigkeit h_i	Klassenintervall (in %)	absolute Summenhäufigkeit	relative Summenhäufigkeit
$> -10,0$ bis $-7,5$	5	0,0515	$> -10,0$ bis $-7,5$	5	0,0515
$> -7,5$ bis $-5,0$	8	0,0825	$> -10,0$ bis $-5,0$	13	0,1340
$> -5,0$ bis $-2,5$	7	0,0722	$> -10,0$ bis $-2,5$	20	0,2062
$> -2,5$ bis $0,0$	14	0,1443	$> -10,0$ bis $0,0$	34	0,3505
$> 0,0$ bis $2,5$	20	0,2062	$> -10,0$ bis $2,5$	54	0,5567
$> 2,5$ bis $5,0$	27	0,2784	$> -10,0$ bis $5,0$	81	0,8351
$> 5,0$ bis $7,5$	11	0,1134	$> -10,0$ bis $7,5$	92	0,9485
$> 7,5$ bis $10,0$	5	0,0515	$> -10,0$ bis $10,0$	97	1
Gesamt	97	1			

Somit stellt sich die Frage: Wie viele Klassen sollen gebildet werden, damit das genannte Ziel erreicht wird? Eine allgemeingültige Antwort ist nicht möglich, da die jeweilige Fragestellung eine wichtige Rolle spielt. Sicher aber wird man das folgende Prinzip befolgen: Je mehr Elemente vorliegen, desto mehr Klassen sollten gebildet werden. Einen ersten groben Anhaltspunkt für die Anzahl der Klassen kann die sogenannte Faustregel von STURGES (1926) geben, nämlich

$$k = 1 + 3{,}32 \cdot \lg n$$

mit k = Anzahl der Klassen

n = Anzahl der Objekte

lg = Logarithmus zur Basis 10.

In unserem Beispiel ergibt sich danach

$$k = 1 + 3{,}32 \cdot \lg 97 = 7{,}5961.$$

Sieben oder acht Klassen wären demnach eine Richtschnur, von der aus die Klassenbildung vorgenommen werden könnte (Tab. 3 ist mit acht Klassen gebildet worden). Die Klasseneinteilung ist so vorzunehmen, dass

K1: verschiedene Klassen sich nicht überdecken,

K2: das gesamte Werteintervall von den Klassen überdeckt wird,

K3: die Klassenintervalle möglichst gleich groß sind, die Klassenbreiten also gleich sind,

K4: die Klassenmitten und Klassengrenzen möglichst einfache Zahlen sind.

Während die beiden ersten Kriterien (K1, K2) wichtig sind, damit nicht Mehrfachzählungen bzw. Nichtberücksichtigung von Werten auftreten und somit das Ergebnis verfälschen, folgen die beiden letzten Kriterien (K3, K4) dem Prinzip der Einfachheit und dienen der leichteren Interpretation. Eine mögliche Klasseneinteilung für die Bevölkerungsentwicklung 1995-2003 in der BRD auf Regionsebene wäre dann z.B.: $-10{,}0$ bis $-7{,}5$; $-7{,}5$

Tab. 4: Häufigkeitsverteilung der Variable 'Entwicklung der Arbeitslosenquote 1995–2004' in der BRD auf Ebene der Raumordnungsregionen

Klassenintervall (in %)	absolute Häufigkeit f_i	relative Häufigkeit h_i	Klassenintervall (in %)	absolute Summen-häufigkeit	relative Summen-häufigkeit
$> -3{,}0$ bis $-1{,}5$	4	0,0412	$> -3{,}0$ bis $-1{,}5$	4	0,0412
$> -1{,}5$ bis $0{,}0$	18	0,1856	$> -3{,}0$ bis $0{,}0$	22	0,2268
$> 0{,}0$ bis $1{,}5$	42	0,4330	$> -3{,}0$ bis $1{,}5$	64	0,6598
$> 1{,}5$ bis $3{,}0$	10	0,1031	$> -3{,}0$ bis $3{,}0$	74	0,7629
$> 3{,}0$ bis $4{,}5$	10	0,1031	$> -3{,}0$ bis $4{,}5$	84	0,8660
$> 4{,}5$ bis $6{,}0$	4	0,0412	$> -3{,}0$ bis $6{,}0$	88	0,9072
$> 6{,}0$ bis $7{,}5$	5	0,0515	$> -3{,}0$ bis $7{,}5$	93	0,9588
$> 7{,}5$ bis $9{,}0$	4	0,0412	$> -3{,}0$ bis $9{,}0$	97	1
Gesamt	97	1			

bis $-5{,}0; \cdots; 7{,}5$ bis $10{,}0$, bei der die Klassenbreite 2,5 ist. Dann wird die Spannweite der Werte (von $-9{,}8\%$ bis $+8{,}2\%$) mit 8 Klassen recht gut abgebildet, wenn auch die letzte Klasse (7,5 bis 10,0) doch um einiges über den maximalen Wert von $+8{,}2\%$ hinausreicht und die Klassenmitten nicht wirklich einfache Zahlen sind. Hingegen führt die vorgenommene Einteilung bei der Klassenbreite und den Klassengrenzen zu recht einfachen Zahlen. Gleichzeitig kann dadurch erreicht werden, dass positive und negative Werte in getrennten Klassen sind, was für eine Interpretation vorteilhaft ist. Dieser Gedanke ist auch bei der Klassenbildung für die zweite Datenreihe der Tab. 2 (V_2 = Entwicklung der Arbeitslosenquote) leitend. Hier bietet sich bei acht Klassen eine Klasseneinteilung mit der Klassenbreite 1,5 an: $-3{,}0$ bis $-1{,}5$; 1,5 bis 0; $\cdots$; 7,5 bis 9,0 (vgl. Tab. 4 und Abb. 8).

Wenn innerhalb der Datenreihe ein oder zwei Werte extrem niedrig oder extrem hoch sind, wird oftmals eine nach unten/oben hin offene Klassenbildung vorgenommen und diese Werte in die unterste bzw. oberste Klasse mit aufgenommen. Eine solche nach unten/oben hin offene Klassenbildung wird insbesondere dann vorgenommen, wenn in der Datenreihe wenige Extremwerte vorhanden sind, wodurch ansonsten die Klassen in den mittleren Bereichen der Datenreihe unnötig vergrößert würden und damit eine detailliertere Differenzierung im Wertebereich der häufigsten Daten verhindert würde.

Durch Auszählen lässt sich nun die absolute Häufigkeit (absolute frequency) f_i jeder Klasse i bestimmen. f_i gibt jeweils die Anzahl der in der Klasse vorkommenden Werte an. Neben den absoluten Häufigkeiten f_i werden oftmals auch die relativen oder prozentualen Häufigkeiten (relative frequency) genutzt. Sie lassen sich wie folgt bestimmen:

relative Häufigkeit: $h_i = f_i / n$

prozentuale Häufigkeit: $p_i = h_i \cdot 100$

mit $f_i =$ absolute Häufigkeit der i-ten Klassen

$n =$ Anzahl der Elemente.

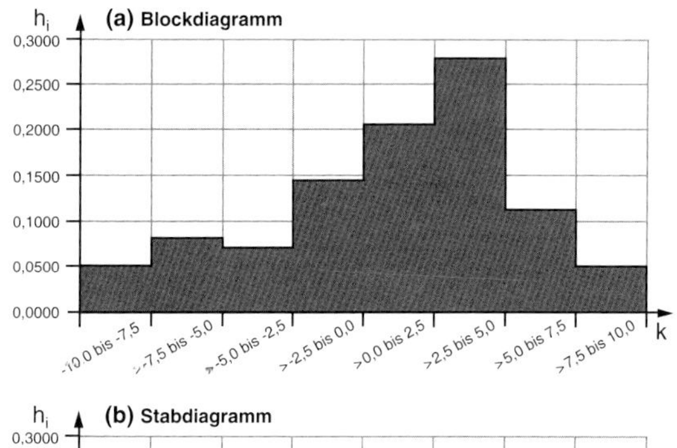

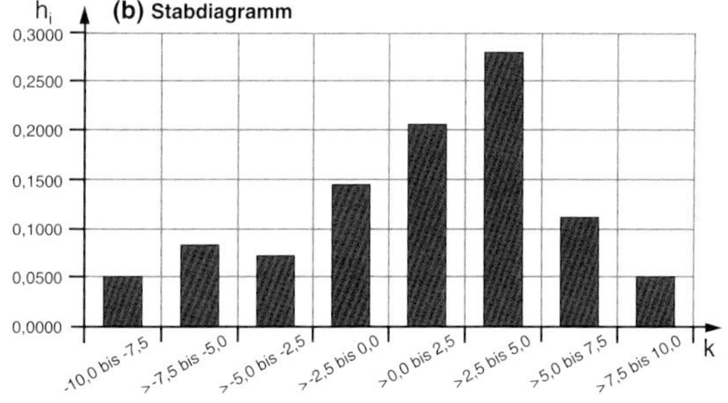

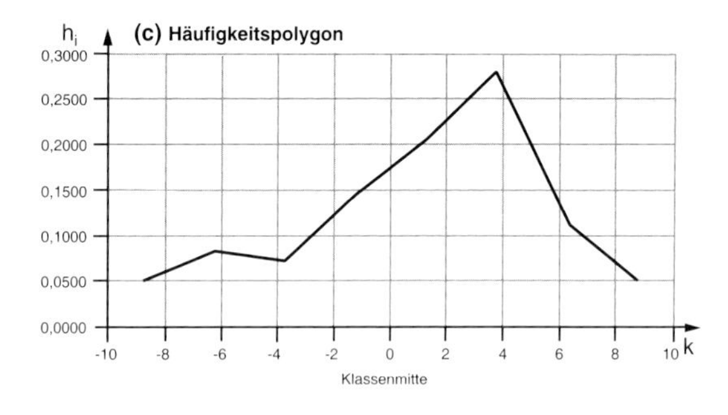

Abb. 6:
Relative Häufigkeiten für die Variable 'Bevölkerungsentwicklung 1995–2003' in der BRD auf Ebene der Raumordnungsregionen

Gerade für Vergleiche zweier Verteilungen mit einer unterschiedlichen Anzahl von Elementen ist es sinnvoll, statt der absoluten Häufigkeiten relative oder prozentuale Häufigkeiten zu verwenden.

Zudem sollten für einen Vergleich zweier Datenreihen mit unterschiedlicher Anzahl von Elementen die Klassen (und damit auch die Anzahl der Klassen) jeweils gleich sein. Das kann bedeuten, dass die Anzahl der Klassen bei der längeren Datenreihe etwas kleiner, bei der kürzeren Datenreihe etwas größer gewählt werden muss, als man es für den Einzelfall tun würde.

Zusätzlich zu den absoluten und relativen Häufigkeiten können auch sogenannte Sum-

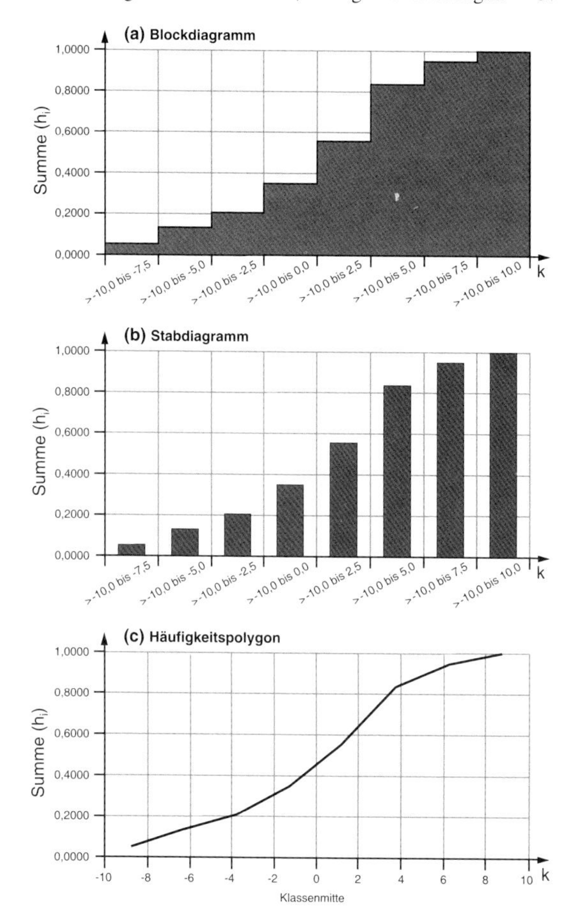

Abb. 7:
Relative Summenhäufigkeiten für die Variable 'Bevölkerungsentwicklung 1995–2003' in der BRD auf Ebene der Raumordnungsregionen

menhäufigkeiten (kumulierte Häufigkeiten) verwendet werden, die sich durch fortlaufende Summierung (Kumulation) der absoluten oder relativen Häufigkeiten in aufsteigender Reihenfolge der Klassenmitten ergeben. So besagt die absolute Summenhäufigkeit 34 für die Klasse '$> -10{,}0$ bis 0', dass 34 Regionen einen Wert aufweisen, der höchstens gerade 0% erreicht, also in der Periode 1995 bis 2003 einen Bevölkerungsrückgang zu verzeichnen haben. Das sind $35{,}05\%$ aller 97 Raumordnungsregionen (vgl. Tab. 3).

Neben der tabellarischen Erfassung und Darstellung einer Häufigkeitsverteilung ist deren graphische Darstellung als eine wichtige Ergänzung anzusehen, da diese Form der Darstellung einen unmittelbaren visuellen Eindruck von der Verteilung vermittelt. Abb. 6 und Abb. 7 zeigen verschiedene Möglichkeiten der graphischen Darstellung von Häufigkeiten und Summenhäufigkeiten.

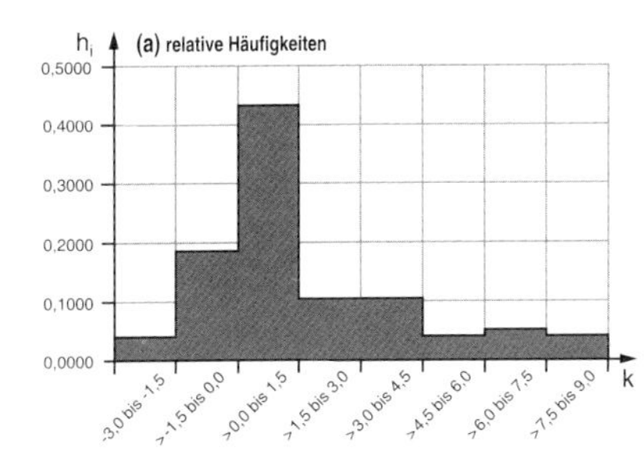

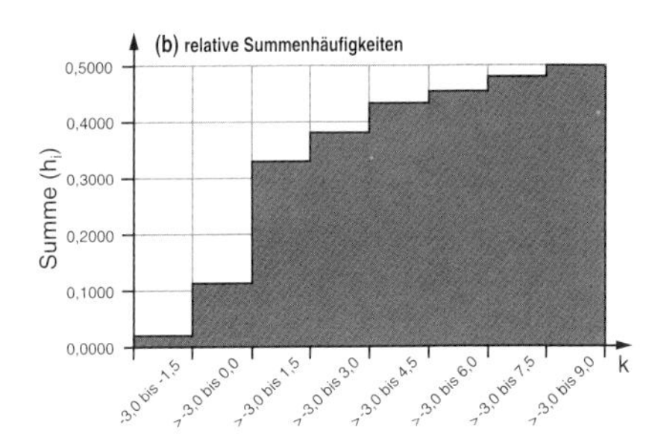

Abb. 8: Relative Häufigkeiten und Summenhäufigkeiten für die Variable 'Entwicklung der Arbeitslosenquoten 1995–2004' in der BRD auf Ebene der Raumordnungsregionen

Von der Darstellungstechnik her sind folgende Diagramme gebräuchlich:

1. Histogramme
   Bei dieser Form werden die Häufigkeiten in Form von Säulen dargestellt. Wir unterscheiden zwei Arten:
   - Blockdiagramme
     Auf der Abzisse werden die Klassenintervalle abgetragen. Die einzelnen Säulen erhalten die Breite der Klassenintervalle (Abb. 6(a)).
   - Stabdiagramme
     Auf der Abzisse werden die Klassenmitten bzw. die einzelnen Merkmalswerte abgetragen. Die einzelnen Säulen grenzen nicht aneinander, sondern sind durch Lücken voneinander getrennt (Abb. 6(b)).
2. Häufigkeitspolygone
   Auf der Abzisse werden Klassenmitten oder obere Klassengrenzen abgetragen. Die einzelnen zugehörigen Häufigkeitswerte werden auf der Ordinate abgetragen und durch Strecken verbunden (Abb. 6(c)).

Wenn auch die Häufigkeitsverteilungen verschiedener Variablen im Einzelnen recht unterschiedlich ausfallen, gibt es doch einige typische Verteilungsformen, die häufig vorkommen. Man unterscheidet sie einmal nach der Anzahl der Gipfel (Häufigkeitsmaxima) in unimodale (eingipflige), bimodale (zweigipflige) und multimodale (mehrgipflige) Verteilungen. Zum anderen wird nach dem Kriterium der Symmetrie differenziert bzw. danach, auf welcher Seite des Gipfels mehr Werte zu finden sind. An Hand dieser Kriterien lassen sich folgende typische Verteilungsformen unterscheiden (vgl. Abb. 9):

- die glockenförmige Verteilung, die unimodal und symmetrisch ist. Ihr kommt aus theoretischen Gründen in der Statistik eine große Bedeutung zu;
- die *U*-Verteilung, die bimodal und symmetrisch ist und deren Gipfel an den jeweiligen Enden des Werteintervalls liegen;

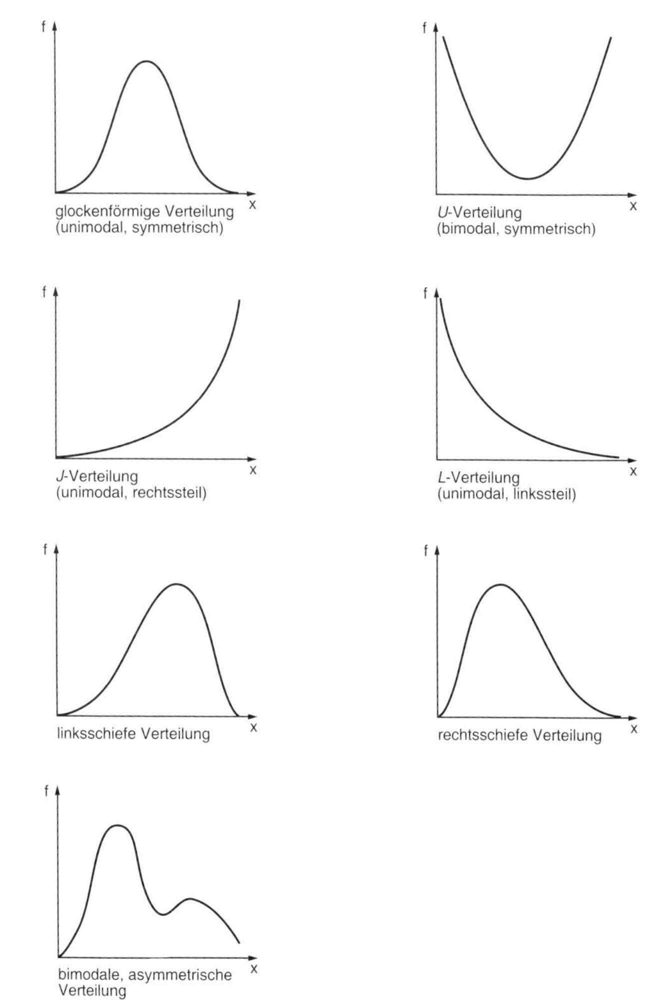

Abb. 9:
Typische Verteilungsformen

- die J-Verteilung, die unimodal und rechtssteil ist und deren Gipfel am rechten Ende des Werteintervalls liegt;
- die L-Verteilung, die unimodal und linkssteil ist und deren Gipfel am linken Ende des Werteintervalls liegt;
- die linksschiefe Verteilung, die unimodal und deren Gipfel nach rechts verschoben ist;
- die rechtsschiefe Verteilung, die unimodal und deren Gipfel nach links verschoben ist;
- die bimodale, asymmetrische Verteilung.

Anwendungsmöglichkeiten und Probleme - Häufigkeitsverteilungen ***MuG***

Welche graphische Darstellungsform im jeweiligen Fall anzuwenden ist, hängt von der Art des vorliegenden Datenmaterials ab:

- Im Fall diskreter Variablen (z.B. Benotung der Klassenarbeit nach dem System 'sehr gut', 'gut', ..., 'ungenügend') werden die absoluten und relativen Häufigkeiten am Besten in Form von Stabdiagrammen dargestellt, in denen die Lücken den diskreten Charakter der Variablen betonen (Abb. 6b). Die Graphiken für die zugehörigen absoluten und relativen Summenhäufigkeiten sind der Form nach Treppenkurven. An jeder Stelle, an der sich im Stabdiagramm ein Stab befindet, liegt in der Treppenkurve eine Sprungstelle, die genau der Stablänge entspricht (vgl. Abb. 6 und Abb. 7).
- Im Fall stetiger Variablen werden die Merkmalsausprägungen in Klassen eingeteilt und die Häufigkeiten je Klasse berechnet. Die graphische Darstellung der absoluten und relativen Häufigkeiten erfolgt günstig in Form eines Blockdiagramms (Abb. 6a). Dieses nämlich vermittelt auch graphisch das Charakteristikum metrischer Skalenniveaus, dass die Daten innerhalb des gesamten Wertintervalls jeden Wert annehmen können (= Kontinuum). Die absoluten und relativen Summenhäufigkeiten werden als Summenpolygone dargestellt (vgl. Abb. 6 und Abb. 7). Beide Darstellungsarten legen die Vorstellung nahe, dass in jeder Klasse eine gleichmäßige Verteilung der zugehörigen Objekte über die gesamte Klassenbreite vorliegt. Oft treten im Fall diskreter Variablen so viele verschiedene Merkmalsausprägungen (z.B. Gesamtnote der AbsolventInnen eines Abiturjahrgangs nach dem z.Zt. gültigen Punktesystem) auf, dass auch hier eine Klasseneinteilung sinnvoll ist. Für solche diskreten Variablen ist dann am besten wie für stetige zu verfahren.

Bei der graphischen Darstellung der absoluten und relativen Häufigkeiten ist im Fall stetiger Variablen jedoch Vorsicht geboten, da durch optische Verzerrungen die Gefahr von Fehlinterpretationen entstehen kann. Das gilt vor allem, wenn Klassenintervalle ungleich groß gewählt werden. Wie weiter oben angesprochen, sollte das möglichst vermieden werden, gerade aber für die Abgrenzung der Anfangs- und der Endklasse ist das bei Vorliegen weniger Extremwerte nicht immer sinnvoll. Zum besseren Verständnis sei dazu das hypothetische Beispiel einer Verteilung des Pro-Kopf-Einkommens über sechs Regionen eines Gesamtraumes gegeben (Tab. A).

Tab. A: Häufigkeitsverteilung des Pro-Kopf-Einkommens für die sechs Regionen eines Gesamtraumes

Pro-Kopf-Einkommen in DM (X)	absolute Häufigkeit f_i	Klassenbreite Δx_i	Häufigkeitsdichte $f_i/\Delta x_i$
0 – < 500	2	500	$4 \cdot 10^{-3}$
500 – < 1000	2	500	$4 \cdot 10^{-3}$
1000 – < 10000	2	9000	$0{,}22 \cdot 10^{-3}$

Erstellt man für die gegebene Einkommensverteilung ein Blockdiagramm (Abb. A links), in dem auf der Ordinate die absoluten Häufigkeiten abgetragen sind, ergibt sich ein völlig falsches Bild über die Art der vorliegenden Verteilung. Das Blockdiagramm vermittelt den optischen Eindruck, als seien die Pro-Kopf-Einkommen der sechs Regionen gleichmäßig über das Intervall von 0-10000 € verteilt. Das ist im vorliegenden Beispiel aber nicht der Fall. Immerhin liegt das Pro-Kopf-Einkommen für zwei Drittel der einbezogenen Regionen unter 1000 €, d.h. im ersten Zehntel des gesamten Werteintervalls. Nur 2 von 6 Regionen haben ein Pro-Kopf-Einkommen von 1000 € und mehr.

Eine verbesserte graphische Darstellung ergibt sich, wenn man im Blockdiagramm anstatt der absoluten Häufigkeiten f_i die sogenannten absoluten Häufigkeitsdichten f_i/x_i (x_i = Klassenbreite der Klasse i) auf der Ordinate abträgt. Absolute Häufigkeitsdichten errechnen sich, indem man die absoluten Häufigkeiten durch die zugehörigen Klassenbreiten dividiert. Dadurch erreicht man eine Normierung der Summe aller Blockflächen auf n (Anzahl aller Objekte). Für relative Häufigkeiten ist analog zu verfahren; die resultierende Normierung der Flächen aller Blöcke beträgt dann jedoch 1 (Summe aller Objektanteilswerte). Für unser Beispiel vermittelt die resultierende Abbildung (Abb. A rechts) den korrekten Eindruck einer äußerst linkssteilen Verteilung.

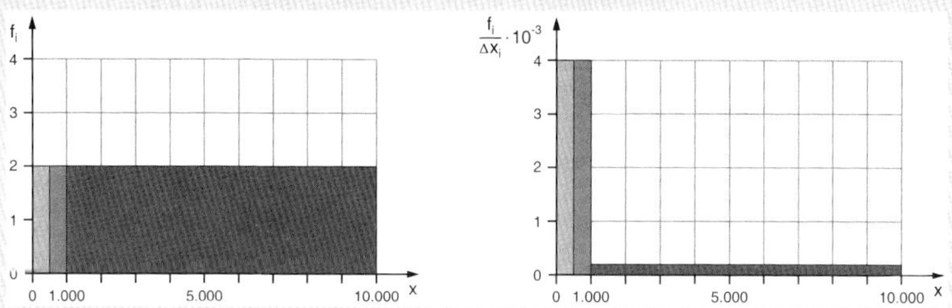

Abb. A: Unterschiedliche Darstellungen des Pro-Kopf-Einkommens für die sechs Regionen eines Gesamtraumes

Anwendungsmöglichkeiten und Probleme - Häufigkeitsverteilungen *MuG*

Entwicklung der Bevölkerung und der Arbeitslosigkeit in Deutschland *MiG*
Eine Analyse von Häufigkeitsverteilungen

Eine Analyse der Häufigkeitstabellen und -diagramme für die Variablen Bevölkerungsentwicklung 1995-2003 und Entwicklung der Arbeitslosigkeit 1995-2004 auf der Basis der Raumordnungsregionen führt zu dem folgenden Ergebnis:

1. Die Verteilung der Variablen 'Bevölkerungsentwicklung 1995-2003' ist linksschief und weist eine Konzentration im Wertebereich zwischen 0% und 5,0% (mit dem Schwerpunkt zwischen 2,5% und 5,0%) auf. Demnach weist fast die Hälfte der Raumordnungsregionen (= 48,46%) ein moderates Wachstum auf, hingegen wachsen nur wenige deutlich stärker. Über den gesamten negativen Wertebereich ist die Verteilung hingegen gleichmäßiger ausgeformt. Das summiert sich allerdings, wie die Summenhäufigkeiten zeigen, zu einem beträchtlichen Anteil: insgesamt mehr als ein Drittel der Regionen (= 35,05%) hat in dem betroffenen Zeitraum eine Abnahme der Bevölkerung zu verzeichnen.
2. Die Verteilung der Variablen 'Entwicklung der Arbeitslosigkeit 1995-2004' ist hingegen rechtsschief, wobei diese Schiefe recht stark ausgeprägt ist. In den ersten beiden Klassen mit negativen Werten befinden sich etwas mehr als ein Fünftel der Raumordnungsregionen. Dann erfolgt in der ersten Klasse mit positiven Werten ein enormer Anstieg des Anteils; in dieser Klasse mit dem Wertebereich von 0,0% und 1,5% sind allein 43,3% der Regionen zu finden. Danach sinken die Anteile in den Klassen sehr deutlich ab – zunächst auf etwa 10% und dann auf Anteile um 4% und 5%. Die Arbeitslosenquoten haben also von September 1995 bis September 2004 für nur ein Fünftel der Raumordnungsregionen zumindest leicht abgenommen. Im positiven Wertebereich werden die Häufigkeiten nach oben hin allmählich geringer. Es ist aber anzumerken, dass es immerhin neun Regionen gibt, in denen sich die Arbeitslosenquote um mehr als 6%-Punkte erhöht hat (die beiden letzten Klassen).

Es stellt sich natürlich sofort die Frage, inwieweit die gerade beschriebene Entwicklung in der BRD für Ost- und Westdeutschland identisch ist oder ob zwischen den beiden Räumen Unterschiede bestehen. Will man auf Basis der Raumordnungsregionen die Verteilungen für Ost- und Westdeutschland miteinander vergleichen, dann sollten die Klasseneinteilungen für die zu erstellenden Häufigkeitstabellen und -diagramme identisch sein. Von den 97 Raumordnungsregionen sind 74 westdeutsche und 23 ostdeutsche. Nach der STURGES-Formel würden sich für Westdeutschland

$k = 7{,}058 \approx 7$ Klassen und für Ostdeutschland $k = 5{,}5209 \approx 6$ Klassen ergeben. Um die Ergebnisse auch mit denjenigen für die Gesamt-BRD vergleichbar zu machen, wird hier die Analyse mit den gleichen Einteilungen durchgeführt wie für die gesamte BRD (also mit den dort verwendeten 8 Klassen). Die Häufigkeitstabellen und -diagramme für Westdeutschland finden sich in Tab. A und in Abb. A, diejenigen für Ostdeutschland in Tab. B und Abb. B. Als Ergebnis lässt sich festhalten:

Tab. A: Relative Häufigkeiten für die beiden Variablen *Bevölkerungsentwicklung 1995–2003* und *Entwicklung der Arbeitslosenquoten 1995–2004* in Westdeutschland

Bevölkerungsentwicklung 1995-2003			Entwicklung der Arbeitslosenquoten 1995-2004		
Klassenintervall (in %)	absolute Häufigkeit f_i	relative Häufigkeit h_i	Klassenintervall (in %)	absolute Summenhäufigkeit	relative Summenhäufigkeit
$-10{,}0$ bis $-7{,}5$	0	0,0000	$-3{,}0$ bis $-1{,}5$	4	0,0541
$> -7{,}5$ bis $-5{,}0$	0	0,0000	$> -1{,}5$ bis $0{,}0$	18	0,2432
$> -5{,}0$ bis $-2{,}5$	3	0,0405	$> 0{,}0$ bis $1{,}5$	42	0,5676
$> -2{,}5$ bis $0{,}0$	12	0,1622	$> 1{,}5$ bis $3{,}0$	8	0,1081
$> 0{,}0$ bis $2{,}5$	18	0,2432	$> 3{,}0$ bis $4{,}5$	2	0,0270
$> 2{,}5$ bis $5{,}0$	26	0,3514	$> 4{,}5$ bis $6{,}0$	0	0,0000
$> 5{,}0$ bis $7{,}5$	11	0,1486	$> 6{,}0$ bis $7{,}5$	0	0,0000
$> 7{,}5$ bis $10{,}0$	4	0,0541	$> 7{,}5$ bis $9{,}0$	0	0,0000
Gesamt	74	1	Gesamt	74	1

Tab. B: Relative Häufigkeiten für die beiden Variablen *Bevölkerungsentwicklung 1995–2003* und *Entwicklung der Arbeitslosenquoten 1995–2004* in Ostdeutschland

Bevölkerungsentwicklung 1995-2003			Entwicklung der Arbeitslosenquoten 1995-2004		
Klassenintervall (in %)	absolute Häufigkeit f_i	relative Häufigkeit h_i	Klassenintervall (in %)	absolute Summenhäufigkeit	relative Summenhäufigkeit
$-10{,}0$ bis $-7{,}5$	5	0,2174	$-3{,}0$ bis $-1{,}5$	0	0,0000
$> -7{,}5$ bis $-5{,}0$	8	0,3478	$> -1{,}5$ bis $0{,}0$	0	0,0000
$> -5{,}0$ bis $-2{,}5$	4	0,1739	$> 0{,}0$ bis $1{,}5$	0	0,0000
$> -2{,}5$ bis $0{,}0$	2	0,0870	$> 1{,}5$ bis $3{,}0$	2	0,0870
$> 0{,}0$ bis $2{,}5$	2	0,0870	$> 3{,}0$ bis $4{,}5$	8	0,3478
$> 2{,}5$ bis $5{,}0$	1	0,0435	$> 4{,}5$ bis $6{,}0$	4	0,1739
$> 5{,}0$ bis $7{,}5$	0	0,0000	$> 6{,}0$ bis $7{,}5$	5	0,2174
$> 7{,}5$ bis $10{,}0$	1	0,0435	$> 7{,}5$ bis $9{,}0$	4	0,1739
Gesamt	23	1	Gesamt	23	1

- Bevölkerungsentwicklung
  Im westdeutschen Fall enthalten die beiden ersten Klassen, also diejenigen mit hohen Verlusten, keine Elemente. Insgesamt ergibt sich eine leichte linksschiefe Verteilung, die – lässt man die beiden ersten Klassen außer Acht – über die restlichen Klassen recht symmetrisch geformt ist mit der Spitze im mittleren positiven Bereich. Regionen mit Bevölkerungsverlusten sind relativ wenig vertreten. Insgesamt trifft das nur für gerade ein Fünftel der westdeutschen Regionen zu. Für Ostdeutschland hingegen ergibt sich insgesamt eine rechtsschiefe Verteilung, deren Spitze schon

im stark negativen Bereich liegt. Fast im Gegensatz zu Westdeutschland weisen hier weniger als ein Fünftel der Regionen Bevölkerungsgewinne auf. Die 4 Regionen, für die das zutrifft, sind im einzelnen Havelland-Fläming (7,9%), Prignitz-Oberhavel (2,7%), Oderland-Spree (1,7%) und Uckermark-Barnim (1,7%), also alles Regionen, die an den Verdichtungskern Berlin angrenzen und durch den Suburbanisierungsprozess profitieren.

- Entwicklung der Arbeitslosigkeit
  Die gerade festgestellte Unterschiedlichkeit zwischen Ost- und Westdeutschland ist mit Modifikationen auch für die Variable 'Entwicklung der Arbeitslosenquote' festzustellen. Die Häufigkeitsverteilung für Westdeutschland ist leicht rechtsschief. Etwa 30% der Regionen weisen negative Werte auf, d.h. die Arbeitslosenquoten haben sich 2004 im Vergleich zu 1995 verringert und mehr als 50% haben relativ geringe Erhöhungen der Arbeitslosenquoten bis zu 1,5%-Punkten. Das stellt sich für Ostdeutschland ganz anders dar. Es gibt überhaupt keine Region mit einem negativen Wert. Alle Regionen haben sich demnach bei den Arbeitslosenquoten verschlechtert, wobei es auch keine Region gibt, die nur eine relativ geringe Steigerung bis zu 1,5% aufweist. Eine Spitze hat die Verteilung in Ostdeutschland zwar für die Klasse 3,0% bis 4,5%. Jedoch fallen viele Regionen in die darüber liegenden Klassen mit schon sehr deutlichen Steigerungsraten von 4,5% und mehr. Insgesamt sind in diesen drei Klassen, die ziemlich gleichmäßig besetzt sind, mehr als 55% der ostdeutschen Regionen zu finden.

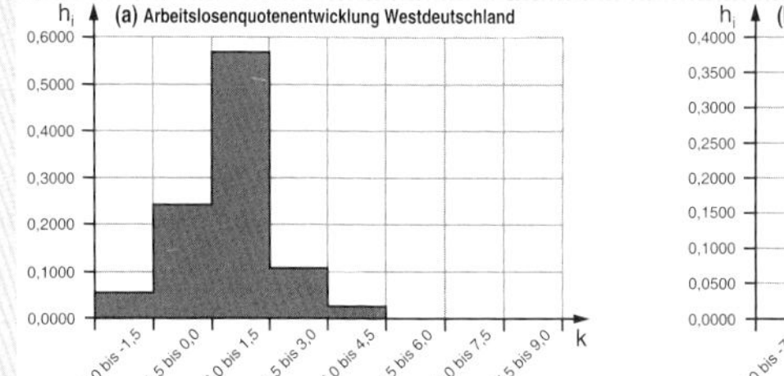

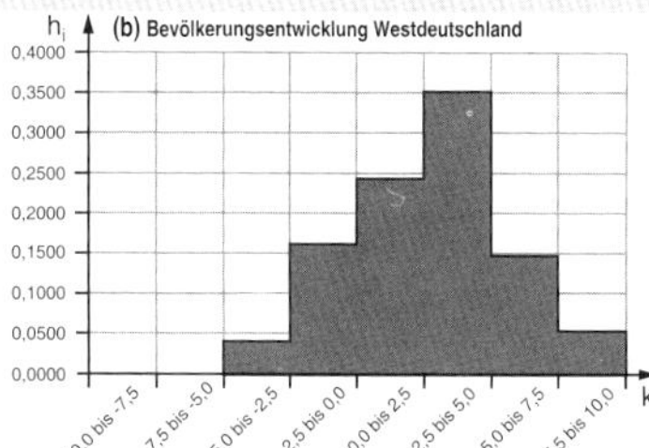

Abb. A: Relative Häufigkeiten für die beiden Variablen 'Bevölkerungsentwicklung 1995–2003' und 'Entwicklung der Arbeitslosenquoten 1995–2004' in Westdeutschland

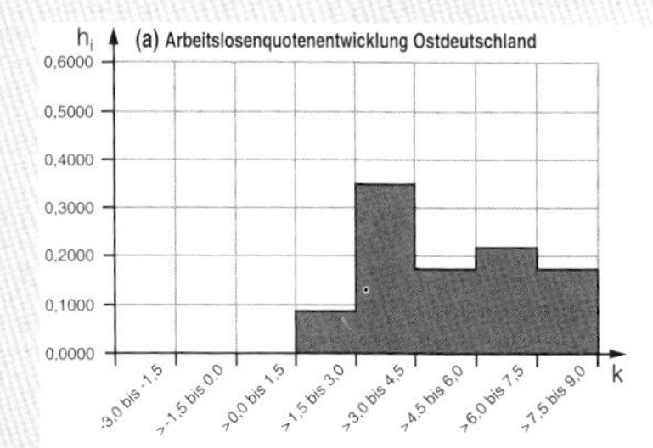

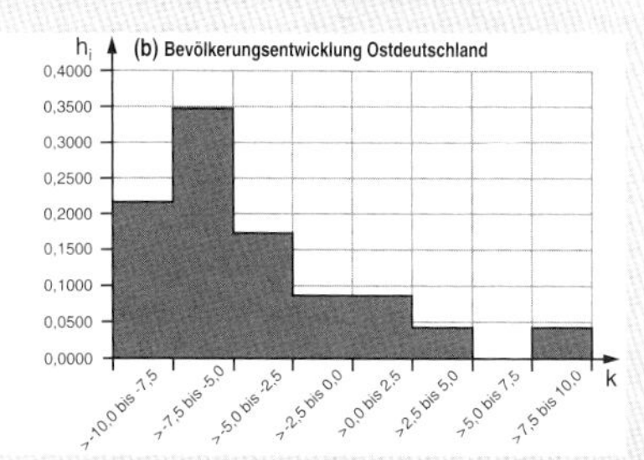

Abb. B: Relative Häufigkeiten für die beiden Variablen 'Bevölkerungsentwicklung 1995–2003' und 'Entwicklung der Arbeitslosenquoten 1995–2004' in Ostdeutschland

Entwicklung der Bevölkerung und der Arbeitslosigkeit in Deutschland
Eine Analyse von Häufigkeitsverteilungen ***MiG***

Herkunft der Passanten in der Bremer Innenstadt ***MiG***
Eine Analyse von Häufigkeitsverteilungen

Für die Untersuchung der Bremer Passanten ist die Struktur der Herkunft der Passanten eine geographisch durchaus interessanter Aspekt. Hierzu wurden die Passanten nach ihrem Wohnort befragt. Von den insgesamt 4724 befragten Passanten haben 4658 den Wohnort angegeben. Für diese Passanten wurde einmal die Entfernung zwischen Bremen und dem Wohnort (in km) festgelegt, zum anderen wurden in Relation zur Bremer Innenstadt eine Kategorisierung vorgenommen und die Wohnorte entsprechend dieser Kategorien eingeordnet. Es wurden die folgenden acht Kategorien festgelegt:

1.	Bremen-Zentrum	5.	30-50 km Umland
2.	Restliches Bremen	6.	50-75 km Umland
3.	Speckgürtel	7.	Restliche BRD
4.	30 km Umland	8.	Ausland

Zum 'Speckgürtel' zählen die Umlandgemeinden die direkt an Bremen angrenzen und größtenteils stark suburbanisiert sind; zum '30 km Umland' gehören die restlichen Gemeinden, die maximal 30 km entfernt sind.

Diese Kategorisierung lässt sich als Variable auffassen, indem jedem Passanten für den angegebenen Wohnort die Nummer der Kategorie zugewiesen wird. Das Resultat ist in diesem Fall keine metrische Variable, sondern eine nominal-skalierte. Allenfalls ließe sie sich als ordinal-skaliert interpretieren, da die Variable schon eine nach der Entfernung zum Bremer Stadtzentrum geordnete Einteilung vornimmt. Für eine Häufigkeitsverteilung wäre nun keine Aufteilung in Klassen mehr vorzunehmen, da die Kategorien die Klassen bilden. Das Diagramm der relativen Häufigkeiten (Abb. A) zeigt deutlich, dass der weitaus größte Teil der Passanten aus Bremen kommt. Dabei sind die Unterschiede zwischen Zentrum und dem restlichen Bremen nicht sehr ausgeprägt. Zum Umland hin ist jedoch ein sehr starker Rückgang festzustellen: aus den vier Umlandkategorien kommen insgesamt weniger Passanten als aus einer der beiden Bremer Kategorien.

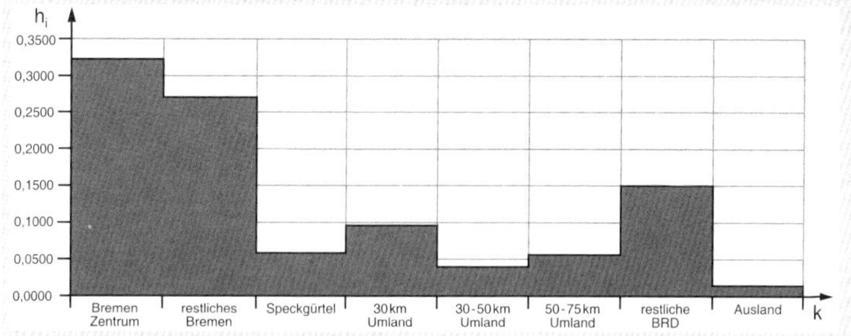

Abb. A: Relative Häufigkeiten der Variablen 'Raumkategorie der Wohnorte der Passanten in der Bremer Innenstadt'

Das hier aufgezeigte Muster ist ebenso vorzufinden, wenn die metrisch-skalierte Variable 'Entfernung Wohnort-Bremer Zentrum' (km) betrachtet wird. Die Werte bei dieser Variablen variieren zwischen dem Minimum von 1,72 km und dem Maximum von 597,69 km. Nach der STURGES-Faustregel ergäbe sich die folgende Klassenzahl:

$$k = 1 + 3{,}32 \cdot \lg 4658 = 13{,}1784.$$

Damit ergäbe sich eine Klassenzahl von 13 bis 14 Klassen. Allerdings ist im vorliegenden Fall eine gleichmäßige Aufteilung des Wertebereiches zwischen 1,72 km und 597,69 km wenig günstig, wie die Abb. B, in der die Werte entsprechend ihrer Größe abgetragen sind, deutlich zeigt. Durch die sehr vielen kleinen Werte und der im Vergleich dazu deutlich geringeren Anzahl an hohen Werten würde im unteren Wertebereich – also bei dem großen Teil jener Passanten, die wegen ihrer Herkunft aus dem näheren Umland der Stadt eigentlich von besonderem Interesse wären – kaum eine Differenzierung vorgenommen.

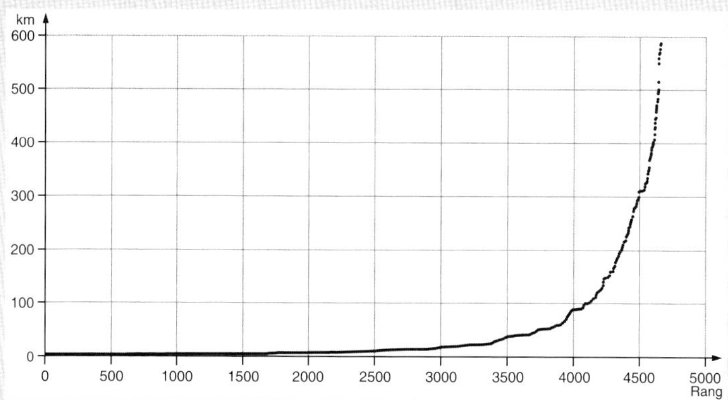

Abb. B: Rangverteilung für die Variablen 'Entfernung Wohnort-Bremer Zentrum für Passanten in der Bremer Innenstadt'

Orientiert man sich in etwa an der oben angegebenen Klassenzahl, so ließe sich die folgende vom Sachverhalt Einkaufen geleitete Überlegung anführen: Ein großer Teil der Passanten sind zum Einkaufen in der Bremer Innenstadt. Es ist davon auszugehen, dass in der Regel nicht viel mehr als eine Stunde Fahrzeit (mit dem Pkw) in Kauf genommen wird, was eine Entfernung von maximal 80 bis 100 km ergibt. Ausgehend von dieser Überlegung wäre eine Klasseneinteilung mit einer Klassenbreite von 10 km eine durchaus gute Möglichkeit. Es ergeben sich dann insgesamt 11 Klassen $0 - 10, > 10 - 20, \ldots, > 90 - 100, > 100$. In der letzten Klassen würden alle Passanten enthalten sein, die mehr als 100 km zurücklegen (und in der Regel wohl weniger zum Einkaufen in die Bremer Innenstadt kommen).

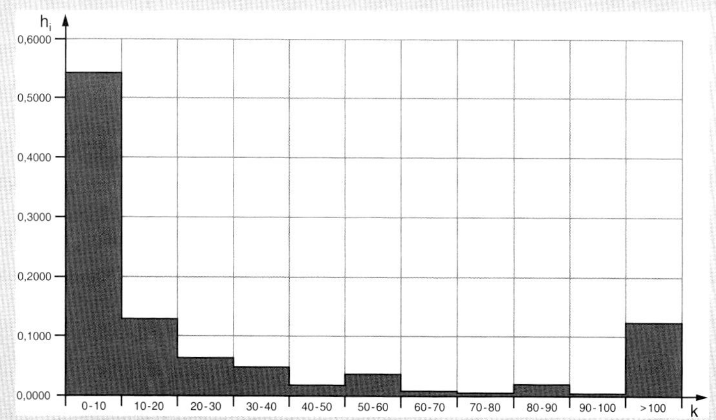

Abb. C: Diagramm der relativen Häufigkeiten für die Variablen 'Entfernung Wohnort-Bremer Zentrum für Passanten in der Bremer Innenstadt'

Die in Abb. C dargestellte Häufigkeitsverteilung zeigt für diese Variable 'Entfernung Wohnort-Bremer Zentrum' eine extreme L-Verteilung (die letzte Klasse $>$ 100 km ist als eine Restklasse zu interpretieren). Insgesamt mehr als die Hälfte der befragten Passanten, nämlich 54,27%, wohnen nicht weiter als 10 km von der Bremer Innenstadt entfernt. Die relativen Häufigkeiten fallen dann mit wachsender Entfernung sofort sehr stark ab und bewegen sich in den größeren Entfernungen (bis 100 km) zwischen 0,5% und etwa 2%. Die sich hier ergebende Verteilung ist als klassisch für 'Distanzverhalten' bei Berufs- und Einkaufspendlern anzusehen und lässt sich leicht begründen durch den Umstand, dass gerade die Überwindung der 'letzten Kilometer' zum Zentrum mit erheblichem Zeitaufwand (z.B. infolge des höheren Verkehrsaufkommens) verbunden ist. Insofern fällt die Intensität des Besuchs mit wachsender Entfernung des Wohnortes vom Zentrum zunächst sehr stark ab, weiter entfernt ist der Zeitaufwand für die Distanzüberwindung pro Entfernungseinheit deutlich geringer und dementsprechend reduziert sich die Besuchsintensität deutlich weniger.

Herkunft der Passanten in der Bremer Innenstadt
Eine Analyse von Häufigkeitsverteilungen ***MiG***

4.2 Maßzahlen empirischer Verteilungen

Häufigkeitsdiagramme sollen vor allem einen visuellen Eindruck vermitteln von der Form empirischer Verteilungen. In ihnen kommen verschiedene Charakteristika einer Verteilung wie Schiefe, Symmetrie, häufig und selten auftretende Werte usw. sozusagen gleichzeitig zum Ausdruck, allerdings werden sie nicht unbedingt sehr genau erfasst. Möchte man z.B. wissen, ob eine Verteilung stark oder nur schwach schief ist, wird man exaktere Maßzahlen benötigen, die eine intersubjektive Vergleichbarkeit der Beurteilungen der Schiefe ermöglichen. Solche Maßzahlen nennt man auch *Parameter*.

Die größere Genauigkeit, die mit Hilfe solcher Maßzahlen bei der Beschreibung einzelner Charakteristika einer Verteilung erreicht wird, wird natürlich erkauft durch einen weiteren Informationsverlust gegenüber demjenigen, der schon durch Häufigkeitstabellen und -diagramme eintritt. Solche Maßzahlen sagen ja nur noch etwas über eine einzige von mehreren Eigenschaften der Variablen aus und Häufigkeitstabellen und -diagramme werden deshalb auch keinesfalls überflüssig.

Wir gehen bei den im Folgenden vorgestellten Parametern davon aus, dass Stichproben oder endliche Grundgesamtheiten vorliegen und werden zwischen beiden nicht unterscheiden. Wir nehmen der Einfachheit halber an, dass die Anzahl der Elemente immer n ist, gleichgültig ob wir eine Stichprobe oder eine endliche Grundgesamtheit betrachten.

Einige Parameter für unendliche Grundgesamtheiten werden im Kap. 5 besprochen.

4.2.1 Maße der Zentraltendenz

Maße der Zentraltendenz (Lageparameter) dienen dazu, die Verteilung durch einen zentralen Wert zu repräsentieren, der die Lage der mittleren oder am häufigsten vorkommenden Variablenwerte repräsentieren soll.

Der Modus (mode)

Der Modus (Modalwert, Dichtemittel, Gipfelwert) ist derjenige Variablenwert, bei dem die Verteilung ihr absolutes Maximum erreicht.

Bei Nominal- und Ordinaldaten ist die Berechnung des Modus trivial, es ist derjenige Wert, der am häufigsten vorkommt. Bei metrischen Daten ist die Berechnung des Modus in der Regel nur auf der Basis einer Klasseneinteilung möglich, und zwar nach der folgenden Schätzformel:

$$M_d = U + \left(\frac{f_0 - f_{0-1}}{2f_0 - f_{0-1} - f_{0+1}} \right) \cdot b$$

mit

M_d	=	Modus
U	=	untere Klassengrenze der am stärksten besetzten Klasse
f_0	=	Anzahl der Elemente in der am stärksten besetzten Klasse
f_{0-1}, f_{0+1}	=	Anzahl der Elemente in den beiden Nachbarklassen
b	=	Klassenbreite (konstant).

Enthalten also die beiden Nachbarklassen der am stärksten besetzten Klasse gleich viele Elemente, entspricht der Modus der Klassenmitte der am stärksten besetzten Klasse. Andernfalls wird er in Richtung der stärker besetzten Nachbarklasse hin verschoben.

Für die Bevölkerungsentwicklung 1995-2003 in den Raumordnungsregionen der BRD ergibt sich als Modus (basierend auf der Klasseneinteilung von Tab. 3)

$$M_d = 3{,}26\%.$$

Für die Entwicklung der Arbeitslosigkeit 1995-2004 in den Raumordnungsregionen der BRD ergibt sich (basierend auf der Klasseneinteilung von Tab. 4)

$$M_d = 0{,}64\%.$$

Das bedeutet: Der Gipfelwert der Verteilungskurve der Bevölkerungsentwicklung 1995-2003 liegt mit $3{,}26\%$ im oberen Bereich, nämlich der drittobersten Klasse, während der

Voraussetzungen und Aussagekraft des Modus ***MuG***

- Der Modus stellt keine Bedingung hinsichtlich des Skalenniveaus, eine sinnvolle Anwendung ist somit für Nominaldaten, Ordinaldaten und metrische Daten möglich.
- Der Modus ist das informationsärmste Maß der Zentraltendenz, da er die Verteilung der Werte (insgesamt) so gut wie gar nicht berücksichtigt. Zudem kann der Modus – im Falle einer metrischskalierten Variablen – von der gewählten Klasseneinteilung beeinflusst werden.
- Bei bimodalen und multimodalen Verteilungen entstehen zwar formal keine Probleme bei der Berechnung (Ausnahme: es gibt mehrere Klassen, die die maximale Häufigkeit aufweisen), allerdings ist die Anwendung und Interpretation des Modus in solchen Fällen wenig sinnvoll.

Voraussetzungen und Aussagekraft des Modus ***MuG***

Entwicklung der Bevölkerung und der Arbeitslosigkeit in Deutschland ***MiG***
Eine Analyse der Mediane

Für die Variablen 'Bevölkerungsentwicklung 1995-2003' und 'Entwicklung der Arbeitslosenquote 1995-2004' auf Basis der 97 Raumordnungsregionen ergibt sich der Median jeweils als der 49. Variablenwert in der nach der Größe geordneten Datenreihe, also

für die Bevölkerungsentwicklung 1995-2003 : $M_e = 1{,}8\%$,

für die Entwicklung der Arbeitslosigkeit 1995-2004: $M_e = 0{,}8\%$.

Das heißt: 50% der Raumordnungsregionen weisen eine Bevölkerungsentwicklung bis höchstens 1,8% auf (d.h. zwischen $-9{,}8\%$ und 1,8%). Der Median liegt also im unteren Bereich der oberen Hälfte des gesamten Werteintervalls ($-9{,}8\%$, $+8{,}2\%$).
Hingegen ist der Median der Variable 'Entwicklung der Arbeitslosigkeit' innerhalb des gesamten Werteintervalls ($-2{,}1\%$, $+8{,}7\%$) weit nach links verschoben. Die Hälfte der Regionen weisen Werte auf, die größer oder gleich 0,8% sind, d.h. für mehr als die Hälfte der Regionen hat sich die Arbeitslosenquote 2004 im Vergleich zu 1995 erhöht, wenn auch vielleicht nur geringfügig.

Entwicklung der Bevölkerung und der Arbeitslosigkeit in Deutschland
Eine Analyse der Mediane ***MiG***

Modus bei der Variablen Entwicklung der Arbeitslosigkeit 1995-2004 mit 0,64% zwar in einen relativ niedrigen Wertebereich verschoben ist, allerdings in einem Bereich, der schon positive Werte aufweist, also in einem Bereich, in dem die Arbeitslosigkeit in den Regionen bereits – wenn auch nicht sehr stark – angestiegen ist.

Quantile, Median (quantil, median)

Das $q\%$ -Quantil ist derjenige Wert in einer der Größe nach geordneten Datenreihe, unterhalb dessen $q\%$ und oberhalb dessen $(100 - q)\%$ der Variablenwerte liegen. Besondere Bedeutung hat das 50%-Quantil, das auch als Median oder Zentralwert bezeichnet wird. Der Median teilt somit die Variablenwerte in eine untere und eine obere Hälfte auf.

Die Bestimmung der Quantile erfolgt nach folgenden Formeln. Seien n die Anzahl der Elemente (bzw. Variablenwerte) und $x_1, \dots, x_n$ die nach der Größe geordnete Zahlenreihe, d.h. $x_1 \leq x_2 \leq \dots \leq x_n$.

1\. Fall: $nq/100 = k$, wobei k eine ganze Zahl ist. Dann gilt für das $q\%$-Quantil

$$M_q = \frac{(100 - q)x_k + qx_{k+1}}{100}.$$

2\. Fall: $nq/100 = k$, wobei k keine ganze Zahl ist. Unter Verwendung der Gaußklammer ergibt sich

$$M_q = x_{[k-1]}.$$

Die Gaußklammerfunktion ist eine Rechenvorschrift, die von einem Argument dessen ganzzahligen Teil als Ergebnis liefert. Im Fall positiver Zahlen werden durch die Gaußklammer also lediglich alle Nachkommastellen gestrichen. Zum Beispiel ist [4,1] = [4,6] = 4 und [5,001] = [5,999] = 5.

Tab. 5: Anzahl der Berufsauspendler aus sieben Gemeinden in eine Stadt A, geordnet nach der Entfernung

ungeordnet			nach Entfernung zu A geordnet		
Gemeinde	Entfernung nach A (km)	Zahl der Auspendler nach A	Gemeinde	Entfernung nach A (km)	Zahl der Auspendler nach A
1	3,0	20	1	3,0	20
2	9,1	10	7	3,1	15
3	4,0	43	3	4,0	43
4	7,0	27	5	5,1	31
5	5,1	31	4	7,0	27
6	8,5	14	6	8,5	14
7	3,1	15	2	9,1	10

Für den Median M_e (= M_{50}) gilt dann insbesondere:

1. Fall: n gerade, d.h. $n = 2k$ (k ist eine ganze Zahl): $M_e = \frac{1}{2}(x_k + x_{k+1})$

2. Fall: n ungerade, d.h. $n = 2k + 1$ (k ist eine ganze Zahl): $M_e = x_{k+1}$.

Quantile sind gut geeignet zur Darstellung von Verflechtungsstrukturen bei Einzugsbereichen (z.B. Pendlereinzugsbereiche, Einzugsbereiche zentraler Einrichtungen wie Schulen oder Geschäfte).

(1) Reichweite von Einzugsbereichen

Wenn als Variable die Entfernung zwischen einer Quelle (z.B. Wohnung) und einem Ziel (z.B. Arbeitsplatz, Versorgungseinrichtung) vorhanden ist, lassen sich deren Quantile als Maße für die Reichweite der Ziele verwenden. Die $q\%$-Quantile geben nämlich an, aus bis zu welcher Entfernung $q\%$ die Pendler bzw. Kunden kommen.

Bei derartigen Untersuchungen sind jedoch die Ausgangsdaten häufig nur in aggregierter Form zugänglich, d.h. die Variablenwerte sind in Klassen eingeteilt. Z.B. kennt man nicht die Weglänge für jeden einzelnen Pendler, der in einer Stadt A arbeitet. Man kann aber aus Statistiken die Zahl der Erwerbstätigen entnehmen, die aus den einzelnen Gemeinden im Umland der Stadt A in die Stadt A zur Arbeit pendeln (Berufsauspendler). Will man nun den Median der Pendlerweglängen bestimmen, ordnet man die einzelnen Gemeinden nach ihrer Entfernung (Weglänge zur Stadt A) und interpretiert die Zahl der Pendler jeweils als absolute Häufigkeit (vgl. Tab. 5).

Die Untersuchungselemente sind wohl gemerkt die einzelnen Berufsauspendler (und *nicht* die Gemeinden), d.h. n ist gleich der Summe der absoluten Häufigkeiten, also $n = 160$ (und nicht $n = 7$). Der Median ist damit $M_e = (x_{80} + x_{81})/2$ mit x_{80} (bzw. x_{81}) = 80. (bzw. 81.) Weglänge 'von unten'.

Die ersten drei Klassen umfassen insgesamt 78 Elemente, auf die ersten vier Klassen entfallen 109 Elemente (vgl. Tab. 5), d.h. x_{80} und x_{81} liegen in der 4. Klasse und sind jeweils 5,1 km. Also beträgt der Median 5,1 km. Das bedeutet: 50% der Pendler haben einen Weg von höchstens 5,1 km Länge zurückzulegen, um zu ihrer Arbeitsstätte zu gelangen.

Tab. 6: Anzahl der Berufsauspendler aus sieben Gemeinden in eine Stadt A, geordnet nach dem Auspendleranteil

ungeordnet		nach V_1 geordnet	
Gemeinde	Variable V_1 für die Stadt A	Gemeinde	Variable V_1 für die Stadt A
1	85	1	85
2	53	7	80
3	72	3	72
4	61	5	65
5	65	4	61
6	55	6	55
7	80	2	53

(2) Intensität der Verflechtung im Einzugsbereich

Beabsichtigt man z.B., die Intensität der Pendlerverflechtungen von Umlandgemeinden mit einer Zielgemeinde – Stadt A – darzustellen (siehe hierzu das Beispiel in Tab. 6), so geschieht das in der Regel dadurch, dass man für die Umlandgemeinden jeweils den Anteil der Auspendler in die Stadt A in % aller Auspendler der Gemeinde (Variable V_1) oder den Anteil der Auspendler in die Stadt A in % aller Erwerbstätigen der Gemeinde (Variable V_2) berechnet und darstellt.

Ist man nun daran interessiert zu erfahren, wie intensiv die Pendelbeziehungen zwischen Umland und Stadt A und das Intensitätsgefälle im Einzugsbereich sind, bietet sich ebenfalls eine Darstellung nach Quantilen an, indem die Gemeinden nach der Größe ihrer Auspendleranteile (der Variable V_1 oder V_2) in absteigender Reihenfolge geordnet und danach die $q\%$-Quantile bestimmt werden. Ergibt sich für das $q\%$-Quantil z.B. der Wert $p\%$, so bedeutet das, dass bei $q\%$ der Gemeinden der Anteil der Auspendler in die Stadt A mindestens $p\%$ beträgt. Im Falle des Beispiels der Tab. 6 ergibt sich etwa, dass aus der Hälfte der Gemeinden (= Median) mindestens 65 % ihrer Auspendler in die Stadt A pendeln. Im Vergleich zu a) treten als Untersuchungselemente jetzt die Gemeinden auf und nicht mehr die einzelnen Pendler, als Merkmale die Auspendleranteile und nicht mehr die Weglängen.

Der Median hat nicht nur Bedeutung als zusammenfassendes Maß zur Beschreibung einer Datenreihe, sondern spielt auch bei Überlegungen zur Standortwahl eine große Rolle.

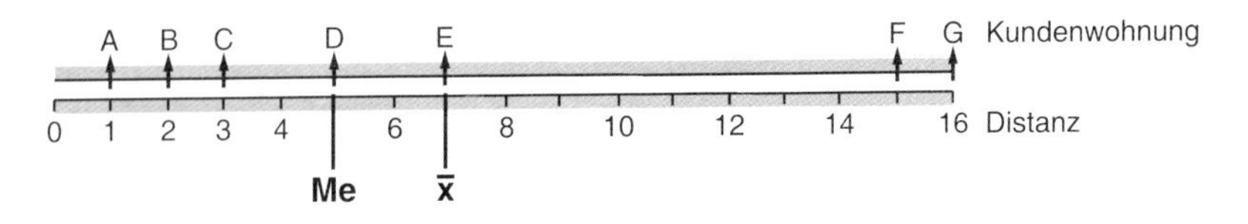

Abb. 10: Verteilung der Kunden einer Bäckerei entlang einer Straße (Quelle: ALONSO 1964)

Herkunft der Passanten in der Bremer Innenstadt *MiG*
Eine Analyse von Quantilen für die Entfernung 'Zentrum-Wohnort'

Bei der Bremer Passantenbefragung sind für jeden Befragten die Entfernung 'Wohnort-Bremer Innenstadt' bestimmt worden. Ausgehend von den insgesamt 4658 Passanten, für die die Entfernungsangaben vorliegen, können dann der Median und weitere q%-Quantile (in 5%-Schritten) bestimmt werden. Der Median M_e liegt bei 7,63 km, d.h. zumindest die Hälfte der befragten Passanten haben eine Distanz von höchstens 7,63 km zurückzulegen, um vom Wohnort in die Bremer Innenstadt zu gelangen. Dreiviertel aller Passanten (= 75%-Quantil) haben eine Entfernung von höchstens 37,51 km, d.h. eine wirklich große Mehrheit von Passanten hat eine Entfernung zurückzulegen, die relativ gering ist.

Quantil	km	Quantil	km	Quantil	km
Median	7,63	65%	18,29	80%	50,88
55%	11,71	70%	22,83	85%	88,09
60%	13,52	75%	37,51	90%	123,01

Herkunft der Passanten in der Bremer Innenstadt
Eine Analyse von Quantilen für die Entfernung 'Zentrum-Wohnort' *MiG*

Das folgende Beispiel ist einer Arbeit von ALONSO (1964, S. 79-80) entnommen und bei KING (1969, S. 22-23) wiedergegeben. Im Mittelpunkt steht das Standortproblem einer Bäckerei, die ihre Kunden mit Backwaren beliefert. Weder die Herstellungskosten noch der Warenumsatz mögen mit dem Standort variieren. Die einzige Veränderliche seien die Lieferkosten.

Die sieben Kunden mögen, wie in Abb. 10 dargestellt, entlang einer Straße an den Standorten $A,B,...,G$ wohnen und jeweils einmal am Tag beliefert werden. Die Bäckerei beschäftigt einen Jungen, der jeweils nur die Ware eines Kunden befördern kann, so dass er für jeden Kunden einen Gang zu machen hat. Die Frage lautet: Wo muss die Bäckerei ihren Standort haben, damit die Gesamtfahrstrecke des Jungen möglichst kurz ist?

Eine unüberlegte Antwort würde lauten: In der arithmetischen Mittellage der Kundenwohnungen. Diese arithmetische Mittellage findet man leicht dadurch, dass man von einem beliebigen Punkt ausgehend die Wege zu den Wohnungen misst und durch die Zahl der Wohnungen dividiert.

Die Lage des Ausgangspunktes spielt für die Berechnung der arithmetischen Mittellage keine Rolle. Bei einer Verlagerung des Ausgangspunktes verschieben sich ja die Entfer-

Tab. 7: Gesamtdistanz der Kunden von einer Bäckerei unter Annahme des Standortes der Bäckerei in den Punkten E und D

Kunde	A	B	C	D	E	F	G	Gesamt
Distanz des Kunden								
vom Standort E	6	5	4	2	0	8	9	34
vom Standort D	4	3	2	0	2	10	11	32

Voraussetzungen und Aussagekraft von Quantilen ***MuG***

- Quantile setzen Datenwerte voraus, die der Größe nach geordnet werden können. Sie können also nur auf ordinal- und metrischskalierte Variablen angewandt werden. Falls die ordinalskalierte Variablen eine rangskalierte Variable ist, macht die Bestimmung von Quantilen allerdings inhaltlich kaum Sinn, da Quantile in diesem Fall nur von der Anzahl der Elemente abhängen.
- Quantile bieten mehr Informationen über eine Verteilung als der Modus, da sie die Größer/Kleiner-Beziehungen zwischen den Variablenwerten berücksichtigen.
- Quantile sind unempfindlich gegenüber Verschiebungen der Extremwerte einer Variablen und eignen sich deshalb sehr gut zur Erfassung der zentralen Tendenz einer Verteilung.

Voraussetzungen und Aussagekraft von Quantilen ***MuG***

nungen zu allen Wohnungen um den gleichen Betrag, die Entfernungen zwischen den Wohnungen ändern sich dagegen nicht. Die arithmetische Mittellage ist aber gerade durch diese Entfernungen eindeutig bestimmt.

Vom Punkt A aus gesehen liegt die arithmetische Mittellage sechs Abschnitte weiter rechts, also an dem Ort, wo auch E liegt, denn $(0 + 1 + 2 + 4 + 6 + 14 + 15)/7 = 42/7 = 6$. E ist jedoch nicht der günstigste Standort. Denn wie man der Tab. 7 entnehmen kann, ist die gesamte Fahrtenstrecke des Jungen kleiner, wenn wir die Bäckerei im Punkt D und nicht im Punkt E annehmen. Der Punkt D ist aber gerade der Medianpunkt der Verteilung.

Man kann zeigen, dass der Median in einem solchen Fall immer der günstigste Standort ist. Wir formulieren dazu die ursprüngliche Frage etwas um. Wo muss die Bäckerei liegen, damit die Summe der Entfernungen von den Kundenwohnungen ein Minimum wird?

Die n Kundenwohnungen mögen die Standorte (Koordinaten) x_i $(i = 1, \cdots, n)$ haben. Dann ist ein a gesucht, so dass die Funktion

$$f(a) = \sum_{i=1}^{n} |x_i - a|$$

ein Minimum annimmt. Dieses a gibt den gesuchten Standort an. Mit Hilfe einiger Gesetze aus der Infinitesimalrechnung lässt sich beweisen, dass $f(a)$ ein Minimum für a = Median der x_i erreicht. Genauer gilt folgendes:

Falls n ungerade ist $(n = 2m + 1)$, liegt der Median bei x_{m+1} (s. o.). Falls n gerade ist $(n = 2m)$, ist $f(a)$ für alle a, die zwischen $x_{n/2}$ und $x_{n/2+1}$ liegen, gleich und jeweils kleiner als für alle anderen a außerhalb dieses Intervalls. Das bedeutet: Der günstigste Standort liegt zwischen der $n/2$-ten und $(n/2 + 1)$-ten Kundenwohnung. Gleichgültig ist es (unter der Zielvorstellung, dass der Gesamtweg ein Minimum werden soll), wo genau die Bäckerei in diesem Abschnitt liegt.

Man kann sich diese Behauptungen leicht klarmachen, indem man für beide Fälle hypothetische Beispiele wählt, von dem Median aus die Summe der Entfernungen bestimmt und dann überlegt, wie sich die Summe der Entfernungen verändert, wenn man den Standort nach rechts und links verschiebt.

Das arithmetische Mittel (Mittelwert) (arithmetic mean (mean))

Bekanntermaßen bestimmt man das arithmetische Mittel von Variablenwerten x_i dadurch, dass man die Variablenwerte addiert und die Summe der Werte durch die Zahl der Werte dividiert, also folgende Formel anwendet:

$$\bar{x} = \frac{1}{n}\sum_{i=1}^{n} x_i$$

mit $\bar{x}$ = arithmetisches Mittel
x_i = i-ter Variablenwert
n = Anzahl der Variablenwerte (bzw. Elemente).

In Tab. 8 sind Informationen zum Bruttoinlandsprodukt (BIP) auf Ebene der Bundesländer für die beiden Jahre 1991 und 2005 aufgeführt. Berechnet werden soll das durchschnittliche Pro-Kopf-Einkommen der Bevölkerung in der BRD. Addiert man die 16 Werte des BIP/Kopf für 1991 und dividiert sie durch 16, erhält man einen Durchschnittswert von

$$17691{,}57\,€/\text{Kopf}.$$

Liegen die Ausgangswerte der Pro-Kopf-Werte – also das BIP und die Bevölkerung in den einzelnen Ländern – vor (wie in Tab. 8), könnte man das durchschnittliche Pro-Kopf-Einkommen der Bevölkerung für die BRD auch einfach dadurch ermitteln, dass man das Einkommen und die Bevölkerung in Deutschland durch Addition der beiden Wertereihen insgesamt ermittelt und anschließend die beiden Summen dividiert. Dann erhält man für 1991 allerdings einen Mittelwert von

$$\frac{\text{BIP(BRD)}}{\text{Bev(BRD)}} = \frac{\sum_{i=1}^{n} y_i}{\sum_{i=1}^{n} g_i} = \frac{1534599 \cdot 10^6}{80274566} = 19116{,}88\,€/\text{Kopf}.$$

Welches ist der richtige arithmetische Mittelwert? Es ist der letztere. Warum weichen die beiden Werte voneinander ab? Das Pro-Kopf-Einkommen in den einzelnen Bundesländern stellt sich dar als

$$x_i = \frac{y_i}{g_i}, \text{ und es ergibt sich sofort } \quad y_i = g_i x_i.$$

Damit ergibt sich für das durchschnittliche Pro-Kopf-Einkommen der Bevölkerung in der BRD:

$$\frac{\text{BIP(BRD)}}{\text{Bev(BRD)}} = \frac{\sum_{i=1}^{n} y_i}{\sum_{i=1}^{n} g_i} = \frac{\sum_{i=1}^{n} g_i x_i}{\sum_{i=1}^{n} g_i}.$$

Tab. 8: Bruttoinlandsprodukt und Bevölkerung in den Bundesländern der BRD 1991 und 2005 (Datenquelle: GENESIS-Online des Statistischen Bundesamtes, URL: https://www-genesis.destatis.de/genesis/online/logon)

Bundesländer	1991			2005		
	Bevölkerung	BIP in Mio. €	BIP/Kopf in €	Bevölkerung	BIP in Mio. €	BIP/Kopf in €
	g_i	y_i	x_i	g_i	y_i	x_i
Baden-Württemberg	10001840	231942	23189,93	10735701	325893	30356,01
Bayern	11595970	261924	22587,50	12468726	398450	31955,95
Berlin	3446031	63369	18388,98	3395189	78862	23227,57
Brandenburg	2542725	19625	7718,10	2559483	48068	18780,36
Bremen	683684	18317	26791,62	663467	24585	37055,35
Hamburg	1668757	56205	33680,76	1743627	82938	47566,37
Hessen	5837330	141526	24244,99	6092354	200575	32922,41
Mecklenburg-Vorpommern	1891657	14250	7533,08	1707266	31670	18550,13
Niedersachsen	7475790	140289	18765,78	7993946	191265	23926,23
Nordrhein-Westfalen	17509866	369100	21079,54	18058105	487123	26975,31
Rheinland-Pfalz	3821235	73125	19136,48	4058843	97787	24092,33
Saarland	1076879	20667	19191,57	1050293	27405	26092,72
Sachsen	4678877	35870	7666,37	4273754	85143	19922,30
Sachsen-Anhalt	2823324	20339	7203,92	2469716	48215	19522,49
Schleswig-Holstein	2648532	50882	19211,40	2832950	68534	24191,74
Thüringen	2572069	17169	6675,17	2334575	44487	19055,72
Gesamt	80274566	1534599	283065,19	82437995	2241000	424192,98
$\bar{x}$			17691,57			26512,06
$\bar{x}_g$			19116,88			27184,07

Äquivalente Darstellung des Mittelwerts ***FuF***

Der arithmetische Mittelwert ist derjenige Wert, der die Summe der quadrierten Abstände zwischen sich und den Variablenwerten minimiert. D.h. die Funktion

$$f(a) = \sum_{i-1}^{n} (x_i - a)^2$$

nimmt genau dann ihr Minimum an, wenn $a = \bar{x}$ ist. Der Beweis für die Behauptung ist leicht. Man bildet die Ableitung $f'(a)$. Für $f'(a) = 0$ ergibt sich dann $a = \bar{x}$. Außerdem ist $f''(a) = 2n > 0$.

Äquivalente Darstellung des Mittelwerts ***FuF***

Der Pro-Kopf-Wert für die BRD ergibt sich also als Relation zwischen der Summe der mit der unterschiedlichen Bevölkerungszahl der einzelnen Bundesländer gewichtete Pro-Kopf-Werte der Bundesländer und der Gesamtbevölkerung. Das hier gefundene Ergebnis ist entstanden durch die Berechnung des sogenannten gewichteten arithmetischen Mittelwertes $\bar{x}_g$. Dieser lässt sich in folgender Form darstellen:

$$\bar{x}_g = \frac{\sum\limits_{i=1}^{n} g_i x_i}{\sum\limits_{i=1}^{n} g_i} \qquad \text{mit} \quad g_i = \text{Gewicht des Variablenwertes } x_i.$$

Es ist somit ein einfaches arithmetisches Mittel von einem gewichteten arithmetischen Mittel zu unterscheiden. Aus statistischer Sicht ist das einfache arithmetische Mittel lediglich ein Spezialfall des gewichteten arithmetischen Mittels. Ohne uns dessen bewusst zu sein, rechnen wir im Grunde mit dem gewichteten arithmetischen Mittel, wobei alle Gewichte g_i gleich 1 gesetzt werden. Da

$$\sum_{i=1}^{n} g_i = \sum_{i=1}^{n} 1 = n \cdot 1 = n$$

wird, gilt dann nämlich die vertraute Form des arithmetischen Mittelwertes

$$\bar{x}_g = \frac{\sum\limits_{i=1}^{n} g_i x_i}{\sum\limits_{i=1}^{n} g_i} = \frac{\sum\limits_{i=1}^{n} 1 \cdot x_i}{n} = \frac{\sum\limits_{i=1}^{n} x_i}{n} = \bar{x}.$$

Für das Beispiel des Pro-Kopf-Einkommens ist nämlich im anderen Fall ein arithmetischer Mittelwert ($\bar{x}$ = 17691,57 €/Kopf) berechnet, der angibt, wie hoch das durchschnittliche Pro-Kopf-Einkommen auf Ebene der Bundesländer, also gewissermaßen in einem durchschnittlichen Bundesland der BRD ist.

Herkunft der Passanten in der Bremer Innenstadt – Eine Analyse des arithmetischen Mittelwertes der Entfernung 'Zentrum-Wohnort' ***MiG***

Die Frage, welches denn der richtige arithmetische Mittelwert ist, stellt sich bei der Berechnung der Einkaufsentfernungen für die Passanten in der Bremer Innenstadt nicht, da hier keine aggregierten Daten vorhanden sind. Für 4658 von den insgesamt 4724 Passanten liegen die Entfernungen zum Wohnort vor. Es ergibt sich eine mittlere Entfernung von

$$\bar{x} = \frac{1}{4658} \sum_{i=1}^{4658} x_i = 42{,}35.$$

Die extreme L-Verteilung der Werte (siehe Abb. C im Kasten S. 45) macht allerdings eine inhaltliche Interpretation des Mittelwertes schwierig. Ganz gewiss ist der Mittelwert in diesem Fall nicht als ein Lageparameter zu interpretieren, der angibt, wo die Werte vorwiegend lokalisiert sind.

Tab. A: Mittlere Entfernung zu den Herkunftsorten für die Passanten in der Bremer Innenstadt nach dem Standort der Befragung

Standort der Befragung	Anzahl der Befragungen	Mittelwert $\bar{x}$
Hauptlage	2375	47,31
Nebenlage	1146	32,63
Ergänzungslage	1137	42,12
Gesamt	4658	42,43

Bei der Befragung in der Bremer Innerstadt wurde u.a. nach der Zentralität des Befragungstandortes differenziert und in drei Kategorien Hauptlage, Nebenlage und Ergänzungslage unterschieden. Zur Hauptlage gehören die Haupteinkaufsstraßen Obernstraße und Sögestraße, zur Nebenlage hieran angrenzende Straßen. Zur Ergänzungslage zählen Standorte an Straßen, die in der Innenstadt – räumlich gesehen – noch stärker 'randlich' gelegen sind. Wie Tab. A zeigt, scheinen die mittleren Entfernungen für die Passanten, die an diesen Standorten angetroffen worden sind, schon beträchtlich unterschiedlich zu sein. Hierbei mag zunächst der höhere Mittelwert für die Ergänzungslage im Vergleich zu demjenigen der Nebenlage überraschen. In die Kategorie 'Ergänzungslage' fällt allerdings auch der Bereich um den Hauptbahnhof, so dass die Ergänzungslage von allen Passanten durchquert wird, die vom Hauptbahnhof kommend in die Bremer Innenstadt laufen. Der Anstieg des Mittelwertes ist dadurch leicht erklärbar, denn der Bahnanschluss wird insbesondere von Bewohnern der weiter entfernten Stadtteile und Umlandgemeinden sowie von Touristen genutzt.

Herkunft der Passanten in der Bremer Innenstadt – Eine Analyse des arithmetischen Mittelwertes der Entfernung 'Zentrum-Wohnort' ***MiG***

Auf Ebene der Raumordnungsregionen ergibt sich für die Bevölkerungsentwicklung 1995-2003 in der BRD als ungewichteter Mittelwert $\bar{x} = 0{,}97\%$. Die Formulierung 'auf Ebene der Raumordnungsregionen' ist wie oben diskutiert deshalb notwendig, weil die Untersuchungselemente Regionen mit jeweils unterschiedlicher Bevölkerung sind. Das heißt, der obige arithmetische Mittelwert gibt an, wie die Entwicklung der Bevölkerung in einer durchschnittlichen Raumordnungsregion ist. Berechnet man nämlich die Entwicklung der Bevölkerung in der BRD insgesamt, so erhält man $\bar{x}_g = 0{,}8\%$.

In der Geographie werden gewichtete arithmetische Mittel vor allem für zwei Zwecke verwendet, namentlich die Interpolation und die Glättung von Variablenwerten.

Voraussetzungen und Aussagekraft des arithmetischen Mittelwertes ***MuG***

- Der arithmetische Mittelwert ist nur für metrische Daten definiert. Gelegentlich wird er auch bei Ordinaldaten benutzt, wenn z.B. die durchschnittliche Zensur berechnet wird, die Schüler in einer Klassenarbeit erreicht haben. Dabei wird unterstellt, dass die Zensur eine metrische Variable ist, die allerdings nur auf ganze Einheiten genau gemessen wird. D.h. es wird implizit vorausgesetzt, dass der Leistungsabstand zwischen den Noten 2 und 3 gleich demjenigen zwischen den Noten 4 und 5 ist – eine Voraussetzung, die sicherlich kaum erfüllt ist.
- Da alle Elemente mit ihrem Variablenwert in die Berechnung eingehen, erfasst der arithmetische Mittelwert mehr Informationen über die Gesamtheit der Daten als das bei Modus und Median der Fall ist.
- Die letztere Eigenschaft hat allerdings auch zur Folge, dass der arithmetische Mittelwert empfindlicher als die beiden anderen Lageparameter auf Extremwerte reagiert, wie am Beispiel der folgenden Datenreihen deutlich wird.
  5, 5, 5, 6, 7, 8 $\Rightarrow$ $M_d = 5$; $M_e = 5{,}5$; $\bar{x} = 6$
  5, 5, 5, 6, 7, 10 $\Rightarrow$ $M_d = 5$; $M_e = 5{,}5$; $\bar{x} = 6{,}33$
  5, 5, 5, 6, 7, 32 $\Rightarrow$ $M_d = 5$; $M_e = 5{,}5$; $\bar{x} = 10$
- Inhaltlich gesehen ist die Berechnung des arithmetischen Mittelwerts streng genommen nur für unimodale, symmetrisch verteilte Variablen sinnvoll. Wenn beispielsweise ein Reiseführer verspricht, in einer Region gäbe es Farne zweier verschiedener Arten, die im Durchschnitt zwei Meter hoch werden, dann erwartet ein Besucher dieser Region, dass die dortigen Farne mehrheitlich eine Höhe von cirka zwei Metern aufweisen. Der Besucher wäre überrascht, wenn er statt dessen überwiegend auf Zwergfarne (80% der Farnpflanzen, Wuchshöhe ca. ein halber Meter) und auf wenige Riesenfarne (20% der Farnpflanzen, Wuchshöhe ca. acht Meter) treffen würde. Ein Durchschnittswert wird also immer auch dahingehend interpretiert, dass
  a) die *Mehrheit* der Daten einen Wert in der Größenordnung des Durchschnitts annimmt, und
  b) Werte über und unter dem Durchschnitt in etwa *gleich häufig* auftreten.
  Das Versprechen des Reiseführers bezieht sich zunächst nur auf den Mittelwert der Farnpopulation. Der Besucher trifft implizit aber auch Annahmen über Modus und Median, indem er davon ausgeht, dass sie in etwa dem arithmetischen Mittelwert entsprechen. Grundsätzlich sollte ein solches Zusammenfallen der drei Zentralmaße bei der Interpretation von arithmetischen Mittelwerten annähernd erfüllt sein. Andernfalls lässt sich der arithmetische Mittelwert zwar berechnen, hat aber im Extremfall keinerlei Entsprechung in der Realität und ist vollkommen inhaltsleer. Es ist daher grundsätzlich ratsam, vor der Berechnung von statistischen Parametern eine visuelle Überprüfung der Häufigkeitsverteilung anhand eines Histogramms durchzuführen.

Voraussetzungen und Aussagekraft des arithmetischen Mittelwertes ***MuG***

(1) Interpolation von Variablenwerten

Es fehlt der Variablenwert für einen Raumpunkt bzw. Zeitpunkt. Die Werte der benachbarten Raum- bzw. Zeitpunkte sind jedoch vorhanden, und man möchte den fehlenden Wert schätzen. Kann man davon ausgehen, dass sich die Variablenwerte räumlich bzw. zeitlich nicht abrupt, sondern relativ stetig ändern, so sind benachbarte Variablenwerte ähnlich. Dann lässt sich eine Schätzung des fehlenden Wertes durch das gewichtete Mittel der bekannten benachbarten Werte erreichen, wobei benachbarte Werte umso stärker gewichtet eingehen, je näher sie an dem fehlenden Wert liegen.

Bei der Analyse der Bevölkerungsentwicklung der Stadt Köln seit 1990 (Bevölkerung mit Hauptwohnsitz) fehle die Angabe für die Bevölkerungszahl von 1996. Alle anderen Werte (bis 2003) sind vorhanden. Die graphische Darstellung dieser Zeitreihe (Abb. 11) zeigt,

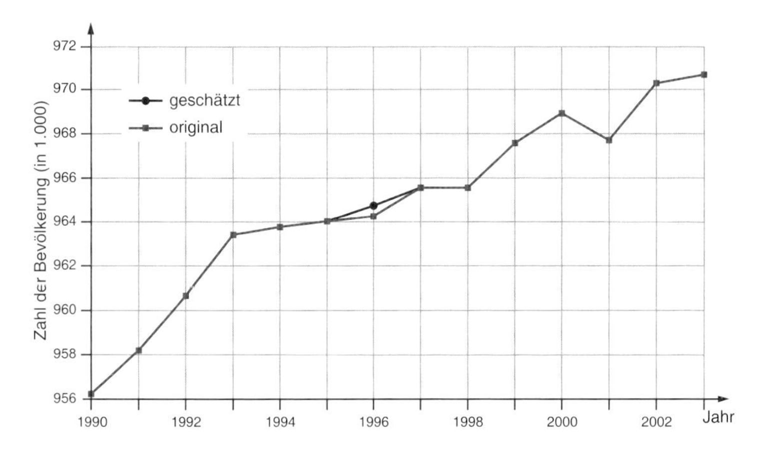

Abb. 11: Bevölkerungsentwicklung in Köln 1990–2003

dass die Entwicklung relativ stetig verläuft, so dass angenommen werden kann, dass der 'wahre' Wert für 1996 zwischen den auf beiden Seiten benachbarten Werten liegt. Wir nehmen an, dass jeweils die ersten beiden benachbarten Werte zu beiden Seiten nennenswerten Einfluss auf den Wert für 1996 haben, wobei die um ein Jahr entfernten Zeitpunkte das Gewicht 0,3, die um zwei Jahre entfernten das Gewicht 0,2 aufweisen.

Der Bevölkerungswert x_{1996} berechnet sich dann wie folgt:

$$
\begin{aligned}
x_{1996} &= \frac{0{,}2x_{1994} + 0{,}3x_{1995} + 0{,}3x_{1997} + 0{,}2x_{1998}}{0{,}2 + 0{,}3 + 0{,}3 + 0{,}2} \\
&= 0{,}2 \cdot 963763 + 0{,}3 \cdot 964040 + 0{,}3 \cdot 965556 + 0{,}2 \cdot 965548 \\
&= 192752{,}6 + 289212{,}0 + 289666{,}8 + 193109{,}6 = 964741{,}0.
\end{aligned}
$$

Wir erhalten einen Schätzwert von 964741,0 Einwohnern. Der wahre Wert beträgt demgegenüber 964260 Einwohner.

(2) Glättung von Werten

Empirische Zeitreihen und Raumreihen weisen häufig – z.B. hervorgerufen durch das verwendete Mess-/Erhebungsverfahren – unregelmäßig auftretende Extremwerte (Spitzen, peaks) auf, d.h. positiv oder negativ stark von den benachbarten Stellen abweichende Werte. Ist man weniger an der Frage interessiert, wie es zu solchen Abweichungen kommt, sondern möchte man eher den generellen Verlauf der Variablen erfassen, um regelhafte Züge der Verteilung (Trends, Perioden usw.) besser erkennen und darstellen zu können, empfiehlt es sich, aus der ursprünglichen Datenreihe eine geglättete zu konstruieren. Diese erhält man dadurch, dass man jeden ursprünglichen Wert jeweils durch ein gewichtetes arithmetisches Mittel ersetzt, in das der Wert selbst sowie die Werte der benachbarten Raum- bzw. Zeiteinheiten in sinnvoller Gewichtung eingehen.

Der Verlauf der Jahresmitteltemperaturen der Station Almaty (südliches Kasachstan) – Eine Analyse auf der Basis gleitender Mittel *MiG*

Für die Messstation Almaty (825m über NN; nördliche Gebirgsfußfläche des Tianshan) sind die Jahresmitteltemperaturen für den Zeitraum 1879-2000 gegeben. Der Temperaturverlauf in Abb. A lässt durchaus langfristige Temperaturänderungen vermuten, allerdings ist auch festzuhalten, dass schnell aufeinanderfolgend, z.T. von Jahr zu Jahr, Temperatursprünge auftreten. Um hier langfristige Entwicklungen besser erkennen zu können, bietet es sich an, die Zeitreihe mit Hilfe von gleitenden Mittelwerten zu transformieren. Um die Effekte einer solchen Glättung aufzuzeigen, wurde zum einen ein fünfjähriges und zum anderen ein neunjähriges Mittel angewendet, wobei bei der Gewichtung der Werte zwei Verfahren gewählt wurde:

(a) gleiche Gewichtung der Werte, also alle $g_i = 1$
(b) eine mit wachsender Entfernung vom Berechnungsjahr abnehmenden Gewichtung in der Form

	g_{t-4}	g_{t-3}	g_{t-2}	g_{t-1}	g_t	g_{t+1}	g_{t+2}	g_{t+3}	g_{t+4}
5-jähriges Mittel			0,10	0,20	0,40	0,20	0,10		
9-jähriges Mittel	0,05	0,05	0,10	0,15	0,30	0,15	0,10	0,05	0,05

Für die Berechnung der geglätteten Werte an den Enden der Zeitreihe werden jeweils nur die Werte der in der Zeitreihe vorhandenen Jahre genommen. So berechnet sich der geglättete Wert x^*_{1880} für das Jahr 1880 auf der Basis des 9-jährigen Mittels mit der oben angegebenen unterschiedlichen Gewichtung etwa als

$$x^*_{1880} = \frac{g_{1879}x_{1879} + g_{1880}x_{1880} + g_{1881}x_{1881} + g_{1882}x_{1882} + g_{1883}x_{1883} + g_{1884}x_{1884}}{g_{1879} + g_{1880} + g_{1881} + g_{1882} + g_{1883} + g_{1884}}$$

$$= \frac{0{,}15 \cdot 9{,}6 + 0{,}3 \cdot 7{,}9 + 0{,}15 \cdot 8{,}5 + 0{,}1 \cdot 7{,}4 + 0{,}05 \cdot 7{,}3 + 0{,}05 \cdot 7{,}9}{0{,}15 + 0{,}3 + 0{,}15 + 0{,}1 + 0{,}05 + 0{,}05} = 8{,}21.$$

Vergleicht man die so ermittelten neuen Jahresreihen mit der Originalreihe, so zeigt sich, dass die Glättung mit dem neunjährigen Mittel stärker ist als mit dem fünfjährigen. Dieses wird sofort klar, wenn man bedenkt, dass durch eine Mittelbildung immer eine Reduzierung von Variation erfolgt, die in der Regel umso stärker ist, je mehr Werte in die Mittelbildung eingehen. Auch wird deutlich, dass das Verfahren der 'Gleichgewichtung' einen stärkeren Ausgleich erzielt. Auch das ist sofort einsichtig, wenn man in Betracht zieht, dass dann die Nachbarwerte genau so stark an der Bildung des neuen Jahreswertes eingehen wie der Jahreswert selber. Bei der vorgenommenen unterschiedlichen Gewichtung hingegen wird der originale Jahreswert – und damit seine Unterschiedlichkeit zu den Nachbarwerten – stärker berücksichtigt.

Die Kurvenverläufe der gleitenden Mittel in Abb. A (insbesondere diejenigen mit dem neunjährigen gleitenden Mittel) zeigen deutlich, dass zumindest bis Anfang der 1970er Jahre im langjährigen Ablauf eine Phasenbildung mit Zeiträumen höherer bzw. niedrigerer Jahresmitteltemperaturen vorhanden ist. Bis etwa 1905/06 bewegt sich die Jahresmitteltemperatur um ein Niveau von 8 °C. Dann steigt sie innerhalb von nicht einmal zehn Jahren auf ein Niveau von 9 °C an und verharrt dort in den 1920er Jahren. In den 1930er Jahren erfolgt ein Rückgang innerhalb weniger Jahre um etwa 0,5 °C und dann innerhalb von etwa zehn Jahren ein Anstieg auf fast 9,5 °C in der ersten Hälfte der 1940er Jahre. Es erfolgt dann wiederum ein schneller Rückgang auf ein Werteniveau von 8,7 °C, welches über 20 Jahre bis zum Ende der 1960er Jahre anhält. Danach (also seit den 1970er Jahren) scheint dieser Entwicklungsablauf mit Auf- und Abschwüngen von einer trendhaften Aufwärtsentwicklung abgelöst bzw. überlagert zu werden. Bis zum Jahr 2000 ist ein relativ stetiger Anstieg auf einen Wert von schon knapp über 10 °C zu beobachten. Allgemein signalisiert der Trend die in Zentralasien seit Anfang der 1970er Jahre zu beobachtende Klimaerwärmung.

Die Wahl der Spanne für das gleitende Mittel ist nicht beliebig, sondern sollte begründet sein. Hinsichtlich der langjährigen Entwicklung der Jahresmitteltemperaturen wird eine Abhängigkeit von der Solarstrahlung vermutet. Fluktuationen der Solarstrahlung folgen dem ca. elfjährigen Sonnenfleckenzyklus. Beabsichtigt man zu prüfen, ob eine solche Abhängigkeit vorliegt, sollten Spannen unterhalb dieser Periodenlänge gewählt werden, also z.B. fünf- oder neunjährige gleitende Mittel. Ein gleitendes Mittel mit einer elfjährigen oder noch längeren Spanne würde genau diese Periodizität stark herausfiltern. Gleitende Mittel mit kurzen Spannen sollten eingesetzt werden, um kurze Phasen (hohe Frequenzen) zu filtern, um so die langen Phasen (niedrige Frequenzen) – hier z.B. elfjährige oder längere – deutlich herauszuarbeiten. Weitere Informationen zu der Entwicklung der Temperaturen in Zentralasien sind bei GIESE/MOSSIG (2004) und GIESE et al. (2007) zu finden.

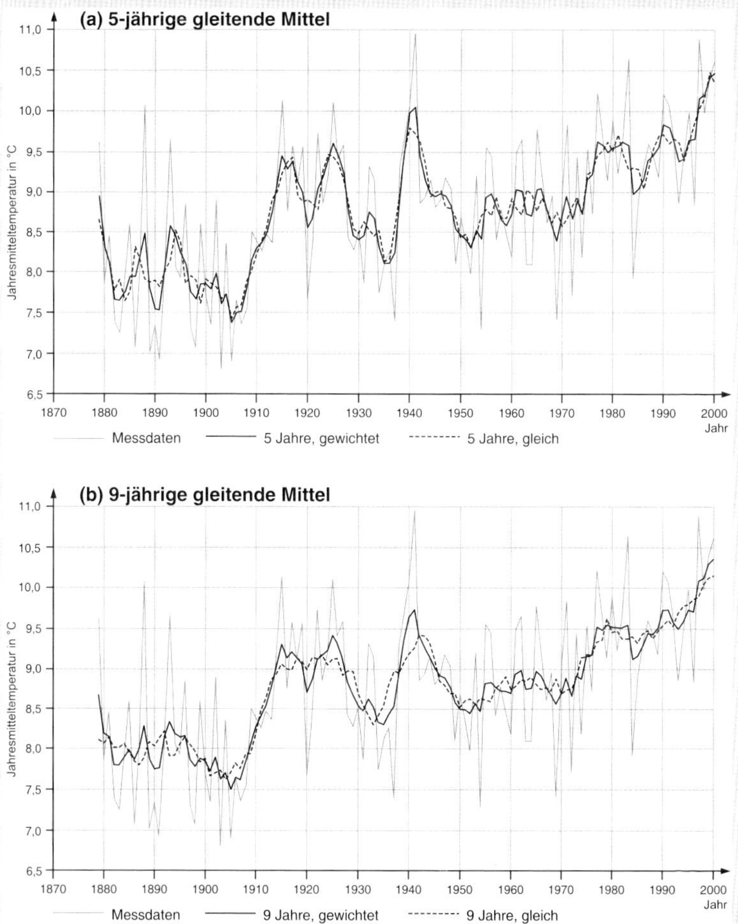

Abb. A: Jahresmitteltemperaturen der Station Almaty (südliches Kasachstan) für den Zeitraum 1879–2000 (Originalzeitreihe und gleitende Mittelwerte)

Der Verlauf der Jahresmitteltemperaturen der Station Almaty (südliches Kasachstan) – Eine Analyse auf der Basis gleitender Mittel ***MiG***

Vergleich der drei Maße für die Zentraltendenz ***MuG***

- Der Modus ist kaum sinnvoll auf ordinal- und metrischskalierte Daten anwendbar. Beim Median müssen die Daten dagegen wenigstens ordinal-, beim arithmetischen Mittelwert müssen sie metrischskaliert sein.
- Im Fall einer unimodalen symmetrischen Verteilung sind alle drei Maße gleich groß. Je asymmetrischer die Verteilung ist, desto weiter liegen die drei Maße voneinander entfernt (vgl. Abb. 18). In solchen Fällen ist es sinnvoll, möglichst alle drei Maße zur Beschreibung der Zentraltendenz heranzuziehen.
- Extremwerte beeinflussen Modus und Median kaum, den arithmetischen Mittelwert jedoch sehr stark, wenn sie nur in einer Richtung, d.h. an einer Seite des Werteintervalls auftreten. Für Verteilungen mit solchen einseitigen Extremwerten (sogenannten Ausliegern) ist daher der Median dem arithmetischen Mittelwert vorzuziehen. Dies gilt auch bei L-Verteilungen (Abb. 9).
- U-Verteilungen und andere bi- oder multimodale Verteilungen (Abb. 9) lassen sich kaum allein durch Maße der Zentraltendenz erfassen. Median und arithmetischer Mittelwert liegen sogar genau dort, wo die wenigsten Variablenwerte liegen.

Vergleich der drei Maße für die Zentraltendenz ***MuG***

4.2.2 Streuungsmaße

Die Maße der Zentraltendenz geben die 'mittlere' Position an, um die die Variablenwerte lokalisiert sind. Sie sagen aber nichts darüber aus, über welchen Bereich die Daten in etwa verteilt sind und in welcher Art sie innerhalb dieses Bereiches verteilt sind. Eine Antwort darauf geben die Streuungsmaße (Streuungsparameter, Dispersionsmaße).

Abb. 12 zeigt zwei Häufigkeitsverteilungen von Erträgen des Sommerweizenanbaus für zwei verschiedene Gebiete auf Grundlage jeweils einer 20-jährigen Beobachtungsreihe. Im Durchschnitt der 20 Jahre weisen beide Gebiete annähernd den gleichen Ertrag von 10 dz/ha auf. Dennoch besteht zwischen ihnen ein wesentlicher Unterschied: im Gebiet A weichen die Erträge nur um bis zu 3 dz/ha vom Durchschnittsertrag ab, im Gebiet B dagegen um bis zu 5 dz/ha, d.h. im Gebiet B kann in einem Jahr durchaus ein Ertrag von 15 dz/ha auftreten, in einem anderen Jahr dagegen von nur 5 dz/ha. Das Anbaurisiko ist im Gebiet B also wesentlich größer als im Gebiet A. Eine Kennzeichnung der Variablen (hier der Erträge des Sommerweizens) nur durch Mittelwert oder Median ist also unzureichend; eine zusätzliche Angabe über die Streuung der Werte erscheint notwendig. Die Statistik stellt hierfür die im Folgenden angesprochenen Streuungsmaße zur Verfügung.

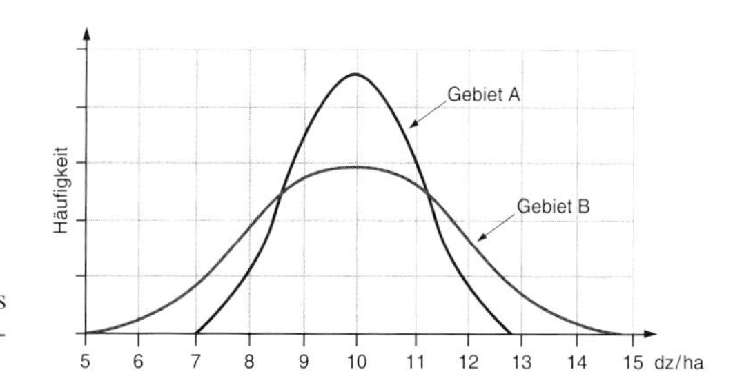

Abb. 12:
Zwei Verteilungen von ha-Erträgen des Sommerweizens mit gleichem Mittelwert und unterschiedlicher Streuung

Spannweite (Variationsbreite) (range)

Die Spannweite R ist als Breite des gesamten Wertebereiches (Werteintervalls) einer Variablen definiert, d.h.

$$R = x_{\max} - x_{\min}$$

mit $x_{\max}$ = maximaler Wert in der Datenreihe,

$x_{\min}$ = minimaler Wert in der Datenreihe.

Für die Bevölkerungsentwicklung auf Ebene der Raumordnungsregionen der BRD ergibt sich eine Spannweite von

$$R = 8{,}2\% - (-9{,}8\%) = 18{,}0\%,$$

für die Entwicklung der Arbeitslosigkeit eine Spannweite von

$$R = 8{,}7\% - (-2{,}1\%) = 10{,}8\%.$$

Die Spannweite ist ein sehr grobes Streuungsmaß. Es wird daher relativ selten angewandt. In der Klimatologie lässt sich die Spannweite allerdings erfolgreich zur Kennzeichnung von Kontinentalität einsetzen. Kontinentalität des Klimas zeichnet sich nämlich insbesondere dadurch aus, dass die Jahresamplitude der Temperatur sehr hoch ist. Man bestimmt also die Differenz zwischen dem höchsten und niedrigsten Monatsmittelwert. Die so bestimmte Spannweite der Monatsmitteltemperaturen (= Jahresamplitude) wird dann zur Kennzeichnung der Kontinentalität des Klimas benutzt, wobei in der Regel noch die geographische Breitenlage und die Höhenlage als Korrekturfaktor berücksichtigt werden.

In Tab. 9 sind die Monatsmitteltemperaturen ausgewählter Klimastationen entlang eines West-Ost-Profils von der atlantischen Westflanke des Kontinents zum Innern der eurasischen Landmasse zusammengestellt. Die Berechnung der Jahresamplitude (= Spannweite R) zeigt einen Anstieg von 17 °C (Hamburg) auf 62 °C (Jakutsk). Damit wird angedeutet, dass die Kontinentalität des Klimas vom Atlantik zum Landesinnern Asiens merklich ansteigt.

Man kann eine derartige Analyse auf die Fläche ausdehnen und für ein Stationsnetz die Spannweiten R von Klimavariablen berechnen, die dann Anlass sind zur Konstruktion von Isolinien (= Linien gleicher Werte) der betreffenden Spannweite.

Voraussetzungen und Aussagekraft der Spannweite ***MuG***

- Zur Berechnung der Spannweite sind metrische Daten erforderlich, da eine Differenz gebildet und interpretiert wird.
- Das Maß wird sehr stark von Extremwerten beeinflusst.
- Die Spannweite misst nur die maximale Differenz zwischen den zugrundeliegenden Daten und gibt keinerlei Auskunft über die Verteilung der Daten innerhalb des Werteintervalls.

Voraussetzungen und Aussagekraft der Spannweite ***MuG***

Tab. 9: Monatsmitteltemperaturen (in °C) ausgewählter Klimastationen

Nr.	Monat	Hamburg	Berlin	Warschau	Moskau	Swerdlowsk	Jeniseisk	Jakutsk
1	Jan.	0,0	−1,1	−3,5	−3,5	−10,3	−22,0	−43,2
2	Feb.	0,3	−0,3	−2,5	−2,5	−9,7	−19,3	−35,8
3	März	3,3	3,3	1,4	1,4	−5,0	−10,9	−22,0
4	April	7,5	8,3	8,0	8,0	3,7	−1,8	−7,4
5	Mai	12,0	13,4	14,0	14,0	11,7	6,5	5,6
6	Juni	15,3	16,8	17,5	17,5	15,4	14,4	15,4
7	Juli	17,0	18,4	19,2	19,2	17,8	17,8	18,8
8	Aug.	16,6	17,7	18,2	18,2	15,8	14,7	14,8
9	Sept.	13,5	14,2	13,9	13,9	10,4	7,9	6,2
10	Okt.	9,1	8,9	8,1	8,1	4,1	−0,9	−7,8
11	Nov.	4,9	4,2	3,0	3,0	−2,3	−12,1	−27,7
12	Dez.	1,8	0,7	−0,6	−0,6	−8,0	−20,9	−39,6
$\bar{x}$		8,4	8,7	8,1	3,6	1,0	−2,2	−10,2
R		17,0	19,5	22,7	28,1	32,9	39,8	62,0
s		6,1	7,0	8,0	9,9	11,7	14,0	21,8

Hamburg	53° 38' N	10° 00' E	h = 14 m
Berlin	52° 23' N	3° 04' E	h = 81 m
Warschau	2° 09' N	20° 59' E	h = 107 m
Moskau	5° 45' N	37° 34' E	h = 156 m
Swerdlowsk	56° 44' N	61° 04' E	h = 282 m

Mittlere Abweichung, Varianz und Standardabweichung

Die Spannweite sagt nur etwas aus über die Größe des Intervalls, in dem die Variablenwerte liegen, nicht aber darüber, wie sich die Variablenwerte innerhalb dieses Intervalls verteilen. Solche Informationen können die Streuungsmaße 'Mittlere Abweichung' und 'Standardabweichung' bzw. die 'Varianz' (= Quadrat der Standardabweichung), die im Folgenden kurz vorgestellt werden, liefern.

Die mittlere Abweichung $\bar{d}$ (mean deviation) ist der mittlere Abstand der einzelnen Datenwerte vom arithmetischen Mittelwert, also

$$\bar{d} = \frac{1}{n} \sum_{i=1}^{n} |x_i - \bar{x}|.$$

Die mittlere Abweichung stellt sicherlich das intuitiv einfachste Maß für die durchschnittliche Streuung dar. Aus mathematischen Gründen vermeidet man jedoch meistens die Absolutdarstellung und berechnet statt dessen die Varianz s^2 (variance) als mittlere quadratische Abweichung der einzelnen Datenwerte vom arithmetischen Mittelwert. Als Standardabweichung s (standard deviation) bezeichnet man schließlich die positive Wurzel aus der Varianz. Die Standardabweichung entspricht damit von der Größenordnung her in etwa der mittleren Abweichung und wird häufig auch als solche interpretiert. Es sind also

$$
\begin{aligned}
s^2 &= \frac{1}{n}\sum_{i=1}^{n}(x_i - \bar{x})^2, \\
s &= \sqrt{s^2} = \sqrt{\frac{1}{n}\sum_{i=1}^{n}(x_i - \bar{x})^2}.
\end{aligned}
$$

Bei der Berechnung von Varianz und Standardabweichung für Stichproben wird in der Regel durch $(n - 1)$ statt durch n dividiert, und zwar dann, wenn die Parameter (der Stichprobe) als Schätzungen der entsprechenden Parameter der Grundgesamtheit dienen sollen. Die Begründung dafür findet sich in Kap. 5. Es ist klar, dass diese Umformungen entsprechend für die Standardabweichung gelten.

Zum besseren Verständnis sollen die Berechnung der Streuungsmaße an einem Beispiel erläutert werden. Tab. 10 zeigt das Schema zur Berechnung von $\bar{d}$, s^2 und s für die Monatsmitteltemperaturen von Hamburg aus Tab. 9. Es sind

$$
\bar{d} = \frac{65{,}7}{12} = 5{,}48, \quad s^2 = \frac{447{,}07}{12} = 37{,}26, \quad s = \sqrt{37{,}26} = 6{,}10.
$$

Tab. 9 zeigt die Standardabweichungen der Monatsmitteltemperaturen für die Stationen entlang des Profils Hamburg-Jakutsk. Die Zunahme der Werte von 6,1 °C (Hamburg) bis 21,8 °C (Jakutsk) spiegelt die zunehmende Kontinentalität des Klimas wieder.

Äquivalente Darstellungen der Varianz ***FuF***

Statt der angeführten Gleichung für die Varianz kann man auch die folgenden Formeln verwenden, die für die Berechnung mit der Hand bzw. dem Taschenrechner vorteilhaft sind.

$$
s^2 = \frac{1}{n}\sum_{i=1}^{n} x_i^2 - \frac{1}{n^2}\left(\sum_{i=1}^{n} x_i\right)^2
$$

oder

$$
s^2 = \frac{1}{n}\sum_{i=1}^{n} x_i^2 - \bar{x}^2.
$$

Die Äquivalenz dieser beiden Gleichungen mit der Definitionsgleichung für die Varianz kann leicht nachgewiesen werden. Eine andere äquivalente Definition der Varianz ist

$$
s^2 = \frac{1}{2}\frac{1}{n^2}\sum_{i=1}^{n}\sum_{j=1}^{n}(x_i - x_j)^2.
$$

Diese Gleichung besagt, dass s^2 auch ein Maß für den mittleren (quadratischen) Abstand der Werte untereinander ist, also eine Aussage darüber macht, wie stark sich die einzelnen Werte im Durchschnitt unterscheiden.

Äquivalente Darstellungen der Varianz ***FuF***

Tab. 10: Schema zur Berechnung der mittleren Abweichung, Varianz und Standardabweichung, Beispiel Monatsmitteltemperaturen von Hamburg (vgl. Tab. 9)

Monate i	Monatsmittel-temperatur (in °C)	$\lvert x_i - \bar{x} \rvert$	$(x_i - \bar{x})^2 = \lvert x_i - \bar{x} \rvert^2$
1	0,0	8,4	70,56
2	0,3	8,1	65,61
3	3,3	5,1	26,01
4	7,5	0,9	0,81
5	12,0	3,6	12,96
6	15,3	6,9	47,61
7	17,0	8,6	73,96
8	16,6	8,2	67,24
9	13,5	5,1	26,01
10	9,1	0,7	0,49
11	4,9	3,5	12,25
12	1,8	6,6	43,56
$\sum$	100,07	65,7	447,07

Voraussetzungen und Aussagekraft der absoluten Streuungsmaße ***MuG***

- Die drei Streuungsmaße sind ausschließlich auf metrische Daten anwendbar, da der arithmetische Mittelwert als Bezugspunkt dient bzw. paarweise Differenzen gebildet werden müssen und als solche interpretiert werden.
- Mittlere Abweichung und Standardabweichung haben gegenüber der Varianz den Vorteil, dass sie die Streuung der Variablenwerte in der ursprünglichen Einheit messen und somit inhaltlich leichter zu interpretieren sind. Sind z.B. Entfernungen (in m) oder Temperaturgrade (in °C) die Maßeinheit der Variablen, so werden die mittlere Abweichung und die Standardabweichung ebenfalls in m (oder °C) angegeben, die Varianz dagegen in m^2 (oder $°C^2$).
- Die mittlere Abweichung bezieht sich immer auf das arithmetische Mittel. Ihre Aussagekraft ist daher umso größer, je besser das arithmetische Mittel zur Charakterisierung der Zentraltendenz geeignet ist.
- Die Standardabweichung kann unter zwei Blickwinkeln interpretiert werden, nämlich
  - als mittlere Abweichung vom arithmetischen Mittelwert (dann gilt das gleiche wie bei der mittleren Abweichung)
  - als Maß für die mittlere Abweichung der einzelnen Werte *voneinander*.
- Durch 'das Quadrieren' werden allerdings extreme Variablenwerte bei der Standardabweichung stärker berücksichtigt als bei der mittleren Abweichung, d.h. extreme Werte haben einen stärkeren Einfluss auf die Bildung von Varianz bzw. Standardabweichung.
- Alle drei Maße eignen sich besonders zur Charakterisierung unimodaler, symmetrischer Verteilungen. Je schiefer eine Verteilung ist, desto notwendiger ist die zusätzliche Verwendung von Häufigkeitstabellen und -diagrammen.
- Varianz und Standardabweichung haben in der Statistik insgesamt eine größere Bedeutung als die mittlere Abweichung, weil sie sich leicht für theoretische Verteilungen berechnen lassen (vgl. Kap. 5).

Voraussetzungen und Aussagekraft der absoluten Streuungsmaße ***MuG***

Entwicklung der Bevölkerung und der Arbeitslosigkeit in Deutschland ***MiG***
Eine Analyse auf der Basis absoluter Streuungsmaße

Für die beiden Variablen Entwicklung der Bevölkerung und Entwicklung der Arbeitslosigkeit ergeben sich auf der Ebene der Raumordnungsregionen für die BRD insgesamt und für Ost- bzw. Westdeutschland die folgenden in Tab. A aufgeführten Werte. Die deutlich geringeren Werte bei den westdeutschen Streuungsparametern im Vergleich zu den ostdeutschen zeigen, dass zwischen den westdeutschen Regionen weniger Unterschiede bestehen als zwischen den ostdeutschen.

Tab. A: Streuungsparameter der Variablen *Bevölkerungsentwicklung 1995–2003* und *Entwicklung der Arbeitslosenquote* in der BRD auf Ebene der Raumordnungsregionen

	Streuungsparameter			
	$\bar{x}$	$\bar{d}$	s	s^2
Entwicklung der Bevölkerung				
BRD	0,9701	3,3869	4,2424	17,9976
West	2,5851	2,1138	2,6497	7,0210
Ost	−4,2261	3,4140	4,2333	17,9211
Entwicklung der Arbeitslosenquote				
BRD	1,5866	1,8854	2,4421	5,9640
West	0,4608	0,8700	1,1503	1,3232
Ost	5,2087	1,6707	1,9231	3,6982

Entwicklung der Bevölkerung und der Arbeitslosigkeit in Deutschland
Eine Analyse auf der Basis absoluter Streuungsmaße ***MiG***

Relative Streuungsmaße

Die Berechnung der Streuungsparameter der Entwicklung der Bevölkerung und derjenigen der Arbeitslosigkeit in der BRD führt sofort zu den beiden folgenden Fragen:

a) Wie ist die regionale Unterschiedlichkeit der Bevölkerungsentwicklung in der BRD auf Ebene der Raumordnungsregionen ($s = 4{,}2424\%$) im Vergleich zu derjenigen für die Arbeitslosigkeit ($s = 2{,}4421\%$) einzuschätzen? Sind die Unterschiede als gleich bedeutsam anzusehen oder nicht?

b) Wie ist die regionale Unterschiedlichkeit in Westdeutschland im Vergleich zu derjenigen in Ostdeutschland einzuschätzen, wo doch in beiden Regionen unterschiedliche Ausgangsniveaus (Mittelwerte) vorhanden sind?

Allgemeiner stellt sich die Frage nach der Vergleichbarkeit der Standardabweichungen bzw. mittleren Abweichungen verschiedener Variablen. Die bisher vorgestellten Streuungsmaße sind absolute Maße und daher für Vergleichszwecke nicht unbedingt brauchbar. Einmal werden die Streuungsmaße in den jeweiligen Maßeinheiten der Variablen angegeben (im obigen Beispiel zwar in beiden Fällen in %, allerdings werden diese auf unterschiedliche Art gebildet), zum anderen beziehen sie sich auf unterschiedlich hohe Niveaus der Variablenwerte, die sich in den unterschiedlichen arithmetischen Mitteln ausdrücken (im obigen Beispiel etwa für die BRD $\bar{x}$ = 0,9701% für die Bevölkerungsentwicklung, $\bar{x}$ = 1,5866% für die Entwicklung der Arbeitslosigkeit).

Die gleiche absolute Streuung hat jedoch bei verschiedener Zentraltendenz ein durchaus unterschiedliches Gewicht. So bedeutet z.B. die gleiche absolute Streuung der Jahresniederschläge in einem Gebiet A mit durchschnittlich geringen Niederschlägen, dass viele Dürrejahre mit den entsprechend verheerenden Konsequenzen für die Landwirtschaft auftreten, während in einem Gebiet B mit hohen Niederschlagssummen auch in den niederschlagsarmen Jahren noch ausreichend Niederschläge fallen.

Das folgende Beispiel mag die Problematik verdeutlichen:

Niederschlagscharakteristika während der Vegetationsperiode

	Mittlere Niederschlagsmenge $\bar{x}$	Mittlere Abweichung $\bar{d}$
Gebiet A (= dürregefährdetes Gebiet)	250 mm	100 mm
Gebiet B (= regenreiches Gebiet)	600 mm	100 mm

Für das Gebiet A folgt aus diesen Werten, dass in zahlreichen Jahren mit weniger als 150 mm Niederschlag gerechnet werden muss, während im Gebiet B zwar mit Niederschlagssummen unter 500 mm zu rechnen ist, jedoch kaum mit weniger als 250 mm Niederschlag pro Vegetationsperiode.

Für Vergleichszwecke müssen also die absoluten Streuungsmaße relativiert werden. Dazu dienen die relativen (normierten) Streuungsmaße, bei denen die Standardabweichung und die mittlere Abweichung als relative Anteile am arithmetischen Mittelwert ausgedrückt werden. Man erhält dadurch die folgenden Maße:

Variationskoeffizient (coefficient of variation) $v = \frac{s}{\bar{x}}$

Relative Variabilität (relative variability) $V = \frac{\bar{d}}{\bar{x}}$

Generell lässt sich feststellen:

- sind die Abstände zwischen den Variablenwerten und dem Mittelwert vorwiegend kleiner als 1, dann liegen die Werte der relativen Variabilität V in der Regel über denen des Variationskoeffizienten v,
- sind hingegen die meisten dieser Abstände größer als 1, dann liegen die Werte der relativen Variabilität V in der Regel unter denen des Variationskoeffizienten v.

Diese Unterschiede lassen sich auf die Quadrierungen bei der Berechnung der Standardabweichung zurückführen.

Einer Arbeit von FLIRI (1969) ist ein schönes Beispiel für die Anwendung relativer Streuungsmaße zu entnehmen. Für den Wintertourismus in den Alpenländern ist von großer Bedeutung, wie schneesicher ein Gebiet ist. In diesem Zusammenhang ist es wichtig zu wissen, welche Niederschlagsmengen in den Alpen im Winter (Dezember bis Februar) fallen und wie groß die Variabilität der Monatssummen des Niederschlags im Winter ist. Um beide Fragen zu beantworten, wurden für 200 Klimastationen in den Alpen 30-jährige Niederschlagsreihen (Periode 1931–1960) zusammengestellt, deren Mittelwerte und Standardabweichungen bestimmt und danach die Variationskoeffizienten berechnet. Diese wur-

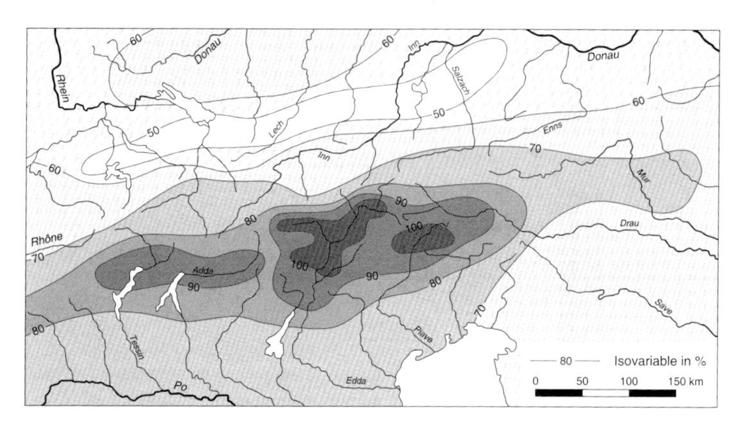

Abb. 13: Variabilität der Niederschlagsmengen in den Monaten Dezember, Januar und Februar in den Alpen 1931–1960 (Quelle: FLIRI 1969)

den in eine Karte mit den 200 Klimastationen eingetragen und danach sog. Isovariablen (= Linien gleicher Variation) konstruiert (Abb. 13). Von einer großen Variabilität der winterlichen Niederschläge ist der südliche inneralpine Raum (Tessin, Veltin, Südtirol, nördliches Venetien, Oberkärnten) betroffen. Demgegenüber ist die Variabilität am ganzen nördlichen Alpenrand wesentlich geringer.

Relative Streuungsmaße lassen sich auch zur Typisierung von Ablaufgängen verwenden, zum Beispiel zur Typisierung des Niederschlagregimes. Man berechnet den Variationskoeffizienten v bzw. die relative Variabilität V der Niederschlagsmengen für jeden Monat und vergleicht den mittleren Jahresgang der Niederschlagsmengen mit dem Jahresgang der Variabilität der Niederschlagsmengen. Diese beiden Merkmale dienen dann zur Kennzeichnung des Niederschlagregimes.

In ähnlicher Weise kann man die Abflussregime der Flüsse kennzeichnen. TÖNNIES (1971, S. 93-108) hat das für Italien durch Darstellung des Jahresganges des PARDÉschen Abflusskoeffizienten Q_k und des Variationskoeffizienten v des Abflusses versucht.

$$Q_k = \text{Abflusskoeffizient nach PARDÉ für den Monat } k$$
$$= \frac{\text{Monatsmittel des Abflusses m}^3/\text{s}}{\text{Jahresmittel des Abflusses m}^3/\text{s}}$$

Zum Beispiel: mittlerer Abfluss im Jahr $8\text{m}^3/\text{s}$, mittlerer Abfluss im April $6\text{m}^3/\text{s}$, Abflusskoeffizient im April $Q_4 = 6/8 = 0{,}75$.

In den Abb. 14 und 15 sind zwei gegensätzliche Abflussregime dargestellt, in Abb. 14 der Abflussgang eines typischen Torrent (Abflussmaximum im Winter, im Mittel sehr niedriger/kaum Abfluss im Sommer bei hoher Variabilität der Niederschläge), in Abb. 15 ein eher

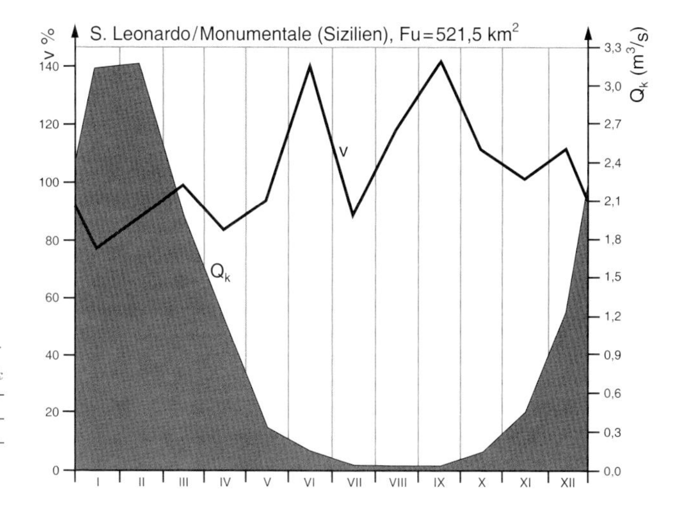

Abb. 14: Jahresgänge des Abflusskoeffizienten Q_k und des Variationskoeffizienten v des Abflusses des S. Leonardo (Nach: TÖNNIES 1971, S. 113)

nivo-pluviales Abflussregime, das bestimmt ist durch zwei Maxima (April-Juni: Schneeschmelze, Oktober-November: Winterregen) bei insgesamt deutlich geringerer Variabilität der Niederschläge).

In der Wirtschafts- und Sozialgeographie wird der Variationskoeffizient v (bzw. die relative Variabilität V) häufig als Maß zur Erfassung regionaler Entwicklungsunterschiede oder regional ungleichen Wirtschaftswachstums eines Landes herangezogen. Als Indikator für

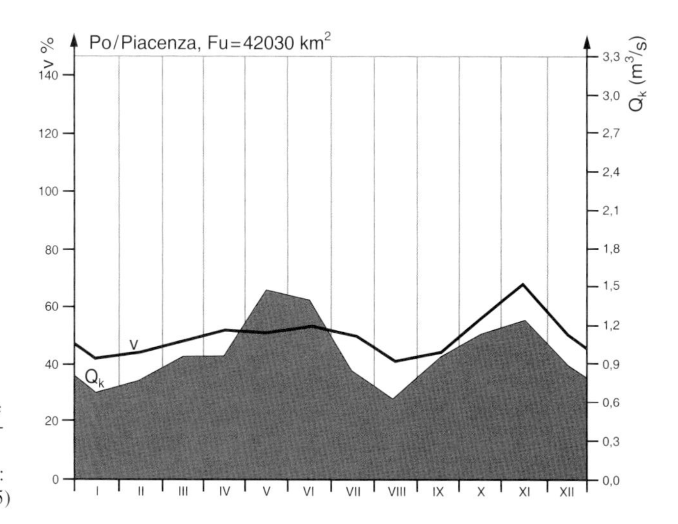

Abb. 15: Jahresgänge des Abflusskoeffizienten Q_k und des Variationskoeffizienten v des Abflusses des Po (Nach: TÖNNIES 1971, S.115)

Tab. 11: Absolute und relative Streuungsmaße für die Variable *BIP / Kopf der Bevölkerung* in der BRD auf Basis der Bundesländer für die Jahre 1991 und 2005

Jahr	$\bar{x}$ (€/Kopf)	$\bar{d}$ (€/Kopf)	s (€/Kopf)	V (%)	v (%)
1991	17691,57	6457,65	7865,68	36,50	44,46
2005	26512,06	5969,88	7665,27	22,52	28,91

den wirtschaftlichen Entwicklungsstand eines Gebietes wird im Allgemeinen das Bruttosozialprodukt oder das Bruttoinlandprodukt (BIP) pro Kopf der Bevölkerung angesehen. Ist dieses für die einzelnen Landesteile bekannt, so kann man daraus den Variationskoeffizienten für das Land errechnen und ihn wie folgt interpretieren: Je größer v (bzw. V) ist, desto größer sind die regionalen Entwicklungsunterschiede.

Für das in Tab. 8 angegebene BIP pro Kopf der Bevölkerung auf Ebene der Bundesländer für die Jahre 1991 und 2005 ergeben sich die in Tab. 11 aufgeführten Streuungsmaße. Sie lassen erkennen, dass die regionalen Entwicklungsunterschiede zwischen den Bundesländern von 1991 bis 2005 abgenommen haben.

In ähnlicher Weise wie für die Entwicklung des BIP in Deutschland hat SACKS (1976) den Variationskoeffizienten v des Nationaleinkommens pro Arbeiter für Jugoslawien für die Zeit von 1962-1971 berechnet (vgl. Abb. 16). Er kommt dabei zu folgendem interessanten Ergebnis: Die regionalen Unterschiede werden von 1962 bis 1965/1966 abgebaut, wachsen danach aber wieder an. Dieses zeigt, dass die Stärkung von Marktmechanismen

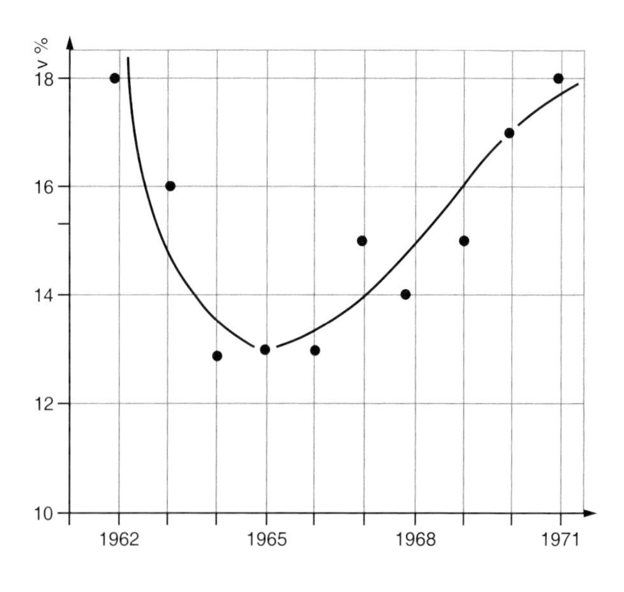

Abb. 16: Variationskoeffizienten v des Nationaleinkommens pro Arbeiter 1962–1971 in Jugoslawien (Quelle: SACKS 1976, S. 65)

durch die Reform von 1965 das Ende des Trends zum Ausgleich der regionalen Entwicklungsunterschiede in Jugoslawien markiert und gleichzeitig den Beginn einer neuen Phase zunehmend sich verstärkender regionaler Entwicklungsgegensätze. Die Kluft zwischen den entwickelten und unterentwickelten Regionen des Landes nimmt wieder zu.

Voraussetzungen und Aussagekraft der relativen Streuungsmaße ***MuG***

In die Berechnung der relativen Streuungsmaße gehen Parameter (Standardabweichung, arithmetischer Mittelwert, mittlere Abweichung) ein, die nur auf metrische Daten anwendbar sind. Metrisches Skalenniveau ist daher auch Voraussetzung für die relativen Streuungsmaße.
Streng genommen können die relativen Streuungsmaße sogar nur auf rationalskalierte Variablen (also Variablen mit absolutem Nullpunkt) angewandt werden, da jeweils ein multiplikativer Vergleich (= Division) durchgeführt wird, der nur bei Rationaldaten sinnvoll interpretierbar ist. Da diese Einschränkung in der Praxis aber oft nicht eingehalten wird, sollte man zumindest fordern, dass alle Variablenwerte dasselbe Vorzeichen haben. Sonst kann es zu unerwünschten Verzerrungen und damit falschen Ergebnissen kommen. Dies lässt sich am Beispiel von Temperaturmessungen in °C an drei hypothetischen Messstationen verdeutlichen (siehe Tab. A).

Tab. A: Temperaturmessungen an drei hypothetischen Messstationen

Messwert	Temperaturwerte (°C)		
Nr.	Station 1	Station 2	Station 3
1	11,00	10,10	9,50
2	10,49	9,59	8,99
3	11,49	10,59	9,99
4	11,95	11,05	10,45
5	9,94	9,04	8,44
6	−9,00	−9,90	−10,50
7	−8,49	−9,39	−9,99
8	−9,49	−10,39	−10,99
9	−9,95	−10,85	−11,45
10	−7,94	−8,84	−9,44

Auf Basis der Werte ergeben sich die folgenden Parameter:

$$s_1 = 10\,°\mathrm{C}; \quad \bar{x}_1 = +1{,}0\,°\mathrm{C}; \quad v_1 = +10$$
$$s_2 = 10\,°\mathrm{C}; \quad \bar{x}_2 = +0{,}1\,°\mathrm{C}; \quad v_2 = +100$$
$$s_3 = 10\,°\mathrm{C}; \quad \bar{x}_3 = -0{,}5\,°\mathrm{C}; \quad v_3 = -20.$$

Obwohl die drei Stationen ziemlich identische Messwerte aufweisen, was sich auch in den Standardabweichungen und den Mittelwerten ausdrückt, ergeben sich doch völlig verschiedene Zahlenwerte für den Variationskoeffizienten. Dabei irritiert der negative Wert von v_3 zusätzlich und ist nicht zu interpretieren. Sind die Temperaturen hingegen in Kelvingraden – also in einer Rationalskala – angegeben, zeigt sich das korrekte Bild:

$$s_1 = 10\,°\mathrm{K}; \quad \bar{x}_1 = +274{,}15\,°\mathrm{K}; \quad v_1 = +3{,}65$$
$$s_2 = 10\,°\mathrm{K}; \quad \bar{x}_2 = +273{,}25\,°\mathrm{K}; \quad v_2 = +3{,}66$$
$$s_3 = 10\,°\mathrm{K}; \quad \bar{x}_3 = +272{,}75\,°\mathrm{K}; \quad v_3 = +3{,}67.$$

Voraussetzungen und Aussagekraft der relativen Streuungsmaße ***MuG***

Entwicklung sozioökonomischer Strukturen in Deutschland seit 1995 *MiG*
Eine Analyse auf der Basis des relativer Streuungsmaße

Eine Analyse der Entwicklung des BIP/Kopf für jedes Jahr zwischen 1991 und 2005 ergibt z.B. für den Variationskoeffizienten den in Abb. A dargestellte Entwicklungsverlauf: In den ersten Jahren nach der Wende haben sich die Unterschiede auf Ebene der Bundesländer verringert von 44,46% (1991) auf 28,88% im Jahre 1995. Seit dieser Zeit sind die Unterschiede bis zum Ende des Zeitraumes (2005) relativ konstant geblieben mit knapp unter 29%.

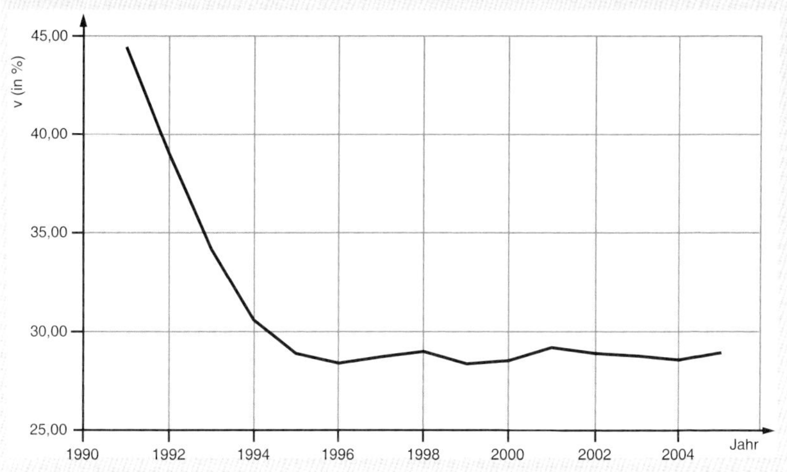

Abb. A: Variationskoeffizienten v des BIP/Kopf 1991–2005 in der BRD auf Basis der Bundesländer

Der Entwicklungsstand eines Landes bzw. einer Region kann nicht nur an der wirtschaftlichen Produktivität (z.B. durch das BIP/Kopf) gemessen werden. Ein weiteres Kriterium ist z.B. die Versorgung der Bevölkerung mit materiellen und immateriellen Konsumgütern (Gesundheitsfürsorge, Bildung, etc.). Indikatoren, die hier am Beispiel der BRD angesprochen werden sollen, sind:

- das Bruttoinlandsprodukt in 1000 € je Einwohner (2003) (BIP/Kopf),
- die Zahl der Ärzte pro 100.000 Einwohner (2003) (Ärztedichte),
- Anteil der Schulabgänger mit Hochschulreife an den Schulabgängern in % (2003) (Gymnasiastenquote),
- Wohnfläche je Einwohner in m^2 (2003) (Wohnversorgung),
- Erholungsfläche je Einwohner in m^2 (2000) (Erholungsfläche).

Berechnet man auf Ebene der Raumordnungsregionen die entsprechenden relativen Streuungsmaße (vgl. Tab. A), so zeigt sich, dass bei den Versorgungsvariablen die vorhandenen regionalen Entwicklungsunterschiede in der BRD sowohl im Vergleich zum BIP/Kopf als auch untereinander durchaus unterschiedlich sind. Für die Gesamt-BRD sind die regionalen Unterschiede bei den Versorgungsvariablen (mit Ausnahme der Erholungsfläche) immer geringer als bei der BIP-Variablen, wobei ganz besonders geringe Variationen bei der Wohnversorgung festzustellen sind. Vergleicht man Ost- und Westdeutschland miteinander, dann ist festzuhalten, dass die regionalen Unterschiede innerhalb Westdeutschlands immer größer sind als innerhalb Ostdeutschlands. Sie sind zwar nicht ausgesprochen markant ausgeprägt, aber für die Variablen 'BIP/Kopf', 'Gymnasiastenquote' und 'Erholungsfläche' sind schon Unterschiede von mehreren %-Punkten festzustellen.

Tab. A: Relative Streuungsmaße von Entwicklungsparametern

	BIP/Kopf	Ärztedichte	Gymnasiastenquote	Wohnversorgung	Erholungsfläche
BRD					
$\bar{x}$	23,68	150,62	22,12	41,04	35,01
$\bar{d}$	4,14	18,59	3,64	2,47	11,29
s	5,74	24,82	4,54	2,88	16,07
v (in %)	17,47	12,34	16,47	6,02	32,25
V (in %)	24,25	16,48	20,52	7,02	45,89
Westdeutschland					
$\bar{x}$	25,64	153,91	21,26	42,10	34,74
$\bar{d}$	3,54	19,11	3,75	1,94	12,11
s	5,10	24,82	4,54	2,39	17,30
v (in %)	13,80	12,42	17,64	4,60	34,86
V (in %)	19,89	16,13	21,36	5,69	49,81
Ostdeutschland					
$\bar{x}$	17,40	140,04	24,89	37,62	35,87
$\bar{d}$	1,45	13,53	2,51	0,84	8,54
s	1,93	21,67	3,24	1,10	11,14
v (in %)	8,32	9,66	10,09	2,23	23,80
V (in %)	11,10	15,48	13,02	2,92	31,07

Entwicklung sozioökonomischer Strukturen in Deutschland seit 1995
Eine Analyse auf der Basis des relativer Streuungsmaße ***MiG***

Disparitätendiagramm

Regionale Entwicklungsunterschiede lassen sich gut durch ein sogenanntes *Disparitätendiagramm* (vgl. JUNG 1980, S. 53/54) darstellen. Dieses sei am Beispiel der regionalen Unterschiede des BIP in der BRD auf Basis der Bundesländer demonstriert. Zu diesem Zweck werden nochmals die Angaben aus Tab. 8 für das Jahr 1991 herangezogen. Zur Konstruktion des *Disparitätendiagramms* empfiehlt sich das in Tab. 12 dargestellte Rechenschema.

Das Diagramm vereinigt eine absolute und eine relative Darstellung der hier zu Demonstrationszwecken herangezogenen Einkommenswerte der einzelnen Bundesländer der BRD (hier Teilregionen genannt) (vgl. Abb. 17). Der Ordinatenwert gibt das BIP pro Kopf der Bevölkerung in den Teilregionen an ($x_i = y_i/g_i$; linke Ordinatenachse). Auf der Abszisse wird der jeweilige Anteil der Teilregionen an der Bevölkerung des Gesamtraumes (g_i/G) abgetragen. Die Teilregionen werden nach steigenden oder fallenden Pro-Kopf-Werten des BIP geordnet und danach ihre Werte in das Diagramm eingetragen. Die Fläche der so entstehenden Rechtecke ($x_i\, g_i/G = y_i/G$) ist proportional zu den absoluten Werten des BIP ($= y_i$) in den Teilregionen. Zusätzlich werden in das Diagramm das Pro-Kopf-BIP für den Gesamtraum ($\bar{x}_g = 19116{,}88$) eingetragen und die Differenzen der Rechtecke zu diesem Wert kenntlich gemacht (im Diagramm: helleres Grau = positive Abweichung, dunkleres Grau = negative Abweichung). Die Flächen dieser so gekennzeichneten Rechtecke ($= f_i$)

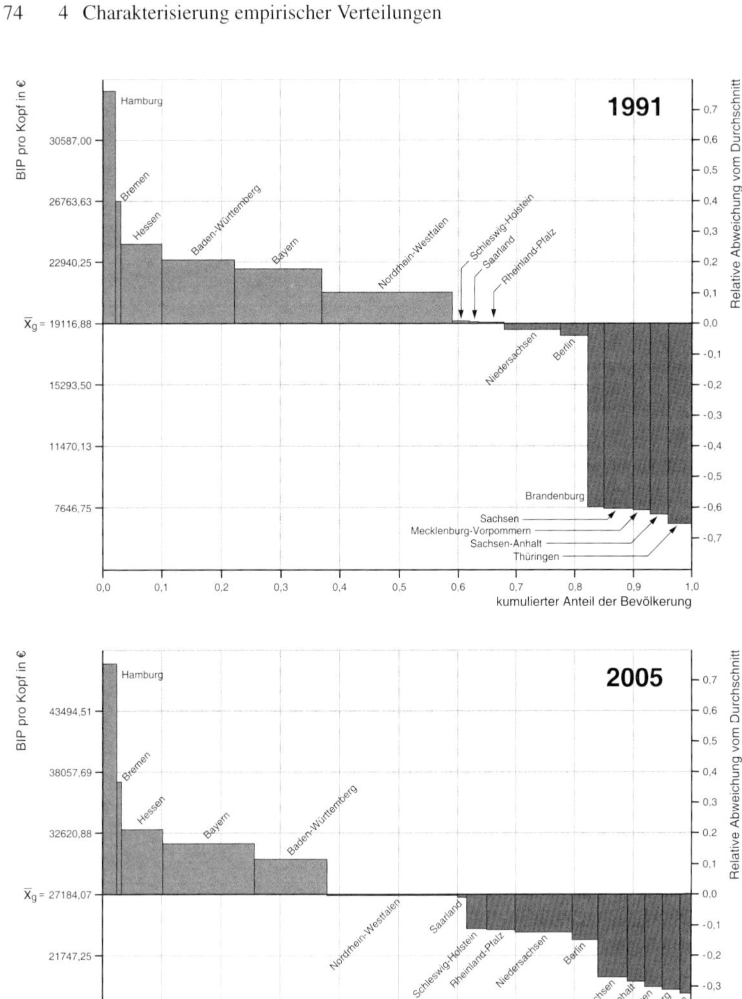

Abb. 17: Disparitätendiagramm des BIP pro Kopf der Bevölkerung in der BRD auf Ebene der Bundesländer für die Jahre 1991 und 2005

sind nun proportional zu den Anteilen des BIPs, den die Teilregionen mehr bzw. weniger erwirtschaften als sie müssten, wenn jede Teilregion entsprechend ihres Bevölkerungsanteils dazu beiträgt. Auf der rechten Ordinatenachse sind die relativen Abweichungen vom Pro-Kopf-BIP des Gesamtraumes abgetragen.

Das BIP pro Kopf der Bevölkerung im Gesamtraum BIP_G lässt sich berechnen durch

$$\mathrm{BIP}_G = \frac{\sum_{i=1}^{16} y_i}{G}.$$

Ausgehend von den x_i-Werten ergibt sich dann

$$\mathrm{BIP}_G = \frac{\sum_{i=1}^{16} g_i\, x_i}{G},$$

d.h. BIP_G ist nichts anderes als das mit der Bevölkerungszahl in den Bundesländern gewichtete arithmetische Mittel $\bar{x}_g$ der x_i-Werte. Die relativen Abweichungen des Pro-Kopf-BIPs der einzelnen Regionen vom Durchschnitt in der Gesamtregion können dann wie folgt angegeben werden:

$$\frac{x_i - \bar{x}_g}{\bar{x}_g} = \frac{x_i}{\bar{x}_g} - 1.$$

Die positiven und negativen Abweichungen sind im Diagramm unterschiedlich gekennzeichnet. Die Summe der Abweichungsflächen oberhalb der waagerechten 0-Achse muss auf Grund der Schwerpunkteigenschaft des arithmetischen Mittels genauso groß sein wie die Summe der unterhalb liegenden Abweichungsflächen. Die Abweichungsflächen f_i berechnen sich aus Länge mal Breite der gerasterten Rechteckflächen, d.h. sie sind gleich dem Produkt aus $(x_i/\bar{x}_g - 1)$ und g_i/G.

Summiert man die Absolutbeträge der Abweichungsflächen f_i, so erhält man die mit dem Bevölkerungsanteil gewichtete relative Variabilität V_g des BIP pro Kopf (= x_i):

$$\sum_{i=1}^{n} |f_i| = \frac{\bar{d}_g}{\bar{x}_g} = V_g.$$

Welche Aussage lässt V_g zu? V_g lässt sich folgendermaßen umformen:

$$V_g = \frac{\bar{d}_g}{\bar{x}_g} = \frac{\sum_{i=1}^{n} |y_i - \bar{x}_g g_i|}{\sum_{i=1}^{n} y_i}.$$

Tab. 12: Rechenschema zur Konstruktion des Disparitätendiagramms für das BIP auf Basis der Bundesländer für das Jahr 1991

Teilregionen	BIP (Mio. €) y_i	Bevölkerung g_i	BIP/Kopf x_i	Abweichung vom Durchschnitt		$\frac{g_i}{G}$	Abweichungsflächen	
				$\frac{x_i}{\bar{x}_g}$	$\frac{x_i}{\bar{x}_g} - 1$		f_i	$\lvert f_i \rvert$
Baden-Württemberg	231942	10001840	23189,93	1,2131	0,2131	0,1246	0,0265	0,0265
Bayern	261924	11595970	22587,50	1,1815	0,1815	0,1445	0,0262	0,0262
Berlin	63369	3446031	18388,98	0,9619	−0,0381	0,0429	−0,0016	0,0016
Brandenburg	19625	2542725	7718,10	0,4037	−0,5963	0,0317	−0,0189	0,0189
Bremen	18317	683684	26791,62	1,4015	0,4015	0,0085	0,0034	0,0034
Hamburg	56205	1668757	33680,76	1,7618	0,7618	0,0208	0,0158	0,0158
Hessen	141526	5837330	24244,99	1,2683	0,2683	0,0727	0,0195	0,0195
Mecklenb.-Vorpom.	14250	1891657	7533,08	0,3941	−0,6059	0,0236	−0,0143	0,0143
Niedersachsen	140289	7475790	18765,78	0,9816	−0,0184	0,0931	−0,0017	0,0017
Nordrhein-Westf.	369100	17509866	21079,54	1,1027	0,1027	0,2181	0,0224	0,0224
Rheinland-Pfalz	73125	3821235	19136,48	1,0010	0,0010	0,0476	0,0000	0,0000
Saarland	20667	1076879	19191,57	1,0039	0,0039	0,0134	0,0001	0,0001
Sachsen	35870	4678877	7666,37	0,4010	−0,5990	0,0583	−0,0349	0,0349
Sachsen-Anhalt	20339	2823324	7203,92	0,3768	−0,6232	0,0352	−0,0219	0,0219
Schleswig-Holstein	50882	2648532	19211,40	1,0049	0,0049	0,0330	0,0002	0,0002
Thüringen	17169	2572069	6675,17	0,3492	−0,6508	0,0320	−0,0209	0,0209
	$\sum$	$\sum$	$\bar{x}_g$					
Gesamt	1534599	80274566	19116,88	1,0000	0,0000	1,0000	0,0000	0,2284

Nun gibt $\bar{x}_g g_i$ genau das BIP an, das die Teilregion entsprechend ihrer Bevölkerung erwirtschaften würde, wenn es keine regionalen Unterschiede gäbe. Somit gibt der Term $|y_i - \bar{x}_g g_i|$ für die Teilregion die Differenz zwischen dem tatsächlichen und dem fiktiven (gleichverteilten) BIP an. Der Nenner $\sum_{i=1}^{n} y_i$ ist nichts anderes als das BIP des Gesamtraumes. Nun gleichen sich natürlich in der Summe die positiven und die negativen Abweichungen aus, so dass sich insgesamt ergibt:

$\frac{1}{2} V_g$ ist nichts anderes als der relative Anteil des BIP, der noch umverteilt werden müsste, um regionale (hier entsprechend der Bevölkerung) Gleichverteilung zu erreichen. Es müssten also in der BRD noch $11{,}42\%$ des BIP umverteilt werden, um vollständige Gleichverteilung über die Bundesländer zu erhalten.

Entsprechend kann man den gewichteten Variationskoeffizienten v_g definieren:

$$v_g = \frac{s_g}{\bar{x}_g} = \frac{\sqrt{\sum_{i=1}^{n} (x_i - \bar{x}_g)^2 \cdot \frac{g_i}{G}}}{\bar{x}_g}.$$

Äquivalente Darstellungen der Relativen Variabilität ***FuF***

Die mit dem Bevölkerungsanteil gewichtete relative Variabilität V_g des BIP pro Kopf ($= x_i$) ist:

$$\sum_{i=1}^{n} |f_i| = \sum_{i=1}^{n} \frac{|x_i - \bar{x}_g|}{\bar{x}_g} \cdot \frac{g_i}{G} = \frac{1}{\bar{x}_g} \sum_{i=1}^{n} |x_i - \bar{x}_g| \cdot \frac{g_i}{G}$$

$$\left(\text{wegen } \sum_{i=1}^{n} a x_i = a \sum_{i=1}^{n} x_i\right)$$

$$= \frac{\sum_{i=1}^{n} |x_i - \bar{x}_g| \cdot \frac{g_i}{G}}{\bar{x}_g} = \frac{\bar{d}_g}{\bar{x}_g} = V_g.$$

Desweiteren gilt:

$$V_g = \frac{\bar{d}_g}{\bar{x}_g} = \frac{\sum_{i=1}^{n} |x_i - \bar{x}_g| \frac{g_i}{G}}{\bar{x}_g} = \frac{\frac{1}{G} \sum_{i=1}^{n} |x_i\, g_i - \bar{x}_g\, g_i|}{\frac{1}{G} \sum_{i=1}^{n} x_i\, g_i}$$

$$= \frac{\sum_{i=1}^{n} |x_i g_i - \bar{x}_g g_i|}{\sum_{i=1}^{n} x_i g_i} = \frac{\sum_{i=1}^{n} |y_i - \bar{x}_g g_i|}{\sum_{i=1}^{n} y_i}.$$

Äquivalente Darstellungen der Relativen Variabilität ***FuF***

Dieser Koeffizient wurde erstmals von WILLIAMSON (1965) in einer Arbeit zur Messung regionaler Einkommensunterschiede verwendet. Ziel der Arbeit war die Beantwortung der Frage, ob zwischen regionalen Unterschieden des Pro-Kopf-Einkommens und dem wirtschaftlichen Entwicklungsstand eines Landes eine Beziehung besteht. Er stellte fest: „rising regional income disparities is typical of the early development stages, while regional convergence is typical of the more mature stages of national growth and development“ (WILLIAMSON 1965, S. 42).

Die Entwicklung des BIP in den Ländern der Bundesrepublik 1991 bis 2005 ***MiG***
Eine Analyse auf der Basis des Disparitätendiagramms

Eine Analyse der Disparitätendiagramme für das BIP in den Ländern der Bundesrepublik Deutschland 1991 und 2005 ergibt, dass sich die Unterschiede auf der Ebene der Bundesländer beträchtlich reduziert haben. Der Anteil von 11,42% des BIP, der 1991 in der BRD hätte umverteilt werden müssen, um vollständige Gleichverteilung zu erhalten, reduziert sich bis 2005 auf einen Anteil von 7,61%. Auf Ebene der Bundesländer ist also von 1991 bis 2005 ein Ausgleich der Unterschiede beim BIP erfolgt. Dieses wird auch durch einen Vergleich der Abweichungsflächen für die beiden Diagramme der Jahre 1991 und 2005 in Abb. 17 ersichtlich.
Ein Vergleich der beiden Jahre zeigt zudem einen Wandel in der Struktur der Unterschiede. 1991 haben nur die ostdeutschen Bundesländer wirklich beträchtliche negative Abweichungen und bis auf Niedersachsen und Berlin (beide mit marginalen negativen Abweichungen) weisen alle westdeutschen Bundesländer einen über dem bundesrepublikanischen Durchschnitt gelegenen Wert auf. Das ändert sich bis 2005 in zweifacher Hinsicht:

1. Zwar haben die ostdeutschen Bundesländer immer noch die stärksten negativen Abweichungen, diese sind aber deutlich geringer geworden.
2. Neben den beiden Stadtstaaten Hamburg und Bremen haben nur noch die drei westdeutschen Flächenstaaten Hessen, Bayern und Baden-Württemberg überdurchschnittliche BIP-Werte. Die anderen westdeutschen Bundesländer liegen jetzt beim BIP/Kopf auch unter dem Durchschnitt. Sie erreichen zwar nicht die Werte der ostdeutschen Bundesländer, die Unterschiede beim BIP/Kopf sind allerdings durch eine Abnahme in den westdeutschen und eine Zunahme in den ostdeutschen Ländern gegenüber 1991 reduziert. Es hat also eine Angleichung stattgefunden.

Die Entwicklung des BIP in den Ländern der Bundesrepublik 1991 bis 2005
Eine Analyse auf der Basis des Disparitätendiagramms ***MiG***

Anwendungsproblematik bei gewichteten relativen Streuungsmaßen ***MuG***

Die Anwendung der gewichteten relativen Streuungsmaße ist nicht unproblematisch, wenn die Disparitäten zwischen den Raumeinheiten im Mittelpunkt stehen, weniger die regionalen Disparitäten bezogen auf das einzelne Individuum. Betrachten wir zu diesem Zweck noch einmal Tab. 8. Es zeigt sich nämlich, dass der Koeffizient infolge der Gewichtung durch die Bevölkerungsanteile maßgeblich durch die drei bevölkerungsreichsten Bundesländer Baden-Württemberg, Bayern und Nordrhein-Westfalen beeinflusst wird; 1991 entfallen auf Baden-Württemberg 12,46% (2005: 13,02%), auf Bayern 14,45% (2005: 15,12%) und auf Nordrhein-Westfalen 21,81% (2005: 21,91%) der Bevölkerung der Bundesrepublik. Die Anwendung von gewichteten Variationskoeffizienten ist daher am sinnvollsten, wenn eine Aufteilung des Landes in annähernd gleich große Regionen vorliegt.

Anwendungsproblematik bei gewichteten relativen Streuungsmaßen ***MuG***

4.2.3 Standardisierung von Variablen

Manchmal möchte man nicht nur die Verteilung verschiedener Variablen vergleichen, sondern auch verschiedene Elemente hinsichtlich mehrerer Variablen, insbesondere hinsichtlich ihrer Stellung zu den anderen Elementen. Das ist jedoch nur möglich, wenn die Variablen

- das gleiche Wertniveau aufweisen, d.h. z.B. den gleichen arithmetischen Mittelwert haben,
- die gleiche Streuung aufweisen, d.h. z.B. die gleiche Standardabweichung haben.

Durch diese Forderungen kann sichergestellt werden, dass die Variablen in der gleichen relativen Maßeinheit gemessen werden. Darüber hinaus ist zu gewährleisten, dass die Relation der Elemente hinsichtlich der Werte einer Variablen erhalten bleibt. Man erreicht dies durch eine Transformation der Variablen X zu einer neuen Variablen Z. Eine solche sogenannte *Standardisierung* (z-Transformation) erfolgt durch

$$z_i = \frac{x_i - \bar{x}}{s_x}$$

mit z_i = i-ter Wert der Variablen Z

x_i = i-ter Wert der Variablen X

$\bar{x}$ = arithmetisches Mittel von X

s_x = Standardabweichung von X.

Standardisierte Variablen zeichnen sich dadurch aus, dass sie dimensionslos sind und dass sie wieder in die Ausgangsvariablen zurückgeführt werden können, indem man die Standardisierung durch

$$x_i = s_x\, z_i + \bar{x}$$

umkehrt. Das bedeutet insbesondere, dass keine Informationen verloren gegangen sind. Zudem gilt für ihr arithmetisches Mittel und ihre Standardabweichung immer

$$\bar{z} = 0 \qquad \text{und} \qquad s_z = 1.$$

Da die Standardisierung auf dem Mittelwert und der Standardabweichung beruht, sollten nur solche Variablen standardisiert werden, die unimodal und annähernd symmetrisch verteilt sind.

Zur Erläuterung der Standardisierung soll noch einmal das Beispiel regionaler Entwicklungsunterschiede in der BRD aufgegriffen werden. Man möchte feststellen, ob sich die Positionen der in Tab. 8 aufgeführten 16 Bundesländer in der BRD bzgl. der Variablen ‘BIP pro Kopf der Bevölkerung‘ von 1991 bis 2005 verändert haben oder, noch spezieller gefragt, ob sich z.B. die Position von Rheinland-Pfalz im Vergleich zu den anderen Teilregionen verbessert oder verschlechtert hat. Dieses ist nicht sofort durch eine Interpretation der in Tab. 8 angegebenen Werte zu beantworten. Absolut steigt das BIP in Rheinland-Pfalz von 19136,48 € pro Kopf der Bevölkerung (1991) auf 24092,33 € pro Kopf der Bevölkerung (2005) an. Standardisiert man die beiden Werte, so zeigt sich, dass sich die Position von Rheinland-Pfalz von 1991 bis 2005 deutlich verschlechtert hat. Für 1991 ergibt sich:

$$z_{RP} = \frac{x_{RP} - \bar{x}}{s_x} = \frac{19136{,}48 - 19691{,}57}{7865{,}68} = 0{,}1817.$$

Für 2005 ergibt sich:

$$z_{RP} = \frac{x_{RP} - \bar{x}}{s_x} = \frac{24092{,}33 - 26512{,}06}{7665{,}27} = -0{,}3157.$$

1991 lag das BIP pro Kopf der Bevölkerung in Rheinland-Pfalz 0,1817 Standardabweichungen über dem Bundesdurchschnitt; bis 2005 hat sich diese Situation deutlich verschlechtert und Rheinland-Pfalz liegt nun 0,3157 Standardabweichungen unter dem Bundesdurchschnitt.

Die Standardisierung von Variablen bietet einen weiteren Vorteil. Sie transformiert ja dimensionierte, in unterschiedlichen Maßeinheiten gemessene Variablen in dimensionslose. Dadurch wird es möglich, zwei oder mehrere Variablen, die ein ähnliches Phänomen betreffen, aber unterschiedlich gemessen werden, nach der Standardisierung additiv zu einer neuen, komplexeren Variablen zu verknüpfen. Wählt man z.B. als Indikatoren der medizinischen Versorgung einer Region die Zahl der Ärzte pro 1000 Einwohner einerseits, die Zahl der Krankenhausbetten pro 1000 Einwohner andererseits, so kann man nach Standardisierung die jeweiligen Werte addieren und erhält auf diese Weise einen neuen (komplexeren) Indikator für die medizinische Versorgung. Andere Beispiele sind leicht auszudenken.

Standardisierung: Mittelwert und Standardabweichung ***FuF***

Das arithmetische Mittel und die Standardabweichung einer standardisierten Variablen Z sind immer $\bar{z} = 0$ und $s_z = 1$, weil

$$\begin{aligned}\bar{z} &= \frac{1}{n}\sum_{i=1}^{n} z_i = \frac{1}{n}\sum_{i=1}^{n}\frac{x_i - \bar{x}}{s_x} = \frac{1}{ns_x}\sum_{i=1}^{n}(x_i - \bar{x}) \\ &= \frac{1}{ns_x}\left(\sum_{i=1}^{n} x_i - \sum_{i=1}^{n}\bar{x}\right) = \frac{1}{ns_x}(n\bar{x} - n\bar{x}) = 0\end{aligned}$$

und

$$\begin{aligned}s_z^2 &= \frac{1}{n}\sum_{i=1}^{n}(z_i - \bar{z})^2 = \frac{1}{n}\sum_{i=1}^{n} z_i^2 = \frac{1}{n}\frac{1}{s_x^2}\sum_{i=1}^{n}(x_i - \bar{x})^2 \\ &= \frac{1}{n}\frac{1}{s_x^2}\, n\, s_x^2 = 1.\end{aligned}$$

Standardisierung: Mittelwert und Standardabweichung ***FuF***

Die Entwicklung des BIP in den Ländern der Bundesrepublik 1991 bis 2005 *MiG*
Eine Analyse auf der Basis einer Standardisierung

In der Tab. A ist die Standardisierung aller Werte für das BIP pro Kopf der Bevölkerung auf Länderbasis für die Jahre 1991 und 2005 vorgenommen worden. Ordnet man für das jeweilige Jahr die Bundesländer nach der Größe der Werte, wie in Tab. A durchgeführt, so ist aus der Veränderung der standardisierten Werte leicht zu ersehen, welche Bundesländer eine positive und welche eine negative Positionsverlagerung erfahren haben. Insgesamt lässt sich aus Tab. A ablesen:
Im Jahr 1991 – also unmittelbar nach der Wende – gab es eine klare Trennung zwischen den West- und den Ostbundesländern. Alle westdeutschen Bundesländer lagen über dem Durchschnitt, alle ostdeutschen darunter. Bis 2005 haben sich drei wesentliche Änderungen ergeben:

- Zwar liegen auch jetzt noch alle ostdeutschen Bundesländer unterhalb des Durchschnitts und immer noch am Ende der Rangliste. Allerdings haben sie – betrachtet man die standardisierten Werte – aufgeholt; die Werte haben sich verbessert und sind näher an das Mittel herangerückt. Zudem haben sich Wechsel bei den Rangplätzen ergeben. Besonders Brandenburg, aber auch Mecklenburg-Vorpommern sind in der Rangfolge abgestiegen, verbessert haben sich sowohl vom Rangplatz als auch von den standardisierten Werten her die anderen ostdeutschen Länder Sachsen-Anhalt, Sachsen und Thüringen.
- Auch die westdeutschen Bundesländer Saarland, Schleswig-Holstein, Niedersachsen und Rheinland-Pfalz sowie Berlin liegen jetzt unterhalb des Durchschnitts, für sie haben sich also relativ gesehen Verschlechterungen ergeben. Dieser Abfall ist mit Blick auf die standardisierten Werte z.T. recht deutlich. Schleswig-Holstein verliert dadurch sogar einen Rangplatz.
- Die ostdeutschen Bundesländer liegen trotz der Verringerung des Abstandes vom Durchschnitt auch 2005 immer noch deutlich am Ende der Rangliste. Gleichzeitig haben sich für die westdeutschen Bundesländer, die schon 1991 ganz am oberen Ende der Liste lagen, die Werte bis 2005 weiter verbessert, d.h. ihr Abstand zum Durchschnitt hat sich noch vergrößert.

Die hier erzielten Resultate können als Ergänzung zu den mit Hilfe des Disparitätendiagramms gewonnenen Ergebnissen angesehen werden.

Tab. A: BIP pro Kopf der Bevölkerung in der BRD (standardisierte Werte) auf Ebene der Bundesländer für die Jahre 1991 und 2005

Bundesland	1991	2005	Bundesland
Hamburg	2,0328	2,7467	Hamburg
Bremen	1,1569	1,3755	Bremen
Hessen	0,8332	0,8363	Hessen
Baden-Württemberg	0,6990	0,7102	Bayern
Bayern	0,6224	0,5015	Baden-Württemberg
Nordrhein-Westf.	0,4307	0,0604	Nordrhein-Westf.
Schleswig-Holst.	0,1932	−0,0547	Saarland
Saarland	0,1907	−0,3027	Schleswig-Holst.
Rheinland-Pfalz	0,1837	−0,3157	Rheinland-Pfalz
Niedersachsen	0,1366	−0,3373	Niedersachsen
Berlin	0,0887	−0,4285	Berlin
Brandenburg	−1,2680	−0,8597	Sachsen
Sachsen	−1,2746	−0,9119	Sachsen-Anhalt
Mecklenburg-Vorp.	−1,2915	−0,9727	Thüringen
Sachsen-Anhalt	−1,3333	−1,0087	Brandenburg
Thüringen	−1,4006	−1,0387	Mecklenburg-Vorp.

Die Entwicklung des BIP in den Ländern der Bundesrepublik 1991 bis 2005
Eine Analyse auf der Basis einer Standardisierung *MiG*

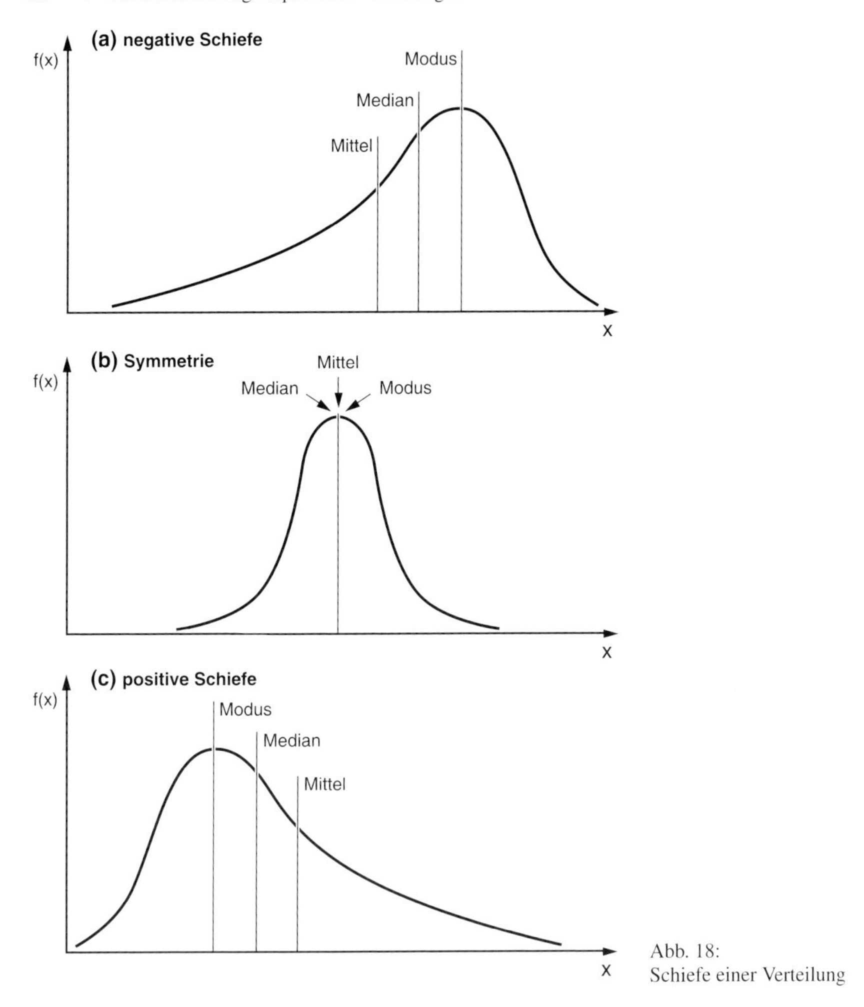

Abb. 18:
Schiefe einer Verteilung

4.2.4 Die Schiefe

Häufigkeitsverteilungen, bei denen der größere Teil der Variablenwerte auf einer Seite des gesamten Wertintervalls konzentriert ist, während der andere, kleinere Teil der Variablenwerte über den Rest des Wertintervalls breit streut, nennt man schief. Man unterscheidet zwischen positiver und negativer Schiefe, je nachdem ob der größere Teil der Variablenwerte links oder rechts vom Mittelwert liegt (vgl. Abb. 18).

Abb. 18 legt als einfaches Maß für die Schiefe die durch die Standardabweichung normierte Differenz zwischen arithmetischem Mittelwert und Median nahe:

$$g = \frac{\bar{x} - M_e}{s} \qquad \text{mit} \quad g = \text{Schiefe}.$$

Dabei gilt:

$g > 0$: positive Schiefe

$g < 0$: negative Schiefe

$g = 0$: Symmetrie (Schiefe = 0)

Exakter berechnet man die Schiefe nach der folgenden Formel:

$$g = \frac{1}{s_x^3} \sum_{i=1}^{n} (x_i - \bar{x})^3.$$

4.3 Parameter bivariater Verteilungen

Bivariate Verteilungen (bivariate distributions) sind gemeinsame Verteilungen zweier Variablen, die sich ebenso durch entsprechende Parameter charakterisieren lassen wie univariate Verteilungen durch arithmetisches Mittel, Median, Modus, Varianz, Standardabweichung.

Wir wollen die Parameter bivariater Verteilungen für einen in der Geographie häufig auftretenden Spezialfall vorstellen: die Analyse von Punktverteilungen auf der Fläche, d.h. im zweidimensionalen Raum. Gegeben sind als Untersuchungselemente n Punkte $P_1, \ldots, P_n$ in einem Koordinatensystem. Die Achsen des Koordinatensystems werden als Variablen aufgefasst, die Abzisse (x-Achse) als Variable X, die Ordinate (y-Achse) als Variable Y. Jeder Punkt ist dann durch die Werte dieser beiden Variablen gegeben: $P_1 = (x_1, y_1), \ldots, P_n = (x_n, y_n)$.

Das Konzept der bivariaten Lageparameter ist alt und hat bei Untersuchungen zur Bevölkerungsverteilung bereits sehr früh Anwendung gefunden (vgl. NEFT 1962, S. 70ff). In der Geographie erlebte es eine Blüte in den 1960er Jahren. Auf eine der damals durchgeführten Untersuchungen, diejenige von SHACHAR (1967), wird im Folgenden noch kurz eingegangen.

Das arithmetische Mittelzentrum (Schwerpunkt)

Das arithmetische Mittelzentrum (mean center) ist ein bivariater Lageparameter. Der durch ihn erfasste Punkt einer zweidimensionalen Punktverteilung wird auch als Schwerpunkt bezeichnet. Seine Koordinaten berechnen sich einfach aus den arithmetischen Mittelwerten der Koordinaten der n Punkte

$$\bar{P} = (\bar{x}, \bar{y}) \quad \text{mit} \quad \bar{x} = \frac{1}{n} \sum_{i=1}^{n} x_i \quad \text{mit} \quad \bar{y} = \frac{1}{n} \sum_{i=1}^{n} y_i.$$

Die Lage von $\bar{P}$ ist unabhängig von den gewählten Koordinatenachsen. Außerdem hat $\bar{P}$ die Eigenschaft, die Summe der quadrierten Abstände zwischen den Punkten und sich selbst zu minimieren (eine entsprechende Eigenschaft wies ja auch der arithmetische Mittelwert auf (siehe hierzu Kap. 4.2.1)).

Wird die Bestimmung des arithmetischen Mittelzentrums auf der Grundlage einer topographischen Karte mit Rechts- und Hochwerten (z.B. des Gauss-Krüger-Systems) vorgenommen, so sind in der obigen Formel die x_i als Rechtswerte, die y_i als Hochwerte zu interpretieren.

Wie im univariaten Fall kann man auch ein gewichtetes arithmetisches Mittelzentrum berechnen. Es ist dies immer dann notwendig, wenn nicht eine reine Punktverteilung gegeben ist, sondern eine Aufteilung eines Gebiets in räumliche Einheiten, für die die Einwohnerzahlen oder andere Merkmale vorliegen. Sucht man z.B. das arithmetische Mittelzentrum der Bevölkerung in einem in Verwaltungsbezirke aufgeteilten Gebiet, so nimmt man an, die Bevölkerung jedes Bezirks sei in seinem Mittelpunkt konzentriert. Man legt dann die Koordinaten der Bezirksmittelpunkte fest und findet das arithmetische Mittelzentrum $\bar{P} = (\bar{x}_g, \bar{y}_g)$ nach folgender Formel:

$$\bar{x}_g = \frac{\sum_{i=1}^{k} g_i x_i}{\sum_{i=1}^{k} g_i} \qquad \text{und} \qquad \bar{y}_g = \frac{\sum_{i=1}^{k} g_i y_i}{\sum_{i=1}^{k} g_i}$$

mit $(\bar{x}_g, \bar{y}_g)$ = Koordinaten des Mittelzentrums

(x_i, y_i) = Koordinaten des Mittelpunkts der i-ten Verwaltungseinheit

g_i = Gewicht der i-ten Verwaltungseinheit (z.B. Zahl der Einwohner)

k = Anzahl der Verwaltungseinheiten.

In der Bevölkerungsstatistik bezeichnet man das gewichtete arithmetische Mittelzentrum als *Bevölkerungsschwerpunkt* (vgl. FLASKÄMPER 1962, S. 110ff). Die Verfolgung des Bevölkerungsschwerpunkts über eine längere Zeit hinweg ist geeignet, die allgemeine Tendenz in der Änderung der räumlichen Bevölkerungsverteilung anzugeben. So lag 1950 der Bevölkerungsschwerpunkt in der BRD (ohne Berlin) z.B. zwischen Marburg und Alsfeld 5 km nördlich von Homberg (Ohm) in Hessen. Danach verlagerte er sich bis 1961 10 km südwestlich, bis 1970 nochmals etwa 5 km weiter in südwestlicher Richtung (SCHWARZ 1970, MOEWES 1971). Nach der Wiedervereinigung Deutschlands hat sich der Bevölkerungsschwerpunkt in nordöstliche Richtung verschoben und liegt jetzt in der Nähe von Homberg (Efze) im nordöstlichen Hessen südlich von Kassel. Allerdings sind in der Literatur auf Grund der verwendeten unterschiedlichen Berechnungsmethodiken Abweichungen zu verzeichnen (vgl. PÖRTGE 1997, KUNZ 1986).

Für die Vereinigten Staaten hat NEFT (1962) die Positionen des arithmetischen Mittelzentrums der Bevölkerungsverteilung von 1754-1960 berechnet. Hier zeigt sich eine deutliche

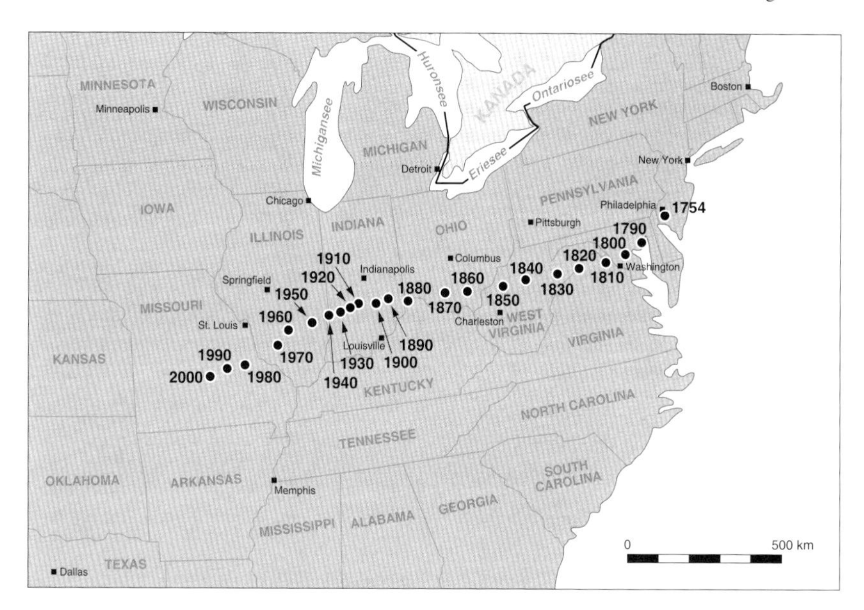

Abb. 19: Position des Bevölkerungsschwerpunktes in den Vereinigten Staaten 1754–2000 (Nach: NEFT 1962, S. 106 und BÄHR 2004, S. 46)

Verlagerung des Bevölkerungsschwerpunktes von der Ostküste zum Landesinnern. Diese Tendenz hat sich auch nach 1960 weiter fort gesetzt. Heute liegt das Mittelzentrum (vgl. BÄHR 2004) südwestlich von St. Louis (Missouri) (Abb. 19).

Das Medianzentrum

Das Medianzentrum (median center) kann nicht in analoger Weise wie der Median bei univariaten Verteilungen eingeführt werden, da eine Größer/Kleiner-Relation für Punkte auf der Fläche nicht definiert ist. Man benutzt stattdessen zur Definition des Medianzentrums die auch schon beim Median angesprochene 'Minimierungseigenschaft' (siehe Kap. 4.2.1). Das Medianzentrum ist danach derjenige Punkt, für den die Summe der Abstände zwischen sich und den gegebenen Punkten P_i $(1 \leq i \leq n)$ minimal ist. Das Medianzentrum

$$P_{Me} = (x_{Me}, y_{Me})$$

ist also derjenige Punkt $P(x,y)$, für den die Funktion

$$f(x,y) = \sum_{i=1}^{n} |(x_i,y_i) - (x,y)| = \sum_{i=1}^{n} \sqrt{(x_i - x)^2 + (y_i - y)^2}$$

ein Minimum annimmt.

Eine exakte Berechnung des Medianzentrums ist in der Regel nicht möglich. Mit Hilfe von Iterationsverfahren wie dem folgenden ist jedoch eine Näherungslösung erreichbar:

1. Man lege ein Gitternetz über die Fläche, auf der die Punkte $P_i = (x_i,y_i)$ liegen.
2. Für jeden Gitterpunkt $G_j = (r_j,s_j)$ bestimme man die Summe der Entfernungen zu allen Punkten P_i, d.h. $f(G_j) = f(r_j,s_j) = \sum_{i=1}^{n} \sqrt{(x_i - r_j)^2 + (y_i - s_j)^2}$.
3. Man wähle denjenigen Gitterpunkt G_m, für den $f(G_m)$ am kleinsten ist.
4. Um G_m zeichne man ein kleineres und engmaschigeres Gitternetz und wiederhole die ersten drei Iterationsschritte für dieses engmaschigere Netz.

Man bricht dieses Verfahren ab, wenn sich die minimalen Abstandssummen für aufeinanderfolgende Gitternetze nur noch um einen hinreichend kleinen Betrag unterscheiden, und wählt als Medianzentrum denjenigen Punkt, der bei dem letzten Gitternetz die geringste Abstandssumme zu den P_i aufwies.

Das Medianzentrum wird häufig als optimaler Standort für Betriebe oder Einrichtungen angesehen, für deren Standortwahl die Summe der Entfernungen zu den Lieferanten und/oder Verbrauchern (Konsumenten) entscheidendes Kriterium ist (vgl. REVELLE/SWAIN 1970 und BAHRENBERG 1974).

Die Standarddistanz

Die Standarddistanz s_d (standard distance) entspricht der Standardabweichung bei univariaten Verteilungen und ist ein Maß für die Streuung der Punkte P_i auf der Fläche bzw. für die Entfernung der Punkte voneinander. Es gilt

$$s_d = \sqrt{\frac{1}{n}\sum_{i=1}^{n}(x_i - \bar{x})^2 + (y_i - \bar{y})^2}$$

mit $P_i = (x_i,y_i)$

$\bar{P}_i = (\bar{x},\bar{y})$ (= arithmetisches Mittelzentrum der P_i).

Analog wie bei der Standardabweichung (siehe hierzu Kap. 4.2.2) kann man auch die Standarddistanz ohne Kenntnis des arithmetischen Mittelzentrums berechnen.

$$s_d = \sqrt{\frac{1}{2n^2}\sum_{i=1}^{n}\sum_{j=1}^{n} d_{ij}^2}$$

mit $d_{ij}^2 = (x_i - x_j)^2 + (y_i - y_j)^2$.

Die Standarddistanz ist somit die Wurzel aus dem mittleren quadratischen Abstand zwischen je zwei Punkten und misst, wie weit die Punkte im Mittel voneinander entfernt sind.

SHACHAR (1967) benutzte die Standarddistanz zur Charakterisierung der Standortmuster verschiedener zentraler Einrichtungen in Großstädten. Zusätzlich bestimmte er eine relative Standarddistanz, indem er die Standarddistanz der Standorte einer zentralen Einrichtung zur Standarddistanz der Bevölkerung in Beziehung setzte. Tab. 13 zeigt, dass insbesondere Banken und Versicherungen, aber auch Bekleidungsgeschäfte und Ärzte deutlich geringere

Tab. 13: Standarddistanzen und relative Standarddistanzen für zentrale Funktionen und die Wohnbevölkerung in Tel Aviv, Jerusalem und Rom (Nach: SHACHAR 1967)

	Bevölkerung	Lebensmittelgeschäfte	Bekleidungsgeschäfte	Friseure	Banken, Versicherungen	Ärzte
Standarddistanzen (m)						
Tel Aviv	2870	2440	1300	2230	780	1560
Jerusalem	1800	1650	770	1470	–	910
Rom	4180	3850	–	–	1520	–
Relative Standarddistanz						
Tel Aviv	1,00	0,85	0,45	0,78	0,27	0,54
Jerusalem	1,00	0,86	0,43	0,80	–	0,51
Rom	1,00	0,92	–	–	0,36	–

Standarddistanzen aufweisen als die Bevölkerung, also innerhalb der Stadt relativ konzentriert liegen. Lebensmittelgeschäfte und Friseure folgen hingegen der Bevölkerungsverteilung und sind ähnlich stark gestreut wie die Bevölkerung.

4.4 Messung räumlicher Konzentration

Bei einer chemischen Lösung besagt der Begriff *Konzentration*, dass ein Stoff A in einem anderen Stoff B enthalten ist und das Volumen von A mit demjenigen Volumen von A verglichen wird, das maximal (potentiell) in B gelöst werden kann. Konzentration in diesem Sinne ist also als ein Relationsbegriff aufzufassen, der Auskunft gibt über die Dichte des Stoffes A im Stoff B. In der Geographie werden Dichtewerte in ähnlicher Art verwendet. So ist etwa die Bevölkerungsdichte eine Verhältniszahl, die angibt, wie viel Bevölkerung in dem Raum R_G im Durchschnitt auf einer Flächeneinheit (z.B. km^2) lebt.

Ein zentrales Anliegen in der Geographie ist nun, nicht nur solche Dichten zu ermitteln, die Aussagen darüber treffen, wie die Verteilung eines Phänomens V über den Raum im Durchschnitt ist, sondern insbesondere auch herauszufinden, ob ein Phänomen V gleichmäßig über den Raum R_G verteilt ist oder nicht. V ist ungleich verteilt, wenn V an manchen Orten im Raum R_G konzentrierter vorhanden als an anderen. Hierbei lassen sich grundsätzlich zwei Situationen unterscheiden:

1. Die Objekte des Phänomens V (z.B. Siedlungen) sind mit ihren Lagekoordinaten gegeben. Es liegt dann eine räumliche Punktverteilung vor (siehe Kap. 4.3). Es wird jetzt untersucht, ob diese Punkte im Raum R_G gleichverteilt vorliegen oder nicht. Abb. 20 zeigt Beispiele solcher Verteilungen. In Kap. 4.4 wird die Nächst-Nachbar-Methode als eine einfache Möglichkeit der Analyse solcher Punktverteilungen vorgestellt.
2. Der Raum R_G ist in einzelne Raumeinheiten R_i unterteilt und die Werte v_i geben die Ausprägungen für die Variable V (z.B. Zahl der Einwohner, Zahl der Siedlungen) in diesen einzelnen Raumeinheiten R_i an. Abb. 21 zeigt Beispiele für solche Verteilungen. In 4.4 werden einige Verfahren bzw. Kennziffern zur Bestimmung räumlicher Konzentration bei Vorliegen einer solchen Situation vorgestellt.

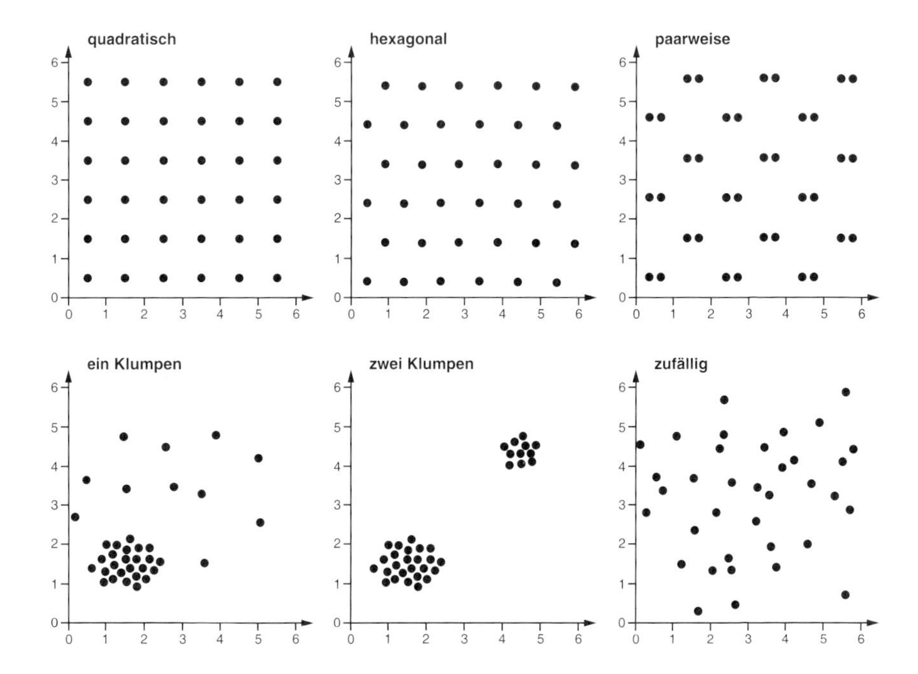

Abb. 20: Beispiele räumlicher Punktverteilungen

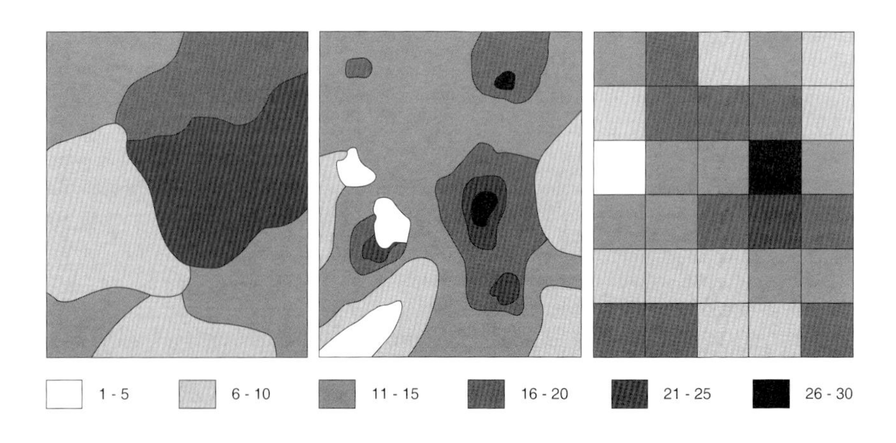

Abb. 21: Beispiele räumlicher Verteilung im Raum R_G auf der Basis von Raumeinheiten R_i (z.B. Zahl der Haushalte)

Konzentrationsmessung bei räumlichen Punktverteilungen

Die räumliche Verteilung des Phänomens V (z.B. Siedlungen, Standorte von Boutiquen) ist durch die Angabe der Lagekoordinaten gegeben. Die Nächst-Nachbar-Analyse ist nun ein Verfahren der bivariaten Statistik zur Beurteilung, ob eine solche räumliche Punktverteilung zufällig ist oder nicht. Wenn Letzteres der Fall ist, kann zudem eine Aussage darüber gemacht werden, ob die Verteilung dann mehr klumpenförmig (also konzentriert) ist oder ob eine mehr regelhafte Verteilung vorliegt.

Wie der Name der Methode besagt, basiert diese auf der Verwendung der Distanzen jedes einzelnen Punktes zum jeweils nächstgelegenen Nachbarn ($= d_i$). Für diese (empirischen) Nächst-Nachbar-Distanzen d_i wird das arithmetische Mittel $\bar{d}_0$ ermittelt. Zudem wird der Mittelwert $\bar{d}_e$ berechnet, der zu erwarten wäre, wenn die Punkte zufällig verteilt wären. Der letztere lässt sich bestimmen als

$$\bar{d}_e = \frac{1}{2\sqrt{\mu}}$$

mit

$$\mu = \frac{n}{F} = \text{Zahl der Punkte pro Flächeneinheit}$$

$$n = \text{Zahl der Punkte im betrachteten Raum}$$

$$F = \text{Flächengröße des betrachteten Raumes.}$$

Der Vergleich der beiden Mittelwerte erfolgt in der Form

$$R_n = \frac{\bar{d}_0}{\bar{d}_e}.$$

Der Wertebereich von R_n liegt zwischen 0 und 2,1491 mit folgenden Eigenschaften:

$R_n < 1$: Tendenz zu einer klumpenhaften Verteilung,

$R_n \approx 1$: zufällige Verteilung,

$R_n > 1$: Tendenz zu einer regelhaften Verteilung. Hier wird das Maximum von 2,1491 bei einer regelmäßigen hexagonalen Verteilung der Punkte über den Raum erreicht.

Für die in Abb. 20 aufgeführten Punktverteilungen (jeweils 36 Punkte auf einer Fläche von $36\,\text{km}^2$) ergibt sich eine erwartete mittlere Nächst-Nachbar-Distanz von

$$\bar{d}_e = \frac{1}{2\sqrt{36/36}} = \frac{1}{2\sqrt{1}} = \frac{1}{2}.$$

Bei den vier Mustern ‘quadratisch‘, ‘hexagonal‘, ‘paarweise hexagonal‘ und ‘zwei Klumpen‘ sind die nächsten Nachbarn jeweils alle gleichweit entfernt und zwar 1 km, 1,08 km, 0,2 km und 0,2 km. Dementsprechend ergeben sich für die empirische mittlere Nächst-Nachbar-Distanz $\bar{d}_0$ genau diese Werte. Für die beiden anderen Punktverteilungsmuster ‘zufällig‘ und ‘ein Klumpen‘ ist für jeden Punkt die Nächst-Nachbar-Distanz aus den vorliegenden Koordinaten zu bestimmen.

Tab. 14: Kennziffern der Nächst-Nachbar-Analyse für die räumlichen Punktverteilungen aus Abb. 20

Kennziffer	Verteilungsmuster					
	quadratisch	hexagonal	paarweise hexagonal	ein Klumpen	zwei Klumpen	zufällig
$\bar{d}_0$	1,0000	1,0745	0,2000	0,4278	0,2000	0,5553
R_n	2,0000	2,1490	0,4000	0,8556	0,4000	1,1106

Tab. 14 zeigt die Ergebnisse der Nächst-Nachbar-Methode für die sechs Punktverteilungen.

Die hohen R_n-Werte von 2,0 und 2,149 für das quadratische und das hexagonale Muster weisen deutlich darauf hin, dass hier sehr regelmäßige Verteilungen vorliegen. Ebenso weisen die geringen Werte von jeweils 0,4 für das paarweise hexagonale Muster und dasjenige mit den zwei Klumpen auf hohe Konzentrationen hin. Im ersten Augenblick mag überraschen, dass beide Verteilungen den gleichen Wert aufweisen, wo die Verteilung mit den zwei Klumpen im Allgemeinen Verständnis sicher als stärker konzentriert aufgefasst wird. Bedenkt man jedoch, dass in die Berechnung nur die Entfernung zum nächsten Nachbarn eingeht, dann sind die identischen Werte nicht überraschend. Würde man für beide Verteilungen jeweils auch die Entfernungen zum zweitnächsten Nachbarn mit einbeziehen, dann zeigte sich schnell, dass das Muster mit den zwei Klumpen konzentrierter ist. Ähnlich überraschend ist sicher auch, dass die Verteilung mit einem Klumpen (ein Klumpen mit zusätzlicher restlicher Verteilung) einen Wert aufweist, der noch recht weit von 0 entfernt in Richtung auf 1 liegt, wo zufällige Verteilungen lokalisiert sind. Ursache hierfür ist die sehr verstreute Lage der nicht im Klumpen angesiedelten restlichen Punkte mit der Folge von sehr großen Nächst-Nachbar-Distanzen für diese.

An dem Beispiel dieser Punktverteilungen zeigt sich deutlich, dass die Nächst-Nachbar-Methode einen ersten (groben) Überblick über die räumliche Verteilung der Punkte liefern kann, wobei von einer Dreiteilung ausgegangen wird: Regelhaftigkeit — zufällige Verteilung — Konzentration. Eine detailliertere Analyse räumlicher (Punkt-)Verteilungsmuster lässt sich mit dieser einfachen Methode allerdings nicht durchführen. Insbesondere ist die Methode, wie ja auch die obigen Beispiele zeigen, nicht dafür geeignet verschiedene Muster von Klumpen zu unterscheiden, worauf auch schon DUNCAN (1957) hingewiesen hat.

Konzentrationsmessung auf der Basis von flächenhaften Raumeinheiten

Die Grundidee der Bestimmung der Konzentration auf der Basis von flächenhaften Raumeinheiten kann am Beispiel der Bevölkerungsverteilung über die Fläche erläutert werden. Der Gesamtraum R_G ist in mehrere (mindestens zwei) Raumeinheiten R_i $(1 \leq i \leq n)$ aufgeteilt, und für diese Raumeinheiten sind als Variable V die Zahl der Einwohner $(= v_i)$ und als Variable U die Flächengröße $(= u_i)$ gegeben. Im Gegensatz zum Konzentrationsbegriff einer chemischen Lösung wird jetzt nicht der 'Umfang' des Merkmals V mit demjenigen des Merkmals U in den n Raumeinheiten einzeln verglichen (das wäre die Dichte v_i/u_i), sondern es wird die Verteilung der Anteile y_i, die die einzelnen Raumeiheiten R_i an V relativ zum Gesamtraum R_G haben $(y_i = v_i/V_G)$, mit den entsprechenden

Anteilen an U (hier: die Flächenanteile ($x_i = u_i/U_G$)) in Beziehung gesetzt. Sind diese Werte y_i und x_i der Anteilsvariablen Y und X für die Raumeinheiten R_i paarweise sehr ähnlich, dann liegt keine Konzentration vor. Sind die Anteilsverteilungen unterschiedlich, dann kann von einer Tendenz zur räumlichen Konzentration gesprochen werden, d.h. von dem Merkmal V ist in einigen Raumeinheiten weniger, in einigen anderen Raumeinheiten mehr vorhanden als dort sein müsste, wenn V entsprechend der Flächengröße ($= U$) der Raumeinheiten verteilt wäre. Im vorliegenden Beispiel ist Konzentration damit das Resultat einer Ungleichverteilung innerhalb des Gesamtraumes über die Gesamtfläche.

Dieser auf die Fläche als solche bezogene Konzentrationsbegriff kann verallgemeinert werden in der Weise, dass die Bezugsvariable U nicht unbedingt die Flächengröße ist, sondern jede beliebige sinnvolle Größe sein kann. Beispiele hierfür sind:

V	U	Ziel von Konzentrationsmessung
Bruttoinlandsprodukt	Bevölkerungsgröße	Wo wird relativ zur Bevölkerung mehr BIP erwirtschaftet?
Beschäftigte in der Industrie	Beschäftigte insgesamt	Wo sind relativ zu den Beschäftigten mehr Industriebeschäftigte?
Zahl der Verkehrsunfälle	Länge des Straßennetzes	Wo gibt es relativ zur Länge des Straßennetzes häufiger Verkehrsunfälle?

Ausgehend von einer solchen Verallgemeinerung besteht Konzentrationsmessung dann darin, die (räumliche) Verteilung eines beobachteten Merkmals V mit derjenigen eines empirisch beobachteten oder theoretisch definierten Merkmals U zu vergleichen. Sind deren Anteilswerte y_i und x_i nicht hinreichend ähnlich, dann liegt eine Konzentration von V gegenüber U vor. Hierbei begründet sich der Begriff räumlich dadurch, dass die Merkmale V und U (bzw. die daraus abgeleiteten Anteilsvariablen Y und X) an den n Raumeinheiten $R_1, \ldots, R_n$ eines Gesamtraumes R_G gemessen sind.

Hinsichtlich der Bezugsrelation zwischen V und U lassen sich die folgenden Konstellationen unterscheiden:

K1: V ist eine Untermenge von U
Beispiel: V = Beschäftigte im Produzierenden Gewerbe; U = Beschäftigte insgesamt

K2: V und U sind die beiden Komplementärmengen einer Gesamtmenge G
Beispiel: V = Zahl der Nicht-Weißen; U = Zahl der Weißen; G = Gesamtbevölkerung

K3: V und U sind disjunkte Teilmengen in einer Gesamtmenge G
Beispiel: V = Zahl der Schwarzen; U = Zahl der Inder; G = Gesamtbevölkerung

K4: V und U stehen in keiner unmittelbaren Relation des Enthaltensseins zueinander, sondern sind nur inhaltlich aufeinander bezogen
Beispiel: V = Bruttoinlandsprodukt; U = Zahl der Einwohner.

Das bedeutet dann auch, dass Segregation und Konzentration messtechnisch prinzipiell das Gleiche sind, wobei bei der Thematik 'Segregation' die Variablen in der Regel aus einer der Konstellationen K1 bis K3 stammen.

Tab. 15: Bevölkerung und Fläche im Saarland auf Basis der Kreise im Jahr 2005

Kreis	Fläche u_i	Bevölkerung v_i	v_i/u_i
Stadtverb. Saarbrücken	410,61	341940	832,76
Merzig-Wadern	555,13	106282	191,45
Neunkirchen	249,21	143645	576,40
Saarlouis	459,08	210343	458,18
Saarpfalz-Kreis	418,53	153997	367,95
Sankt Wendel	476,14	94086	197,60
Gesamt	2568,70	1050293	408,88

Welche Möglichkeiten gibt es nun, um solche räumlichen Konzentrationen zu bestimmen? Generell sind hier zwei Wege denkbar:

M1: Direkter paarweiser Vergleich der raumeinheitenspezifischen Anteilswerte y_i und x_i durch Differenzen- oder Quotientenbildung

M2: Vergleich von durch die Anteilsvariablen Y bzw. X in bestimmter Art hervorgerufenen Kurven und Erfassung der Unterschiedlichkeit dieser Kurven durch Kennwerte.

Das in Kap. 4.2.2 (S. 73) angesprochene Disparitätendiagramm ist ein Verfahren, das eine Konzentrationsmessung nach dem Weg M2 durchführt: Die dort enthaltene Treppenfunktion ist die durch Y erzeugte Kurve (reale Verteilung), die Achse ist die durch X erzeugte Kurve (theoretische Gleichverteilung der Werte). Die Unterschiedlichkeit der beiden Kurven wird durch den Kennwert $1/2\, V_g$ angegeben.

(1) Das Lorenzdiagramm

Ein weiteres Verfahren, das auf der Basis eines Vergleiches von Kurven eine Konzentrationsbestimmung durchführt, ist das sogenannte Lorenzdiagramm (als graphische Darstellung von Konzentration) und die zugehörigen Maße des GINI-Koeffizienten und des Hoover-Index. Lorenzdiagramm und die zugehörigen Maßzahlen werden häufig zur Ermittlung von räumlicher Konzentration verwendet und sollen hier detaillierter dargestellt werden. Als empirisches Beispiel dient die räumliche Konzentration der Bevölkerung im Saarland auf Basis der Kreise. Hierfür liegen als Ausgangsdaten die Zahl der Einwohner und die Flächengröße vor (siehe Tab. 15). In dieser Tabelle ist auch die Relation von V zu U ($= v_i/u_i$, in diesem Fall die Bevölkerungsdichte) aufgeführt.

Nach dieser Relation wird in aufsteigender Reihenfolge eine zweite Tabelle (Tab. 16) mit den Anteilswerten y_i und x_i und den kumulierten Anteilswerten y_i^* und x_i^* erstellt:

$$y_i = \frac{v_i}{V_G} \quad \text{und} \quad x_i = \frac{u_i}{U_G} \quad \text{sowie} \quad y_i^* = \sum_{j=1}^{i} y_j \quad \text{und} \quad x_i^* = \sum_{j=1}^{i} x_j .$$

Die kumulierten Werte bilden jetzt die Grundlage für die Anfertigung des Lorenzdiagramms (Abb. 22), indem die x_i^* auf der x-Achse und die y_i^* auf der y-Achse abgetragen werden. Die so entstehende Kurve wird auch als Lorenzkurve bezeichnet. Gleichzeitig

Tab. 16: Rechenschema zur Berechnung der Werte für das Lorenzdiagramm und die zugehörigen Konzentrationsmaße

Kreis	u_i	v_i	v_i/u_i	x_i	y_i
Merzig-Wadern	555,13	106282	191,45	0,2161	0,1012
St. Wendel	476,14	94086	197,60	0,1854	0,0896
Saarpfalz-Kreis	418,53	153997	367,95	0,1629	0,1466
Saarlouis	459,08	210343	458,18	0,1787	0,2003
Neunkirchen	249,21	143645	576,40	0,0970	0,1368
Saarbrücken	410,61	341940	832,76	0,1599	0,3256
Gesamt	2568,70	1050293	408,88		

Kreis	x_i^*	y_i^*	F_i^D	F_i^R	$\|y_i - x_i\|$
Merzig-Wadern	0,2161	0,1012	0,0109	0,0793	0,1149
St. Wendel	0,4015	0,1908	0,0083	0,0536	0,0958
Saarpfalz-Kreis	0,5644	0,3374	0,0119	0,0639	0,0163
Saarlouis	0,7431	0,5377	0,0179	0,0514	0,0216
Neunkirchen	0,8401	0,6744	0,0066	0,0219	0,0397
Saarbrücken	1,0000	1,0000	0,0260	0,0000	0,1657
Gesamt			0,0817	0,2701	0,4540

wird in dieses Diagramm die Diagonale (45°-Gerade) eingezeichnet. Ist keine Konzentration vorhanden, sind also die Anteilswerte y_i und x_i paarweise identisch, dann ist die Lorenzkurve mit der Diagonalen deckungsgleich. Im anderen Fall liegt die Lorenzkurve immer unterhalb der Diagonalen, wobei gilt: je größer die Fläche zwischen Diagonale und Lorenzkurve ($= F_{DL}$), um so stärker ist die Konzentration von Y gegenüber X.

(2) Der GINI-Koeffizient

Diese Eigenschaft nutzt auch der GINI-Koeffizient K_G aus, um die Stärke der Konzentration zu bestimmen, indem diese Fläche F_{DL} ins Verhältnis zur Fläche unterhalb der Diagonalen ($= F_\Delta$) gesetzt wird, also

$$K_G = \frac{F_{DL}}{F_\Delta}.$$

Die Dreiecksfläche F_Δ bestimmt sich als $F_\Delta = 1/2$. Bezeichnet man die Fläche unterhalb der Lorenzkurve mit F_L, dann bestimmt sich die Fläche F_{DL} als

$$F_{DL} = F_\Delta - F_L = \frac{1}{2} - F_L.$$

Wie aus der Abb. 22 hervorgeht, bestimmt sich F_L als Summe der Dreicksflächen F_i^D und der Rechtecksflächen F_i^R, also als

$$F_L = \sum_{i=1}^{n} \left(F_i^D + F_i^R \right).$$

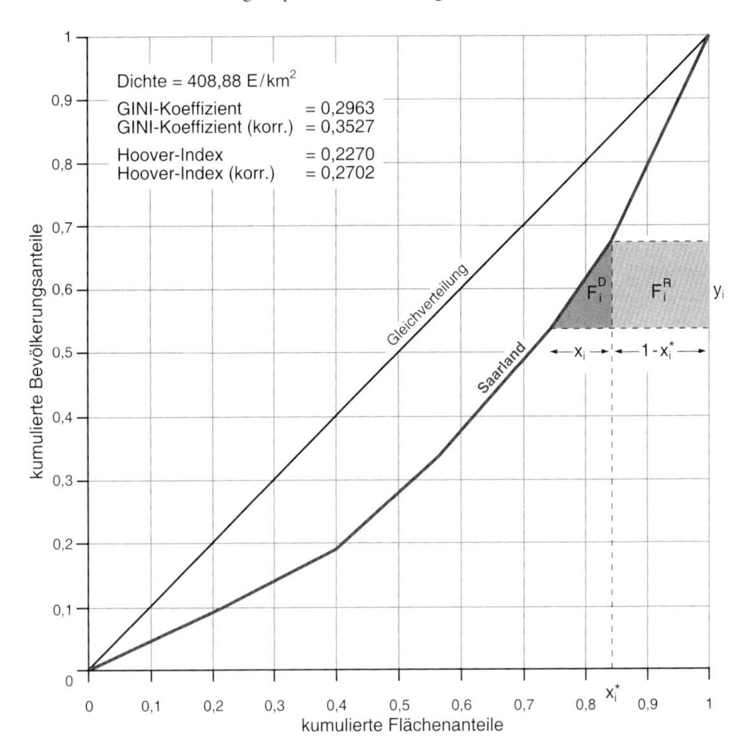

Abb. 22: Das Lorenzdiagramm am Beispiel 'Bevölkerung in Relation zur Fläche des Saarlandes auf Basis der Kreise für das Jahr 2005'

Dabei ergibt sich F_i^D als

$$F_i^D = \frac{x_i y_i}{2}$$

und F_i^R ergibt sich als

$$F_i^R = y_i \left(1 - x_i^*\right) = y_i \left(1 - \sum_{k=1}^{i} x_k\right).$$

Damit ergibt sich für die Berechnung des GINI-Koeffizienten K_G

$$\begin{aligned} K_G &= \frac{F_{DL}}{F_\Delta} = 2F_{DL} = 2\left(0{,}5 - F_L\right) \\ &= 2\left(0{,}5 - \sum_{i=1}^{n}\left(\frac{x_i y_i}{2} + y_i\left(1 - \sum_{k=1}^{i} x_k\right)\right)\right). \end{aligned}$$

Für die konkrete Berechnung des GINI-Koeffizienten günstiger ist oftmals die folgende Formel, in der nur die für die Erstellung des Lorenzdiagramms benötigten kumulierten Werte y_i^* und x_i^* verwendet werden. Sie ergibt sich durch Umformung der oberen als:

$$K_G = \sum_{i=1}^{n} x_{i-1}^* \, y_i^* - \sum_{i=1}^{n} x_i^* \, y_{i-1}^* \qquad \text{mit} \quad x_0^* = y_0^* = 0.$$

Der Wertebereich von K_G ist $0 \leq K_G \leq (1 - x_n) < 1$, n ist die Nummer für die in Tab. 16 aufgeführte ranghöchste Raumeinheit R_n, also die Raumeinheit mit dem höchsten Dichtewert v_i/u_i.

In der Tat kann K_G den Wert 1 nicht erreichen, da bei maximaler Konzentration die Variable Y nur in der n-ten Raumeinheit R_n einen Wert größer als 0 hat; bei der Variablen X sind hingegen in diesem Fall mehrere x_i von 0 verschieden. Für die Anteilswerte der Variablen Y bedeutet maximale Konzentration also, dass

$$y_n = 1 \quad \text{und} \quad y_i = 0 \quad \text{für alle} \quad i < n$$

und der GINI-Koeffizient K_G bei maximaler Konzentration ist

$$K_G = 1 - x_n .$$

In der Regel ist in der Literatur der GINI-Koeffizient in der weiter oben angegebenen Form zu finden. Insbesondere dann, wenn der Koeffizient in einer vergleichenden Betrachtung verwendet wird, würde sich eine Normierung auf den Bereich von 0 bis 1 anbieten und ist in manchen Fällen auch für den Vergleich notwendig (z.B. Vergleich von räumlichen Konzentrationen in unterschiedlichen Räumen). Eine solche Normierung könnte in folgender Form erfolgen

$$K_G^* = \frac{K_G}{1 - x_n} .$$

GINI-Koeffizient bei maximaler Konzentration ***FuF***

Der GINI-Koeffizient K_G bei maximaler Konzentration bestimmt sich als

$$\begin{aligned} K_G &= 2\left(0{,}5 - \sum_{i=1}^{n}\left(\frac{x_i y_i}{2} + y_i\left(1 - \sum_{k=1}^{i} x_k\right)\right)\right) \\ &= 2\left(0{,}5 - \frac{x_n}{2} + 1\left(1 - \sum_{k=1}^{n} x_k\right)\right) \\ &= 2\left(0{,}5 - \frac{x_n}{2} + (1-1)\right) = 2\left(0{,}5 - \frac{x_n}{2}\right) \\ &= 1 - x_n . \end{aligned}$$

GINI-Koeffizient bei maximaler Konzentration ***FuF***

Gedankliche Grundlage für die vorgeschlagene Normierung ist die Annahme, dass die theoretisch maximale Konzentration in derjenigen Raumeinheit R_n zu finden ist, die – wie im vorliegenden Fall – den höchsten Dichtewert ($= \max(v_i/u_i)$ aufweist. Es ist festzuhalten, dass eine solche Raumkonstellation nicht zwingend vorliegen muss; sie ist jedoch nicht unwahrscheinlich. Mit der vorgeschlagenen Normierung wird in jedem Fall erreicht, dass die obere Grenze des Wertebereichs näher an 1 herangerückt wird.

Die Interpretation des GINI-Koeffizienten ist dann in folgender Weise vorzunehmen

- ein Koeffizient nahe 0 bedeutet, dass nur eine geringe bzw. keine Konzentration von V gegenüber U vorhanden ist
- ein Koeffizient nahe 1 steht für eine hohe Konzentration von V gegenüber U.

(3) Der Hoover-Index

Neben dem GINI-Koeffizienten ist der Hoover-Index K_H, der auch als Dissimilariätsindex bezeichnet wird, ein weiteres Maß zur Messung der Stärke der Konzentration. Ausgehend vom Lorenzdiagramm ist K_H die maximale vertikale Differenz zwischen der Diagonalen und der Lorenzkurve. K_H lässt sich am einfachsten bestimmen als

$$K_H = \frac{1}{2} \sum_{i=1}^{n} |y_i - x_i|.$$

Dass die vertikale Differenz sich durch die Summe der absoluten Differenzen der Anteilswerte y_i und x_i bestimmen lässt, ist durch folgende Überlegung leicht nachzuvollziehen (vgl. auch Abb. 22): Im Koordinatenursprung habe beide Kurven den gleichen Wert ($= 0$). Zunächst sind dann die y_i-Werte jeweils kleiner als die x_i-Werte und der Abstand zwischen der Diagonalen und der Lorenzkurve vergrößert sich bei Hinzunahme der nächsten Raumeinheit R_i um $|y_i - x_i|$. Genau daraus resultiert ja auch, dass die Lorenzkurve unterhalb der Diagonalen liegt. Diese Zunahme des Abstandes erreicht ein Maximum. Bei der weiteren Hinzunahme von Raumeinheiten R_i dreht sich jetzt der Prozess um. Die y_i-Werte sind jeweils größer als x_i-Werte und der Abstand zwischen der Diagonalen und der Lorenzkurve verkleinert sich jeweils um $|y_i - x_i|$ bis am Ende die Lorenzkurve wieder auf die Diagonale trifft. Damit ist die Hälfte der Summe aller Zuwächse und Abnahmen, also K_H,der maximale Abstand zwischen den beiden Kurven.

Der Wertebereich von K_H ist wie der GINI-Koeffizient K_G durch

$$0 \leq K_H \leq (1 - x_n) < 1$$

gegeben. Analog zum GINI-Koeffizienten kann auch der Hoover-Index K_H den Wert 1 nicht erreichen. Auch hier hat bei maximaler Konzentration die Variable Y nur in der n-ten Raumeinheit R_n einen Wert größer als 0. Das bedeutet für die Anteilswerte von Y:

$$y_n = 1 \quad \text{und} \quad y_i = 0 \quad \text{für alle} \quad i \neq n.$$

Damit ergibt sich für K_H

$$K_H = 1 - x_n.$$

Tab. 17: Konzentrationsmaße für die Konzentration der Bevölkerung in der BRD auf Basis unterschiedlicher räumlicher Aggregationsniveaus

Räumliche Aggregation	Zahl R_i	K_G	K_G^*	K_H	K_H^*
Bundesland	16	0,4921	0,5277	0,3891	0,4173
Kreis	439	0,5158	0,5194	0,3881	0,3908

Eine Normierung auf den Bereich von 0 bis 1 lässt sich damit – analog zur Argumentation beim GINI-Koeefizienten – durch den korrigierten Hoover-Index K_H^* erreichen:

$$K_H^* = \frac{K_H}{1 - x_n}.$$

Für das Beispiel der Bevölkerungsverteilung im Saarland auf Kreisbasis ergeben sich die folgenden Koeffizienten

$$K_G = 0{,}2963 \quad \text{und} \quad K_G^* = 0{,}3527,$$
$$K_H = 0{,}2270 \quad \text{und} \quad K_H^* = 0{,}2702.$$

Die Abweichungsfläche zwischen Diagonale und Lorenzkurve ist also etwa ein Drittel der Fläche unterhalb der Diagonalen. Es kann demnach von einer Tendenz zur Konzentration gesprochen werden, vor allem bedingt durch den Verdichtungsraum um Saarbrücken. Allerdings ist die Konzentration nicht ausgesprochen stark ausgeprägt.

Das Lorenzdiagramm wie auch die beiden Maße des GINI-Koeffizienten und des Hoover-Index sind nicht unabhängig von dem räumlichen Aggregationsniveau, auf dem die Einteilung des Gesamtraumes R_G in die Raumeinheiten R_i basiert. So ergeben sich für die

Hoover-Koeffizient bei maximaler Konzentration ***FuF***

Der Hoover-Koeffizient K_H bei maximaler Konzentration ist

$$\begin{aligned}
K_H &= \frac{1}{2}\sum_{i=1}^{n}|y_i - x_i| = \frac{1}{2}\left(\sum_{i=1}^{n-1}|0 - x_i| + |1 - x_n|\right) \\
&= \frac{1}{2}\left(\sum_{i=1}^{n-1} x_i + (1 - x_n)\right), \text{ da } 0 \leq x_i \leq 1 \\
&= \frac{1}{2}\left(\sum_{i=1}^{n} x_i - x_n + 1 - x_n\right) \\
&= \frac{1}{2}(1 - x_n + 1 - x_n) = \frac{1}{2}(2 - 2x_n) \\
&= 1 - x_n.
\end{aligned}$$

Hoover-Koeffizient bei maximaler Konzentration ***FuF***

Konzentration der Bevölkerung relativ zur Fläche für das Jahr 2005 für Deutschland auf Basis der Bundesländer bzw. der Kreise die in Tab. 17 aufgeführten Koeffizienten. Obwohl diese hier nicht sehr unterschiedlich sind, bleibt festzuhalten, dass die Konzentrationsmaße abhängig sind vom räumlichen Aggregationsniveau, einem Phänomen, was auf eine Reihe anderer Verfahren auch zutrifft. In den Kap. 5 und 6 wird auf diese Problematik nochmals detaillierter eingegangen.

Interpretiert man den Hoover-Index nicht als vertikale Distanz zwischen den beiden Kurven des Lorenz-Diagramms, so lässt er sich auch ansehen als ein Maß, welches aus dem direktem Wertevergleich der Anteilswerte y_i und x_i der beiden Merkmale Y und X ermittelt wird. Segregationsindizes wie derjenige nach DUNCAN/DUNCAN ($= IS_D$) oder derjenige nach BELL ($= IS_B$) gehen in ähnlicher Weise vor. Diese beiden Segregationsmaße werden im Folgenden kurz vorgestellt; für eine ausführliche Diskussion von Segregationsmaßen sei jedoch auf die Arbeit von DUNCAN/DUNCAN (1955) verwiesen.

Die Konzentration der Bevölkerung relativ zur Fläche in der Bundesrepublik auf Basis der Kreise – Eine Analyse auf der Basis von Lorenzdiagramm, GINI-Koeffizient und Hoover-Index *MiG*

Tab. A zeigt die Maße für die Konzentration der Bevölkerung relativ zur Fläche in den einzelnen Bundesländern auf Basis der Kreise. Hierbei wurden die Stadtstaaten Berlin, Hamburg und Bremen jeweils zu den angrenzenden Bundesländern Brandenburg, Schleswig-Holstein und Niedersachen hinzugefügt werden, insbesondere auch deshalb, weil Bevölkerungskonzentrationen in diesen Bundesländern u.a. durch die Suburbanisierungsprozesse für eben diese Städten hervorgerufen worden. Bei einem Vergleich sind nun natürlich die korrigierten Maße K_G^* und K_H^* zu Grunde zu legen, da die ranghöchsten Werte x_n in den Ländern unterschiedlich sind.

Tab. A: GINI-Koeffizienten und Hoover-Indizes für die Verteilung der Bevölkerung relativ zur Fläche in den Bundesländern auf Basis der Kreise für das Jahr 2005

Bundesland	K_G	K_G^*	K_H	K_H^*
Schleswig-Holstein/Hamburg	0,5560	0,5826	0,4690	0,4914
Niedersachsen/Bremen	0,3744	0,3769	0,2727	0,2746
NRW	0,4659	0,4666	0,3584	0,3589
Rheinland-Pfalz	0,3921	0,3936	0,2763	0,2773
Saarland	0,2963	0,3527	0,2270	0,2702
Hessen	0,4474	0,4484	0,3201	0,3208
Baden-Württemberg	0,3865	0,3888	0,2861	0,2878
Bayern	0,4081	0,4099	0,3132	0,3146
Mecklenburg-Vorpommern	0,3585	0,3591	0,2941	0,2946
Brandenburg/Berlin	0,6544	0,6742	0,5825	0,6001
Sachsen-Anhalt	0,3851	0,3877	0,2693	0,2711
Thüringen	0,2783	0,2803	0,2036	0,2051
Sachsen	0,4085	0,4152	0,3126	0,3177

Für Brandenburg/Berlin oder auch Schleswig-Holstein/Hamburg zeigen diese Maße eine recht hohe Konzentration der Bevölkerung an, die vor allem durch die bevölkerungsreichen Umlandbereiche der Großstädte Berlin und Hamburg mitbeeinflusst werden. Gerade bei Brandenburg/Berlin ist der Einfluss der Großstadt Berlin besonders ausgeprägt, da im Land Brandenburg mit der Stadt Potsdam oder der Stadt Cottbus nur Städte mit deutlich geringerer Bevölkerungsstärke vorhanden sind. In Abb. A wird diese durch Berlin hervorgerufene Konzentration auch an dem Knick im Verlauf der

Lorenzkurve für Brandenburg/Berlin ersichtlich. Dieser zeigt klar den durch Berlin hervorgerufenen Anstieg, der deutlich größer ist als bei allen anderen Kreisen. Bei den Lorenzkurven der anderen in der Abb. A dargestellten Bundesländer sind derartige abrupte Unterschiede zwischen den Kreisen eines Bundeslandes nicht festzustellen, was sich in einem stärker ausgeglichenen Verlauf der Lorenzkurven niederschlägt.

Hingegen ist die Bevölkerung in Thüringen im Vergleich zu allen anderen Bundesländern wirklich wenig konzentriert. Hier ist also die Verteilung der Bevölkerung auf Kreisebene im Vergleich zu allen anderen Bundesländern relativ ausgeglichen. Im unteren Mittelfeld mit K_G^*-Werten unter 0,4 finden sich die Bundesländer Niedersachsen/Bremen, Rheinland-Pfalz, Saarland, Baden-Württemberg, Mecklenburg-Vorpommern und Sachsen-Anhalt; im oberen Mittelfeld über 0,4 liegen die Bundesländer Nordrhein-Westfalen, Hessen, Bayern und Sachsen.

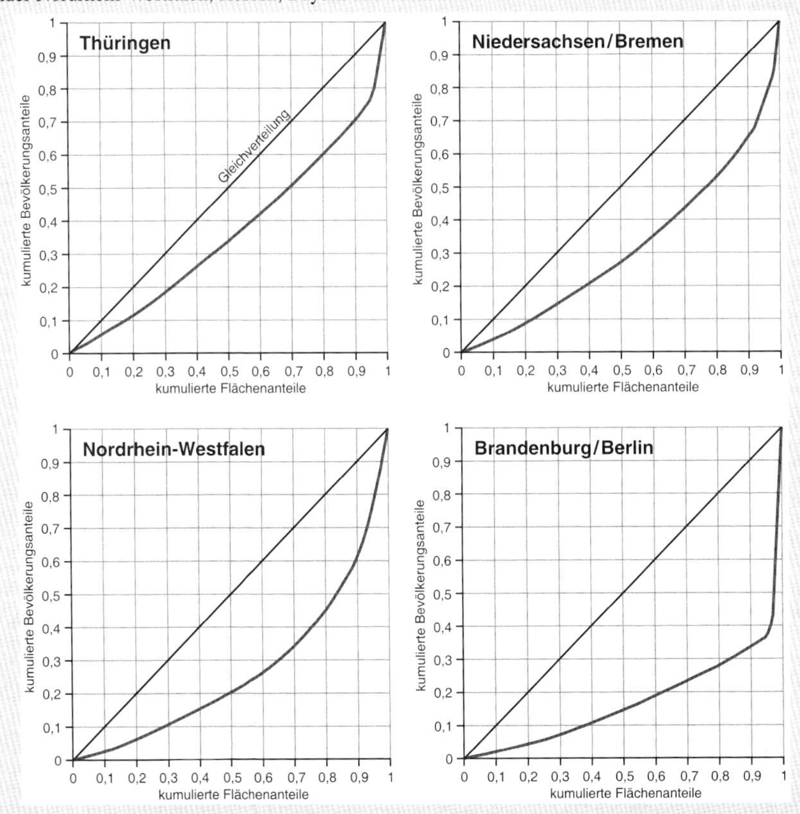

Abb. A: Lorenzdiagramme 'Bevölkerung in Relation zur Fläche auf Basis der Kreise für das Jahr 2005' für die Bundesländer Thüringen, Brandenburg/Berlin, Niedersachsen/Bremen und NRW

Die Konzentration der Bevölkerung relativ zur Fläche in der Bundesrepublik auf Basis der Kreise – Eine Analyse auf der Basis von Lorenzdiagramm, GINI-Koeffizient und Hoover-Index ***MiG***

Pro-Kopf-Einkommen und Einkommensunterschiede ***MiG***
Eine Analyse auf Basis von Lorenzdiagramm und GINI-Koeffizient

Neben der bisher besprochenen Anwendung von GINI-Koeffizient und Lorenzdiagramm für die Ermittlung räumlicher Konzentration werden diese Methoden in der Entwicklungsländerforschung häufig zur Darstellung der Einkommensverteilung bzw. der Unterschiede in der Verteilung der Einkommen in einer Region oder einem Land eingesetzt (z.B. HEMMER 2002, S. 21 ff.; GIESE 1985, S. 166 ff.). Hierzu werden nach der Höhe der Einkommen einzelner Personen oder Haushalte (= Einkommensbezieher) Einkommensgruppen in aufsteigender Reihenfolge gebildet und das in diesen Gruppen vorhandene Gesamteinkommen als Summe der Einkommen der einzelnen Personen bzw. Haushalte, die zu der Einkommensgruppe gehören, berechnet. Die beiden Variablen Y und X für die Erstellung der Lorenzkurve bzw. des GINI-Koeffizienten sind dann folgendermaßen festgelegt:

y_i = Anteil des Einkommens in der Einkommensgruppe i am Gesamteinkommen in der Region bzw. dem Land,

x_i = Anteil des Einkommensbezieher in der Einkommensgruppe i an der Zahl aller Einkommensbezieher in der Region bzw. dem Land.

Aus dem Verlauf der Lorenzkurve lässt sich ablesen, wie viel Prozent des Gesamteinkommens in einer Region bzw. einem Land auf einen bestimmten Anteil der Einkommensbezieher entfallen. Die Diagonale stellt die Gleichverteilung der Einkommen dar: 10% der Einkommensbezieher erzielen 10% des Einkommens, 20% der Einkommensbezieher haben 20% des Einkommens, usw. Eine Lorenzkurve unterhalb der Diagonalen zeigt dann auf, dass eine nicht vollständig gleichmäßige Einkommensverteilung vorliegt: die 'ärmeren' Gruppen haben einen geringeren Anteil am Gesamteinkommen als sie Anteile an den Einkommensbeziehern aufweisen, 'reichere' Gruppen haben umgekehrt anteilsmäßig mehr. Mit Hilfe des GINI-Koeffizienten kann der Grad der Einkommenskonzentration und mithin die Intensität der Ungleichverteilung der Einkommen in einer Region (einem Land) gemessen werden.

In Tab. A sind für einzelne Länder der Erde die GINI-Koeffizienten der Einkommensverteilung, wie sie Mitte der 1990er Jahre vorhanden war, sowie die Werte des Pro-Kopf-Einkommens (PKE) für 1999 zusammengestellt. Die Werte des GINI-Koeffizienten schwanken zwischen 0,2050 (Slowakei; nahe einer Gleichverteilung) und 0,6230 (Südafrika; starke Ungleichverteilung), wobei das Pro-Kopf-Einkommen der beiden Länder mit 3.590 US $ und 3.160 US $ nicht sonderlich unterschiedlich ist.

Eine Gegenüberstellung der GINI-Koeffizienten und der PKE-Werte lässt erkennen, dass ein Zusammenhang zwischen der Höhe des PKE und dem Wert des GINI-Koeffizienten der Einkommensverteilung in der Form, dass bei höherem PKE sich der GINI-Koeffizient verringert (also sich die Einkommensunterschiede reduzieren), nicht besteht (vgl. Abb. A). So haben Länder mit geringem Pro-Kopf-Einkommen sowohl sehr hohe GINI-Koeffizienten (= starke Einkommensunterschiede) als auch sehr geringe GINI-Koeffizienten (= geringe Einkommensunterschiede). Diese große Variation verringert sich bei den Ländern mit höherem Pro-Kopf-Einkommen. Hier liegen die GINI-Koeffizienten eher in einem mittleren Bereich zwischen 0,3 und 0,4. Hinsichtlich der Aussagemöglichkeiten des PKE lässt der in Abb. A dargestellte Sachverhalt die beiden folgenden Feststellungen zu:

1. Für Verteilungsstrukturen des Einkommens sind offensichtlich andere Faktoren als das PKE ausschlaggebend (HEMMER 2002, S. 24). Eine Abhängigkeit des GINI-Koeffizienten vom PKE besteht nicht.
2. Das bedeutet, dass es nicht ausreicht, den Entwicklungsstand von Ländern nur an Hand durchschnittlicher PKE-Werte zu messen (GIESE 1985, S. 166). Die Höhe des PKE gibt Auskunft über das absolute Ausmaß an Möglichkeiten (z.B. Einkauf von Gütern), die einem Land zur Verfügung stehen. Von ebenso großer Bedeutung ist aber auch, welche Bevölkerungsanteile tatsächlich in der Lage sind, diese Möglichkeiten wahrzunehmen. Die Verteilung des PKE auf die einzelnen Gesellschaftsmitglieder wird damit zu einem der PKE-Höhe zumindest gleichrangigen Indikator für Entwicklung.

Tab. A: GINI-Koeffizient der Einkommensverteilung Mitte der 1990er Jahre und Pro-Kopf-Einkommen (PKE) im Jahr 1999 für 85 Länder der Erde (Quelle: HEMMER (2002), Tab. 1 und Tab. 3)

Nr.	Land	GINI-Koeff.	PKE (US $)	Nr.	Land	GINI-Koeff.	PKE (US $)
1	Ägypten	0,38	1400	44	Madagaskar	0,4344	250
2	Algerien	0,3873	1550	45	Malaysia	0,5036	3400
3	Armenien	0,3939	490	46	Marokko	0,392	1200
4	Australien	0,3788	20050	47	Mauretanien	0,4253	380
5	Bangladesch	0,3451	370	48	Mexiko	0,5385	4400
6	Belgien	0,2701	24510	49	Moldau	0,3443	370
7	Bolivien	0,4204	1010	50	Neuseeland	0,3436	13780
8	Botswana	0,5421	3240	51	Nicaragua	0,5032	430
9	Brasilien	0,5732	4420	52	Niederlande	0,2859	24320
10	Bulgarien	0,233	1380	53	Niger	0,361	190
11	Chile	0,5184	4740	54	Nigeria	0,3855	310
12	China	0,3268	780	55	Norwegen	0,3421	32880
13	Costa Rica	0,46	2740	56	Pakistan	0,315	470
14	Cote d'Ivoire	0,3918	710	57	Panama	0,5243	3070
15	Dänemark	0,3209	32030	58	Peru	0,4799	2390
16	Dominik. Republik	0,4694	1910	59	Philippinen	0,4762	1020
17	Ecuador	0,43	1310	60	Polen	0,2569	3960
18	Estland	0,3466	3480	61	Portugal	0,3744	10600
19	Finnland	0,2993	23780	62	Rumänien	0,2583	1520
20	Ghana	0,3513	390	63	Sambia	0,4726	320
21	Griechenland	0,3453	11770	64	Schweden	0,3163	25040
22	Großbritannien	0,2598	22640	65	Senegal	0,5412	510
23	Guatemala	0,5568	1660	66	Simbabwe	0,5683	520
24	Guinea-Bissau	0,5612	510	67	Singapur	0,4012	39610
25	Honduras	0,5449	760	68	Slowakei	0,205	3590
26	Hong Kong	0,4158	23520	69	Slowenien	0,2708	9890
27	Indien	0,3255	450	70	Spanien	0,279	14000
28	Indonesien	0,3349	580	71	Sri Lanka	0,4171	820
29	Irland	0,3631	19160	72	Südafrika	0,623	3160
30	Italien	0,3793	19710	73	Tansania	0,4037	240
31	Jamaika	0,429	2330	74	Thailand	0,4548	1960
32	Japan	0,3482	32230	75	Tschechien	0,2743	5060
33	Jordanien	0,3919	1500	76	Tunesien	0,4251	2100
34	Kanada	0,3127	19320	77	Türkei	0,5036	2900
35	Kasachstan	0,3267	1230	78	Uganda	0,3689	320
36	Kenia	0,5439	360	79	Ukraine	0,2571	750
37	Kirgisien	0,3532	300	80	Ungarn	0,2465	4650
38	Kolumbien	0,5151	2250	81	USA	0,3528	30600
39	Korea, Rep.	0,3419	8490	82	Venezuela	0,4442	3670
40	Laos	0,304	280	83	Vietnam	0,3571	370
41	Lesotho	0,5602	550	84	Weißrussland	0,2853	2630
42	Lettland	0,2698	2470	85	Zentralafrikan. Rep.	0,55	290
43	Litauen	0,3364	2620				

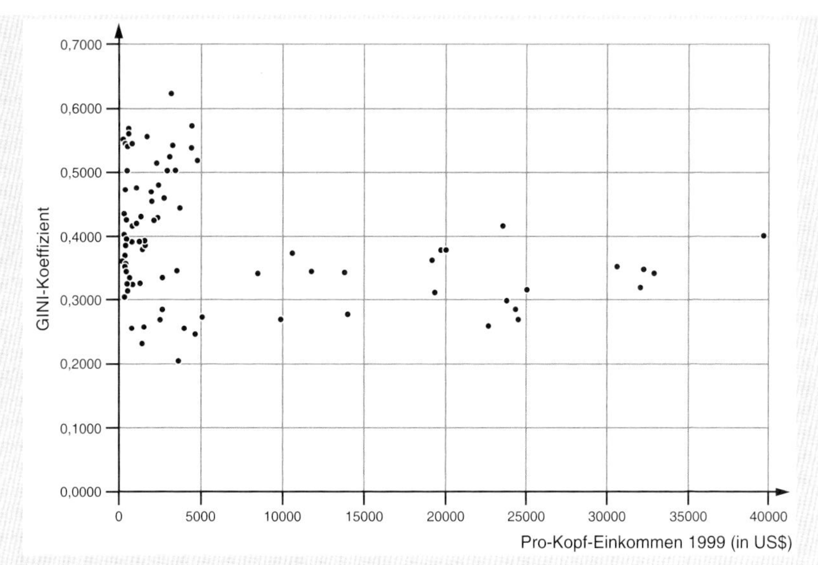

Abb. A: Zusammenhang zwischen GINI-Koeffizient der Einkommensverteilung (Mitte der 1990er Jahre) und Pro-Kopf-Einkommen (1999) für 85 Länder der Erde

Pro-Kopf-Einkommen und Einkommensunterschiede
Eine Analyse auf Basis von Lorenzdiagramm und GINI-Koeffizient ***MiG***

(4) Segregationsindex IS_D

Der Segregationsindex IS_D ist nichts anderes als ein Spezialfall des Hoover-Index, wenn die beiden Variablen U und V Teilvariablen einer Variablen G und zusätzlich komplementär (d.h. $u_i + v_i = g_i$ für alle $1 \leq i \leq n$) sind, also die Konstellation K2 vorliegt (S. 91). Für den Segregationsindex IS_D gilt damit:

$$IS_D = K_H = \frac{1}{2} \sum_{i=1}^{n} |y_i - x_i|.$$

In einem solchen Fall gilt zudem, dass IS_D auf den Wertebereich $0 \leq IS_D \leq 1$ normiert ist. Für den Wert x_n gilt nämlich $x_n = 0$, denn bei vollständiger Segregation sind $u_n = U_G$ und damit $y_n = 1$. Wenn gleichzeitig U und V komplementär sind, kann für V nur $v_n = 0$ und damit $x_n = 0$ gelten.

Also gilt insgesamt:

$$IS_D = K_H = K_H^* = IS_D^*$$

(5) Segregationsindex IS_B

Der Segregationsindex IS_B wird verwendet, wenn die Konstellation K1 (vgl. S. 91) vorliegt, also die v_i-Werte Teilmengen der u_i-Werte sind. Er wird bestimmt als

$$IS_B = \frac{1}{V_G} \sum_{i=1}^{n} \frac{v_i^2}{u_i} \qquad \text{mit} \quad V_G = \text{Summe der } v_i\text{-Werte.}$$

Liegt absolut keine Segregation vor, dann sind die jeweiligen Anteilswerte $y_i = v_i/V_G$ und $x_i = u_i/U_G$ für alle Raumeinheiten R_i identisch, also gilt für alle i $(1 < i < n)$:

$$\frac{v_i}{V_G} = \frac{u_i}{U_G}.$$

Damit ist die Relation zwischen allen v_i- und u_i-Werte konstant, nämlich

$$\frac{v_i}{u_i} = \frac{V_G}{U_G} = \text{const.}$$

Damit gilt für den Segregationsindex IS_B

$$IS_B = \frac{1}{V_G} \sum_{i=1}^{n} \frac{v_i^2}{u_i} = \frac{1}{V_G} \sum_{i=1}^{n} \frac{V_G}{U_G} v_i = \frac{V_G}{V_G U_G} \sum_{i=1}^{n} v_i = \frac{1}{U_G} V_G = \frac{V_G}{U_G}.$$

Bei absolut extremer Segregation ist V nur in einer Raumeinheit R_k konzentriert, d.h. $v_j = 0$ für alle $j \neq k$. Zudem gilt dann $V_G = v_k$. Dann ist der Segregationsindex IS_B

$$IS_B = \frac{1}{V_G} \sum_{i=1}^{n} \frac{v_i^2}{u_i} = \frac{1}{V_G} \frac{v_k^2}{u_k} = \frac{V_G}{u_k}.$$

Insgesamt ergibt sich für den Wertebereich damit

$$\frac{V_G}{U_G} \leq IS_B \leq \frac{V_G}{u_k} < 1.$$

Für IS_B sind keine festen Ober- und Untergrenzen vorhanden, sondern diese sind abhängig von den betrachteten Variablen, dem Raum R_G und der hierfür erfolgten räumlichen Einteilung in die Raumeinheiten R_i. Das macht die Verwendung von IS_B für eine vergleichende Betrachtung schwierig.

Segregation türkischer Bevölkerung in Köln *MiG*
Eine Analyse auf der Basis von Segregationsindizes

Wie Tab. A zeigt, hat der Anteil ausländischer Bevölkerung an der Gesamtbevölkerung in Köln in den letzten zehn Jahren von 19,7% im Jahre 1998 auf 17,0% im Jahre 2008 leicht abgenommen. Unter dieser ausländischen Bevölkerung ist die türkische mit um die 40% die dominierende Gruppe, für die auch ein Rückgang zu verzeichnen ist von 41,6% im Jahre 1998 auf 36,1% zehn Jahre später.

Von ethnischen Gruppen ist bekannt, dass sie sich oftmals konzentriert in einem Stadtteil ansiedeln (z.B. Little Italy oder Chinatown in US-amerikanischen Städten), also segregiert leben. Die türkische Bevölkerung in Berlin bevorzugt einige Stadtteile wie Kreuzberg oder Wedding. Es stellt sich nun u.a. die Frage, wie die türkische Bevölkerung in Köln verteilt ist. Gibt es bezüglich des Wohnens der türkischen Bevölkerung in Köln auf Basis der Stadtbezirke bzw. der Stadtteile Konzentrationstendenzen und hat sich die Intensität der Konzentration in der Zeit von 1998 bis 2008 geändert?

Zur Beantwortung dieser Frage wurde der Segregationsindex IS_D für die beiden Jahre 1998 und 2008 (auf Basis der Stadtteile wie der Stadtbezirke) berechnet. Während dieser Zeit war Köln in 10 Stadtbezirke eingeteilt. Diese gliederten sich im Jahre 1998 in 86 Stadtteile auf, im Jahre 2000 hat sich durch die Aufteilung eines Stadtteils die Anzahl auf 87 erhöht.

Tab. A: Einige Kennziffern für die türkische Bevölkerung in Köln

Jahr	1998	2008
%-Anteil der ausländischen Bevölkerung an der Gesamtbevölkerung	19,7	17,0
%-Anteil der türkischen Bevölkerung an der Gesamtbevölkerung	8,2	6,1
%-Anteil der türkischen Bevölkerung an der ausländischen Bevölkerung	41,6	36,1
IS_D für Stadtbezirke	0,2231	0,2527
IS_D für Stadtteile	0,3421	0,3428

Die berechneten Segregationsindizes lassen die obige Frage folgendermaßen beantworten:

1. Sowohl für die Ebene der Stadtbezirke als auch derjenigen der Stadtteile sind die Segregationsindizes nicht allzu hoch. Es ist also auf diesen räumlichen Ebenen keine ausgeprägte Segregationstendenz bei der türkischen Bevölkerung festzustellen.
2. Auf der Ebene der Stadtbezirke steigt die Segregation sehr leicht an, auf derjenigen der Stadtteile bleibt sie konstant.
3. Die Koeffizienten auf der Ebene der Stadtbezirke sind deutlich kleiner als diejenigen auf der Ebene der Stadtteile, was nicht verwunderlich ist, wenn man bedenkt, dass die Stadtbezirke eine höhere räumliche Aggregationsstufe darstellen und dadurch Unterschiede nivelliert werden.
4. Die hier vorgestellten relativ niedrigen Segregationsindizes bedeuten nicht, dass auf kleinräumigerer Ebene als die hier verwendeten (z.B. derjenigen der z.Zt. etwa 400 Stadtviertel) keine ausgeprägten räumliche Konzentrationen in einigen Vierteln existieren können.

Segregation türkischer Bevölkerung in Köln
Eine Analyse auf der Basis von Segregationsindizes *MiG*

5 Schätzen, Testen, Vergleichen, Entscheiden

Ein Physiker stellt sich die Aufgabe, die Siedetemperatur des Wassers bei mittlerem Luftdruck (1013,25 mbar) zu ermitteln. Der Physiker wird etwa folgendermaßen vorgehen: Er wird einen Versuchsaufbau erstellen, der es erlaubt, unter Konstanthaltung des mittlerem Luftdrucks das Wasser zu erhitzen und die Siedetemperatur des Wassers zu bestimmen. Nun wird dieser Physiker sicher nicht nur einen einzigen Versuch machen und sagen: Genau die in diesem Versuch gemessene Siedetemperatur ist die 'wahre'; vielmehr wird er in dem Bewusstsein, dass bei jedem Versuch Ungenauigkeiten auftreten – etwa weil die Randbedingung nicht erfüllt ist (statt 1013,25 mbar beträgt der Luftdruck während des Versuchs vielleicht 1013,5 mbar) oder weil Messfehler auftreten – eine Vielzahl von Versuchen durchführen. Statistisch gesehen betrachtet der Physiker die Variable 'Siedetemperatur des Wassers bei mittlerem Luftdruck', wobei die Elemente die jeweiligen Siedetemperaturen der einzelnen Versuche sind. Der Physiker wird die Häufigkeitsverteilung seiner Variablen ermitteln und sagen: die 'wahre' Siedetemperatur des Wassers liegt mit hoher Wahrscheinlichkeit im Bereich desjenigen Werteintervalls, in dem die meisten Messwerte liegen, z.B. in dem Werteintervall, in das 95% der Messwerte fallen. Das vorliegende Beispiel (Tab. 18) zeigt, dass in 95% der Versuche Siedepunkte gemessen wurden, die zwischen 99,85 °C und 100,15 °C liegen, so dass gefolgert werden kann: Der tatsächliche Siedepunkt des Wassers bei mittlerem Luftdruck liegt mit einer Wahrscheinlichkeit von 95% zwischen 99,85 °C und 100,15 °C.

Ähnlich kann man auch bei der Lösung folgender, der Geographie näher stehender Aufgabenstellung vorgehen: Bestimmt werden soll der mittlere Kundeneinzugsbereich eines Kaufhauses (= mittlere Entfernung der Kunden vom Kaufhaus). Man befragt zu diesem Zweck möglichst viele Kunden des Kaufhauses, die an einem bestimmten Tag das Kaufhaus besuchen, nach ihrem Wohnort, stellt die Entfernung des Wohnortes der Kunden vom Kaufhaus in Kilometern fest und berechnet daraus die mittlere Kundenentfernung $\bar{x}$. Führt

Tab. 18: Häufigkeitsverteilung der Siedetemperatur des Wassers bei mittlerem Luftdruck auf der Basis von 100 Versuchen

Klasse (°C)	Häufigkeiten absolut f_i	Häufigkeiten relativ h_i
99,80 – 99,85	2	0,02
99,85 – 99,90	6	0,06
99,90 – 99,95	11	0,11
99,95 – 100,00	31	0,31
100,00 – 100,05	29	0,29
100,05 – 100,10	13	0,13
100,10 – 100,15	5	0,05
100,15 – 100,20	3	0,03
Summe	100	1

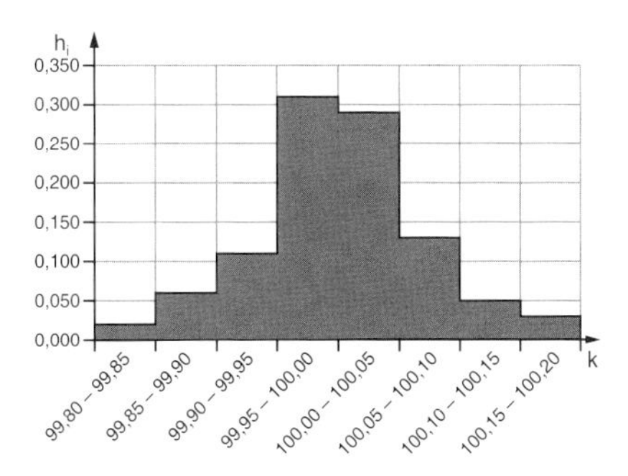

man die gleiche Befragung an einem anderen Tag durch, z.B. am folgenden, wird die mittlere Entfernung der befragten Kunden vom Kaufhaus nicht mit der am Vortag festgestellten mittleren Entfernung $\bar{x}$ übereinstimmen. Bekannterweise ist der mittlere Kundeneinzugsbereich an Wochenenden oder vor Feiertagen größer als an anderen Wochentagen. Führt man an mehreren Tagen Befragungen durch, d.h. zieht man mehrere Stichproben, wird man feststellen, dass der mittlere Kundeneinzugsbereich von Stichprobe zu Stichprobe variiert, ähnlich der gemessenen Siedetemperatur des Wassers, die bei der Versuchsreihe des Physikers von Versuch zu Versuch geringfügig schwankte.

Man wird die exakte mittlere Entfernung der Kunden vom Kaufhaus nicht feststellen können, aber man kann feststellen, in welchem Wertebereich sich die berechneten mittleren Entfernungen der Stichproben häufen, und wird nach dem Plausibilitätskriterium davon ausgehen können, dass der gesuchte Mittelwert der Grundgesamtheit der Kunden in dem Wertebereich liegt, wo die Mittelwerte der Stichproben am häufigsten auftreten. Man wird nach der Häufigkeitsverteilung der festgestellten Mittelwerte der Stichproben sagen können, mit welcher relativen Häufigkeit (= Wahrscheinlichkeit), z.B. in 90%, 95% oder 99% der Fälle, der gesuchte tatsächliche Mittelwert in welchem Wertebereich liegt.

Versuchen wir den beschriebenen Weg zur Bestimmung der mittleren Kundenentfernung am Beispiel von Besuchern der Bremer Innenstadt konkret nachzuvollziehen. Bedeutsam für die Attraktivität von Innenstädten sind unter anderem Vielfalt und Qualität des dortigen Einzelhandelsangebots. Für den Einzelhandel sind daher Besucher, die die Innenstadt gezielt zum Einkaufen aufsuchen, besonders wichtig. Von diesen Einkaufsbesuchern werden um so höhere Ausgaben erwartet, je größer die Entfernungen sind, die sie für ihren Einkaufsbesuch zurücklegen mussten. Insbesondere auswärtige Besucher, deren Wohnorte jenseits der Stadtgrenzen im näheren und entfernteren Umland der Stadt liegen, werden seitens der Stadtentwicklung und des Stadtmarketings als vermeintlich ausgabenstarke Zielgruppe umworben. Ziel ist dabei, die Innenstadt als Einkaufsstandort für einen möglichst großen auswärtigen Besucherkreis attraktiv zu machen, d.h. den Einzugsbereich der Innenstadt möglichst weit in das städtische Umland hinaus auszudehnen. Die durchschnittliche Länge der Wege, die auswärtige Besucher für ihren Einkauf in der Innenstadt zurückzulegen bereit sind, kann daher als brauchbares Maß zu Messung der Attraktivität einer Innenstadt betrachtet werden. Wenn diese Wegelängen in ihrer zeitlichen Entwicklung betrachtet werden, lassen sich schließlich auch Rückschlüsse über den Erfolg bzw. Misserfolg von stadtplanerischen Maßnahmen ziehen.

Mit einer Befragungsstichprobe in Bremen wurden in den Jahren 2001 bis 2005 insgesamt $n = 660$ Besucher erfasst, deren Wohnort nicht in Bremen lag und die direkt von ihrem Wohnort kommend die Bremer Innenstadt aufgesucht haben mit dem Ziel, dort einzukaufen. Diese Besucher werden im Folgenden kurz als *auswärtige Einkaufsbesucher* bezeichnet. Die durchschnittliche Entfernung, die auswärtige Einkaufsbesucher der vorliegenden Stichprobe zurückgelegt haben, liegt bei $\bar{x} = 34{,}46\,\text{km}$. Können wir nun davon ausgehen, dass die durchschnittliche Entfernung aller auswärtigen Einkaufsbesucher zwischen 2001 und 2005, d.h. der Mittelwert der Grundgesamtheit $\mu = 34{,}46\,\text{km}$ ist?[4]

[4] Wir wollen vereinbaren, in Zukunft alle Parameter von Stichproben wie bislang mit römischen, Parameter von Grundgesamtheiten mit griechischen Buchstaben zu bezeichnen.

Tab. 19: Häufigkeitsverteilung der arithmetischen Mittelwerte der Entfernungen zur Bremer Innenstadt von 60 Stichproben der Größe $n = 130$ aus den 660 auswärtigen Einkaufsbesuchern

Klasse (km)	Häufigkeiten absolut f_i	relativ h_i
29,0 – 31,5	3	0,05
31,5 – 33,0	10	0,167
33,0 – 34,5	15	0,25
34,5 – 36,0	21	0,35
36,0 – 37,5	8	0,133
37,5 – 39,0	3	0,05
Summe	60	1

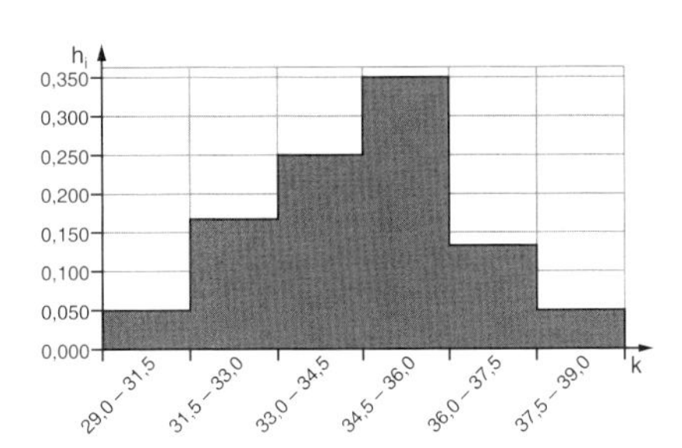

Tun wir für einen Moment so, als bildeten die 660 befragten Personen unsere Grundgesamtheit. Dann wäre also $\mu = 34{,}46\,\text{km}$, und wir können uns überlegen, wie dieser Wert anhand einer Stichprobe, die wir aus dieser Grundgesamtheit ziehen, ermittelt werden kann. Der tatsächliche Mittelwert μ der Grundgesamtheit wäre mit der Stichprobe nicht bekannt (ebenso wenig, wie der Physiker nach einem Experiment die tatsächliche Siedetemperatur kennt), sondern könnte nur über den Mittelwert $\bar{x}$ der Stichprobe geschätzt werden. Dazu müssen wir wissen, in welcher allgemeinen Beziehung die Mittelwerte $\bar{x}$ von Stichproben zum Mittelwert μ der Grundgesamtheit stehen. Um dies zu illustrieren, ziehen wir aus unserer fiktiven Grundgesamtheit der 660 auswärtigen Einkaufsbesucher mit Hilfe der Zufallszahlentabelle, wie im Kap. 2.3 dargelegt, eine größere Zahl von Stichproben und berechnen anschließend die arithmetischen Mittelwerte der einzelnen Stichproben (Versuchsergebnisse beim Physiker). Der Umfang der Stichproben möge jeweils $n = 130$ sein. Insgesamt sollen 60 Stichproben gezogen werden, so dass abschließend 60 arithmetische Mittelwerte vorliegen. Das Ergebnis der Berechnung der Mittelwerte für die 60 Stichproben ist in Tab. 19 in Form einer Häufigkeitsverteilung zusammengestellt.

Es ist klar, dass die Mittelwerte für die 60 Stichproben nicht alle gleich sind. Da die Stichproben trotz ihrer identischen Größe jeweils unterschiedliche Werte enthalten, hat jede Stichprobe auch ihren spezifischen Mittelwert. Der Mittelwert einer Stichprobe ist also gewissermaßen abhängig von der jeweils vorliegenden Stichprobe – genauer gesagt von den jeweils vorliegenden Stichprobenelementen, für die er errechnet wird. Häufigkeitsverteilungen von Mittelwerten, die auf Grund von gleich großen Stichproben aus einer Grundgesamtheit gebildet werden, werden in der Statistik als *Stichprobenverteilungen* bezeichnet.[5]

Ein Blick auf die vorliegende Stichprobenverteilung erlaubt die folgende Aussage: In 60% der Fälle kann angenommen werden, dass der gesuchte Mittelwert der Grundgesamtheit zwischen 33 km und 36 km liegt, in 90% der Fälle liegt er dagegen zwischen 31,5 km und 37,5 km. Mit anderen Worten: Wir können davon ausgehen, dass der gesuchte Mittelwert der Grundgesamtheit mit einer Wahrscheinlichkeit von 90% zwischen 31,5 km und 37,5 km

[5] In entsprechender Weise sprechen wir von Stichprobenverteilungen der Varianz, Standardabweichung sowie anderer noch zu behandelnder statistischer Parameter (Korrelationskoeffizient, Regressionskoeffizient).

liegt. Der im vorliegenden Fall als bekannt angenommene, üblicherweise aber unbekannte tatsächliche Mittelwert der Grundgesamtheit von $\mu = 34{,}46\,\text{km}$ bestätigt unsere Vermutung.

In der Regel gibt man nun nicht das Intervall vor und bestimmt die relative Zahl der Fälle bzw. die Wahrscheinlichkeit, mit der der gesuchte Mittelwert der Grundgesamtheit in diesem Intervall liegt, sondern man geht umgekehrt vor: Man gibt die Wahrscheinlichkeit vor, z.B. die Wahrscheinlichkeit von 95% (= relative Zahl der Fälle), mit der der gesuchte Mittelwert in einem Intervall liegen soll, und bestimmt anschließend die Grenzen dieses Intervalls. Im vorliegenden Fall müsste die Klasseneinteilung differenzierter gestaltet werden, um entsprechend zu verfahren.

Für jedes spezielle Beispiel (Kundeneinzugsbereich der Stadt A, der Stadt B usw.) jeweils die Häufigkeitsverteilung der arithmetischen Mittelwerte auf Grund einer Vielzahl von Stichproben zu ermitteln, um mit ihrer Hilfe eine Aussage über den Mittelwert der Grundgesamtheit zu treffen, ist zu arbeitsaufwändig, zum Teil auch gar nicht möglich. In der Praxis ist man im Allgemeinen auf eine einzige Stichprobe angewiesen. Für diese Stichprobe berechnet man den arithmetischen Mittelwert $\bar{x}$ und versucht, von diesem empirisch ermittelten Wert auf den unbekannten Mittelwert in der Grundgesamtheit zu schließen. Entsprechend verfährt man auch bei anderen Parametern der Stichprobe wie der Varianz oder Standardabweichung. Ein solches Vorgehen setzt im Sinne des zuvor Dargelegten jedoch voraus, dass die Stichprobenparameter jeweils einer theoretischen Verteilung folgen, die es erlaubt, von dem Parameter einer Stichprobe auf den entsprechenden Parameter der Grundgesamtheit – also z.B. vom arithmetischen Mittelwert $\bar{x}$ der Stichprobe auf den arithmetischen Mittelwert μ der Grundgesamtheit – zu schließen. Derartige theoretische Verteilungen sind in der Statistik entwickelt worden.

Um das Problem der Schätzung von Parametern der Grundgesamtheit durch entsprechende Parameter der Stichprobe behandeln zu können, ist es notwendig, dass wir uns zunächst etwas allgemeiner mit theoretischen Verteilungen beschäftigen und in diesem Zusammenhang mit Grundbegriffen der Wahrscheinlichkeitsrechnung. Man kann grob sagen, dass theoretische Verteilungen verallgemeinerte Häufigkeitsverteilungen sind, wobei der Begriff 'Häufigkeit' bei empirischen Verteilungen (frequency distribution) durch den Begriff 'Wahrscheinlichkeit' (probability) bei theoretischen Verteilungen (probability distribution) zu ersetzen ist. Aus diesem Grunde haben wir uns zunächst mit Grundbegriffen der Wahrscheinlichkeitsrechnung zu beschäftigen, speziell zunächst mit der Frage, was wir unter 'Wahrscheinlichkeit' genau zu verstehen haben.

5.1 Zufall und Wahrscheinlichkeit

Beim Wurf einer Münze oder eines Würfels kann man nicht genau vorhersagen, ob 'Kopf' oder 'Zahl' oben liegt bzw. welche Zahl gewürfelt wird. Angeben kann man nur, mit welcher Wahrscheinlichkeit der 'Kopf' oder die 'Eins' oben liegen wird. So wird der 'Kopf' mit einer Wahrscheinlichkeit von 0,5 oder 50% oben liegen, die 'Eins' mit einer Wahrscheinlichkeit von $1/6$. Ob das jeweilige Ereignis auch tatsächlich eintrifft, bleibt dem Zufall überlassen. Solche Versuche mit ungewissem Ausgang, wie das Werfen einer Münze oder eines Würfels, bezeichnet man in der Statistik als Zufallsexperimente. Ein *Zufallsexperiment* ist demnach ein beliebig oft wiederholbarer, nach bestimmten Vorschriften ausgeführter Versuch, dessen Ergebnis im Voraus nicht eindeutig bestimmt werden kann, d.h. zufallsbedingt ist. Das Ergebnis bzw. die Realisation eines Zufallsexperiments bezeichnen wir als *Elementarereignis*, die Menge aller möglichen Elementarereignisse als *Ereignisraum*. In dem hier definierten Sinne sind die einzelnen Versuche des Physikers als Zufallsexperimente anzusehen, da genau festgelegte Vorschriften eingehalten werden müssen (Luftdruck 1013,25 mbar), aber nicht im voraus eindeutig feststeht, ob der Siedepunkt bei 100 °C oder nicht doch bei 100,02 °C gemessen wird.

Als *Zufallsvariable* X bezeichnet man die Vorschrift, die jedem Elementarereignis eines Zufallsexperiments eindeutig eine Zahl zuordnet. Die Definition entspricht damit der schon früher gegebenen Definition einer Variablen. Wegen der Eindeutigkeit der Zuordnung bezeichnet man auch häufig die Menge aller Elementarereignisse eines Zufallexperiments als Zufallsvariable X (random variable). Ist a eine Realisation der Zufallsvariablen X, so kennzeichnen wir dies durch die Schreibweise $X = a$. Zufallsvariablen bezeichnen wir mit großen Buchstaben, Zahlenwerte, die sich als Ergebnis eines Zufallsexperiments ergeben, durch kleine Buchstaben. Zufallsvariablen werden weiter unterschieden in stetige und diskrete Zufallsvariable. Eine diskrete Zufallsvariable liegt vor, wenn der Ereignisraum aus endlich vielen Elementen besteht bzw. wenn in jedem Intervall nur endlich viele Elemente liegen. Die Zufallsvariable 'Augenzahl beim Würfeln' ist diskret, da der Ereignisraum aus den endlich vielen (nämlich sechs) Elementarereignissen 'die 1 liegt oben', 'die 2 liegt oben', ..., 'die 6 liegt oben' besteht. Von einer stetigen Zufallsvariablen sprechen wir, wenn die Elementarereignisse zumindest theoretisch alle Werte innerhalb eines Intervalls der reellen Zahlen annehmen können; ein solches Intervall enthält immer unendlich viele Werte. Die Variable 'Arbeitslosenquote' ist etwa eine solche stetige Zufallsvariable. Der Ereignisraum besteht aus dem Werteintervall $[0{,}100]$.

Charakteristisch für eine Zufallsvariable X ist, dass das Ergebnis eines Zufallsexperiments nicht eindeutig vorhersagbar ist. Denken wir aber an den Wurf einer Münze oder eines Würfels, so ist es offensichtlich möglich, 'Wahrscheinlichkeiten' anzugeben, mit der bestimmte Elementarereignisse auftreten. Für diskrete Zufallsvariablen (mit endlich vielen Elementarereignissen) lässt sich nun sehr leicht die Wahrscheinlichkeit, mit der das Ereignis auftritt, im üblichen Sinne ermitteln, nämlich als

$$W(X = a) = \frac{\text{Anzahl der günstigen Fälle}}{\text{Anzahl der möglichen Fälle}}.$$

Bei einem sechsseitigen Würfel kann nur eine der sechs Seiten oben liegen, d.h. die Anzahl der möglichen Fälle ist sechs. Eine 'Eins' zu würfeln ist nur möglich, wenn die Seite mit einem Auge oben liegt, d.h. die Anzahl der günstigen Fälle ist eins. Man erhält demnach als Wahrscheinlichkeit, eine 'Eins' zu würfeln: $W(X = 1) = 1/6$. Nehmen wir einmal an, dass auf der Seite mit normalerweise zwei Augen nur ein Auge aufgezeichnet wäre, so sind immer noch sechs mögliche Fälle (= Seiten) denkbar, allerdings hat sich die Anzahl der günstigen Fälle, eine 'Eins' zu würfeln, auf 2 erhöht, so dass das Würfeln einer 'Eins' mit einer Wahrscheinlichkeit von $W(X = 1) = 2/6 = 1/3$ zu erwarten ist.

Vergleicht man den oben definierten Wahrscheinlichkeitsbegriff mit dem schon bekannten Begriff der Häufigkeit, so lässt sich folgendes sagen: Wahrscheinlichkeit W und relative Häufigkeit h sind ähnliche Begriffe. Während die Wahrscheinlichkeit W 'theoretisch' bestimmt werden kann, wenn bestimmte Informationen über die Zufallsvariable vorliegen, wird die relative Häufigkeit aus vorliegenden empirischen Ergebnissen einer Vielzahl von Zufallsexperimenten (= Elementarereignissen) ermittelt. Insgesamt gilt dabei:

$$W(X = a) \approx h(X = a) \;\text{ mit }\; h(X = a) = \frac{\text{Anzahl der Ereignisse } X = a}{\text{Anzahl der Zufallsexperimente}},$$

wobei h sich an W annähert, je mehr Zufallsexperimente gemacht werden.

Diese beiden Definitionen der Wahrscheinlichkeit können nur auf diskrete Zufallsvariablen mit einem endlichen Ereignisraum angewandt werden, andernfalls wäre der Nenner des Quotienten $= \infty$ und damit $W(X = a)$ nicht definiert (vgl. Kap. 5.2.2). Es ist auch darauf hinzuweisen, dass die oben genannten Definitionen, so plausibel sie auch erscheinen mögen, sehr unbefriedigend sind. In der Mathematik wird deshalb die Wahrscheinlichkeit axiomatisch eingeführt, indem einige der in Kap. 5.1.2 aufgeführten Rechenregeln als Bedingungen dafür gefordert werden, dass eine Funktion 'Wahrscheinlichkeit' genannt werden kann.

Aus beiden aufgeführten Definitionen folgt für ein beliebiges Ereignis A eines Zufallsexperiments

$$0 \leq W(A) \leq 1.$$

Häufig wird die Wahrscheinlichkeit auch in Prozent angegeben. Dann ist

$$0\% \leq W(A) \leq 100\%.$$

5.1.1 Grundregeln der Kombinatorik

Die Bestimmung der Anzahl der günstigen oder der möglichen Fälle einer diskreten Zufallsvariablen ist nicht immer so einfach wie bei der Zufallsvariablen X 'Augenzahl beim Würfeln'. Nehmen wir als Beispiel wieder unsere auswärtigen Einkaufsbesucher, die die Bremer Innenstadt zwischen 2001 und 2005 direkt von ihrer außerstädtischen Wohnung kommend zum Einkaufen besucht haben. Mit der Befragung wurden 660 auswärtige Einkaufsbesucher erfasst. Zur Illustration der Stichprobenverteilung von Mittelwerten hatten wir diese Gruppe als Grundgesamtheit aufgefasst und daraus insgesamt 60 Stichproben der Größe $n = 130$ gezogen (vgl. S. 107). Wir wollen uns nun fragen, wieviele solcher Stichproben insgesamt möglich sind, mit anderen Worten, wie groß der Ereignisraum der Variable $\bar{X}$ 'Mittelwerte der Wegelängen von Stichproben des Umfangs $n = 130$ aus einer

Grundgesamtheit der Größe $N = 660$' ist bzw. wieviele verschiedene Werte $\bar{X}$ maximal haben kann.

Dazu bedienen wir uns einiger Grundregeln der Kombinatorik und betrachten eine Urne, in der fünf nummerierte und ansonsten identische Kugeln liegen. Die folgenden vier Fälle können nun unterschieden werden (Abb. 23).

Fall (a): Anzahl verschiedener Reihenfolgen

Zieht man zunächst alle fünf Kugeln nacheinander aus der Urne heraus und legt sie hintereinander, entsteht eine Reihenfolge, z.B. (1,2,3,4,5), oder (2,3,5,1,4). Wieviele verschiedene Reihenfolgen bzw. Kombinationen können gebildet werden?

Die Antwort wird schnell klar, wenn man die Auswahlmöglichkeiten bei jedem Zug betrachtet (Abb. 23 (a)). Bei der Wahl der ersten Kugel stehen alle fünf Kugeln zur Auswahl. Für jede dieser fünf Kugeln stehen für den zweiten Platz die vier verbleibenden Kugeln zur Verfügung, insgesamt gibt es für die Besetzung der ersten beiden Plätze daher $5 \cdot 4 = 20$ Möglichkeiten. Für die Belegung des dritten Platzes stehen für jede dieser 20 Möglichkeiten weitere drei Kugeln zur Wahl, so dass für die Belegung der ersten drei Plätze insgesamt $20 \cdot 3 = 60$ verschiedene Möglichkeiten existieren. Die vorletzte Kugel wird aus den beiden verbleibenden Kugeln gewählt, wodurch sich die Gesamtzahl der Kombinationen auf den ersten vier Plätzen verdoppelt ($60 \cdot 2 = 120$). Die letzte Kugel ist schließlich festgelegt, d.h. sie nimmt gewissermaßen automatisch den letzten Platz in der Reihenfolge ein. Insgesamt gibt es für die fünf Kugel daher $5 \cdot 4 \cdot 3 \cdot 2 \cdot 1 = 120$ verschiedene Reihenfolgen.

Allgemein existieren für n Elemente K_{R} verschiedene Reihenfolgen mit

$$K_{\text{R}} = n!$$

mit n = Anzahl der Kugeln

$$n! = n \cdot (n-1) \cdot (n-2) \cdot \ldots \cdot 2 \cdot 1 \quad (0! = 1 \text{ per definitionem}).$$

Der Ausdruck $n!$ (gesprochen „n-Fakultät") bezeichnet dabei das Produkt aller natürlichen Zahlen von 1 bis n.

Fall (b): Anzahl verschiedener Teilgruppen mit Wiederholung

Überlegen wir nun, wieviele verschiedene Gruppen man aus den fünf Kugeln bilden kann, wenn man die gezogene Kugel nach jedem Zug wieder zurücklegt (Ziehen mit Zurücklegen). Es entstehen Kombinationen,

- in denen Kugeln mehrfach vorkommen können, beispielsweise (3,5,2,4,2), (3,5,5,4,3) oder (2,2,2,2,2), und
- die sich durch die Reihenfolgen innerhalb der Gruppen unterscheiden. Zum Beispiel sind die Gruppen (1,2,3,4,5) und (1,2,4,3,5) oder (3,5,5,4,3) und (3,3,4,5,5) sämtlich voneinander verschieden.

Bei dieser Art von Gruppenbildung stehen vom ersten bis zum fünften Zug immer alle fünf Kugeln zur Verfügung, daher gibt es insgesamt $5 \cdot 5 \cdot 5 \cdot 5 \cdot 5 = 5^5 = 3.125$ verschiedene Kombinationen.

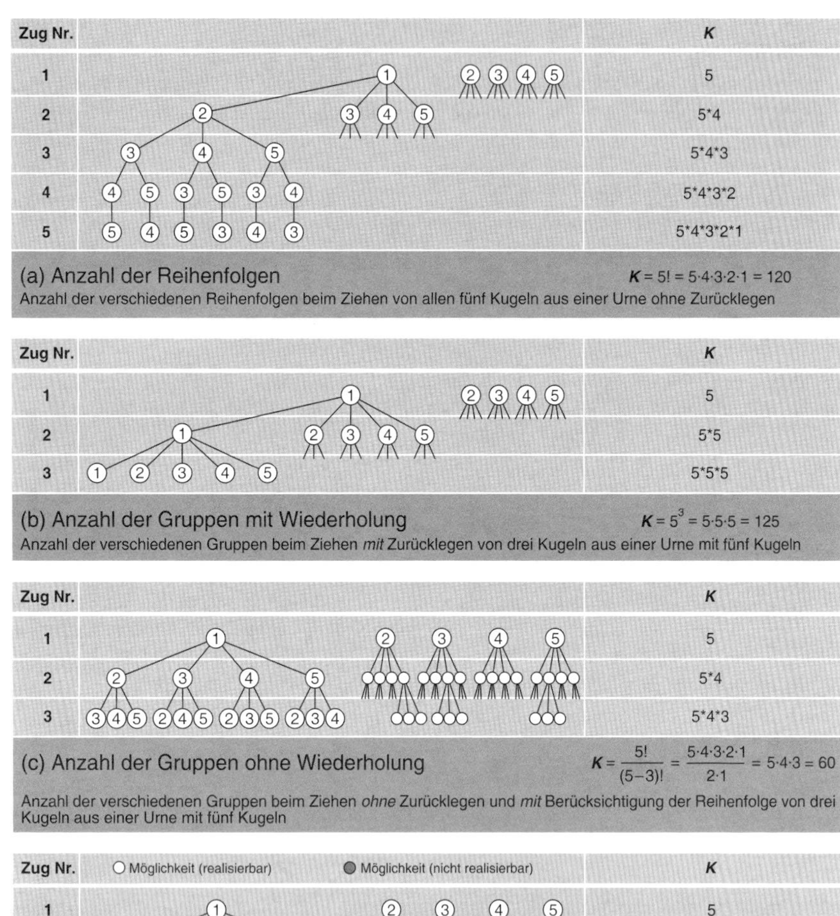

Abb. 23: Anzahl der Kombinationen K von fünf nummerierten Kugeln (vgl. Text)

Ziehen wir dagegen nur drei Kugeln heraus und legen die gezogene Kugel nach jedem Zug wieder zurück, dann erhalten wir Dreiergruppen (Abb. 23 (b)), für die es insgesamt $5 \cdot 5 \cdot 5 = 5^3 = 125$ verschiedene Kombinationen gibt, da ja nur dreimal gezogen wird. Alternativ kann man sich zur Bestimmung ihrer Anzahl auch überlegen, dass von den $5^5 = 3.125$ Fünfergruppen die jeweils letzten zwei Kugeln unberücksichtigt bleiben können. Da für diese insgesamt $5 \cdot 5 = 25$ verschiedene Zweierkombinationen existieren, gibt es für jede Dreierkombination, z.B. $(1,2,3)$, je 25 Kombination für die letzten beiden Kugeln, nämlich z.B. $(1,2,3,1,1)$, $(1,2,3,1,2)$, $\ldots$, $(1,2,3,5,5)$, so dass die Anzahl der Dreierkombinationen $1/25$ der Anzahl aller Fünferkombinationen entspricht, also $3125/25 = 5^5/5^2 = 5^3 = 125$ beträgt.

Allgemein ausgedrückt ist die Anzahl K_{MW} verschiedener Kombinationen nach k Zügen mit Zurücklegen aus n Elementen daher

$$K_{\mathrm{MW}} = \frac{n^n}{n^{n-k}} = n^k$$

mit n = Anzahl der Kugeln

k = Größe der Teilgruppe (Anzahl der Züge).

Fall (c): Anzahl verschiedener Teilgruppen ohne Wiederholung

Das Ziehen der drei Kugeln aus der Urne wird jetzt dahingehend variiert, dass wir eine Kugel wie bereits im Fall (a) nach dem Zug nicht mehr zurücklegen (Ziehen ohne Zurücklegen). Es geht also wieder um die Frage, wieviele verschiedene Reihenfolgen gebildet werden können, ohne dass eine Kugel doppelt vorkommt, allerdings nunmehr nur mit drei von den fünf Kugeln (Abb. 23 (c)). In Anlehnung an den Fall (a) gibt es für die Besetzung der ersten drei Positionen insgesamt $5 \cdot 4 \cdot 3 = 60$ verschiedene Reihenfolgen.

Rechnerisch lässt sich dies analog zu Fall (b) auch so darstellen, dass die Anzahl der $5! = 120$ Reihenfolgen, die aus fünf Kugeln gelegt werden können, durch die Anzahl der $(5-3)! = 2! = 2$ Reihenfolgen, die aus den zwei nicht gezogenen Kugeln gebildet werden könnten, geteilt wird. Aus der Gesamtzahl K_{R} der Reihenfolgen von n Kugeln wird somit bei der Bildung von Teilgruppen der Größe k die Anzahl $(n-k)!$ überzähliger Reihenfolgen gewissermaßen herausgerechnet, so dass sich für die Anzahl der verschiedenen Teilgruppen ohne Wiederholung K_{OW} ergibt:

$$K_{\mathrm{OW}} = \frac{n!}{(n-k)!}$$

mit n = Anzahl der Kugeln

k = Größe der Teilgruppe (Anzahl der Züge).

Fall (d): Anzahl verschiedener Stichproben

Wir machen eine letzte Einschränkung und sprechen nur noch dann von verschiedenen Teilgruppen, wenn diese unterschiedliche Elemente enthalten, sich also in mindestens einem Element voneinander unterscheiden. Dazu ziehen wir zunächst wie im Fall (c) drei

Kugeln aus der Urne, ohne sie zurückzulegen. Nun sind jedoch all jene Teilgruppen überzählig, die die gleichen Elemente enthalten und sich nur durch die Reihenfolge der Elemente unterscheiden (Abb. 23 (d); die überzähligen Elemente sind hier grau unterlegt). Die Anzahl der verschiedenen Reihenfolgen, in die drei verschiedene Kugeln gebracht werden können, ist ensprechend Fall (a) $3! = 6$. Das heißt, dass nur jede sechste Teilgruppe nach Fall (c) auch unterschiedliche Elemente enthält, so dass sich nur $60/6 = 10$ Dreiergruppen bezüglich ihrer Elemente paarweise voneinander unterscheiden.

Diese Teilgruppen entsprechen schließlich unserer Vorstellung einer Stichprobe. Führt man beispielsweise eine Befragung von 100 Personen $P_1, \ldots, P_{100}$ durch, so kommt es kaum auf die Reihenfolge der Befragungen an. Vielmehr würden wir die Befragungsgruppen $P_1, \ldots, P_{100}$ und $P_{100}, \ldots, P_1$ als ein und dieselbe Stichprobe ansehen, da ja dieselben Personen befragt wurden.

Die Anzahl K_S der Stichproben der Größe k, die aus n Elementen gezogen werden können, ist demnach

$$K_S = \frac{n!}{k!\,(n-k)!} = \binom{n}{k}$$

mit n = Anzahl der Kugeln

k = Größe der Teilgruppe (Anzahl der Züge)

= Stichprobenumfang.

Der Ausdruck $\binom{n}{k}$ (gesprochen „n über k“) wird als *Binomialkoeffizient* bezeichnet und gibt die Anzahl der möglichen Stichproben der Größe k aus insgesamt n Elementen an.

Damit können wir nun auch die Frage beantworten, wieviele Werte die Variable $\bar{X}$ 'Mittelwerte der Wegelängen von Stichproben des Umfangs $n = 130$ aus einer Grundgesamtheit der Größe $N = 660$' hat bzw. wie groß der Ereignisraum von $\bar{X}$ ist. Es sind genau

$$\begin{aligned}\binom{660}{130} &= \frac{660!}{130!\,(660-130)!} = \frac{660!}{130!\,530!} = \frac{660 \cdot 659 \cdot \ldots \cdot 531 \cdot 530!}{130!\,530!} \\ &= \frac{660 \cdot 659 \cdot \ldots \cdot 531}{130 \cdot 129 \cdot \ldots 1} = \frac{2{,}35 \cdot 10^{363}}{6{,}46 \cdot 10^{219}} \\ &= 3{,}63 \cdot 10^{143}\end{aligned}$$

verschiedene Stichproben der Größe $n = 130$, die aus einer Grundgesamtheit der Größe $N = 660$ gezogen werden können. Angesichts dieser sehr großen Zahl an verschiedenen, theoretisch möglichen Stichproben erscheint die Beschränkung auf nur 60 dieser Stichproben zur Demonstration der Stichprobenverteilung der Mittelwerte der Wegelängen recht extrem. Andererseits ist sie offensichtlich ausreichend, um Wahrscheinlichkeiten für das Auftreten bestimmter Werteintervalle angeben zu können (siehe S. 107).

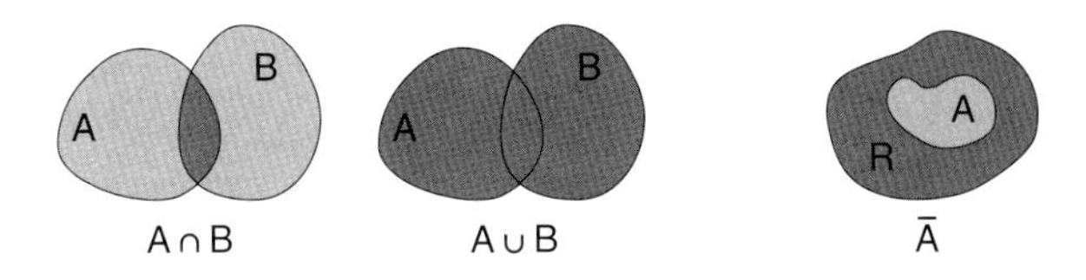

Abb. 24: Mengentheoretische Definitionen

5.1.2 Rechenregeln für die Wahrscheinlichkeit

Für das Ereignis A_g, beim Würfeln eine gerade Zahl zu erhalten, lässt sich festhalten:

- A_g tritt dann ein, wenn das Ergebnis 2, 4 oder 6 ist.
- A_g ist eigentlich eine Ereignismenge, die aus den drei Elementen 2, 4 und 6 besteht, d.h. $A_g = \{2{,}4{,}6\}$.

Auch das Ereignis A_2, eine 2 zu würfeln, kann als Ereignismenge aufgefasst werden, nämlich als Menge, die aus dem einzigen Ereignis 'eine 2 würfeln' besteht, d.h. $A_2 = \{2\}$.

Es lässt sich festhalten, dass Ereignisse allgemein als Mengen aufgefasst werden können. Zum Verständnis der folgenden Rechenregeln für die Wahrscheinlichkeit ist es daher hilfreich, einige mengentheoretische Definitionen voranzustellen (vgl. Abb. 24).

1. A und B seien zwei Mengen.

   $A \cap B$: heißt Durchschnitt der beiden Mengen A und B und besteht aus den Elementen, die sowohl in A als auch in B sind. Existiert kein Element, das sowohl zu A als auch zu B gehört, schreibt man $A \cap B = \emptyset$ und bezeichnet die so entstandene Menge als leere Menge.

   $A \cup B$: heißt Vereinigung der beiden Mengen A und B und besteht aus den Elementen, die wenigstens in einer der beiden Ereignismengen A oder B vorkommen.

2. A sei eine Teilmenge von R
   $\bar{A}$ heisst Komplementärmenge von A in R und besteht aus den Elementen von R, die nicht Element von A sind. In der Wahrscheinlichkeitsrechnung wird $\bar{A}$ auch als *Komplementärereignis* von A bezeichnet.

Für Mengen A, B definieren wir dann

1. $W(A)$ ist die Wahrscheinlichkeit, dass ein Elementarereignis eintritt, das als Element in der Menge A enthalten ist. Kürzer sagen wir auch: $W(A)$ ist die Wahrscheinlichkeit, mit der das Ereignis A eintritt. So bezeichnet $W(A_g)$ die Wahrscheinlichkeit, dass eine 2, 4 oder 6 gewürfelt wird, dass also eine gerade Zahl oben liegt.
2. $W(A|B)$ ist die Wahrscheinlichkeit, mit der das Ereignis A eintritt, wenn zuvor schon B eingetreten ist. $W(A|B)$ heißt die bedingte Wahrscheinlichkeit von A unter der Bedingung B.

Wir betrachten das Ziehen von Kugeln aus einer Urne und nehmen an, in der Urne seien 3 schwarze und 2 rote Kugeln. Sei S das Ereignis, eine schwarze Kugel zu ziehen, und sei R das Ereignis, eine rote Kugel zu ziehen. Dann gilt: $W(S) = 3/5$, $W(R) = 2/5$.

Wir wollen nun überlegen, wie groß die bedingte Wahrscheinlichkeit $W(S|R)$ ist, also die Wahrscheinlichkeit, beim zweiten Ziehen eine schwarze Kugel zu erhalten unter der Bedingung, dass die zuerst gezogene Kugel rot war. Dabei unterscheiden wir wieder zwei Vorgehensweisen:

- Eine Kugel wird nach dem Ziehen wieder zurückgelegt (Ziehen mit Zurücklegen; vgl. auch S. 111). Dann ist $W(S|R) = W(S) = 3/5$, da ja vor dem zweiten Ziehen wieder alle 5 Kugeln in der Urne sind.
- Eine Kugel wird nach dem Ziehen nicht wieder zurückgelegt (Ziehen ohne Zurücklegen; vgl. auch S. 113). Dann ist $W(S|R) = 3/4 \neq W(S)$, da nach dem Ziehen einer roten Kugel ja nur noch 4 Kugeln (3 schwarze, eine rote) in der Urne sind. Entsprechend ist $W(R|S) = 1/2$.

Beim Ziehen mit Zurücklegen ist das Ergebnis des zweiten Ziehens unabhängig von dem Ergebnis des ersten Ziehens, denn der Ereignisraum ist bei allen Zügen gleich. Wir sprechen deshalb von stochastisch unabhängigen (independent) Ereignissen. Genauer heißen zwei Ereignisse A und B genau dann stochastisch unabhängig, wenn

$$W(A|B) = W(A) \quad \text{und} \quad W(B|A) = W(B) \quad \text{ist.}$$

Beim Ziehen ohne Zurücklegen ist das Ergebnis des zweiten Ziehens dagegen abhängig vom Ergebnis des ersten Ziehens, da ja der Ereignisraum mit jedem Zug verkleinert wird. Wir sprechen dann von stochastischer Abhängigkeit und nennen zwei Ereignisse A und B genau dann stochastisch abhängig, wenn

$$W(A|B) \neq W(A) \quad \text{ist.}$$

Der Begriff der stochastischen Unabhängigkeit kann auch auf Zufallsvariablen übertragen werden. Eine Zufallsvariable heisst unabhängig, wenn je zwei beliebige Realisationen von ihr (= Ereignisse) stochastisch unabhängig sind. Andernfalls ist die Zufallsvariable stochastisch abhängig.

In der Geographie sind stochastisch abhängige Zufallsvariablen häufig, denn bei vielen Raumreihen und Zeitreihen ist der Wert einer Zufallsvariablen (z.B. Wasserstände in Flüssen, Niederschlagsmengen, Temperaturen, Bevölkerungsdichte, wirtschaftlicher Entwicklungsstand, Sozialstruktur, Flächennutzung usw.) an einem bestimmten Raum- oder Zeitpunkt abhängig von den Realisationen an benachbarten Raum- oder Zeitpunkten. Die Untersuchungsmethoden für stochastisch abhängige Zufallsvariablen werden jedoch erst im 2. Band vorgestellt (BAHRENBERG/GIESE/MEVENKAMP/NIPPER 2008).

In diesem Band gehen wir in der Regel von einer stochastisch unabhängigen Zufallsvariablen aus, deren Analyse einfacher ist, was auch an den folgenden Rechenregeln für die Wahrscheinlichkeit (vgl. insbesondere Regeln (5) und (6)) abgelesen werden kann.

(1) Für ein beliebiges Ereignis A gilt:

$$0 \leq W(A) \leq 1.$$

Falls $W(A) = 0$, liegt ein *unmögliches* Ereignis vor, d.h. es tritt niemals ein. Ist $W(A) = 1$ handelt es sich um ein *sicheres* Ereignis, das bei jedem Zufallsexperiment eintritt.

(2) Sei R die Gesamtmenge aller möglichen Ereignisse bzw. aller möglichen Werte einer Zufallsvariablen. Dann ist

$$W(R) = 1.$$

Es ist also sicher, dass als Realisation eines Zufallsexperiments irgendeines der möglichen Ereignisse eintritt.

(3) Für zwei Ereignismengen A, B ist die Wahrscheinlichkeit, dass A oder B eintreffen

$$W(A \cup B) = W(A) + W(B) \qquad \text{wenn } A \cap B = \emptyset$$

(sogenannter Additionssatz).

Die Wahrscheinlichkeit, dass bei einem Zufallsexperiment eines von zwei verschiedenen Elementarereignissen eintritt, ist demnach gleich der Summe der Einzelwahrscheinlichkeiten. Gleiches gilt für Ereignismengen, deren Schnittmenge leer ist, d.h. deren Elementarereignisse alle paarweise verschieden sind. So ist die Wahrscheinlichkeit, eine Augenzahl kleiner als '3' oder eine Augenzahl größer als '4' zu würfeln gleich der Summe der Einzelwahrscheinlichkeiten, da $\{1,2\} \cap \{5,6\} = \emptyset$:

$$\begin{aligned} W(\{1,2\} \cup \{5,6\}) &= W(\{1,2,5,6\}) \\ &= W(\{1\}) + W(\{2\}) + W(\{5\}) + W(\{6\}) \\ &= 1/6 + 1/6 + 1/6 + 1/6 = 2/3. \end{aligned}$$

Die Wahrscheinlichkeit dafür, entweder eine gerade Zahl oder eine Augenzahl größer als 3 zu werfen, kann dagegen nicht als Summe der Einzelwahrscheinlichkeiten bestimmt werden, da $\{2,4,6\} \cap \{4,5,6\} \neq \emptyset$.

(4) $\bar{A}$ sei die Komplementärmenge von A in R, d.h. $A \cap \bar{A} = \emptyset$ und $A \cup \bar{A} = R$. Da

$$\begin{aligned} & W(A \cup \bar{A}) = W(A) + W(\bar{A}) && \text{wegen (3)} \\ \text{und} \quad & W(A \cup \bar{A}) = W(R) = 1 && \text{wegen (2),} \\ \text{ist} \quad & W(\bar{A}) = 1 - W(A). \end{aligned}$$

(5) Für zwei Ereignismengen A, B ist die Wahrscheinlichkeit, dass sie gleichzeitig eintreffen, gleich der bedingten Wahrscheinlichkeit dass A eintritt, wenn zuvor schon B eingetreten ist:

$$W(A \cap B) = W(A|B) \cdot W(B) = W(B|A) \cdot W(A).$$

(6) Sind A und B stochastisch unabhängige Ereignismengen, sind die bedingten Wahrscheinlichkeiten gleich den unbedingten Wahrscheinlichkeiten:

$$W(A|B) = W(A) \quad \text{und} \quad W(B|A) = W(B).$$

Dann ist die Wahrscheinlichkeit, dass bei zwei Zufallsexperimenten beide Ereignisse A und B eintreffen, gleich dem Produkt der Einzelwahrscheinlichkeiten:

$$W(A \cap B) = W(A) \cdot W(B) \qquad \text{(sogenanntes Multiplikationsgesetz).}$$

5.2 Verteilungen von Grundgesamtheiten

Empirische Verteilungen haben wir durch absolute und relative Häufigkeiten, absolute und relative Summenhäufigkeiten sowie durch die verschiedenen Parameter der Zentraltendenz und Streuung charakterisiert. Zufallsvariablen bzw. deren Verteilungen werden in entsprechender Weise charakterisiert. Der relativen Häufigkeitsverteilung entspricht dabei die Wahrscheinlichkeitsfunktion einer diskreten Zufallsvariablen, der relativen Summenhäufigkeitsverteilung entspricht die Verteilungsfunktion.

Wenn wir von Zufallsvariablen sprechen, sind damit immer Grundgesamtheiten angesprochen. Wir bezeichnen ab jetzt die Anzahl der Elemente einer Grundgesamtheit mit N und den Stichprobenumfang mit n. Darüber hinaus werden wir als Parameter der zentralen Tendenz den Mittelwert μ, als Parameter der Streuung die Varianz σ^2 bzw. Standardabweichung σ kennenlernen.

Verteilungen von Grundgesamtheiten nennt man auch *theoretische Verteilungen* (probability distribution). Theoretische Verteilungen haben für die analytische Statistik eine zentrale Bedeutung. Im Folgenden werden die wichtigsten theoretischen Verteilungen diskreter und stetiger Zufallsvariablen vorgestellt.

5.2.1 Theoretische Verteilungen diskreter Zufallsvariablen

Wir wollen zunächst kurz definieren, wie sich diskrete Zufallsvariablen mit Hilfe ihrer Wahrscheinlichkeits- und Verteilungsfunktion charakterisieren lassen.

Die Wahrscheinlichkeitsfunktion $f(x)$ einer diskreten Zufallsvariablen

Sei X eine diskrete Zufallsvariable mit dem Ereignisraum $R = \{x_1 \ldots x_N\}$ bzw. mit den möglichen Elementarereignissen $X = x_1, \ldots, X = x_N$.

Diejenige Funktion f, die jedem Ereignis $X = x_i$ seine Wahrscheinlichkeit $W(X = x_i)$ zuordnet und sonst 0 ist, heißt Wahrscheinlichkeitsfunktion (probability function).

$$f(x) = \begin{cases} W(X = x_i) & \text{für } x = x_i \\ 0 & \text{sonst.} \end{cases}$$

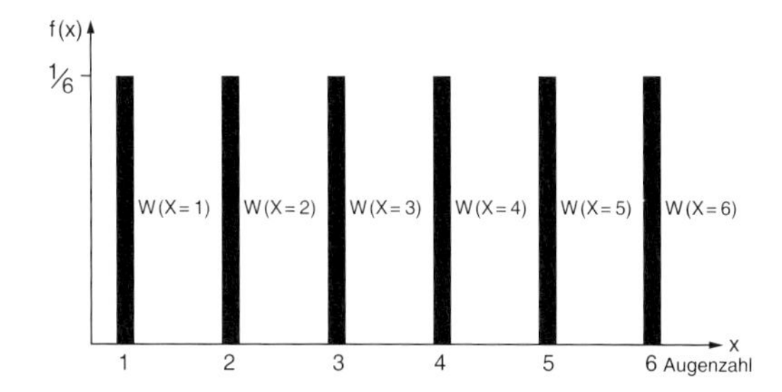

Abb. 25: Wahrscheinlichkeitsfunktion $f(x)$ der diskreten Zufallsvariablen X 'Augenzahl beim Würfeln'

Wir schreiben auch kurz $f(x) = W(X = x)$. Für alle x der Zufallsvariablen X gilt $f(x) \leq 1$. Unmittelbar aus der Definition der Wahrscheinlichkeitsfunktion und den Rechenregeln für die Wahrscheinlichkeit folgt zudem:

$$\sum_{i=1}^{N} f(x_i) = 1,$$

da

$$\begin{aligned} 1 &= W(R) = W(\{X = x_1\} \cup \ldots \cup \{X = x_N\}) \\ &= W(\{X = x_1\}) + \ldots + (\{X = x_N\}) \\ &= f(x_1) + \ldots + f(x_N) = \sum_{i=1}^{N} f(x_i). \end{aligned}$$

Die Wahrscheinlichkeitsfunktion für das Ergebnis beim Würfeln ist zum Beispiel

$$f(x) = \begin{cases} 1/6 & \text{für } x = 1,2,\ldots,6 \\ 0 & \text{sonst} \end{cases}$$

Graphisch lässt sich die Wahrscheinlichkeitsfunktion $f(x)$ für das Würfeln als Stabdiagramm darstellen (Abb. 25). Man spricht hier auch von einer *Gleichverteilung*, da alle Elementarereignisse gleich wahrscheinlich sind.

Die wichtigsten Parameter von Zufallsvariablen sind der Mittelwert (mean) μ und die Varianz (variance) σ^2. Für diskrete Zufallsvariablen gilt:

$$\begin{aligned} \mu &= \sum_{i=1}^{N} x_i \, f(x_i) \\ \sigma^2 &= \sum_{i=1}^{N} (x_i - \mu)^2 \, f(x_i) \end{aligned}$$

mit $f(x) =$ Wahrscheinlichkeitsfunktion von X

Diese Aussagen sind unmittelbar einsichtig, wenn man die $f(x_i)$ als relative Häufigkeiten interpretiert. Die beiden Aussagen entsprechen dann nämlich unseren Definitionen des arithmetischen Mittelwertes und der Standardabweichung für empirische Verteilungen (vgl. Kap. 4.2.1 und 4.2.2).

Die Verteilungsfunktion $F(x)$ einer diskreten Zufallsvariablen

Die Verteilungsfunktion $F(x)$ (distribution function) einer Zufallsvariablen X ordnet jedem x die Wahrscheinlichkeit $W(X \leq x)$ zu, dass X einen Wert kleiner oder gleich x annimmt:

$$F(x) = W(X \leq x)$$

Dass X einen Wert annimmt, der im Wertebereich von X liegt, ist ein sicheres Ereignis, d.h. $W(x_{\text{min}} \leq X \leq x_{\text{max}}) = 1$. Ein unmögliches Ereignis ist dagegen, dass X einen Wert außerhalb der Grenzen seines Wertebereiches annimmt: $W(X < x_{\text{min}}) = W(X > x_{\text{max}}) = 0$. Es gilt also

$$0 \leq F(x) \leq 1$$

Ist X eine diskrete Zufallsvariable, so lässt sich $F(x)$ leicht berechnen durch

$$F(x) = W(X \leq x) = \sum_{x_i \leq x} f(x_i)$$

$F(x)$ entspricht damit den relativen Summenhäufigkeiten bei empirischen Verteilungen.

Für die Zufallsvariable X 'Augenzahl beim Würfeln' gilt:

$$F(1) = f(1) = 1/6$$
$$F(2) = f(1) + f(2) = 2/6 = 1/3$$
$$F(3) = f(1) + f(2) + f(3) = 3/6 = 1/2$$
$$F(4) = 2/3, \quad F(5) = 5/6, \quad F(6) = 1$$

Dabei ist zu beachten, dass $f(x)$ ja nur für die positiven ganzen Zahlen 1, 2, ...,6 Werte ungleich 0 annimmt. Man kann $F(x)$ auch für gebrochen rationale Zahlen berechnen. So ist

$$F(1{,}31) = F(1) = 1/6$$
$$F(2{,}83) = F(2) = 1/3 \quad \text{usw.}$$

Die Verteilungsfunktion der Zufallsvariablen X 'Augenzahl beim Würfeln' ist in Abb. 26 dargestellt. Es handelt sich um eine sogenannte Treppenkurve, die jeweils an den Stellen x nach oben springt, für die $f(x) > 0$ ist. Wegen der Gleichverteilung der Wahrscheinlichkeitsfunktion liegen diese Sprungstellen alle auf einer Geraden mit der Steigung $1/6$, denn es wird ja für jede zusätzlich gewürfelte Augenzahl – d.h. bei jeder Sprungstelle von der Augenzahl $x - 1$ nach x ($x = 1, \ldots, 6$) – dieselbe Wahrscheinlichkeit $f(x) = 1/6$ addiert.

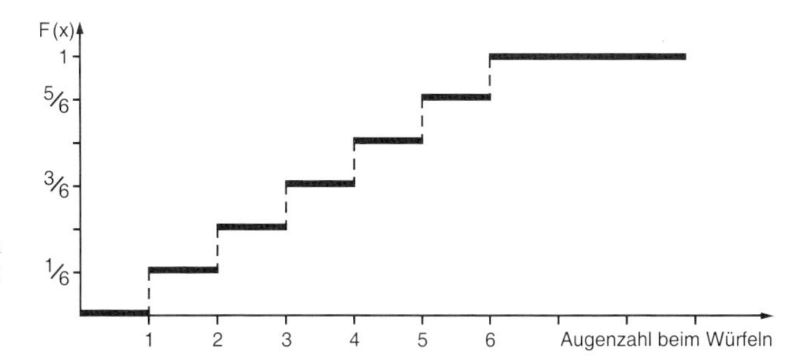

Abb. 26: Verteilungsfunktion $F(x)$ der diskreten Zufallsvariablen X 'Augenzahl beim Würfeln'

Verteilungen von Summen mehrerer diskreter Zufallsvariablen

Wir betrachten nun die Wahrscheinlichkeits- und Verteilungsfunktionen von Zufallsvariablen, die durch Summierung der Werte von paarweise stochastisch unabhängigen Zufallsvariablen gebildet werden. Als einfachstes Beispiel dient hier die Summe der Augenzahlen mehrerer unabhängiger Zufallsvariablen X_i 'Augenzahl beim Würfeln' $(i = 1, \ldots, n)$, bzw. gleichbedeutend die Zufallsvariablen $X^{(n)}$ 'Summe der Augenzahlen beim gleichzeitigen Würfeln mit n Würfeln':

$$X^{(n)} = X_1 + X_2 + \ldots X_n = \sum_{i=1}^{n} X_i$$

Die Wahrscheinlichkeitsfunktion X 'Augenzahl beim Würfeln' ist also

$$X = X^{(1)}$$

$X^{(1)}$ ist gleichverteilt (vgl. Abb. 25). Die Wahrscheinlichkeitsfunktion für die Zufallsvariable $X^{(2)}$ 'Summe der Augenzahlen beim gleichzeitigen Würfeln mit zwei Würfeln' ist dagegen nicht gleichverteilt (Abb. 27 links). Der Ereignisraum hat nun die Größe 36 und die Verteilung ist eingipflig symmetrisch mit dem Mittelwert

$$\mu = \frac{1}{36} \cdot \sum_{i=1}^{6} \sum_{j=1}^{6} (i + j) = \frac{1}{36} \cdot 6 \cdot \left(\sum_{i=1}^{6} i + \sum_{j=1}^{6} j \right)$$
$$= \frac{1}{6} \cdot 2 \sum_{i=1}^{6} i = \frac{2}{6} \cdot \frac{6\,(6+1)}{2} = 6 + 1 = 7,$$

der zugleich auch der Modus der Verteilung ist. Die Summe 7 ist deshalb der Modus, weil für sie die meisten Paare von Summanden existieren $((1{,}6),(2{,}5),(3{,}4),(4{,}3),(5{,}2),(6{,}1))$. Es ist daher am wahrscheinlichsten, mit zwei Würfeln in der Summe 7 zu werfen; die Wahrscheinlichkeit ist $f(7) = 6/6^2 = 6/36 = 1/6 \approx 0{,}167$.

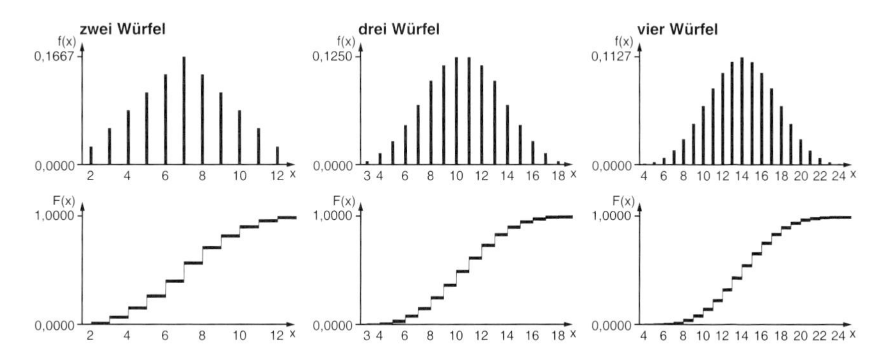

Abb. 27: Wahrscheinlichkeitsfunktionen und Verteilungsfunktion der diskreten Zufallsvariablen $X^{(k)}$ 'Summe der Augenzahlen beim gleichzeitigen Würfeln mit k Würfeln' für $k = 2{,}3{,}4$

Der Mittelwert der Zufallsvariablen $X = X^{(1)}$ 'Augenzahl beim Würfeln' beträgt $(1+2+3+4+5+6)/6 = 3{,}5$. Allerdings kann dieses Ereignis selbst nicht auftreten. Das heißt generell: Der Mittelwert einer Zufallsvariablen muss selbst nicht unbedingt ein mögliches Zufallsereignis sein.

Der Mittelwert einer Wahrscheinlichkeitsfunktion heißt auch *Erwartungswert*.

Beim einmaligen Würfeln wird aber nicht eine Zahl nahe 3,5 erwartet. Da $X^{(1)}$ gleichverteilt ist, sind alle Zahlen gleich wahrscheinlich. Dies zeigt erneut die enge Beziehung zwischen der Interpretation des Mittelwertes und der ihm zugrundeliegenden Verteilung.

Erhöht man die Anzahl der Würfel auf drei, dann ergibt sich als Wahrscheinlichkeitsfunktion der entsprechenden Zufallsvariablen $X^{(3)}$ 'Summe der Augenzahlen beim gleichzeitigen Würfeln mit drei Würfeln' die Abb. 27 Mitte. Der Erwartungswert beträgt nun $\mu = 10{,}5$, d.h. es ist am wahrscheinlichsten, mit drei Würfeln als Summe 10 oder 11 zu werfen (10,5 ist ja unmöglich). Die Wahrscheinlichkeit dafür beträgt $f(10) = f(11) = 27/6^3 = 27/216 = 1/8$. Je mehr die Summe vom Erwartungswert nach oben oder nach unten abweicht, desto unwahrscheinlicher wird sie auch.

Die Wahrscheinlichkeitsfunktion der Zufallsvariablen $X^{(4)}$ 'Summe der Augenzahlen beim gleichzeitigen Würfeln mit vier Würfeln' (Abb. 27 rechts) hat den Erwartungswert $\mu = 14$. Die Erhöhung auf vier Würfel führt zu einer weiteren Vergrößerung des Ereignisraums – d.h. optisch zu einer Verdichtung der Stäbe im Histogramm –, die Form der Verteilung bleibt jedoch fast unverändert. Hier deutet sich eine idealtypische Verteilung an, die gewissermaßen der Wahrscheinlichkeitsfunktion einer Zufallsvariablen $X^{(N)}$, $N \to \infty$, 'Summe der Augenzahlen beim gleichzeitigen Würfeln mit unendlich vielen Würfeln' entspricht. Sie ist glockenförmig und symmetrisch um den Mittelwert, der mit dem Modus (wegen der Lage des Mittelwerts unter dem Gipfel der Kurve) und dem Median (wegen der Symmetrie) zusammenfällt. Als Normalverteilung wird sie im Kap. 5.2.2 vorgestellt.

Die Binomialverteilung

Neben der Gleichverteilung und symmetrischen Verteilungen existieren zahlreiche weitere Formen der Verteilung von Zufallsvariablen. Eine wichtige Wahrscheinlichkeitsfunktion einer diskreten Zufallsvariablen ist die sogenannte Binomialverteilung. Sie gibt an, mit welcher Wahrscheinlichkeit ein Zufallsereignis E mit der Einzelwahrscheinlichkeit $W(E) = p$ genau k-mal eintritt, wenn man n unabhängige Zufallsexperimente durchführt. Als Analogie einer binomialverteilten Zufallsvariable kann das Urnenmodell 'Ziehen mit Zurücklegen' angesehen werden.

Mit den bisher vermittelten Kenntnissen lässt sich die Wahrscheinlichkeitsfunktion der Binomialverteilung einfach herleiten. Wir wollen dies an einem Beispiel nachvollziehen.

Angenommen, man weiß aus Erfahrung, dass in einer bestimmten Region in 2 von 3 Jahren Nachtfrost im Oktober auftritt. Wir fragen nun, wie groß die Wahrscheinlichkeit dafür ist, dass es in den nächsten sechs Jahren genau zweimal Nachtfrost im Oktober geben wird.

Sei X die diskrete Zufallsvariable 'Nachtfrost im Oktober' mit den Elementarereignissen 'Frost' = F und 'Kein Frost' = K bzw. mit dem Ereignisraum $R = \{\text{F, K}\}$. Im Gegensatz zum einfachen Würfeln liegt nun eine dichotome Grundgesamtheit mit nur zwei statt sechs möglichen Elementarereignissen vor. Die Wahrscheinlichkeit für einen Nachtfrost ist $W(X = \text{F}) = W(\text{F}) = 2/3$, kein Frost tritt als Komplementärereignis mit der Wahrscheinlichkeit $W(X = \text{K}) = W(\text{K}) = W(\bar{\text{F}}) = 1 - W(\text{F}) = 1 - 2/3 = 1/3$ auf.

Innerhalb von sechs Jahren können die zwei Nachtfröste nun zum Beispiel im ersten und im zweiten Jahr auftreten, das dritte bis sechste Jahr müssen dann frostfrei sein. Da es sich bei den Nachtfrösten um stochastisch unabhängige Ereignisse handelt, kann die Wahrscheinlichkeit für diese Kombination mit Hilfe des Multiplikationsgesetzes (S. 118) bestimmt werden. Sie ist

$$\begin{aligned}
&W(X_1 = \text{F und } X_2 = \text{F und } X_3 = \text{K und } \ldots \text{ und } X_6 = \text{K}) \\
=&W(\text{F F K K K K}) = W(\text{F}) \cdot W(\text{F}) \cdot W(\text{K}) \cdot W(\text{K}) \cdot W(\text{K}) \cdot W(\text{K}) \\
=&2/3 \cdot 2/3 \cdot 1/3 \cdot 1/3 \cdot 1/3 \cdot 1/3 = (2/3)^2 \cdot (1/3)^4.
\end{aligned}$$

Die zwei Nachtfröste können aber auch im ersten und dritten Jahr auftreten. Die Wahrscheinlichkeit dafür ist

$$\begin{aligned}
&W(\text{F K F K K K}) = W(\text{F}) \cdot W(\text{K}) \cdot W(\text{F}) \cdot W(\text{K}) \cdot W(\text{K}) \cdot W(\text{K}) \\
=&2/3 \cdot 1/3 \cdot 2/3 \cdot 1/3 \cdot 1/3 \cdot 1/3 = (2/3)^2 \cdot (1/3)^4.
\end{aligned}$$

Es ist leicht zu sehen, dass die Wahrscheinlichkeit für das Eintreffen genau einer dieser Kombinationen für alle möglichen Kombinationen gleich ist, nämlich $(2/3)^2 \cdot (1/3)^4$.

Jede Kombination kann nun unabhängig voneinander eintreten, also (F F K K K K) oder (F K F K K K) oder ... oder (K K K K F F). Zur Bestimmung der Wahrscheinlichkeit für das zweimalige Auftreten von Nachtfrost in einer beliebigen Kombination können daher die Einzelwahrscheinlichkeiten entsprechend dem Additionssatz (S. 117) addiert bzw. mit der

Anzahl aller gleich möglichen Kombinationen multipliziert werden. Die Wahrscheinlichkeit dafür, dass es in den nächsten sechs Jahren genau zweimal Nachtfrost im Oktober geben wird, ist daher

$$W(2\,\mathrm{F\ in\ 6\ Jahren}) = \binom{6}{2}(2/3)^2\,(1/3)^4 = 15\cdot\frac{4}{9}\cdot\frac{1}{81} = \frac{15\cdot 4}{729} \approx 0{,}0823,$$

denn die Anzahl der Kombination für das Auftreten von zwei Nachtfrösten innnerhalb von sechs Jahren ist gleich der Anzahl der verschiedenen Möglichkeiten, Teilgruppen der Größe 2 aus einer Gesamtheit der Größe 6 im Sinne von Stichproben zu ziehen, und die ist genau $\binom{6}{2} = 15$.

Die Wahrscheinlichkeit, dass ein Zufallsereignis mit der Einzelwahrscheinlichkeit p bei n stochastisch unabhängigen Versuchen genau k-mal eintritt, ist also

$$f(k) = \binom{n}{k} p^k (1-p)^{n-k}$$

mit n = Anzahl der Zufallsexperimente

p = Wahrscheinlichkeit für das einmalige Auftreten eines Zufallsereignisses E

k = Anzahl des Auftretens von E.

$f(k)$ stellt die Wahrscheinlichkeitsfunktion der Binomialverteilung dar. Sie hat zwei Parameter, n und p. Mittelwert (Erwartungswert) und Varianz der Binomialverteilung sind

$$\mu = n\cdot p$$
$$\sigma^2 = n\cdot p\cdot(1-p).$$

So werden in den kommenden fünf Jahren genau $n\cdot p = 5\cdot 2/3 = 3{,}\bar{3}$ Nachtfröste erwartet.

Für $p = 0{,}5$ ist die Binomialverteilung symmetrisch um $\mu = n\cdot p = n/2$. Je stärker sich die Wahrscheinlichkeit p von der Gegenwahrscheinlichkeit $(1-p)$ unterscheidet, desto mehr nimmt die Schiefe der Verteilung zu: Die Binomialverteilung ist umso mehr rechtsschief (linksschief) je kleiner (größer) p wird, wobei die Schiefe mit wachsendem n immer moderater ausfällt. Ähnlich wie die Zufallsvariablen $X^{(k)}$ 'Summe der Augenzahl beim gleichzeitigen Würfeln mit k Würfeln' (Kap. 5.2.1) geht die Binomialverteilung nach dem Satz von MOIVRE-LAPLACE[6] nämlich für hinreichend große n in eine Normalverteilung über (Kap. 5.2.2).

Der Grund dafür ist, dass auch die Wahrscheinlichkeitsfunktion der Binomialverteilung die Summe von unabhängigen Zufallsvariablen X_i darstellt. Hier wurden beispielsweise die Zufallsvariablen X_i 'Nachtfrost im Oktober im Jahr i' ($i = 1,\ldots,6$) addiert:

$$X^{(6)} = X_1 + X_2 + \ldots X_6 = \sum_{i=1}^{6} X_i,$$

[6] DE MOIVRE (1667-1754), LAPLACE (1749-1827)

deren Wahrscheinlichkeitsfunktion jeweils

$$f(x_i) = \begin{cases} 2/3 & \text{für } x_i = 1 \text{ (Frost)} \\ 1/3 & \text{für } x_i = 0 \text{ (Kein Frost)} \end{cases}$$

ist. Man kann sich auch einen sechsseitigen Würfel vorstellen, bei dem auf vier Seiten eine 1 (das Ereignis F 'Frost im Oktober ' tritt ein, $p = 4/6 = 2/3$) und auf den anderen zwei Seiten eine 0 (das Ereignis K 'Kein Frost im Oktober ' tritt ein, $(1 - p) = 2/6 = 1/3$) notiert ist. Die Zufallsvariable $X^{(6)}$ 'Summe der Augenzahlen beim gleichzeitigen Würfeln mit sechs Würfeln' ist dann binomialverteilt mit $n = 6$ und $p = 2/3$. Diese Verteilung ist nicht mehr symmetrisch, vielmehr ist sie linksschief ($p > 0{,}5$), da ja mehr Würfelseiten mit 1 als mit 0 exisieren.

Die Normalverteilung (Kap. 5.2.2) beschreibt genau derartige Summen, wenn die Zahl der Summanden hinreichend groß ist. Der Effekt der Asymmetrie der Wahrscheinlichkeiten für einzelne Kombinationen tritt dabei aufgrund der sehr großen Anzahl an Kombinationsmöglichkeiten (vgl. Kap. 5.1.1) mit zunehmendem n in den Hintergrund; je größer n wird, desto stärker setzt sich gewissermaßen die Symmetrie des Binomialkoeffizienten durch. Als Faustregel gilt eine Standardabweichung von $\sigma > 3$ bzw. $n \cdot p \cdot (1 - p) > 9$ als ausreichend, um die Binomialverteilung durch eine Normalverteilung ersetzen zu können. In diesem Zusammenhang sei auf den *Zentralen Grenzwertsatz* verwiesen. Er besagt, dass die Summe von n unabhängigen und identisch verteilten Zufallsvariablen mit jeweils endlichem Mittelwert und endlicher Varianz annähernd normalverteilt ist, sofern n ausreichend groß ist, d.h. wenn eine hinreichend große Zahl an Summanden existiert.

Die Poissonverteilung

Bei großem n und kleinem p ist die Binomialverteilung umständlich zu berechnen. In solchen Fällen ist es sinnvoll, die sogenannte Poisson-Verteilung zu benutzen, die für große n und kleine p bei konstantem μ die Binomialverteilung gut approximiert. Ihre Wahrscheinlichkeitsfunktion ist

$$f(k) = \frac{\mu^k}{k!} e^{-\mu}$$

mit
$k = 0{,}1,\ldots$
$e = 2{,}7183$ (= natürliche Zahl)
μ = Erwartungswert der Verteilung $= n \cdot p$.

Bei der Poisson-Verteilung stimmen Varianz und Erwartungswert überein ($\sigma^2 = \mu$), sie ist daher durch ihren Erwartungswert μ eindeutig bestimmt. Die Poisson-Verteilung findet vor allem Anwendung auf seltene Ereignisse, deren Wahrscheinlichkeit bei einem Zufallsexperiment sehr klein ist.

Symmetrie der Binomialverteilung für $p = 0{,}5$ ***FuF***

Der Binomialkoeffizient ist für jedes n symmetrisch verteilt, d.h.

$$\begin{aligned}\binom{n}{k} &= \frac{n!}{k!\,(n-k)!} = \frac{n!}{(n-n+k)!\,(n-k)!}\\ &= \frac{n!}{(n-(n-k))!\,(n-k)!} = \frac{n!}{(n-k)!\,(n-(n-k))!}\\ &= \binom{n}{n-k}.\end{aligned}$$

Die Binomialverteilung mit $p = 0{,}5$ ist

$$\begin{aligned}f(k) &= \binom{n}{k} p^k\,(1-p)^{n-k} = \binom{n}{k} p^k\,p^{n-k} \qquad (\text{da } p = (1-p) = 0{,}5)\\ &= \binom{n}{k} p^{k+n-k} = \binom{n}{k} p^n = \binom{n}{k} 0{,}5^n = \binom{n}{k}\frac{1}{2^n}.\end{aligned}$$

Da $1/2^n$ über alle $k = 0,\ldots,n$ konstant ist, ist für $p = 0{,}5$ auch die Binomialverteilung

$$f(k) = \binom{n}{k}\,1/2^n \quad \text{symmetrisch um} \quad \mu = n \cdot p = n/2.$$

Symmetrie der Binomialverteilung für $p = 0{,}5$ ***FuF***

Das Ausreißerproblem bei Stichproben im Rahmen von Reihenuntersuchungen ***MiG***
Eine Analyse auf der Basis der Binomialverteilung

In der Bremer Besucherbefragung wurde unter anderem die Kundenentfernung der auswärtigen Einkaufsbesucher untersucht, also jener Besucher, deren Wohnort nicht in Bremen liegt und die direkt von ihrem Wohnort kommend die Bremer Innenstadt aufsuchen, um dort einzukaufen. Die Befragungen wurden in den Jahren 2001 bis 2005 jeweils während drei Wochen im Oktober an festgelegten Standorten in der Bremer Innenstadt durchgeführt. Die Stichprobenumfänge und die durchschnittlichen Kundenentfernungen in den einzelnen Erhebungsjahren zeigt Tab. A.

i	n_i	$\bar{x}_i$
2001	129	32,37
2002	133	34,69
2003	132	34,03
2004	129	39,17
2005	137	32,20
Gesamt	N =660	μ =34,46

Tab. A: Erhebungsjahre i, Stichprobenumfänge n_i und durchschnittliche Kundenentfernungen $\bar{x}_i$ (km) der auswärtigen Einkaufsbesucher in der Bremer Innenstadt 2001–2005

Es liegen eigentlich fünf verschiedene Besucherstichproben vor, deren jeweilige Zusammensetzung in einem Jahr ohne weiteres als jeweils spezifische Realisation eines von fünf unabhängigen Zufallsexperimenten aufgefasst werden kann.

Der Mittelwert der Kundenentfernung im Jahr 2004 ist mit 39,2 km im Vergleich zu den anderen Jahren relativ groß. Es stellt sich nun die Frage, inwieweit dieser Wert rein zufällig aufgetreten sein kann, gewissermaßen als Folge einer schlecht gezogenen und wenig repräsentativen Stichprobe im Jahr 2004. Als Mittelwert einer Stichprobe vom Umfang $n = 129$ lässt er sich gut in die Stichprobenverteilung der 60 Stichproben vom Umfang $n = 130$ einordnen, die in Tab. 19 (S. 107) dargestellt wurde. Der Stichprobenverteilung zufolge tritt eine Kundendistanz von über $37{,}5\,\text{km}$ nur mit einer relativen Häufigkeit von $h = 0{,}05$ auf, d.h. in nur 5% aller möglichen Stichproben vom Umfang $n = 130$, die aus einer Grundgesamtheit mit dem Mittelwert $\mu = 34{,}46\,\text{km}$ gezogen wurden.

Wir können daher auch sagen, dass die mittlere Kundenentfernung $\bar{x}_i$ der auswärtigen Einkaufskunden in einer der fünf Stichproben der Jahre 2001 bis 2005 mit der Wahrscheinlichkeit von 5% über $37{,}5\,\text{km}$ liegen wird. Wie groß ist dann die Wahrscheinlichkeit dafür, dass beim fünffachen, unabhängigen Ziehen von Stichproben der Größe $n \approx 130$ das Ereignis 'Der Stichprobenmittelwert $\bar{x}$ ist größer als $\mu = 37{,}5\,\text{km}$' genau $k = 1$-mal auftritt?

Wegen der Unabhängigkeit der Stichproben können wir die Antwort mit Hilfe der Wahrscheinlichkeitsfunktion der Binomialverteilung ($n = 5$, $p = 0{,}05$, $k = 1$) finden:

$$W(k = 1) = f(1) = \binom{5}{1} 0{,}05^1 \, (1 - 0{,}05)^{5-1} = 5 \cdot 0{,}05 \cdot 0{,}95^4 = 0{,}20.$$

Mit einer Wahrscheinlichkeit von 20% tritt also ein eigentlich recht unwahrscheinlicher Stichprobenmittelwert von über 37,5 km ($p = 0{,}05$) genau einmal auf, wenn wir fünf unabhängige Stichproben vom Umfang $n = 130$ ziehen. Und mehr noch: Wenn wir an der Repräsentativität der Bremer Erhebung interessiert sind, sollten wir ja eigentlich fragen, wie groß die Wahrscheinlichkeit dafür ist, dass ein solcher positiver Ausreißerwert in fünf Stichproben eben *nicht* auftritt. Die Wahrscheinlichkeit hierfür ist

$$W(k = 0) = f(0) = \binom{5}{0} 0{,}05^0 \, (1 - 0{,}05)^5 = 1 \cdot 1 \cdot 0{,}95^5 = 0{,}77.$$

Damit ist auch die Wahrscheinlichkeit für das Komplementärereignis bekannt, dass nämlich ein positiver Ausreißerwert von $\bar{x}_i > 37{,}5\,\text{km}$ mindestens einmal in fünf Stichproben auftritt. Sie ist

$$W(k > 0) = 1 - W(k = 0) = 1 - f(0) = 1 - 0{,}77 = 0{,}23.$$

Schließlich muss eine allgemeine Betrachtung der Repräsentativität einer stichprobenbasierten Reihenuntersuchung auch die negativen Ausreißer mit berücksichtigen. Es wurde bereits darauf hingewiesen, dass gemäß der Stichprobenverteilung in Tab. 19 die mittleren Kundendistanzen der auswärtigen Einkaufsbesucher in 90% aller möglichen Stichproben vom Umfang $n = 130$ zwischen $31{,}5\,\text{km}$ und $37{,}5\,\text{km}$ liegen. Entsprechend liegen 10% aller möglichen Stichprobenmittelwerte jenseits dieser Grenzen, so dass die Wahrscheinlichkeit für das Auftreten einer Stichprobe mit derart stark unter- oder überdurchschnittlichen Kundendistanzen $p = 0{,}1$ ist. Die Wahrscheinlichkeit dafür, dass beim fünfmaligen Ziehen von Stichproben vom Umfang $n = 130$ wenigstens einer der Stichprobenmittelwerte $\bar{x}_i < 31{,}5\,\text{km}$ oder $\bar{x}_i > 37{,}5\,\text{km}$ ist und damit weit jenseits des Erwartungswertes liegt, beträgt dann

$$\begin{aligned} W(k > 0) &= 1 - W(k = 0) = 1 - f(0) = 1 - \binom{5}{0} 0{,}1^0 \, (1 - 0{,}1)^5 \\ &= 1 - 0{,}90^5 = 1 - 0{,}59 = 0{,}41 = 41\%. \end{aligned}$$

Auch bei kurzen Reihenuntersuchungen läuft man offensichtlich nennenswerte Gefahr, eine oder gar mehrere wenig repräsentative Stichproben zu ziehen. In diesem Licht erscheint die mittlere Kundendistanz von über 37,5 km für das Jahr 2004 nicht überraschend, denn es ist recht wahrscheinlich, dass ein solcher Wert im Rahmen einer fünfjährigen Zeitreihe rein zufällig auftritt.

Einschränkend ist zu sagen, dass ein vom Erwartungswert abweichender Stichprobenmittelwert nicht immer gleich als nicht-repräsentativ oder gar als Fehler interpretiert werden sollte. Zuvor sollte man gut überlegen, ob es inhaltliche Erklärungen für ein Abweichen von der Erwartung bzw. der Norm gibt.

Das Ausreißerproblem bei Stichproben im Rahmen von Reihenuntersuchungen
Eine Analyse auf der Basis der Binomialverteilung ***MiG***

Die Hypergeometrische Verteilung

Der Vollständigkeit halber soll an dieser Stelle auch die sogenannte Hypergeometrische Verteilung genannt werden. Sie basiert wie die Binomialverteilung auf einer dichotomen Grundgesamtheit, d.h. auf einer diskreten Zufallsvariablen X mit dem Ereignisraum $R = \{e_1,e_2\}$ mit nur zwei möglichen Elementarereignissen $X = e_1$, $X = e_2$ bzw. $X = e_1$, $X = \bar{e}_1$ ($\bar{e}_1$ ist das Komplementärereignis von e_1). Während die Binomialverteilung dem Prinzip 'Ziehen mit Zurücklegen' folgt, entspricht die Hypergeometrische Verteilung dem Prinzip 'Ziehen ohne Zurücklegen'. Sie gibt die Wahrscheinlichkeit dafür an, dass das Ereignis e_1 k-mal eintrifft, wenn aus der Grundgesamtheit n Elemente gezogen werden.

Stellen wir uns eine Urne vor, in der 49 Kugel liegen, darunter sechs rote und 43 schwarze. Aus dieser Urne werden zehn Kugeln nacheinander ohne Zurücklegen gezogen. Wie groß ist die Wahrscheinlichkeit dafür, genau fünf rote und fünf schwarze Kugeln zu ziehen?

Eine einfache Antwort besteht darin, die Anzahl der günstigen und der möglichen Ereignisse zu bestimmen, um gemäß unserer Definition der Wahrscheinlichkeit für diskrete Zufallsvariablen das Verhältnis beider Zahlen als Wahrscheinklichkeit zu interpretieren.

Die Anzahl der möglichen Ereignisse, d.h. die Größe des Ereignisraums, ist gleich der Anzahl der möglichen Stichproben vom Umfang 10, die aus einer Gesamtheit der Größe 49 gezogen werden können. Sie beträgt

$$\text{Anzahl der insgesamt möglichen Kombinationen} = \binom{49}{10}.$$

Ein günstiges Ereignis liegt dann vor, wenn fünf der insgesamt sechs roten Kugeln und damit zugleich weitere fünf der insgesamt $49-6 = 43$ schwarzen Kugeln gezogen werden. Die Anzahl der Kombinationen, die möglich sind, um fünf aus sechs roten Kugeln zu ziehen (= Anzahl der Stichproben der Größe 5 aus 6), ist gleich

$$\text{Anzahl der möglichen 5-er Kombinationen aus 6 roten Kugeln} = \binom{6}{5}.$$

Entsprechend ist die Anzahl der Kombinationen für die Ziehung von fünf aus 43 schwarzen Kugeln (= Anzahl der Stichproben der Größe 5 aus 43)

$$\text{Anzahl der möglichen 5-er Kombinationen aus 43 schwarzen Kugeln} = \binom{43}{5}.$$

Da für jede der $\binom{6}{5}$ Möglichkeiten, 5 rote Kugeln zu ziehen, je $\binom{43}{5}$ Möglichkeiten existieren, die 5 schwarzen Kugeln zu ziehen, ist die Gesamtzahl der günstigen Ereignisse gleich dem Produkt dieser Zahlen, und die gesuchte Wahrscheinlichkeit ist

$$W(\text{genau 5 rote Kugeln}) = \frac{\text{Anzahl günstiger Ereignisse}}{\text{Anzahl möglicher Ereignisse}} = \frac{\binom{6}{5} \cdot \binom{43}{5}}{\binom{49}{10}}.$$

Allgemein heißt eine diskrete Zufallsvariable X hypergeometrisch verteilt, wenn sie folgende Wahrscheinlichkeitsfunktion $f(k)$ besitzt:

$$f(k) = \frac{\binom{M}{k} \cdot \binom{N-M}{n-k}}{\binom{N}{n}}$$

mit N = Anzahl der Elemente der Grundgesamtheit
M = Anzahl der Treffer in der Grundgesamtheit
n = Größe der Stichprobe (Anzahl der Ziehungen)
k = Anzahl der Treffer in der Stichprobe.

Der Mittelwert (Erwartungswert) der Hypergeometrischen Verteilung ist

$$\mu = n \cdot \frac{M}{N}.$$

So werden nach zehn Zügen im Durchschnitt $n \cdot M/N = 10 \cdot 6/49 = 60/49 \approx 1{,}2$ rote Kugeln erwartet.

Die Hypergeometrische Verteilung kann für große N, kleine n und relativ kleine M gut durch die Binomialverteilung mit konstantem $p = M/N$ angenähert werden, da sich bei sehr großen N das Verhältnis der Anzahl M möglicher Treffer und der Gesamtzahl der Kugeln N in der Urne durch das Herausnehmen von Kugeln faktisch nicht ändert. Als Faustregel gilt hierfür $n < N/20$. Und auch die Hypergeometrische Verteilung geht für hinreichend große Grundgesamtheiten in die Normalverteilung über, denn schließlich wird auch hier eine Summe

$$X^{(n)} = X_1 + X_2 + \ldots X_n = \sum_{i=1}^{n} X_i$$

von n Zufallsvariablen betrachtet, die bei großem N faktisch als unabhängig betrachtet werden können; im Urnenbeispiel waren dies die Zufallsvariablen X_i ‘Ergebnis nach einmaligen Ziehen ohne Zurücklegen im i-ten Zug‘ mit dem Ereignisraum $R = \{1 =$‘rot‘, $0 =$‘schwarz‘$\}$ sowie deren Summe, namentlich die Zufallsvariable $X^{(10)}$ ‘Anzahl der roten Kugeln nach 10 Zügen ohne Zurücklegen‘.

Bestimmung des optimalen Stichprobenumfangs ***MiG***
Eine Analyse auf der Basis der Hypergeometrischen Verteilung

Aus der Analyse der Teilstichproben für die Jahre 2001–2005 der Bremer Besucherbefragung wissen wir, dass 660 der 4724 befragten Besucher zur Gruppe der auswärtigen Einkaufsbesucher gehören, d.h. zu den Besuchern, die direkt von ihrer Wohnung aus dem Bremer Umland kommen und die Bremer Innenstadt gezielt zum Einkaufen aufsuchen (vgl. Kasten auf S. 125).

Im Rahmen der Diskussion um eine Fortführung der Besucherbefragungen in den Folgejahren ab 2006 wurde angeregt, den Stichprobenumfang zu reduzieren, um Kosten zu sparen. Aufgrund der großen Bedeutung der auswärtigen Einkaufsbesucher für Stadtplanung und Stadtmarketing sollte der Stichprobenumfang jedoch so groß bleiben, dass mit hoher Wahrscheinlichkeit eine bestimmte Mindestzahl an befragten auswärtigen Einkaufsbesuchern nicht unterschritten wird.

Wir nehmen zunächst an, dass der in der Stichprobe ermittelte Anteil auch für die Grundgesamtheit aller Besucher der Bremer Innenstadt gilt, dass also $660/4724 = 13{,}97\%$ aller Besucher zur Gruppe der auswärtigen Einkaufsbesucher zählen. Eine einfache Rechung könnte wie folgt lauten: Die insgesamt vorliegenden 4724 Befragungsfälle und die Teilgruppe der 660 befragten auswärtigen Einkaufsbesucher sind über die fünf Befragungsjahre 2001–2005 in etwa gleich verteilt, d.h. pro Jahr wurden im Durchschnitt $4724/5 \approx 945$ Personen befragt, davon im Durchschnitt $660/5 = 132$ auswärtige Einkaufsbesucher. Für eine Reduktion auf 50 auswärtige Einkaufsbesucher könnte die notwendige Stichprobengröße n per Dreisatz errechnet werden als

$$n = \frac{50}{132} \cdot 945 \approx 358.$$

Die Befragungskosten würden so auf $358/945 = 37{,}9\%$ der ursprünglichen Kosten reduziert.

Um weitestgehend sicher zu gehen, das Befragungssoll von 50 auswärtigen Einkaufsbesuchern Jahr für Jahr tatsächlich zu erreichen, wurde allerdings gefordert, diese anvisierte Mindestzahl pro Befragungsjahr mit jeweils mindestens 95%iger Wahrscheinlichkeit zu erfassen.

Das Ziehen einer Befragungsstichprobe aus einer dichotomen Grundgesamtheit mit den beiden Elementarereignissen $e =$ 'Befragte Person ist ein auswärtiger Einkaufsbesucher' und $\bar{e} =$ 'Befragte Person ist kein auswärtiger Einkaufsbesucher' bzw. mit dem dichotomen Ereignisraum $R = \{e,\bar{e}\}$ entspricht dem Urnenmodell 'Ziehen ohne Zurücklegen'. Die Zufallsvariable X 'Anzahl der auswärtigen Einkaufsbesucher' ist daher hypergeometrisch verteilt.

Die Gesamtzahl aller potentiell möglichen Besucher der Bremer Innenstadt wurde für die folgende Rechnung grob mit $N = 1$ Mio. Menschen geschätzt (eine Begründung ist im Kasten auf S. 236 nachzulesen). Von diesen gehören $13{,}97\% \approx 140.000 = M$ Personen zu den auswärtigen Einkaufsbesuchern. Für die Anzahl der auswärtigen Einkaufsbesucher k (der Treffer) in der Stichprobe wird gefordert, dass $k \geq 50$ ist.

Mit der obigen einfachen Rechnung wurde zunächst nur der Erwartungswert der hypergeometrisch verteilten Zufallsvariable X auf

$$\mu = 50 = n \cdot M/N = n \cdot 0{,}1397\%$$

festgesetzt. Für die Stichprobengröße n ergibt sich dann

$$n = \mu/0{,}1397 = 50/0{,}1397 \approx 358.$$

Die eigentliche Frage lautet jedoch, für welchen Stichprobenumfang n die Forderung nach $k \geq 50$ mit 95%iger Wahrscheinlichkeit erfüllt wird.

Die Wahrscheinlichkeitsfunktion $f(k)$ von X ist

$$f(k) = \frac{\binom{M}{k} \cdot \binom{N-M}{n-k}}{\binom{N}{n}} = \frac{\binom{140.000}{50} \cdot \binom{1.000.000 - 140.000}{n-50}}{\binom{1.000.000}{n}}$$

und die Verteilungsfunktion $F(k)$ lautet

$$F(k) = \sum_{i=0}^{k} \frac{\binom{M}{i} \cdot \binom{N-M}{n-i}}{\binom{N}{n}} = \sum_{i=0}^{k} \frac{\binom{140.000}{i} \cdot \binom{1.000.000 - 140.000}{n-i}}{\binom{1.000.000}{n}}.$$

Die Bedingung, dass in einer Stichprobe mit 95%iger Wahrscheinlichkeit mindestens $k = 50$ auswärtige Einkaufsbesucher erfasst werden, kann auch über das Komplementärereignis formuliert werden. Sie lautet dann, dass in einer Stichprobe mit 5%iger Wahrscheinlichkeit weniger als $k = 50$ auswärtige Einkaufsbesucher erfasst werden sollen. Also ist derjenige Stichprobenumfang n gesucht, für den gilt

$$F(50) = \sum_{i=0}^{50} \frac{\binom{140.000}{i} \cdot \binom{1.000.000 - 140.000}{n-1-i}}{\binom{1.000.000}{n-1}} > 0{,}05 \quad \text{und}$$

$$F(50) = \sum_{i=0}^{50} \frac{\binom{140.000}{i} \cdot \binom{1.000.000 - 140.000}{n-i}}{\binom{1.000.000}{n}} \leq 0{,}05$$

Diese Formel müsste nun nach n aufgelöst werden. Man kann n aber auch iterativ bestimmen, indem man beispielsweise mit dem groben Näherungswert von $n = 358$ startet und sich Schritt für Schritt dem gesuchten n nähert. Dieses Verfahren übersteigt aufgrund der großen Zahlen zwar die Kapazität einfacher Tabellenkalkulationsprogramme, kann aber mit Hilfe von handelsüblicher Statistiksoftware ohne weiteres angewandt werden. Auf diese Weise findet man schnell, dass

$$F(50) = 0{,}0516 \text{ für } n = 446 \qquad \text{und} \qquad F(50) = 0{,}0498 \text{ für } n = 447$$

ist, so dass der Stichprobenumfang auf $n = 447$ festzusetzen ist. Bei Beachtung des Sicherheitsaspektes, bei jeder Befragung eine Mindestzahl von 50 auswärtigen Einkaufsbesucher mit einer Wahrscheinlichkeit von 95% zu erreichen, können die reinen Befragungskosten also nur auf $447/945 = 47{,}3\%$ der ursprünglichen Kosten reduziert werden. Der Erwartungswert liegt allerdings bei

$$\mu = n \cdot M/N = 447 \cdot \frac{140.000}{1.000.000} = 62{,}6,$$

so dass pro Jahr im Durchschnitt mit der Erfassung von 62 auswärtigen Einkaufsbesuchern gerechnet werden kann. Abbildung A illustriert die beschriebene Vorgehensweise.

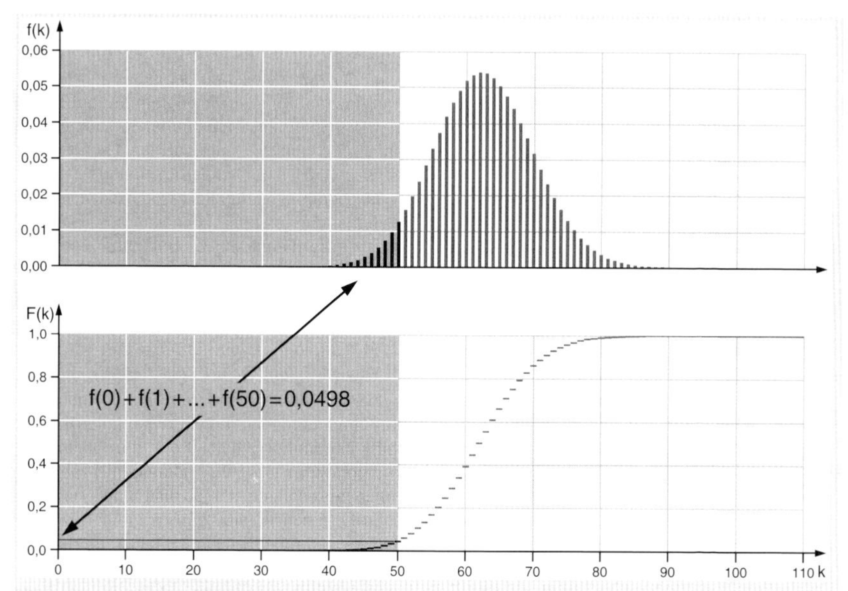

Abb. A: Wahrscheinlichkeitsfunktion $f(x)$ und Verteilungsfunktion $F(x)$ der hypergeometrisch verteilten Zufallsvariablen X 'Anzahl der auswärtigen Einkaufsesucher' für $N = 1$ Mio., $M = 140.000$, $n = 447$

Führt man die Berechnung alternativ mit Hilfe der Binomialverteilung durch, lässt man dabei mögliche Doppelbefragungen unberücksichtigt. Die Wahrscheinlichkeit, einen auswärtigen Einkaufsbesucher zu befragen, ist dann in jeder Befragung gleich, nämlich $p = 140.000/1.000.000 = 0{,}14$. Für den Stichprobenumfang n soll dann gelten:

$$F(50) = \sum_{i=0}^{50} \binom{n-1}{i} 0{,}14^i \, (1 - 0{,}14)^{n-1-i} > 0{,}05 \qquad \text{und}$$

$$F(50) = \sum_{i=0}^{50} \binom{n}{i} 0{,}14^i \, (1 - 0{,}14)^{n-i} \leq 0{,}05.$$

Für n finden wir jetzt die Werte

$$F(50) = 0{,}0503 \text{ für } n = 445 \qquad \text{und} \qquad F(50) = 0{,}0485 \text{ für } n = 446,$$

so dass ein Stichprobenumfang von $n = 446$ ausreichend erscheint. Diese Werte können im Übrigen auch mit jedem gängigen Tabellenkalkulationsprogramm nachgerechnet werden. Der Stichprobenumfang entspricht trotz der großen Grundgesamtheit nicht ganz exakt dem Ergebnis auf Basis der hypergeometrischen Verteilung. Schuld daran sind die relativ großen Stichprobenumfänge ($n > 444$), die hier zur Diskussion stehen. Andererseits ist die Differenz von nur einer mehr zu befragenden Person nicht sehr groß. Zudem ist die Binomialverteilung wesentlich leichter zu berechnen, so dass sie in vergleichbaren Fällen gut als Näherung genutzt werden kann.

Bestimmung des optimalen Stichprobenumfangs
Eine Analyse auf der Basis der Hypergeometrischen Verteilung ***MiG***

5.2.2 Theoretische Verteilungen stetiger Zufallsvariablen

Die Definitionen der Wahrscheinlichkeit

$$W(X = a) = \frac{\text{Anzahl der günstigen Fälle}}{\text{Anzahl der möglichen Fälle}},$$

dass eine Zufallsvariable X als Ergebnis eines Zufallsexperiments den Wert a annimmt, kann nicht auf stetige Zufallsvariablen angewandt werden. Darauf wurde bereits in Kap. 5.1 hingewiesen. Mit zunehmender Größe des Ereignisraums von X wächst der Nenner des Quotienten, die Wahrscheinlichkeit $W(X = a)$ nähert sich dann dem Wert 0. Im Fall einer stetigen Zufallsvariablen ist der Ereignisraum schließlich unendlich groß, die Wahrscheinlichkeit für ein einzelnes Elementarereignis ist dann nicht definiert.

Man kann bei stetigen Zufallsvariablen daher höchstens von der Wahrscheinlichkeit sprechen, dass die Zufallsvariable einen Wert in einem bestimmten Intervall annimmt. Wahrscheinlichkeiten wie $W(X \leq a)$ oder $W(a \leq X \leq b)$ sind also auch für eine stetige Zufallsvariable X bestimmbar.

Die Wahrscheinlichkeitsdichte $f(x)$ und die Verteilungsfunktion $F(x)$ einer stetigen Zufallsvariablen

Ist X eine stetige Zufallsvariable, so gibt es zwar keine Wahrscheinlichkeitsfunktion, da $W(X = x)$ in diesem Fall nicht definiert ist. Es existiert jedoch eine *Verteilungsfunktion* $F(x) = W(X \leq x)$, denn die Aussage $W(X \leq x)$ ist sehr wohl sinnvoll. Man kann nun beweisen: Wenn X eine stetige Zufallsvariable ist, dann gibt es eine Funktion$f$, so dass die Verteilungsfunktion F von X dargestellt werden kann durch

$$F(x) = \int_{-\infty}^{x} f(t)\,\mathrm{d}t.$$

Das Integral $\int_{-\infty}^{x} f(t)\,\mathrm{d}t$ gibt dabei die Fläche unter der Kurve $f(t)$ von $-\infty$ bis $t = x$ an.

Außerdem gilt:

$$F(\infty) = \int_{-\infty}^{+\infty} f(t)\,\mathrm{d}t = W(x \leq +\infty) = 1.$$

Die Funktion $f(x)$ nennt man die *Wahrscheinlichkeitsdichte* (probability density) der Zufallsvariablen X, und es gilt

$$f(x) = F'(x).$$

Abb. 28 veranschaulicht den Zusammenhang zwischen Verteilungsfunktion und Wahrscheinlichkeitsdichte. Es ist ersichtlich, dass dieser Zusammenhang als 'Kurvenglättung'

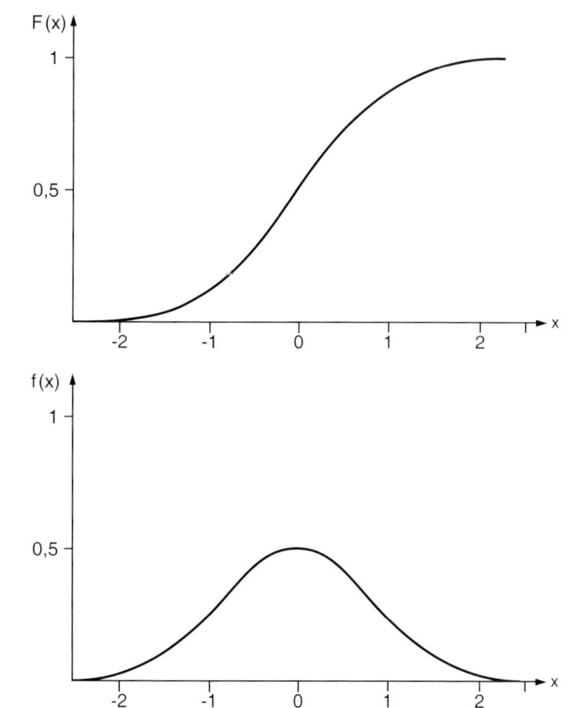

Abb. 28:
Verteilungsfunktion $F(x)$ und Wahrscheinlichkeitsdichte $f(x)$ einer stetigen Zufallsvariablen

des Zusammenhangs zwischen der Wahrscheinlichkeitsfunktion und der Verteilungsfunktion bei einer diskreten Zufallsvariablen verstanden werden kann.

Für eine stetige Zufallsvariable X läßt sich leicht die Wahrscheinlichkeit $W(a < X \leq b)$ angeben, dass X einen Wert zwischen a und b annimmt. Es gilt nämlich (vgl. Abb. 29)

$$W(a < X \leq b) = \int_a^b f(t)\,\mathrm{d}t = F(b) - F(a)$$

mit $f(x)$ = Wahrscheinlichkeitsdichte von X

$F(x)$ = Verteilungsfunktion von X.

Anschaulich ist $W(a < X \leq b)$ also gleich der Fläche unter der Kurve $f(x)$ zwischen a und b (vgl. Abb. 29). Die Behauptung läßt sich leicht beweisen, wenn man bedenkt, dass laut Definition von F und W gilt:

$$\begin{aligned} W(a < X \leq b) &= W(X \leq b) - W(X \leq a) \\ &= F(b) - F(a). \end{aligned}$$

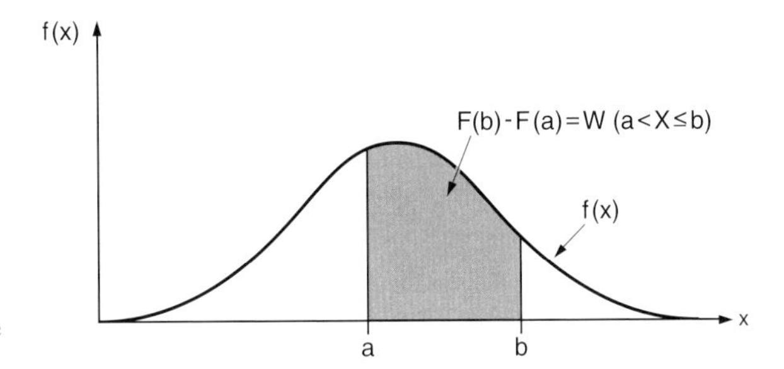

Abb. 29:
Die Wahrscheinlichkeit $W(a < X \leq b)$ für eine stetige Zufallsvariable

Mittelwert μ und Varianz σ^2 einer stetigen Zufallsvariablen X sind:

$$\mu = \int_{-\infty}^{+\infty} x\, f(x)\, \mathrm{d}x$$

$$\sigma^2 = \int_{-\infty}^{+\infty} (x-\mu)^2\, f(x)\, \mathrm{d}x$$

mit $f(x) =$ Wahrscheinlichkeitsdichte von X.

Für stetige Zufallsvariable gilt im Übrigen $W(X < a) = W(X \leq a)$, denn durch die Hinzunahme eines (dimensionslosen) Punktes auf der Grundlinie ändert sich die Fläche unterhalb der Kurve nicht.

Die Normalverteilung

Viele empirische Verteilungen und Stichprobenverteilungen lassen sich oberhalb eines bestimmten Stichprobenumfangs gut durch die Normalverteilung approximieren. Wie wir am Beispiel der Binomialverteilung (Kap. 5.2.1) und der hypergeometrischen Verteilung (Kap. 5.2.1) gesehen haben, sind insbesondere additive Überlagerungen von verschiedenen stochastisch unabhängigen Zufallsprozessen der Form

$$Y = X_1 + X_2 + \ldots + X_n = \sum_{i=1}^{n} X_i$$

ab einer gewissen Anzahl n sehr wahrscheinlich annähernd normalverteilt, und zwar unabhängig von der Verteilung der einzelnen X_i. Genau dies besagt der *zentrale Grenzwertsatz* (vgl. S. 125). Die Normalverteilung – auch GAUSSsche oder MOIVREsche Verteilung[7] – bildet somit eine Grenzverteilung, mit der zahlreiche Phänomene in der Natur beschrieben werden können. Beispielsweise ist die Variable 'Körpergröße von Menschen' annähernd

[7] DE MOIVRE (1667-1754); GAUSS (1777-1855)

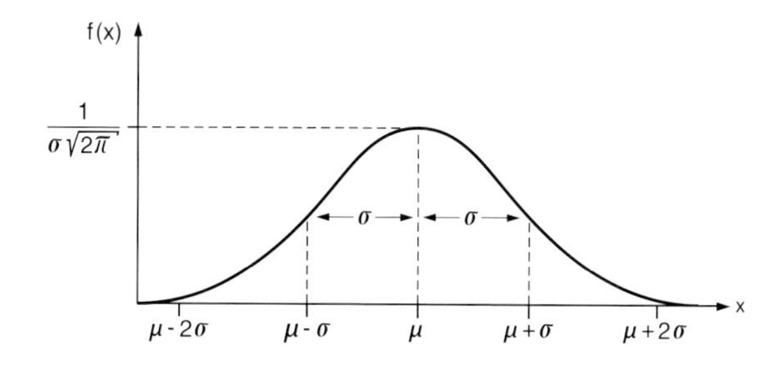

Abb. 30: Die Wahrscheinlichkeitsdichte $f(x)$ der Normalverteilung

normalverteilt. Als Erklärung hierfür kann angeführt werden, dass das menschliche Größenwachstum durch viele unterschiedliche und voneinander unabhängige Einflüsse beeinflusst wird, deren Effekte sich additiv ergänzen; man denke an Umweltfaktoren, Ernährungsgewohnheiten, Geschlecht, Erbfaktoren usw. Unter den stetigen theoretischen Verteilungen nimmt die Normalverteilung daher eine zentrale Stellung ein.

Zahlreiche statistische Schätz- und Prüfverfahren basieren auf der Normalverteilung, indem sie nur anwendbar sind, falls die jeweils betrachtete(n) Grundgesamtheit(en) normal verteilt ist (sind). Aus diesem Grund werden wir die Normalverteilung ausführlich behandeln, zumal sich an ihr gut die Arbeit mit theoretischen Verteilungen demonstrieren lässt.

Die stetige Zufallsvariable mit dem Mittelwert μ, der Standardabweichung σ und der Wahrscheinlichkeitsdichte

$$f(x) = \frac{1}{\sigma\,\sqrt{2\,\pi}} \cdot \mathrm{e}^{-\frac{1}{2}\left(\frac{x-\mu}{\sigma}\right)^2}$$

mit $\pi = 3{,}1415\ldots$

$\mathrm{e} = 2{,}7172\ldots$

nennt man Normalverteilung (normal distribution). Aus Abb. 30 lassen sich die Eigenschaften der Normalverteilung leicht erkennen: Die Normalverteilung ist symmetrisch zur Achse $x = \mu$. Man sagt auch einfach: Sie ist symmetrisch um μ. Für ein beliebiges X gilt also $f(\mu - x) = f(\mu + x)$. Sie ist unimodal und erreicht ihr Maximum für $x = \mu$ mit $f(x) = 1/(\sigma\,\sqrt{2\,\pi})$. Von dort fällt die Kurve nach beiden Seiten ab und nähert sich jeweils asymptotisch gegen 0. Die Wendepunkte liegen bei $x = \mu \pm \sigma$. Da ihre Gestalt glockenförmig ist, spricht man auch von *Glockenkurve*.

$f(x)$ ist durch die beiden Parameter μ und σ eindeutig bestimmt. Erst die Wahl eines μ und eines σ führen zu einer bestimmten Normalverteilung. Es gibt also unendlich viele Normalverteilungen, je nachdem, wie man μ und σ wählt. Der Mittelwert μ legt die Lage der Verteilung bezüglich der x-Achse fest, d.h., er bestimmt, ob die Kurve insgesamt weiter links oder rechts auf der x-Achse liegt. Durch die Standardabweichung σ wird dagegen die Form der Kurve festgelegt: Je größer σ ist, desto flacher und breiter ist die Verteilung.

Man sagt auch, dass eine Zufallsvariable mit (μ, σ) normalverteilt ist bzw. eine $N(\mu, \sigma)$-Verteilung aufweist.

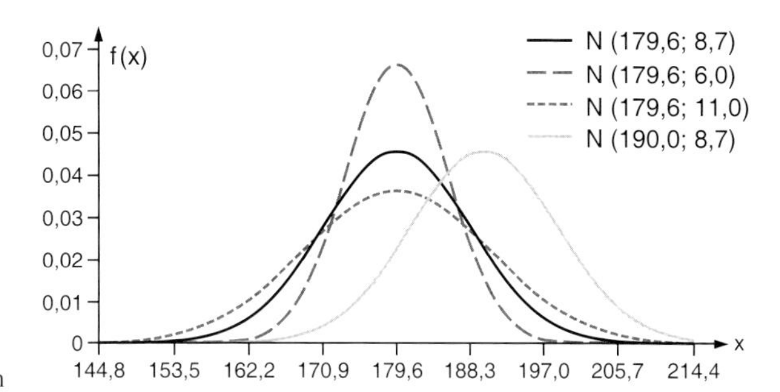

Abb. 31: Wahrscheinlichkeitsdichten der Normalverteilung für verschiedene Mittelwerte und Standardabweichungen

Abb. 31 zeigt diese Zusammenhänge. Zur Veranschaulichung kann man sich vorstellen, dass in Abb. 31 die Verteilung der Körpergrößen (cm) von vier verschiedenen Populationen dargestellt ist.

Die Standardnormalverteilung

Standardisiert man eine mit (μ, σ) normalverteilte Zufallsvariable X, indem man statt X die Variable Z mit

$$Z = \frac{X - \mu}{\sigma}$$

betrachtet, so ist Z normalverteilt mit (0,1), d.h. Z ist eine $N(0,1)$-Verteilung bzw. Z hat den Mittelwert $\mu = 0$ und die Standardabweichung $\sigma = 1$. Diese Zufallsvariable Z nennt man *standardnormalverteilt*. Für ihre Wahrscheinlichkeitsdichte schreibt man $\phi(z)$, und es gilt:

$$\phi(z) = \frac{1}{\sqrt{2\,\pi}}\,\mathrm{e}^{-\frac{z^2}{2}}.$$

Ihre Verteilungsfunktion wird entsprechend $\Phi(z)$ geschrieben:

$$\Phi(z) = \int_{-\infty}^{+\infty} \phi(z)\,\mathrm{d}z = \int_{-\infty}^{+\infty} \frac{1}{\sqrt{2\,\pi}}\,\mathrm{e}^{-\frac{z^2}{2}}\,\mathrm{d}z.$$

Abb. 32 zeigt die Wahrscheinlichkeitsdichte und Verteilungsfunktion der Standardnormalverteilung.

Die Eigenschaften der Standardnormalverteilung entsprechen denen einer Normalverteilung. Der Wert z der Standardnormalverteilung gibt an, um wieviel Standardabweichungen der standardisierte Wert x vom Mittelwert abweicht, da $x = \mu \pm z \cdot \sigma$ (vgl. Abb. 32 oben).

Da sich jede Normalverteilung in eine Standardnormalverteilung transformieren lässt (und umgekehrt), kommt der Standardnormalverteilung eine zentrale Bedeutung zu. Wir wollen deshalb noch einige wichtige Eigenschaften der Verteilungsfunktion der Standardnormalverteilung festhalten, die sich aus den allgemeinen Bemerkungen über Verteilungsfunktionen stetiger Zufallsvariablen ergeben (vgl. Abb. 32, 33):

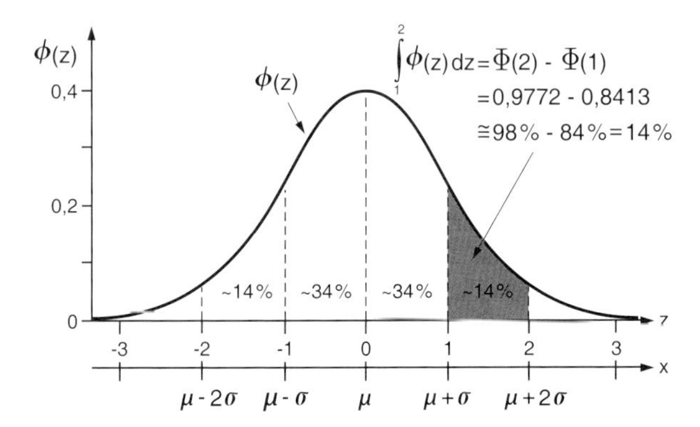

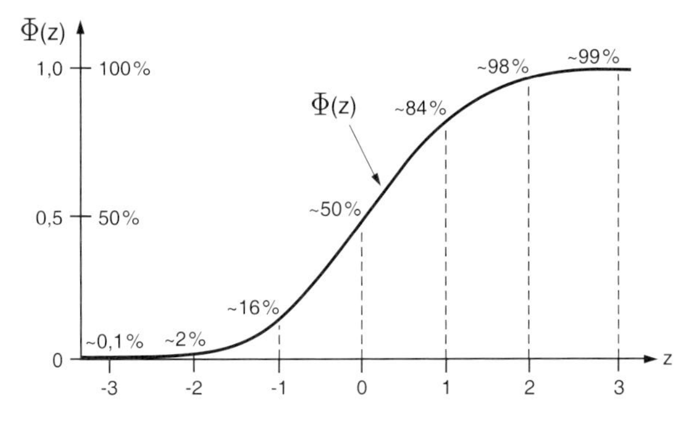

Abb. 32: Wahrscheinlichkeitsdichte $\phi(z)$ und Verteilungsfunktion $\Phi(z)$ der Standardnormalverteilung

(1) Die Standardnormalverteilung ist symmetrisch um ihren Erwartungswert $\mu = 0$, d.h.

$$\phi(-z) = \phi(z).$$

(2) Die Verteilungsfunktion $\Phi(z)$ der Standardnormalverteilung gibt die Unterschreitungswahrscheinlichkeit von z an und entspricht der Fläche unterhalb der Kurve der Wahrscheinlichkeitsdichte $\phi(z)$ links von z:

$$W(Z \leq z) = \Phi(z).$$

(3) Die Überschreitungswahrscheinlichkeit von z ist gleich 1 minus der Unterschreitungswahrscheinlichkeit von z:

$$W(Z > z) = 1 - \Phi(z).$$

Der Kürze wegen schreibt man auch

$$1 - \Phi(z) = \Phi^*(z).$$

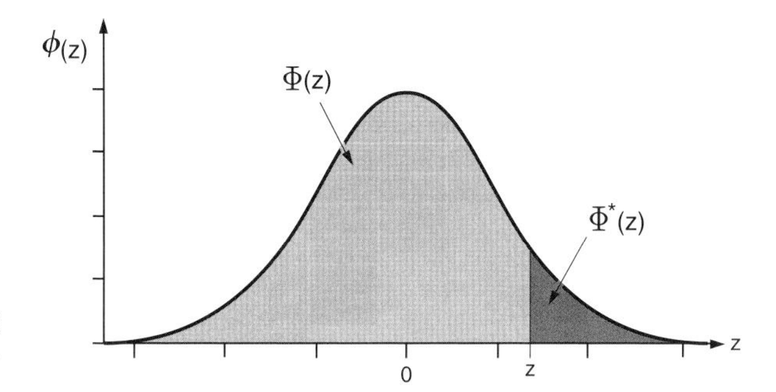

Abb. 33:
Die Flächen $\Phi(z)$ und $\Phi^*(z)$ der Standardnormalverteilung

(4) Die Unterscheitungswahrscheinlichkeit von $-z$ ist gleich der Überschreitungswahrscheinlichkeit von z:

$$W(Z \leq -z) = \Phi(-z) = 1 - \Phi(z) = \Phi^*(z) = W(Z > z).$$

(5) Die Wahrscheinlichkeit dafür, dass z zwischen zwei Werten a und b liegt, ist gleich der Differenz der einfachen Unterschreitungswahrscheinlichkeiten von a und b:

$$W(a < Z \leq b) = W(Z \leq b) - W(Z \leq a) = \Phi(b) - \Phi(a).$$

Die Werte der Verteilungsfunktion $\Phi^*(z)$ liegen in Tafel 2 (Anhang) für positive z vor. Für negative z kann man Φ mit Hilfe von (4) einfach berechnen.

Rechenbeispiele

Für eine Klimastation sind über einen Zeitraum von 50 Jahren die jährlichen Niederschlagsmengen erhoben worden. Die empirische Verteilung entspreche einer Normalverteilung mit dem Mittelwert $\mu = 400\,\text{mm}$ und der Standardabweichung $\sigma = 100\,\text{mm}$. Folgende Fragen sollen beantwortet werden:

(1) In wieviel % der Jahre fällt ein Niederschlag von höchstens 300 mm?
In wieviel % der Jahre fällt ein Niederschlag von mehr als 425 mm?

(2) Welche Niederschlagsmenge wird in 95% der Jahre übertroffen?

(3) Zwischen welchen Grenzen liegen 80% der Jahresniederschläge?

zu (1): Mit welcher Wahrscheinlichkeit wird ein bestimmter Wert einer normalverteilten Zufallsvariablen unter- bzw. überschritten?

Dieser Fragetypus ist z.B. für die Landwirtschaft in Trockengebieten der Erde von Bedeutung. Im statistischen Sinn ist nach den Wahrscheinlichkeiten $W(X \leq 300)$ und $W(X > 425)$ für die mit (400, 100) normalverteilte Zufallsvariable 'Jahresniederschlag in mm' gefragt,

also $W(X \leq 300) = ?$

$W(X > 425) = ?$

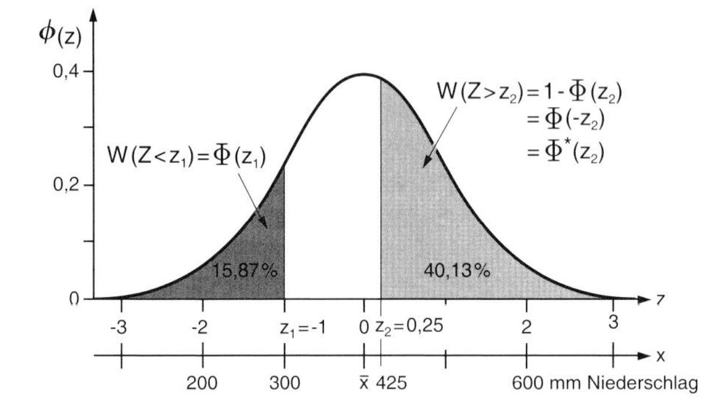

Abb. 34: Wahrscheinlichkeiten für die Unter- und Überschreitung verschiedener Werte der normalverteilten Variablen 'Niederschlag (mm)' (Frage 1)

Wir müssen diese x-Werte zur Beantwortung der Frage in standardisierte z-Werte umwandeln (vgl. Abb. 34).

Dem Wert $x_1 = 300$ entspricht bei der Standardnormalverteilung der Wert

$$z_1 = \frac{300 - \mu}{\sigma} = \frac{300 - 400}{100} = -1.$$

Entsprechend ergibt sich für $x_2 = 425$ der Wert

$$z_2 = \frac{425 - \mu}{\sigma} = \frac{425 - 400}{100} = 0{,}25.$$

Unsere beiden Fragen lassen sich also äquivalent formulieren:

$$W(X \leq 300) = W(Z \leq -1) \quad = \Phi(-1) = \Phi^*(1) = ?$$
$$W(X > 425) = W(Z > 0{,}25) = \Phi^*(0{,}25) = ?$$

Aus Tafel 2 (Anhang) entnehmen wir

$$\Phi^*(1) = 0{,}1587 \quad \text{und} \quad \Phi^*(0{,}25) = 0{,}4013.$$

Das heißt: In 15,87% der Jahre ist an der Klimastation mit einer jährlichen Niederschlagsmenge von höchstens 300 mm zu rechnen, in 40,13% der Jahre sind dagegen mehr als 425 mm Niederschlag zu erwarten.

zu (2): Welcher Wert einer normalverteilten Zufallsvariablen wird mit einer vorgegebenen Wahrscheinlichkeit unter- bzw. überschritten?

Gefragt ist nach der jährlichen Niederschlagsmenge, die in 95% der Jahre überschritten wird. Gesucht wird also der Wert x, für den $W(X > x) = 0{,}95$ ist. Wir bestimmen dazu mit Hilfe von Tafel 2 (Anhang) zunächst den Wert z, für den

$$W(Z > z) = \Phi^*(z) = 0{,}95$$

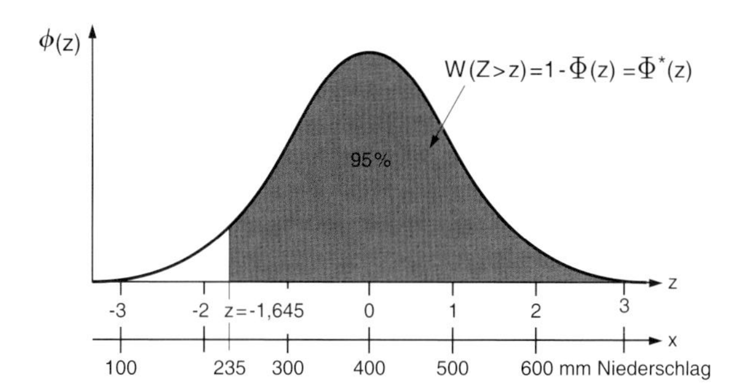

Abb. 35: Wert der normalverteilten Variablen 'Niederschlag (mm)' für eine gegebene Überschreitungswahrscheinlichkeit (Frage 2)

ist. Die Funktion $\Phi^*(z)$ ist allerdings in Tafel 2 nur für positive z tabelliert. Da $\Phi^*(0) = 0{,}5$ ist, suchen wir offensichtlich ein negatives z, das wir nicht direkt der Tafel 2 entnehmen können. Es ist

$$\Phi^*(z) = 1 - \Phi^*(-z) = 0{,}95$$

und damit

$$\Phi^*(-z) = 1 - \Phi^*(z) = 0{,}05.$$

Daraus ergibt sich (vgl. Tafel 2):

$$-z = 1{,}645 \quad \text{und} \quad z = -1{,}645.$$

Wir müssen diesen z-Wert nun in den zugehörigen x-Wert unserer $N(400, 100)$-Verteilung transformieren.

Aus $$Z = \frac{X - \mu}{\sigma}$$

ergibt sich

$$X = \mu + Z\,\sigma$$

also $$x = 400 - 1{,}645 \cdot 100 = 400 - 164{,}5 = 235{,}5.$$

Das heißt: In 95% der Jahre ist mit einem Niederschlag von mehr als 235,5 mm zu rechnen. Abb. 35 veranschaulicht diese Aussage.

zu (3): Zwischen welchen Grenzen symmetrisch um den Mittelwert liegen die Werte einer normalverteilten Zufallsvariablen mit einer vorgegebenen Wahrscheinlichkeit?

Oft ist man nicht an der Wahrscheinlichkeit interessiert, mit der gegebene Werte einer normalverteilten Zufallsvariablen unter- oder überschritten werden, sondern – vor allem bei Schätzungen (Kap. 5.3.1) – an der Wahrscheinlichkeit, mit der der Wert einer normalverteilten Zufallsvariablen in einem symmetrisch um den Mittelwert gelegenen Intervall liegt.

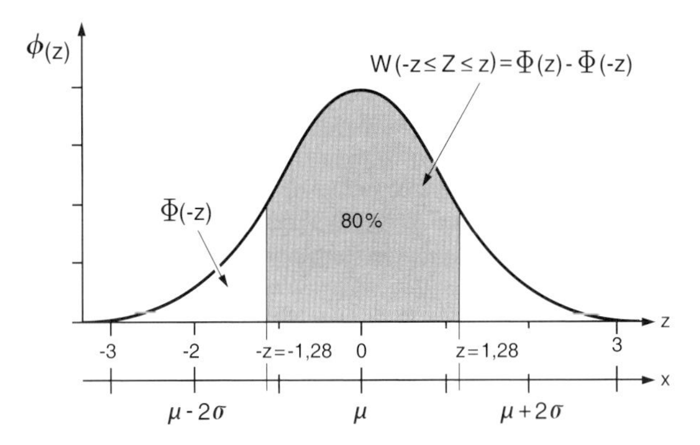

Abb. 36: Intervallgrenzen symmetrisch um den Mittelwert für die Wahrscheinlichkeit $W(-z \leq Z \leq z)$ (Frage 3)

Sind die Intervallgrenzen gegeben (z.B. $\mu - a$ und $\mu + a$), so ist die Wahrscheinlichkeit $W(\mu - a < X \leq \mu + a)$ gesucht. Ist umgekehrt die Wahrscheinlichkeit gegeben, mit der die Variablenwerte in dem Intervall liegen, so sind die Intervallgrenzen $\mu - a$ und $\mu + a$ gesucht (Abb. 36).

Den beiden Fragestellungen entspricht bei der Standardnormalverteilung die Frage, in welchem Intervall $[-z; z]$ mit welcher Wahrscheinlichkeit die Werte liegen. Dies stellt gewissermaßen einen Sonderfall der ersten Fragestellung dar.

Gefragt sei nun, zwischen welchen Grenzen 80% der Jahresniederschläge liegen.

Da
$$\begin{aligned} W(-z \leq Z \leq z) &= \Phi(z) - \Phi(-z) \\ &= (1 - \Phi(-z)) - \Phi(-z) \\ &= 1 - 2\,\Phi^*(z) \\ &= 0{,}8 \end{aligned}$$

ist
$$\Phi^*(z) = \frac{1 - 0{,}8}{2} = 0{,}1.$$

Mit Hilfe von Tafel 2 erhält man

$$z = 1{,}28.$$

80% der Werte der Standardnormalverteilung befinden sich im Intervall $[-1{,}28; 1{,}28]$. Werden die Grenzen zu den entsprechenden Grenzen der $N(400, 100)$-Verteilung zurücktransformiert, ergibt sich wegen $x = \mu + \sigma\, z$

$$\begin{aligned} x_1 &= 400 + 100 \cdot (-1{,}28) = 400 - 128 = 272 \\ x_2 &= 400 + 100 \cdot \quad 1{,}28 \quad = 528. \end{aligned}$$

D.h., 80% der Niederschlagssummen liegen zwischen 272 mm und 528 mm.

Die Stichprobenfunktion

Ein wesentliches Ziel der im folgenden Kapitel 5.3 vorgestellten Verfahren besteht darin, von Eigenschaften einer Stichprobe auf solche der Grundgesamtheit zu schließen. Statistische Aussagen über Grundgesamtheiten betreffen vor allem Angaben über die Verteilung (Häufigkeitsverteilung) oder die Parameter (z.B. arithmetisches Mittel, Standardabweichung) einer Zufallsvariablen. Dafür ist es notwendig, die Beziehungen zwischen den Verteilungen und Parametern von Stichproben einerseits und den Verteilungen und Parametern der entsprechenden Grundgesamtheiten andererseits beschreiben zu können. In diesem Zusammenhang ist der Begriff der *Stichprobenfunktion* von Bedeutung.

Man nehme alle Stichproben vom Umfang n aus der Grundgesamtheit einer stetigen Zufallsvariablen und berechne für jede Stichprobe einen bestimmten Parameter, z.B. den Mittelwert, den Median, die Varianz usw. Dieser Parameter wird nun variieren, da sein Wert davon abhängt, welche n Elemente genau gezogen wurden. Werden beispielsweise Stichproben von je drei Personen ($n = 3$) aus der Grundgesamtheit aller Erwachsenen gezogen, könnte eine Stichprobe Personen mit den Körpergrößen $x_1 = 173\,\text{cm}$, $x_2 = 178\,\text{cm}$ und $x_3 = 192\,\text{cm}$, eine weitere Stichprobe Personen mit den Körpergrößen $x_1' = 161\,\text{cm}$, $x_2' = 184\,\text{cm}$ und $x_3' = 189\,\text{cm}$ enthalten. Die Stichprobenmittelwerte betragen dann $\bar{x} = 181\,\text{cm}$ und $\bar{x}' = 178\,\text{cm}$. Der Mittelwert jeder Stichprobe ist also abhängig von den jeweiligen Eigenschaften der Stichprobenelemente – ein Zusammenhang, wie er auch der Stichprobenverteilung zugrundeliegt, die wir einführend erörtert haben (siehe S. 107).

Allgemein ist jeder Parameter von Stichproben vom Umfang n aus der Grundgesamtheit einer stetigen Zufallsvariablen eine Funktion der Stichprobenelemente, d.h. eine sogenannte Stichprobenfunktion.

Jede realisierte (gezogene) Stichprobe kann als eine Zufallsauswahl aus allen theoretisch denkbaren Stichproben aufgefasst werden, die aus der Grundgesamtheit gezogen werden können. Eine Stichprobenfunktion bildet daher selbst wieder eine stetige Zufallsvariable, und ein bestimmter Parameter für eine realisierte Zufallsstichprobe stellt einen Wert dieser Zufallsvariablen dar.

Die Wahrscheinlichkeit für das Auftreten eines bestimmten Stichprobenparameters kann daher bestimmt werden, wenn die Wahrscheinlichkeitsdichte bzw. die Verteilungsfunktion des Stichprobenparameters bekannt ist. Wir wollen dies für die Stichprobenparameter Mittelwert und Varianz bzw. Standardabweichung im Folgenden näher erläutern.

(1) Stichprobenfunktion des Mittelwerts bei bekannter Grundgesamtheit

Wir betrachten die Zufallsvariable X, die normalverteilt um den Mittelwert μ mit der Standardabweichung σ sei, d.h.

$$X = N(\mu, \sigma).$$

Als Gedankenexperiment ziehen wir alle theoretisch möglichen Zufallsstichproben einer bestimmten Größe n – was bei endlichen Grundgesamtheiten wegen der großen Zahl der möglichen Stichproben faktisch, bei unendlichen Grundgesamtheiten auch theoretisch unmöglich ist. Berechnet man anschließend für jede Stichprobe i das arithmetisches Mittel

$\bar{x}_i$, so lassen sich diese Stichprobenmittelwerte als Zufallsvariable

$$\bar{X}(n) = \text{‘Mittelwerte von Stichproben der Größe } n\text{‘}$$

auffassen. $\bar{X}(n)$ ist eine Stichprobenfunktion in dem Sinne, dass sie jeder theoretisch möglichen Stichprobe vom Umfang n ihren jeweiligen Stichprobenmittelwert zuweist. Anders ausgedrückt: Ein einzelner Stichprobenmittelwert $\bar{x}_i$ stellt einen Wert der Zufallsvariablen $\bar{X}(n)$ dar.

Für die Stichprobenfunktion der Stichprobenmittelwerte gilt nun der folgende Satz: Ist X eine mit $N(\mu, \sigma)$ normalverteilte Grundgesamtheit, so ist $\bar{X}(n)$ ebenfalls normalverteilt, und zwar mit dem

Mittelwert $\mu_{\bar{X}(n)} = \mu$ und der

Standardabweichung $\sigma_{\bar{X}(n)} = \sigma/\sqrt{n}$.

Zieht man Stichproben aus einer Grundgesamtheit mit dem Erwartungswert μ wird also erwartet, dass der Mittelwert der Stichproben im Durchschnitt ebenfalls gleich μ ist.

Wenn X zwar unimodal, aber nicht normalverteilt ist, ist $\bar{X}(n)$ für hinreichend große n ebenfalls näherungsweise eine $N(\mu, \sigma/\sqrt{n})$-Verteilung.

Anstelle eines Beweises wollen wir folgende Plausibilitätsüberlegungen anführen:

- Der Modus von $\bar{X}(n)$ ist gleich dem Erwartungswert μ der Grundgesamtheit, denn Stichproben, deren Mittelwerte in der Nähe von μ liegen, treten am häufigsten auf. Je weiter entfernt die Stichprobenmittelwerte vom Mittelwert der Grundgesamtheit liegen, desto seltener sind die Stichproben, die sie erzeugen.
- Jeder Mittelwert von Stichproben vom Umfang n aus der Grundgesamtheit einer Zufallsvariablen X stellt die Summe von stochastisch unabhängigen Zufallsprozessen dar: $\bar{x} = (x_1 + x_2 + \ldots x_n)/n = x_1/n + x_2/n + \ldots x_n/n$. Aus dem zentralen Grenzwertsatz folgt, dass die Stichprobenfunktion $\bar{X}(n)$ für hinreichend große Stichproben in eine Normalverteilung übergeht, und zwar weitestgehend unabhängig von der Verteilung der Zufallsvariablen X.
- Die Standardabweichung der Stichprobenmittelwerte beträgt nur das $1/n$-fache der Standardabweichung der Grundgesamtheit, weil durch die Mittelwertbildung extreme Werte der Grundgesamtheit ausgeglichen werden. Außerdem streuen die Stichprobenmittelwerte umso weniger bzw. sie liegen umso näher an μ, je größer der Stichprobenumfang ist. Setzt man im Übrigen $n = 1$, dann ist $\bar{X}(1) = X$ und $\sigma_{\bar{X}(n)} = \sigma$, d.h. die Stichprobenfunktion ist gleich der Zufallsvariablen.

Die Standardabweichung einer Stichprobenfunktion bezeichnet man als *Standardfehler*, um sie von der Standardabweichung der Grundgesamtheit zu unterscheiden. $\sigma/\sqrt{n}$ ist also der Standardfehler des Mittelwerts von Stichproben des Umfangs n.

(2) Stichprobenfunktion der Varianz bei bekannter Grundgesamtheit

Auch die Varianz s^2 einer Stichprobe vom Umfang n aus der Grundgesamtheit einer $N(\mu, \sigma)$-verteilten Zufallsvariablen X ist abhängig von den Stichprobenelementen und daher als Wert der Zufallsvariablen

$$S^2(n) = \text{'Varianzen von Stichproben der Größe } n\text{'}$$

aufzufassen. Diese Zufallsvariable hat den Mittelwert (Erwartungswert)

$$\mu_{S^2(n)} = \frac{n-1}{n}\,\sigma^2.$$

Demnach ist die erwartete Varianz der Stichproben geringfügig kleiner als die Varianz der Grundgesamtheit. Das ist plausibel, wenn man bedenkt, dass für eine Menge von Stichprobenwerten $x_1, \ldots, x_n$ die Summe der quadrierten Abweichungen von ihrem Stichprobenmittelwert $\bar{x}$ kleiner sein muss als die Summe der quadrierten Abweichungen vom Populationsmittelwert μ.

Bestimmung der Überschreitungswahrscheinlichkeit eines Stichprobenmittelwertes ***MiG***
Eine Analyse auf der Basis einer normalverteilten Stichprobenfunktion

Wir kommen zurück auf das Beispiel der Kundenentfernungen der auswärtigen Einkaufsbesucher in Bremen, an dem wir bereits die Problematik von Ausreißern bei Reihenuntersuchungen diskutiert haben (siehe Kasten S. 125f.). Der Übersichtlichkeit halber werden die Daten der Befragungsstichproben an dieser Stelle erneut abgedruckt, und zwar erweitert um die Standardabweichungen, von denen hier die Gesamtabweichung σ von Bedeutung ist (Tabelle A).

Tab. A: Erhebungsjahre i, Stichprobenumfänge n_i, durchschnittliche Kundenentfernungen $\bar{x}_i$ (km) und Standardabweichungen s_i (km) der auswärtigen Einkaufsbesucher in der Bremer Innenstadt 2001–2005

i	n_i	$\bar{x}_i$	s_i
2001	129	32,37	17,95
2002	133	34,69	20,66
2003	132	34,03	20,93
2004	129	39,17	21,64
2005	137	32,20	20,59
Gesamt	N =660	μ =34,46	σ =20,49

Die für das Jahr 2004 tatsächlich vorliegende Stichprobe umfasst auswärtige Einkaufsbesucher, die durchschnittlich 39,17 km auf ihrer Fahrt in das Bremer Stadtzentrum zurückgelegt haben. Wir wollen nun mit Hilfe einer normalverteilten Stichprobenfunktion die Wahrscheinlichkeit dafür berechnen, dass es sich bei der Stichprobe tatsächlich um eine reine Zufallsstichprobe handelt.

Dabei setzen wir wieder voraus, dass unsere Grundgesamtheit von den 660 befragten Personen gebildet wird. Es liegt also eine endliche Grundgesamtheit vor, so dass sich Mittelwert und Standardabweichung der Kundenentfernungen der Grundgesamtheit aller $N = 660$ auswärtigen Einkaufsbesucher bestimmen lassen. Sie sind

$$\mu = 34{,}46 \quad \text{und} \quad \sigma = 20{,}49 \quad \text{(Tabelle A).}$$

Auswärtige Einkaufsbesucher legen demnach durchschnittlich $\mu = 34{,}46$ km für ihre Fahrt zum Bremer Zentrum zurück, mit einer durchschnittlichen Abweichung von gut 20 km.

Wir fragen uns nun, wie wahrscheinlich es ist, aus diesen 660 Personen zufällig eine Stichprobe von $n = 130$ auswärtigen Einkaufsbesuchern zu ziehen, deren mittlere Kundenentfernung mindestens 39,17 km beträgt.

Betrachten wir dafür alle theoretisch möglichen Stichproben, die wir aus dieser Grundgesamtheit ziehen können. Der Einfachheit halber runden wir dazu die Stichprobengrößen für die einzelnen Jahre i auf $n_i = 130$. Die Gesamtzahl der möglichen Stichproben beträgt dann

$$\text{Anzahl der Stichproben der Größe } n = 130 \text{ aus } N = 660 = \binom{660}{130}$$

Zieht man nun theoretisch all diese Stichproben – was faktisch wegen der großen Anzahl unmöglich ist – und berechnet für jede Stichprobe wieder die durchschnittliche Kundenentfernung als arithmetisches Mittel der jeweils 130 Kundenentfernungen, so lassen sich diese neuen Entfernungsmittelwerte als Zufallsvariable $\bar{X}(n)$ auffassen. Die Zufallsvariable $\bar{X}(n)$ ='Mittelwerte der Kundenentfernungen von Stichproben der Größe 130' ist nun eine Stichprobenfunktion in dem Sinne, dass sie jeder der $\binom{660}{130}$ Stichproben ihren jeweiligen Stichprobenmittelwert zuweist. Sie ist normalverteilt um den Mittelwert $\mu = 34{,}46\,\text{km}$ der Grundgesamtheit mit dem Standardfehler $\sigma/\sqrt{n} = 20{,}49/\sqrt{130} = 1{,}798$. Kurz: $\bar{X}(n)$ist eine $N(34{,}46, 1{,}789)$-Verteilung.

In Analogie zum ersten Rechenbeispiel zur Standardnormalverteilung (siehe S. 139) kann nun berechnet werden, wie groß die Wahrscheinlichkeit dafür ist, dass eine Stichprobe der Größe $n = 130$ mit einem Mittelwert von $\bar{x} \geq 39{,}17$ gezogen wird:

$$\begin{aligned} W(\bar{X}(n) > 39{,}17) &= 1 - \Phi((39{,}17 - 34{,}46)/1{,}798) = 1 - \Phi(2{,}6209) \\ &\approx 1 - 0{,}9956 = 0{,}0044 = 0{,}44\%. \end{aligned}$$

Wir können nun auch zeigen, dass wir die Wahrscheinlichkeit für das Überschreiten einer Entfernung von 37,5 km anhand der Stichprobenverteilung von 60 Stichproben der Größe $n = 130$ bereits recht genau auf 5% geschätzt hatten (vgl. Kasten S. 125f. und Tab. 19 auf S. 107). Berechnet man diese Wahrscheinlichkeit nun nicht empirisch auf Basis von 60, also verhältnismäßig wenigen bekannten Werten der Stichprobenfunktion (d.h. gewissermaßen auf Basis einer Zufallsstichprobe von $\bar{X}(n)$), sondern mit Hilfe der theoretischen Wahrscheinlichkeitsfunktion von $\bar{X}(n)$, so erhält man nämlich

$$\begin{aligned} W(\bar{X}(n) > 37{,}5) &= 1 - \Phi((37{,}5 - 34{,}46)/1{,}798) = 1 - \Phi(1{,}6916) \\ &\approx 1 - 0{,}9545 = 0{,}0455 = 4{,}55\%. \end{aligned}$$

Bestimmung der Überschreitungswahrscheinlichkeit eines Stichprobenmittelwertes
Eine Analyse auf der Basis einer normalverteilten Stichprobenfunktion ***MiG***

Der Freiheitsgrad

An dieser Stelle soll kurz der Begriff des Freiheitsgrades erläutert werden, der in der Folge von Bedeutung ist. Unter dem *Freiheitsgrad FG* (degrees of freedom df) einer Stichprobenfunktion versteht man die Anzahl der Stichprobenelemente, die zur Berechnung des Wertes der Stichprobenfunktion aus einer Stichprobe notwendig und hinreichend ist.

Der Freiheitsgrad entspricht damit der Anzahl der frei variierbaren Stichprobenelemente: Ist für eine Stichprobe vom Umfang n der Mittelwert $\bar{x}$ bekannt, so lassen sich $n - 1$ Stichprobenelemente frei wählen (man kann sich gewissermaßen beliebige Zahlenwerte für sie ausdenken). Das n-te Element ist dann jedoch festgelegt, da sich aus allen n Werten ja der Mittelwert ergeben muss. Ein einfaches Zahlenbeispiel mag dies verdeutlichen: Seien $n = 3$ und $\bar{x} = 4$. Wir wählen für die ersten beiden Stichprobenelemente $x_1 = 1$, $x_2 = 2$. Das letzte Stichprobenelement ist dann festgelegt, wegen $\bar{x} = 4$ muss es $x_3 = 3 \cdot 4 - 1 - 2 = 9$ sein.

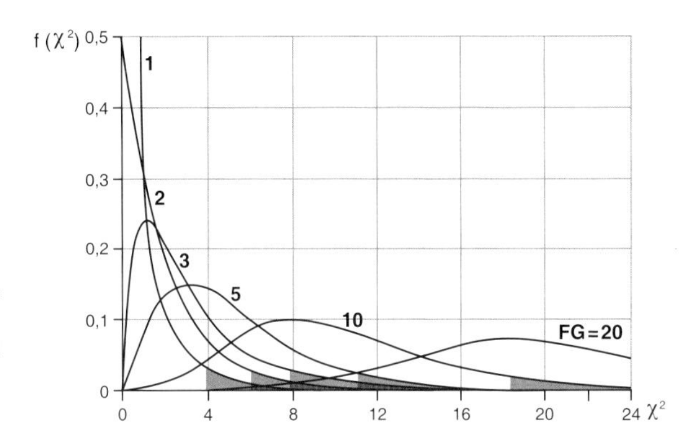

Abb. 37: Chi-Quadrat-Verteilungen für Stichprobengrößen n = 1, 2, 3, 5, 10 und 20 mit $n-1$ Freiheitsgraden und Verwerfungsbereichen für $\alpha = 5\,\%$ (Quelle: LINDER 1964, S. 95)

Für die Bestimmung eines Stichprobenmittelwertes werden alle n Stichprobenelemente benötigt, also ist $FG = n$. Die Bestimmung der Stichprobenvarianz setzt dagegen die Kenntnis von nur $n-1$ Stichprobenelementen voraus, da das arithmetische Mittel bekannt sein muss.

Allgemein gilt daher: Der Freiheitsgrad FG ist gleich der Anzahl der Stichprobenelemente minus der Anzahl der bereits geschätzten Parameter, die zur Berechnung des Wertes der Stichprobenfunktion notwendig sind.

Die χ^2-Verteilung

Um Aussagen über die Varianz einer Grundgesamtheit treffen zu können, muss die Verteilung der theoretisch möglichen Stichprobenvarianzen, d.h. der Stichprobenfunktion $S^2(n)$ bekannt sein.

Für das Verhältnis zwischen der Stichprobenvarianz und der Populationsvarianz kann die Wahrscheinlichkeitsdichte bestimmt werden. Der Quotient

$$\frac{S^2(n)}{\sigma^2}\,(n-1)$$

folgt nämlich einer χ^2-Verteilung mit $n-1$ Freiheitsgraden.[8]

Die χ^2-Verteilung (Chi-Quadrat-Verteilung, chi-square distribution) ist stetig, asymmetrisch und nur für positive Werte definiert. Sie hat als einzige Bestimmungsgröße den Freiheitsgrad (FG) und den Erwartungswert

$$\mu_{\chi^2} = n - 1 = FG.$$

Abb. 37 zeigt verschiedene χ^2-Verteilungen. Wie man sieht, nähert sich die χ^2-Verteilung mit zunehmendem FG einer Normalverteilung, und zwar einer $N(FG, 2\,FG)$-Verteilung.

[8] HELMERT (1843-1917); PEARSON (1857-1936)

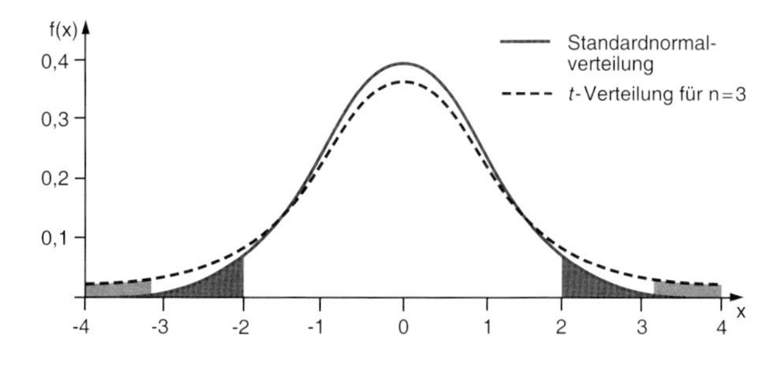

Abb. 38: Die t-Verteilung für FG = 3 und die Normalverteilung (Quelle: HENGST 1967, S. 135)

Die t-Verteilung

Wenn wir Aussagen über den Mittelwert einer Grundgesamtheit treffen, dann ist in der Regel die Varianz der Grundgesamtheit unbekannt. Die Beschreibung der Stichprobenfunktion $\bar{X}(n)$ 'Mittelwerte von Stichproben vom Umfang n' mit Hilfe einer Standardnormalverteilung ist dann unzutreffend. Die Stichprobenmittelwerte folgen in diesem Fall vielmehr einer t-Verteilung mit $n-1$ Freiheitsgraden.

Angenommen, Z sei eine standardnormalverteilte Zufallsvariable und Y_{FG} sei eine χ^2-verteilte Zufallsvariable mit FG Freiheitsgraden. Die Zufallsvariable

$$t = \frac{Z}{\sqrt{Y_{FG}/FG}}$$

ist dann t-verteilt mit FG Freiheitsgraden.

Die t-Verteilung oder STUDENT-Verteilung[9] (t-distribution) ist der Standardnormalverteilung sehr ähnlich, sie hat den Mittelwert 0 und ist ebenfalls symmetrisch um 0. Ihre Standardabweichung ist jedoch größer als 1, sie hat also eine flachere Form (vgl. Abb. 38). Sie hat den Freiheitsgrad FG als einzige Bestimmungsgröße. Je kleiner FG ist, desto flacher ist die Verteilung, denn die t-Verteilung hat die Varianz

$$\sigma_t^2 = \frac{FG}{FG-2} \quad \text{für } FG > 2.$$

Für $FG > 30$ stimmt die t-Verteilung gut mit der Standardnormalverteilung überein, da dann $\sigma_t^2 \approx 1$ ist.

Standardisiert man die Stichprobenfunktion $\bar{X}(n) = N(\mu, \sigma/\sqrt{n})$ (vgl. Kap. 4.2.3), erhält man die standardnormalverteilte Zufallsvariable

$$\bar{Z}(n) = \frac{\bar{X}(n) - \mu}{\sigma/\sqrt{n}}.$$

[9] WILLIAM SEALY GOSSET (1876-1937); publizierte unter dem Pseudonym STUDENT

Der Quotient $\frac{S^2(n)}{\sigma^2}$ aus Stichprobenvarianz $S^2(n)$ und Populationsvarianz folgt zugleich einer χ^2-Verteilung mit $n-1$ Freiheitsgraden. Entsprechend der obigen Definition ist dann

$$t = \frac{\bar{Z}(n)}{\sqrt{\frac{S^2(n)}{\sigma^2}}} = \frac{\frac{\bar{X}(n)-\mu}{\sigma/\sqrt{n}}}{\sqrt{\frac{S^2(n)}{\sigma^2}}} = \frac{\bar{X}(n)-\mu}{S(n)/\sqrt{n}}$$

t-verteilt mit $n-1$ Freiheitsgraden.

Allen Schlussfolgerungen über den Mittelwert einer Grundgesamtheit auf Basis von Stichproben bei unbekannter Populationsvarianz muss daher die t-Verteilung zugrundegelegt werden. Die t-Verteilung ist daher ebenfalls von grundlegender Bedeutung für die analytische Statistik.

Die F-Verteilung

Ist man schließlich an dem Vergleich zweier unabhängiger Stichprobenvarianzen interessiert, muss auf die F-Verteilung zurückgegriffen werden.

Es seien V_1 und V_2 zwei unabhängige, χ^2-verteilte Zufallsvariablen mit m_1 bzw. m_2 Freiheitsgraden. Die Zufallsvariable

$$F_{m_1;m_2} = \frac{V_1/m_1}{V_2/m_2}$$

ist F-verteilt mit m_1 und m_2 Freiheitsgraden.[10]

Wie die χ^2-Verteilung ist auch die F-Verteilung asymmetrisch und nur für positive Werte definiert. Sie hängt von zwei Bestimmungsgrößen ab, die beide Freiheitsgrade sind, und hat den Mittelwert

$$\mu_{F_{m_1;m_2}} = \frac{m_2-2}{m_2} \quad \text{für } m_2 > 2.$$

Die F-Verteilung spielt in der Statistik bei der Analyse von Varianzen eine große Rolle (vgl. Kap. 5.3.3). Vergleicht man beispielsweise für eine normalverteilte Grundgesamtheit zwei unabhängige Stichprobenfunktionen $S^2(m_1)$ und $S^2(m_2)$ 'Varianzen von Stichproben vom Umfang (m_1+1) bzw. (m_2+1)', so stellt der Quotient

$$V(m_1,m_2) = \frac{S^2(m_1)}{S^2(m_2)}$$

eine F-verteilte Zufallsvariable mit m_1 und m_2 Freiheitsgraden dar.

[10] FISHER (1890-1962)

5.3 Einführung in die Schätz- und Teststatistik

Empirisch arbeitende Wissenschaftler möchten häufig Aussagen über eine oder mehrere Grundgesamtheiten machen: über alle Wahlberechtigten eines Landes, über alle Pkw-Fahrer, über alle Einzelhandelsunternehmen in einer Stadt, über den Zusammenhang zwischen Temperatur und Verdunstung an allen Klimastationen usw. Im Allgemeinen sollen auf der Grundlage von Stichproben Parameter der Grundgesamtheit (z.B. Mittelwert und Standardabweichung) geschätzt und bestimmte Hypothesen über Eigenschaften von Grundgesamtheiten überprüft werden.

Aus praktischen und theoretischen Gründen – z.B. im Fall unendlicher Grundgesamtheiten – ist es jedoch meistens unmöglich, Grundgesamtheiten zu untersuchen. Man begnügt sich stattdessen mit Stichproben und schließt von den Informationen, die man über eine Stichprobe hat, auf statistische Eigenschaften der Grundgesamtheit.

Zwei Arten von Fragestellungen können wir unterscheiden.

Der erste Fragetyp bezieht sich auf Schätzungen. Man kennt bestimmte Parameter der Stichprobe und möchte mit ihrer Hilfe die entsprechenden Parameter der Grundgesamtheit schätzen, d.h. man schließt von einem Parameter der Stichprobe auf den entsprechenden Parameter der Grundgesamtheit. Da Stichproben Zufallsauswahlen aus Grundgesamtheiten darstellen, ist ein solcher Schluss nicht mit absoluter Sicherheit möglich. Man kann höchstens fragen:

Frage 1 In welchem Intervall liegt ein Parameter der Grundgesamtheit mit einer gewissen Wahrscheinlichkeit?

Ein derartiges Intervall bezeichnet man als Konfidenzintervall. Wir werden uns mit dieser Frage im Kapitel 5.3.1 beschäftigen.

Der zweite Fragetypus bezieht sich auf Prüfungen. Er ist Thema des Kap. 5.3.2 und soll an zwei Beispielen verdeutlicht werden.

Bei dem Anwendungsbeispiel zur Normalverteilung (siehe S. 139 ff.) hatten wir etwas vorschnell festgestellt, dass die empirische Verteilung der Jahresniederschläge an der Klimastation einer Normalverteilung mit dem Mittelwert $\mu = 400\,\text{mm}$ und der Standardabweichung $\sigma = 100\,\text{mm}$ folgt. Die 50-jährige Datenreihe stellt jedoch nur eine Stichprobe dar, für die wir als Parameter $\bar{x} = 400\,\text{mm}$ und als Standardabweichung $s = 100\,\text{mm}$ angegeben hatten. Dass die Stichprobenwerte normalverteilt sind, ist zunächst nicht mehr als eine *Hypothese*, d.h. eine Vermutung, die erst noch zu prüfen ist. Genauer ist die Hypothese zu prüfen, dass die 50 Jahresniederschläge eine Stichprobe aus einer mit $(400, 100)$ normalverteilten Grundgesamtheit darstellen. Allgemeiner lautet die Frage:

Frage 2a Stammt eine Stichprobe aus einer bestimmten Grundgesamtheit oder nicht?

Greifen wir nun noch einmal das Beispiel der Größe der Kundeneinzugsbereiche zweier Geschäfte A und B auf (siehe S. 9 ff.). Die Frage war, ob die beiden Kundeneinzugsbereiche unterschiedlich groß sind. Wählt man das arithmetische Mittel der Entfernungen zwischen Kundenwohnungen und Geschäft als Maß für die Größe des Einzugsbereiches, so kann diese Frage im Sinne der Statistik präziser formuliert werden: Sind die beiden

Mittelwerte der beiden Zufallsvariablen (Grundgesamtheiten) 'Entfernung zwischen Kundenwohnung und Geschäft A' und 'Entfernung zwischen Kundenwohnung und Geschäft B' gleich oder nicht? Die Frage wird mit Hilfe von zwei Stichproben zu beantworten versucht (Kunden des Geschäfts A und Kunden des Geschäfts B). Allgemein formuliert wird also letztendlich folgende Frage überprüft:

Frage 2b Stammen zwei Stichproben aus Grundgesamtheiten mit unterschiedlichen Parametern – und damit aus zwei verschiedenen Grundgesamtheiten – oder stammen sie aus derselben Grundgesamtheit?

Schätzungen (estimations) (Kap. 5.3.1) und Prüfungen bzw. Tests (tests) (Kap. 5.3.2) erfolgen mit Hilfe von Stichprobenfunktionen, die als Schätz- und Prüf- bzw. Testfunktionen bezeichnet werden. Manchmal kann eine Stichprobenfunktion sowohl als Schätzfunktion als auch als Prüffunktion dienen.

5.3.1 Schätzungen und Konfidenzintervalle

Die erste Fragestellung zielt auf die bestmögliche Schätzung von unbekannten Parametern der Grundgesamtheit auf Basis von Stichproben. In aller Regel liegt nur eine Stichprobe vor, die zufällig aus der (fast) unendlich großen Zahl der möglichen Stichproben realisiert wurde. Die Parameter (z.B. Mittelwert oder Standardabweichung) dieser einen Stichprobe sind abhängig von den gegebenen Stichprobenelementen bzw. stellen konkrete Werte ihrer jeweiligen Stichprobenfunktionen dar. Wie können wir auf dieser zunächst sehr unsicher scheinenden Grundlage den Wert (Punktschätzung) oder ein Werteintervall (Intervallschätzung) für den Parameter der Grundgesamtheit schätzen?

Punktschätzungen

Angenommen, uns läge eine Stichprobe vom Umfang n mit dem Mittelwert $\bar{x}$ vor. Streng genommen können wir keine Aussage über den Mittelwert μ der Grundgesamtheit machen, aus der die Stichprobe entnommen wurde, da wir die Grundgesamtheit ja nicht kennen. Wir können jedoch folgendermaßen argumentieren:

Wenn nur eine Stichprobe vorliegt, ist der Stichprobenmittelwert $\bar{x}$ der einzige bekannte Wert der Stichprobenfunktion $\bar{X}(n)$. Nun ist es bei einer zufälligen Auswahl eines Wertes einer normalverteilten Variablen (hier: der Stichprobenfunktion $\bar{X}(n)$) am wahrscheinlichsten, einen Wert nahe dem Erwartungswert zu erhalten. Es ist daher wahrscheinlicher, dass die Stichprobe aus einer Grundgesamtheit mit $\mu = \bar{x}$ stammt als aus einer Grundgesamtheit mit einem anderen Mittelwert. Oder umgekehrt: Aus einer normalverteilten Grundgesamtheit mit dem Mittelwert μ erhält man Zufallsstichproben mit $\bar{x} \approx \mu$ am häufigsten.

Die Stichprobenfunktion eines Parameters dient damit als *Schätzfunktion*. Ein Stichprobenparameter stellt den *Schätzwert* für den entsprechenden Parameter der Grundgesamtheit dar, wenn die Schätzfunktion das Kriterium der *Erwartungstreue* (Verfälschungsfreiheit, Verzerrungsfreiheit, unbiased) erfüllt. Die Erwartungstreue stellt das wichtigste Kriterium für die Güte einer Schätzfunktion dar. Sie besagt, dass die bestmögliche (erwartungstreue) Schätzung eines Populationsparameters auf Basis einer Stichprobe dem Erwartungswert der Stichprobenfunktion entspricht, die dem Stichprobenparameter mit größter Wahrscheinlichkeit zugrundeliegt.

Die Erwartungswerte der Stichprobenfunktionen für Mittelwert und Varianz wurden in Kap. 5.2.2 besprochen. Für den Mittelwert ist

$$\mu_{\bar{X}(n)} = \mu.$$

Liegt eine einzige Stichprobe vor, so kann also deren Mittelwert $\bar{x}$ als Schätzwert für μ dienen, und diese Schätzung ist erwartungstreu (daneben erfüllt sie auch die anderen Kriterien für beste Schätzungen).

Für die Varianz gilt dagegen

$$\mu_{S^2(n)} = \frac{n-1}{n}\,\sigma^2.$$

Benutzt man also die Stichprobenvarianz s^2 zur Schätzung der Varianz σ^2 der Grundgesamtheit, wird σ^2 geringfügig zu klein geschätzt, d.h. man wählt nicht die bestmögliche Schätzung. Dagegen erhält man eine erwartungstreue Schätzung für σ^2, wenn man statt $S^2(n)$ die Stichprobenfunktion $n/(n-1)\,S^2(n)$ benutzt, da gilt

$$\mu_{\frac{n}{n-1}S^2(n)} = \sigma^2.$$

Will man also die Varianz einer bestimmten Stichprobe als Schätzwert für die Varianz der Grundgesamtheit wählen, muss man die Varianz der Stichprobe zu

$$s^2 = \frac{1}{n-1}\sum_{i=1}^{n}(x_i - \bar{x})^2$$

berechnen. Man normiert die Summe der quadratischen Abweichungen somit nicht auf den Stichprobenumfang n, sondern auf die Anzahl der Freiheitsgrade $(n-1)$ der Schätzfunktion. Dies ist plausibel, wenn die Varianz als durchschnittliche Variation der frei variierbaren Stichprobenelemente interpretiert wird. Gängige Statistiksoftware berechnet die Standardabweichung in der Regel automatisch mit dem Divisor $(n-1)$.

Entsprechend muss die Standardabweichung einer Stichprobe als erwartungstreue Schätzung der Standardabweichung der Grundgesamtheit bestimmt werden als

$$s = \sqrt{\frac{1}{n-1}\sum_{i=1}^{n}(x_i - \bar{x})^2}.$$

Die Division der quadratischen Abweichungen durch n (besser: N) ist dagegen zur Bestimmung der Varianz bzw. der Standardabweichung einer diskreten Grundgesamtheit erforderlich. Um den Unterschied deutlich zu machen, werden wir für den Rest dieses Bandes annehmen, die Stichprobenvarianz sei die durch $(n-1)$ dividierte Summe der quadratischen Abweichungen. Entsprechend ist die Standardabweichung einer Stichprobe definiert.

Intervallschätzungen

Wir wissen jetzt, wie man die beiden wichtigsten Parameter einer Grundgesamtheit (Mittelwert und Varianz bzw. Standardabweichung) am besten aus den entsprechenden Maßen einer Stichprobe schätzt. Allerdings kann diese eine zufällig ausgewählte Stichprobe relativ ungünstig sein in dem Sinne, dass sie die Grundgesamtheit nicht optimal repräsentiert. Es ist deshalb sinnvoll, nicht nur eine reine punktuelle Schätzung des in Frage kommenden Parameters der Grundgesamtheit durchzuführen, sondern darüber hinaus zu fragen, in welchem Intervall er mit welcher Wahrscheinlichkeit liegt. Man macht dann eine sogenannte *Intervallschätzung*.

Derartige Intervalle nennt man *Konfidenzintervalle* oder Vertrauensbereiche (confidence intervals), die zugehörigen Wahrscheinlichkeiten heißen *Sicherheitswahrscheinlichkeiten*.

Zu ihrer Bestimmung geht man im Prinzip wie folgt vor: Sei π der zu schätzende Parameter der Grundgesamtheit, $P(n)$ eine Schätzfunktion für π und p der aus einer bestimmten Stichprobe gewonnene Schätzwert. Man grenzt dann um p ein Intervall (p_u, p_o) ab, so dass der gesuchte Parameter π mit der Sicherheitswahrscheinlichkeit S in dem Intervall (p_u, p_o) liegt, d.h.

$$W(p_u \leq \pi \leq p_o) = S.$$

Setzt man $\alpha = 1 - S$, so liegt π mit der Wahrscheinlichkeit α außerhalb dieses Intervalls, d.h.

$$W(\pi < p_u \text{ oder } \pi > p_o) = \alpha$$

heißt die *Irrtumswahrscheinlichkeit* (significance level). Denn die Wahrscheinlichkeit, einen Irrtum zu begehen, wenn man annimmt, π liege innerhalb des Intervalls (p_u, p_o), ist α.

Da man nicht weiß, ob π eher oberhalb oder unterhalb von p liegt, ist es sinnvoll anzunehmen, dass die Irrtumswahrscheinlichkeit jeweils zur Hälfte auf die Bereiche unterhalb bzw. oberhalb des Intervalls (p_u, p_o) verteilt wird, d.h.

$$W(\pi < p_u) = \frac{\alpha}{2} \quad \text{und} \quad W(\pi > p_o) = \frac{\alpha}{2} \quad \text{(vgl. Abb. 39).}$$

Ist die Verteilung der Schätzfunktion $P(n)$ symmetrisch, bedeutet das gleichzeitig, dass das Intervall (p_u, p_o) symmetrisch um π ist.

Es ist klar, dass die Intervallgrenzen p_u und p_o direkt von S bzw. α abhängen: Je größer S (je kleiner α) ist, desto weiter liegen p_u und p_o auseinander. Außerdem werden p_u und p_o durch die Verteilung der Schätzfunktion $P(n)$ determiniert.

Streng genommen lassen sich Konfidenzintervalle zu einer gegebenen Sicherheitswahrscheinlichkeit nur bestimmen, wenn die Verteilung der Grundgesamtheit, deren Parameter geschätzt werden sollen, bekannt ist. Relativ einfach zu handhaben sind normalverteilte Grundgesamtheiten. Wir wollen deshalb Konfidenzintervalle für den Mittelwert μ und die Standardabweichung σ einer normalverteilten Grundgesamtheit angeben.

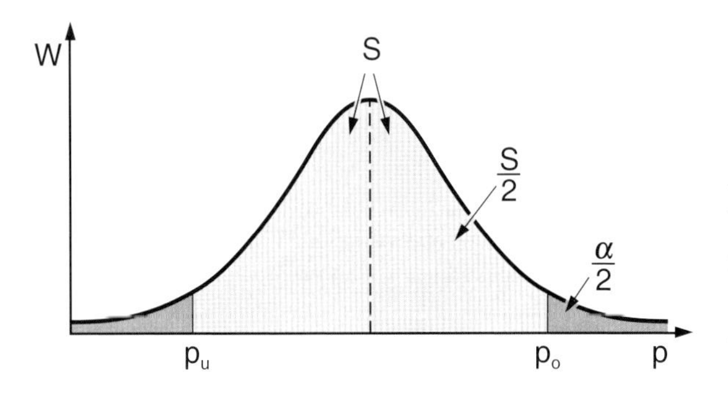

Abb. 39:
Grenzen eines Konfidenzintervalls für die Sicherheitswahrscheinlichkeit S (bzw. die Irrtumswahrscheinlichkeit $\alpha = 1-S$) bei einer symmetrischen Verteilung

(1) Konfidenzintervall für den Mittelwert

Ist der Mittelwert μ einer Grundgesamtheit nicht bekannt, so ist in der Regel auch die Populationsvarianz σ^2 unbekannt. Als Schätzfunktion für μ auf Basis einer Stichprobe vom Umfang n dient daher eine t-Verteilung mit $n - 1$ Freiheitsgraden.

Zu einer gegebenen Irrtumswahrscheinlichkeit α gibt es nun ein t_u und t_o, so dass gilt

$$W(t_{n-1} < t_u) = \frac{\alpha}{2}$$
$$W(t_{n-1} > t_o) = \frac{\alpha}{2}.$$

Da die t-Verteilung symmetrisch ist, muss $t_u = -t_o$ sein. t_o hängt von $\alpha/2$ ab, und deshalb schreibt man für t_o auch $t_{n-1;\alpha/2}$.

$t_{n-1;\alpha/2}$ nennt man den zur Irrtumswahrscheinlichkeit $\alpha/2$ zugehörigen *kritischen Wert* (critical value) der t-Verteilung mit $(n-1)$ FG bei *einseitiger* Fragestellung. Einseitig heißt eine Fragestellung, wenn nach $W(t > t_o)$ oder nach $W(t < -t_o)$ gefragt wird. Sucht man dagegen die Wahrscheinlichkeit $W(t < -t_o$ oder $t > t_o)$, spricht man von einer *zweiseitigen* Fragestellung (siehe S. 163). Insofern handelt es sich bei der Bestimmung von Konfidenzintervallen immer um eine zweiseitige Fragestellung.

Liegt nun eine bestimmte Stichprobe mit $\bar{x}$ und s vor, so ist

$$t_{n-1} = \frac{\bar{x} - \mu}{s/\sqrt{n}}.$$

D.h. es gilt

$$W\left(\frac{\bar{x} - \mu}{s/\sqrt{n}} < -t_{n-1;\alpha/2}\right) = \frac{\alpha}{2}$$

und $$W\left(\frac{\bar{x} - \mu}{s/\sqrt{n}} > t_{n-1;\alpha/2}\right) = \frac{\alpha}{2}.$$

Löst man diese beiden Ungleichungen in den Klammern jeweils nach μ auf, erhält man

$$W\left(\mu > \bar{x} + t_{n-1;\alpha/2} \cdot s/\sqrt{n}\right) = \frac{\alpha}{2}$$

und $$W\left(\mu < \bar{x} - t_{n-1;\alpha/2} \cdot s/\sqrt{n}\right) = \frac{\alpha}{2}.$$

Die beiden gesuchten Grenzen des Konfidenzintervalls für den Mittelwert μ sind bei einer Irrtumswahrscheinlichkeit α also

$$p_u = \bar{x} - t_{n-1;\alpha/2} \cdot s/\sqrt{n}$$

und $$p_o = \bar{x} + t_{n-1;\alpha/2} \cdot s/\sqrt{n}.$$

Anders ausgedrückt: μ liegt mit der Wahrscheinlichkeit $1 - \alpha$ in dem Konfidenzintervall

$$\bar{x} - t_{n-1;\alpha/2} \cdot s/\sqrt{n} \leq \mu \leq \bar{x} + t_{n-1;\alpha/2} \cdot s/\sqrt{n}.$$

Als Beispiel nehmen wir an, 25 zufällig ausgewählte Kunden eines Geschäfts seien nach dem Standort ihrer Wohnung befragt worden, die Entfernung der Kundenwohnungen vom Geschäft sei annähernd normalverteilt, die mittlere Entfernung sei $\bar{x} = 3700\,\text{m}$ bei einer Standardabweichung von $s = 900\,\text{m}$. Gesucht wird ein Konfidenzintervall für den Mittelwert μ der Grundgesamtheit für die Irrtumswahrscheinlichkeit $\alpha = 10\%$ bzw. Sicherheitswahrscheinlichkeit $1 - \alpha = 90\%$. Es ist also:

$$\bar{x} = 3700\,\text{m}$$

und $$s/\sqrt{n} = 900\,\text{m}/\sqrt{25} = 180\,\text{m}.$$

Wir müssen nun das kritische $t_{24;5\%}$ für die einseitige Fragestellung bestimmen. Tafel 3 (im Anhang) enthält die kritischen Werte der t-Verteilung für verschiedene Irrtumswahrscheinlichkeiten bei einseitiger Fragestellung. Der gesuchte t-Wert ist im vorliegenden Fall $t_{24;5\%} = 1{,}711\%$.

Damit sind die Grenzen des Konfidenzintervalls

$$p_u = \bar{x} - t_{24;5\%} \cdot s/\sqrt{n} = 3700\,\text{m} - 1{,}711 \cdot 180\,\text{m} = 3392{,}02\,\text{m}$$

und $$p_o = \bar{x} + t_{24;5\%} \cdot s/\sqrt{n} = 3700\,\text{m} + 1{,}711 \cdot 180\,\text{m} = 4007{,}98\,\text{m}$$

und es gilt:

$$3392{,}02\,\text{m} < \mu < 4007{,}98\,\text{m}.$$

Wir können sagen: Die mittlere Entfernung aller Kundenwohnungen von dem Geschäft liegt mit 90%iger Wahrscheinlichkeit zwischen 3392,02 m und 4007,98 m. Hätten wir eine größere Sicherheitswahrscheinlichkeit bzw. eine kleinere Irrtumswahrscheinlichkeit gewählt, z.B. $1 - \alpha = 95\%$ bzw. $\alpha = 5\%$, wäre das Konfidenzintervall größer geworden.

In diesem Fall beträgt der kritische t-Wert nämlich $t_{24;2,5\%} = 2{,}064$, d.h. die Grenzen des Konfidenzintervalls für μ sind

$$p_u = 3700\,\text{m} - 2{,}064 \cdot 180\,\text{m} = 3328{,}48\,\text{m},$$
$$p_o = 3700\,\text{m} + 2{,}064 \cdot 180\,\text{m} = 4071{,}52\,\text{m}.$$

Dieses Beispiel bestätigt die Aussage, dass die Konfidenzintervalle mit größerer Sicherheitswahrscheinlichkeit bzw. kleinerer Irrtumswahrscheinlichkeit größer werden.

(2) Konfidenzintervall für die Varianz

Konfidenzintervalle für die Varianz lassen sich mit Hilfe der χ^2-Verteilung bestimmen.

Sei die Irrtumswahrscheinlichkeit wieder α. Für eine gegebene Stichprobe vom Umfang n mit der Varianz s^2 ist

$$\chi^2_{n-1} = \frac{s^2}{\sigma^2}(n-1).$$

Da die χ^2-Verteilung asymmetrisch ist, müssen wir für die untere und obere Grenze des Konfidenzintervalls zwei kritische χ^2-Werte bestimmen. Gesucht sind die Grenzen χ^2_u und χ^2_o, so dass

$$W\left(\frac{s^2}{\sigma^2}(n-1) < \chi^2_u\right) = \frac{\alpha}{2}$$

und $$W\left(\frac{s^2}{\sigma^2}(n-1) > \chi^2_o\right) = \frac{\alpha}{2}.$$

Wir setzen wieder

$$\chi^2_u = \chi^2_{n-1;1-\alpha/2} \quad \text{und} \quad \chi^2_o = \chi^2_{n-1;\alpha/2}.$$

Für eine gegebene Stichprobe mit der Varianz s^2 liegt die Varianz σ^2 der Grundgesamtheit also mit der Wahrscheinlichkeit $1-\alpha$ bzw. der Irrtumswahrscheinlichkeit α im Konfidenzintervall

$$\frac{s^2 \cdot (n-1)}{\chi^2_{n-1;\alpha/2}} < \sigma^2 < \frac{s^2 \cdot (n-1)}{\chi^2_{n-1;1-\alpha/2}}.$$

Entsprechend ist das Konfidenzintervall für die Standardabweichung σ

$$\sqrt{\frac{s^2 \cdot (n-1)}{\chi^2_{n-1;\alpha/2}}} < \sigma < \sqrt{\frac{s^2 \cdot (n-1)}{\chi^2_{n-1;1-\alpha/2}}}.$$

Die kritischen Werte der χ^2-Verteilung finden sich in Tafel 4 (Anhang).

Greifen wir das vorige Beispiel auf, so erhalten wir für $FG = 24$ und $\alpha = 10\%$ folgende Grenzen des Konfidenzintervalls für die Standardabweichung σ der Kundenentfernungen:

$$p_u = \sqrt{\frac{s^2 \cdot (n-1)}{\chi^2_{n-1;\alpha/2}}} = \sqrt{\frac{900^2 \cdot 24}{\chi^2_{24;5\%}}} = \sqrt{\frac{810000 \cdot 24}{36{,}4}} = 730{,}8$$

und

$$p_o = \sqrt{\frac{s^2 \cdot (n-1)}{\chi^2_{n-1;1-\alpha/2}}} = \sqrt{\frac{900^2 \cdot 24}{\chi^2_{24;95\%}}} = \sqrt{\frac{810000 \cdot 24}{13{,}8}} = 1186{,}9.$$

Somit gilt:

$$730{,}8\,\text{m} < \sigma < 1186{,}9\,\text{m}.$$

Wir können sagen: Die mittlere Streuung (Standardabweichung) der Entfernung aller Kundenwohnungen von dem Geschäft liegt mit 90%iger Wahrscheinlichkeit zwischen 730,8 und 1186,9 m.

Schätzung der Mittelwerte von Kundenentfernungen ***MiG***
Eine Analyse auf der Basis von Konfidenzintervallen

In den letzten beiden Beispielen zu den Kundenentfernungen der auswärtigen Einkaufsbesucher in Bremen 2001–2005 wurde bereits darauf hingewiesen, dass die fünfjährige Zeitreihe im Jahr 2004 eine im Vergleich zu den anderen Erhebungsjahren auffallend große Kundendistanz aufweist. Nach unseren bisherigen Überlegungen ist bei wiederholtem Ziehen von Stichproben das Auftreten von extremen Stichproben zwar nicht unwahrscheinlich, eine durchschnittliche Kundendistanz von 39,17 km wie im Jahr 2004 wird jedoch zufällig nur in 0,44% aller möglichen Stichproben erreicht – vorausgesetzt, dass alle fünf Stichproben aus derselben Grundgesamtheit stammen (siehe Kästen S. 125 und 145). Die ersten vier Spalten in Tabelle A zeigen erneut die entsprechenden Daten.

Tab. A: Kundenentfernungen (km) der auswärtigen Einkaufsbesucher in der Bremer Innenstadt 2001–2005 und ihre Konfidenzintervalle, $\alpha = 5\%$

i	n_i	$\bar{x}_i$	s_i	$t_{n_i;2,5\%}$	p_u	p_o
2001	129	32,37	17,95	1,979	29,242	35,498
2002	133	34,69	20,66	1,979	31,145	38,235
2003	132	34,03	20,93	1,979	30,425	37,635
2004	129	39,17	21,64	1,979	35,399	42,941
2005	137	32,20	20,59	1,979	28,719	35,681

Wir sind bislang davon ausgegangen, dass die 660 befragten Personen unsere Grundgesamtheit bilden. Diese Annahme entspricht natürlich nicht der Realität. Die 660 Personen wurden vielmehr in Form von fünf repräsentativen Stichproben aus der Grundgesamtheit aller auswärtigen Einkaufsbesucher erhoben, die die Bremer Innenstadt zwischen 2001–2005 aufgesucht haben.

Der Stichprobenmittelwert für das Jahr 2004 von 39,17 km legt die Vermutung nahe, dass die Kundenstruktur der auswärtigen Besucher im Untersuchungszeitraum tatsächlich grundsätzlichen Änderungen unterworfen war. Formal müssen wir daher annehmen, dass die Kundenstichproben der einzelnen Jahre aus verschiedenen Grundgesamtheiten stammen. Die Mittelwerte und Standardabweichungen für diese Grundgesamtheiten und deren Vertrauensbereiche müssen dann für die Stichproben der einzelnen Jahre geschätzt werden.

Tabelle A zeigt die Mittelwerte $\bar{x}_i$ und die Standardabweichungen s_i der Stichproben der einzelnen Jahre i, die zugleich die erwartungstreuen Schätzungen für die Mittelwerte μ_i und die Standardabweichungen σ_i der Grundgesamtheiten sind. Wie gehen im Folgenden der Einfachheit halber für alle Stichproben von jeweils 130 Freiheitsgraden aus.

Die Irrtumswahrscheinlichkeit sei $\alpha = 5\%$. Der kritische Wert der t-Verteilung für 130 Freiheitsgrade kann dann interpoliert werden als $t_{130;2,5\%} = t_{120;2,5\%} + (t_{200;2,5\%} - t_{120;2,5\%}) \cdot (130 - 120)/(200 - 120) = 1{,}979$ (Tafel 3). Damit lassen sich die Grenzen p_u und p_o der Konfidenzintervalle berechnen, die in Tabelle A angegeben sind.

Die Stichprobenfunktionen mit ihren Verwerfungsbereichen zeigt Abbildung A. Es wird deutlich, dass sich die Konfidenzintervalle der Jahre 2001, 2002, 2003 und 2005 zu großen Teilen überschneiden. Es ist also gut möglich, dass sich die geschätzten Populationsmittelwerte dieser Jahre nur zufällig um einen relativ geringen Betrag unterscheiden. Dies wäre gleichbedeutend damit, dass die Stichproben dieser Jahre alle aus derselben Grundgesamtheit stammen.

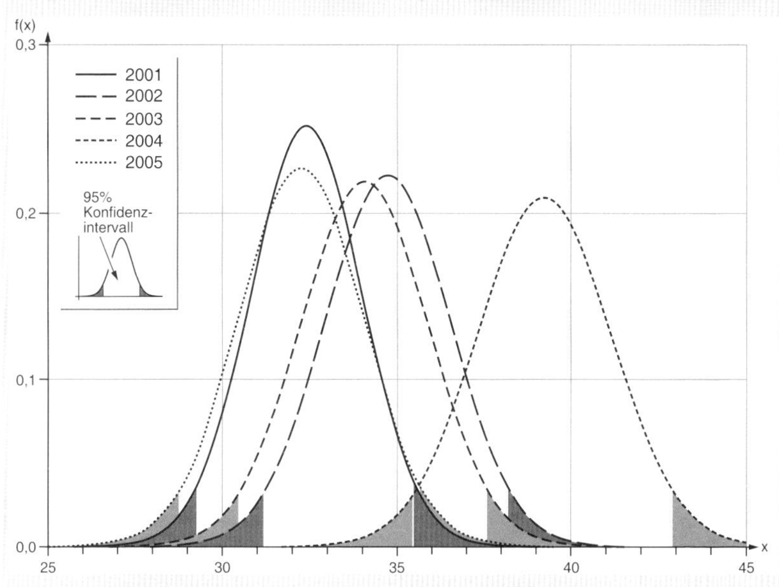

Abb. A: Die Stichprobenfunktionen für die Mittelwerte der Kundenentfernungen der auswärtigen Einkaufsbesucher in Bremen 2001–2005 und ihre Verwerfungsbereiche für $\alpha = 5\%$

Das Konfidenzintervall für μ_{2004} weist dagegen mit den Konfidenzintervallen der Jahre 2002 und 2003 nur einen vergleichsweise kleinen und mit denen der Jahre 2001 und 2005 so gut wie keinen und gemeinsamen Wertebereich auf. Die Intervalle für μ_{2001} und μ_{2004} stoßen sogar fast exakt aneinander (Abbildung A). Dies deutet darauf hin, dass sich die Kundenstruktur des Jahres 2004 in Bezug auf die Kundenentfernungen grundsätzlich von der des Jahres 2001 unterscheidet. Eine genauere Aussage ermöglicht ein statistischer Test, wie er im folgenden Beispiel durchgeführt wird (siehe Kasten S. 168).

Schätzung der Mittelwerte von Kundenentfernungen
Eine Analyse auf der Basis von Konfidenzintervallen ***MiG***

5.3.2 Das Prinzip statistischer Tests

Ziel statistischer Tests ist es, mit Hilfe von Stichproben Hypothesen (Vermutungen über Grundgesamtheiten) zu prüfen. Da die Prüfung auf der Basis von Stichproben erfolgt, kann sie nie sicher sein in dem Sinne, dass man sagen könnte: Eine Hypothese ist wahr oder falsch. Das Resultat statistischer Tests kann immer nur sein: Eine Hypothese ist mit einer gewissen Wahrscheinlichkeit wahr oder falsch.

Nullhypothese H_0 und Alternativhypothese H_A

Hypothesen über Grundgesamtheiten betreffen meistens ihre Parameter oder ihre Verteilung. Allerdings können in der Statistik nur sogenannte *Nullhypothesen* (null hypothesis) H_0 geprüft werden, die in der Regel die Gleichheit von bestimmten Parametern oder Verteilungen besagen, z.B.

- die Parameter oder Verteilungen von zwei (oder mehreren) Grundgesamtheiten sind gleich,
- die Verteilung einer Grundgesamtheit ist gleich einer bestimmten vorgegebenen Verteilung, z.B. der Normalverteilung mit $(\mu; \sigma)$,
- die Parameter einer Grundgesamtheit sind gleich bestimmten vorgegebenen Werten.

Die Verneinung von H_0, also die Hypothese 'H_0 ist falsch', wird als *Alternativhypothese* H_A bezeichnet. In der Praxis möchte man häufig – aber keinesfalls immer! – die Alternativhypothese H_A bestätigen. Man tut dies, indem man die entsprechende Nullhypothese H_0 widerlegt. Dabei ist jedoch darauf zu achten, dass H_0 und H_A wirklich alternativ sind. Es darf also außer H_A keine anderen zu H_0 alternativen Hypothesen geben, d.h. die Verneinung von H_0 ist gleichbedeutend mit der Bejahung von H_A.

Tests, die sich auf das Prüfen solcher Alternativhypothesen beziehen, heißen *Signifikanztests*. Nur sie sollen uns hier beschäftigen.

Vorgehensweise bei der Prüfung von H_A

Um H_A zu testen, setzt man H_0 als richtig voraus und wählt eine Stichprobenfunktion als Prüfgröße, deren Verteilung

- von H_0 abhängt und
- unter der Voraussetzung, dass H_0 gilt, bekannt ist.

Der zu der (den) Stichprobe(n) gehörende Wert der Stichprobenfunktion kann als Elementarereignis der Prüfgröße angesehen werden. Ist dieses Zufallsereignis – unter der Bedingung, dass H_0 gilt – sehr unwahrscheinlich, so werden wir eher annehmen, dass H_0 falsch ist, als dass H_0 richtig ist. Das bedeutet: Wir werden eher die Hypothese H_A annehmen als die Hypothese H_0.

Anders formuliert: Wenn wir feststellen, dass eine vorliegende Stichprobe unter einer bestimmten Voraussetzung (H_0) nur sehr unwahrscheinlich hat gezogen werden können, dann mag dies auf die Art der Stichprobenziehung selbst zurückzuführen sein. Wir könnten also eine nicht repräsentative Stichprobe vorliegen haben, sei es aufgrund konzeptioneller oder methodischer Fehler bei der Erhebung oder weil wir einfach Pech hatten, indem wir zufällig eine sehr seltene Auswahl aus der Grundgesamtheit getroffen haben. Es gibt keine Möglichkeit, dies zu überprüfen. Für gewöhnlich gibt es jedoch Grund zu der Annahme, dass wir bei der Erhebung keinen Fehler gemacht und auch keine seltene Ausreißerstichprobe erhoben haben. In diesem Fall muss unsere Stichprobe eher wahrscheinlich sein. Dann muss aber die Voraussetzung falsch sein, die zu der Annahme führte, unsere Stichprobe sei unwahrscheinlich. Diese Voraussetzung ist eben die Bedingung, dass die Nullhypothese H_0 zutrifft. Also muss H_0 falsch sein.

Zur Verdeutlichung dieser Vorgehensweise greifen wir noch einmal die Frage auf, ob die durchschnittlichen Entfernungen der Kunden als Maß für die Größe der Einzugsbereiche zweier Geschäfte A und B gleich sind oder nicht. Die mittlere Entfernung von je 30 Kunden beider Geschäfte sei $\bar{x}_{\mathrm{A}} = 5{,}5\,\mathrm{km}$, $\bar{x}_{\mathrm{B}} = 4{,}5\,\mathrm{km}$.

(1) Aufstellen der Nullhypothese H_0

Wir formulieren zunächst als inhaltliche These die Vermutung, dass die Kunden von A weitere Einkaufswege in Kauf nehmen als die Kunden von B, dass sich also die Einzugsbereiche beider Geschäfte grundsätzlich unterscheiden.

Zum Nachweis dieser These müssen wir zeigen, dass die absolute Differenz $|\bar{x}_{\mathrm{A}} - \bar{x}_{\mathrm{B}}| = 1000\,\mathrm{m}$ der beiden Stichprobenmittelwerte nicht zufällig, sondern systematisch auftritt, d.h. weil die Stichproben aus zwei Grundgesamtheiten mit unterschiedlichen Eigenschaften stammen. Wenn also mehrere Kundenstichproben gezogen würden, so hätten diese – die Gültigkeit der These vorausgesetzt – mit hoher Wahrscheinlichkeit ähnliche Eigenschaften bezüglich der Kundendistanzen wie die vorliegenden beiden Stichproben.

Dieser Nachweis gelingt statistisch gewissermaßen nur über einen Umweg. Das Problem ist, dass wir keine Wahrscheinlichkeit für das Auftreten der Differenz $|\bar{x}_{\mathrm{A}} - \bar{x}_{\mathrm{B}}| = 1000\,\mathrm{m}$ angeben können, solange wir davon ausgehen, dass zwei verschiedene Grundgesamtheiten vorliegen. Es besteht dann nämlich keinerlei systematische Beziehung zwischen den beiden Stichproben, die wir beschreiben oder gar mit Wahrscheinlichkeiten belegen können. Allerdings kann die Wahrscheinlichkeit für das Auftreten der Differenz $|\bar{x}_{\mathrm{A}} - \bar{x}_{\mathrm{B}}| = 1000\,\mathrm{m}$ sehr wohl bestimmt werden, wenn das Gegenteil unserer These angenommen wird, dass nämlich ‘in Wahrheit‘ (und entgegen unserer eigentlichen Vermutung) die Stichproben aus ein und derselben Grundgesamtheit stammen, d.h. $\mu_{\mathrm{A}} = \mu_{\mathrm{B}}$. In diesem Fall wären $\bar{x}_{\mathrm{A}}$ und $\bar{x}_{\mathrm{B}}$ Werte derselben Stichprobenfunktion $\bar{X}(n)$, d.h. sie müssten derselben theoretischen Verteilung folgen, so dass ihre Wahrscheinlichkeiten berechnet werden können.

Die Annahme $\mu_{\mathrm{A}} = \mu_{\mathrm{B}}$ ist in diesem Fall die Voraussetzung zur Bestimmung dieser Wahrscheinlichkeit und wird als Nullhypothese H_0 aufgestellt. Es sind also

$$H_0 : \mu_{\mathrm{A}} = \mu_{\mathrm{B}} \quad \text{und} \quad H_{\mathrm{A}} : \mu_{\mathrm{A}} \neq \mu_{\mathrm{B}}.$$

Die Nullhypothese trifft immer eine Annahme über eine Eigenschaft der Grundgesamtheit, so dass – die Gültigkeit dieser Annahme vorausgesetzt – die Wahrscheinlichkeit für das Auftreten der vorliegenden Stichprobenparameter berechnet werden kann. Fasst man das Auftreten eines bestimmten Stichprobenparameters als Elementarereignis A und seine Stichprobenfunktion als Ereignisraum auf, so ist dies die bedingte Wahrscheinlichkeit

$W(A|H_0)$. H_0 stellt somit nicht nur eine Vermutung über eine Grundgesamtheit dar, sie bildet zugleich auch die Voraussetzung, unter der die für einen Test benötigten Wahrscheinlichkeiten überhaupt berechnet werden können. Die Annahme $\mu_A \neq \mu_B$ gewährleistet letzteres eben nicht und scheidet so als anderer Kandidat für die Nullhypothese aus.

Wir müssen uns allerdings bei dieser Überlegung bewusst sein, dass die Wahrscheinlichkeit für das Elementarereignis $|\bar{x}_A - \bar{x}_B| = 1000\,\text{m}$ ohnehin sehr gering ist bzw. gar nicht berechnet werden kann, da die Zufallsvariablen (Stichprobenfunktionen) $\bar{X}_A$ und $\bar{X}_B$ und damit auch die Zufallsvariable $|\bar{X}_A - \bar{X}_B|$ stetige Zufallsvariablen sind. Bei stetigen Zufallsvariablen lassen sich aber einzelnen Elementarereignissen keine Wahrscheinlichkeiten zuordnen. Deshalb ist es notwendig, statt $|\bar{x}_A - \bar{x}_B| = 1000\,\text{m}$ eine Ereignismenge E zu betrachten, z.B. $|\bar{x}_A - \bar{x}_B| \geq 1000\,\text{m}$, die das Elementarereignis enthält und für die die Wahrscheinlichkeit unter der Bedingung H_0 berechnet werden kann.

Wir suchen also im Folgenden die Wahrscheinlichkeit

$$W(E|H_0) = \text{Wahrscheinlichkeit dafür, dass ein berechneter Parameter einer Stichprobe in seiner vorliegenden Form oder sogar stärker von dem Mittelwert seiner Stichprobenfunktion (Erwartungswert) abweicht, der bei Gültigkeit der Nullhypothese erwartet wird}$$

$$= \text{Wahrscheinlichkeit dafür, einen Fehler zu begehen, wenn man } H_0 \text{ ablehnt.}$$

(2) Bestimmung einer geeigneten Prüfgröße (Prüffunktion)

Für die Kundendistanzen der beiden Geschäfte würde bei Gültigkeit von H_0, dass die Stichproben derselben Grundgesamtheit entnommen wurden, eigentlich eine Differenz von $|\bar{X}_A - \bar{X}_B| = 0$ Meter erwartet. Wir müssen daher die Wahrscheinlichkeit

$$W(E|H_0) = W(|\bar{x}_A - \bar{x}_B| \geq 1000\,\text{m, wenn } \mu_A = \mu_B)$$

bestimmen, dass zwei Zufallsstichproben aus derselben Grundgesamtheit ($\mu_A = \mu_B$) gezogen werden, die sich hinsichtlich der durchschnittlichen Kundendistanzen um 1000 m oder mehr unterscheiden. Können wir nun beispielsweise feststellen, dass diese Wahrscheinlichkeit sehr klein ist, würden wir eher annehmen, dass die beiden Stichproben nicht aus Grundgesamtheiten mit dem gleichen Mittelwert gezogen wurden. Wir würden also H_0 verwerfen und die Alternativhypothese H_A annehmen. Wäre dagegen unter der Bedingung $\mu_A = \mu_B$ die Wahrscheinlichkeit für eine absolute Differenz von über 1000 m relativ hoch, wird man sagen: Der Unterschied zwischen den beiden Stichprobenmittelwerten ist eher auf die bei jeder Ziehung einer Stichprobe auftretenden zufälligen Schwankungen zurückzuführen; er ist so klein, dass er sehr wohl ausschließlich das Resultat der Zufallsauswahl sein kann. Es liegt mithin kein zwingender Anlass vor, die Nullhypothese abzulehnen.

Eine geeignete *Prüfgröße* (Prüffunktion) ergibt sich in aller Regel durch eine Normierung der gegebenen Stichprobenfunktionen, hier z.B. durch eine Z-Transformation. Da Populationsmittelwerte verglichen werden sollen, kann die gesuchte Wahrscheinlichkeit

$W(E|H_0)$ in unserem Beispiel mit Hilfe einer t-verteilten Prüfgröße berechnet werden. Stark vereinfacht wird diese Prüfgröße als

$$t = \frac{\text{Differenz der Stichprobenmittelwerte}}{\text{Standardfehler}}$$

berechnet. Die genauen Formeln zur Berechnung verschiedener t-verteilter Prüfgrößen werden in Kap. 5.3.3 angegeben.

Hat man zwei Stichproben mit den Mittelwerten $\bar{x}_A$ und $\bar{x}_B$, nimmt die Prüfgröße den Wert

$$\hat{t} = \frac{\bar{x}_A - \bar{x}_B}{\text{Standardfehler}}$$

an. Wir wollen Werte einer Prüfgröße für bestimmte Stichproben immer mit einem '^' („Dach") kennzeichnen, um sie von der Prüfgröße, die ja eine Zufallsvariable (Grundgesamtheit) ist, zu unterscheiden.

Ist die Differenz der Stichprobenmittelwerte sehr klein (sehr groß), so gilt dies auch für $|\hat{t}|$. Im Fall, dass $|\hat{t}|$ klein ist, können wir die Abweichung der Mittelwerte als Resultat der Zufallsauswahl auffassen; wir würden dann H_0 beibehalten: $\mu_A = \mu_B$. Ist $|\hat{t}|$ dagegen sehr groß, ist der Abstand $|\bar{x}_A - \bar{x}_B|$ wahrscheinlich nicht allein auf den Zufall zurückzuführen. Wir nehmen dann eher an, die Stichprobe stammt nicht aus einer Grundgesamtheit mit $\mu_A = \mu_B$, sondern aus einer Grundgesamtheit mit $\mu_A \neq \mu_B$ (Alternativhypothese H_A).

(3) Festlegung des Signifikanzniveaus

Angenommen, wir können die Wahrscheinlichkeit $W(E|H_0)$ bestimmen. Die Frage ist dann, ab welchem Schwellenwert α die Wahrscheinlichkeit für das Auftreten der konkreten Stichprobenparameter als so gering anzusehen ist, dass wir H_0 ablehnen. Die Wahrscheinlichkeit α heißt *Signifikanzniveau* (significance level).

(4) Bestimmung von $W(E|H_0)$

Man kann zwei Verfahren unterscheiden, mit Hilfe derer die Wahrscheinlichkeit $W(E|H_0)$ für die vorliegenden Stichprobenparameter unter der Voraussetzung der Gültigkeit von H_0 bestimmt werden kann.

Hat man keinen Zugriff auf Statistiksoftware, ist man auf die Bestimmung von Schwellenwerten für die gewählte Prüffunktion angewiesen. Man erhält so nicht die Wahrscheinlichkeit $W(E|H_0)$, sondern ermittelt indirekt, ob $W(E|H_0)$ kleiner oder größer als das gewählte Signifikanzniveau α ist.

Arbeitet man dagegen mit Statistiksoftware wie SPSS, SAS, Stata o.ä., dann wird die Wahrscheinlichkeit $W(E|H_0)$ in der Regel direkt berechnet und als *Signifikanz* (significance) bezeichnet. Das Nachschlagen von tabellierten Schwellenwerten erübrigt sich in diesem Fall, und man kann die Signifikanz direkt mit dem gesetzten Signifikanzniveau vergleichen. In der Literatur wird auch die Signifikanz manchmal mit α bezeichnet, so dass die Begriffsdifferenz zum Signifikanzniveau nicht immer eindeutig ist.

Die genaue Vorgehensweise hängt in beiden Fällen davon ab, ob eine einseitige oder eine zweiseitige Fragestellung vorliegt. Sie wird daher erst im nächsten Abschnitt erläutert.

Signifikanz und Signifikanzniveau ***FuF***

Signifikanz und Signifikanzniveau sind begrifflich zu unterscheiden:

- Als Signifikanz wird die Wahrscheinlichkeit $W(E|H_0)$ bezeichnet, dass ein Ereignis – beispielsweise die Abweichung eines Stichprobenmittelwertes von seinem Erwartungswert um einen bestimmten Mindestbetrag – unter der Bedingung der Gültigkeit der Nullhypothese H_0 eintritt. Die Signifikanz bezeichnet somit die Irrtumswahrscheinlichkeit bei einem Test, d.h. die Wahrscheinlichkeit dafür, sich zu irren, wenn man H_0 ablehnt.
- Das Signifikanzniveau bezeichnet dagegen einen Schwellenwert für die Irrtumswahrscheinlichkeit, der bei der Ablehnung einer Nullhypothese nicht überschritten werden soll. Das Signifikanzniveau entspricht der maximal zulässigen Signifikanz.

Signifikanz und Signifikanzniveau ***FuF***

(5) Ablehnung oder Beibehaltung von H_0

Für das Ergebnis des Tests ist es völlig unerheblich, ob mit Schwellenwerten oder mit konkreten Fehlerwahrscheinlichkeiten gearbeitet wird. Die Nullhypothese wird immer dann abgelehnt, wenn die Wahrscheinlichkeit für das Auftreten der vorliegenden Stichprobenparameter unter der Bedingung H_0 geringer ist als das vorab gewählte Signifikanzniveau:

$$\text{Wenn } W(E|H_0) < \alpha, \text{ dann wird } H_0 \text{ abgelehnt.}$$

Das Ablehnen von H_0 ist gleichbedeutend mit dem Annehmen von H_A. Man sagt auch, H_A sei auf dem Signifikanzniveau α statistisch signifikant nachgewiesen.

Man beachte unbedingt, dass die Tatsache, H_0 nicht ablehnen zu können, nicht gleichbedeutend mit dem Nachweis von H_0 ist! Es bedeutet nur, das H_0 nicht mit genügend großer Sicherheitswahrscheinlichkeit widerlegbar ist, dass man also einen zu großen Fehler riskiert, wenn man H_0 verwirft. In diesem Fall kann man zunächst weiterhin von der Gültigkeit von H_0 ausgehen, statistisch belegt ist diese jedoch noch lange nicht (vgl. hierzu Kap. 5.3.5).

Ein- und zweiseitige Tests

Unser Hypothesenpaar lautete bisher $H_0 : \mu_A = \mu_B$, $H_A : \mu_A \neq \mu_B$. Wir wollten damit nachweisen, dass sich die Kundenentfernungen der Geschäfte A und B unterscheiden. Ein solcher Test, mit dem nur geprüft werden soll, ob zwei Parameter gleich oder ungleich sind, heißt zweiseitig (two-tailed).

Die vorliegenden Stichprobenmittelwerte von $\bar{x}_A = 5{,}5\,\text{km}$ und $\bar{x}_B = 4{,}5\,\text{km}$ lassen jedoch noch einen anderen, gerichteten Zusammenhang vermuten, dass nämlich die durchschnittliche Kundenentfernung von Geschäft A größer ist als die von Geschäft B. Das entsprechende Hypothesenpaar lautet dann $H_0 : \mu_A \leq \mu_B$, $H_A : \mu_A > \mu_B$. In diesem Fall führt man einen einseitigen (one-tailed) Test durch.

Die Bestimmung des Hypothesenpaars für die einseitige Fragestellung ist für Anfänger oft schwierig. Es existieren nämlich vier mögliche gerichtete Hypothesenpaare, von denen nur

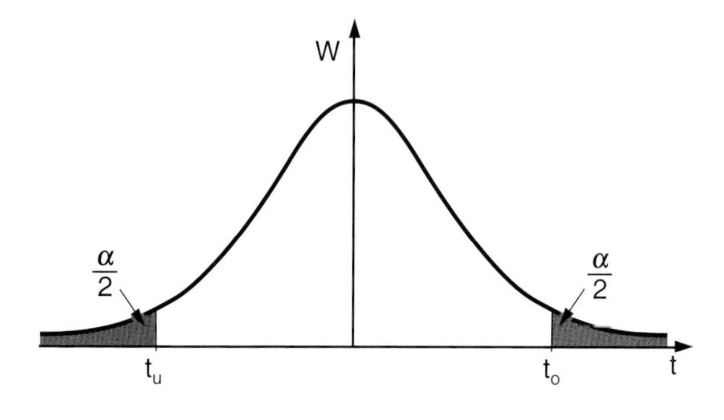

Abb. 40: Schwellenwerte und Signifikanzniveau bei einem zweiseitigen Test

eines sinnvoll ist:

(1) $H_0 : \mu_A \leq \mu_B$ und $H_A : \mu_A > \mu_B$

(2) $H_0 : \mu_A < \mu_B$ und $H_A : \mu_A \geq \mu_B$

(3) $H_0 : \mu_A \geq \mu_B$ und $H_A : \mu_A < \mu_B$

(4) $H_0 : \mu_A > \mu_B$ und $H_A : \mu_A \leq \mu_B$

Da die Bedingung, unter der die Wahrscheinlichkeit $(E|H_0)$ bestimmt wird, per definitionem als Nullhypothese formuliert wird, muss H_0 die Annahme der Gleichheit der beiden Populationsmittelwerte enthalten ($\mu_A = \mu_B$). Die Hypothesenpaare (2) und (4) sind daher auszuschließen. Unsere inhaltliche These besagt nun, die Kundenentfernungen des Geschäfts A seien im Mittel *größer* als die von Geschäft B ($\mu_A > \mu_B$). Sie enthält ausdrücklich nicht die Gleichheit und kann somit nicht ebenfalls H_0 zugeordnet werden. Daher muss sie zu H_A gehören. Die Aussage, Geschäft A hätte einen kleineren Einzugsbereich als Geschäft B ($\mu_A < \mu_B$) widerspricht schließlich unserer inhaltlichen These und gehört daher nicht zu H_A. Es muss also das Hypothesenpaar (1) gewählt werden.

Einseitige Tests sind natürlich nur sinnvoll durchführbar, wenn für die betrachtete Variable eine Größer-Kleiner-Relation definiert ist. Beim Testen von Verteilungen ist dies beispielsweise nicht der Fall (vgl. Kap. 5.3.4).

Vorgehensweisen bei der Ablehnung oder Beibehaltung von H_0

Die konkrete Vorgehensweise bei der Entscheidung über die Ablehnung oder Beibehaltung von H_0 hängt von der Art der Fragestellung (einseitig oder zweiseitig) und der Arbeitsweise (mit Schwellenwerten oder mit Statistiksoftware) ab. Tabellierte Schwellenwerte werden im Allgemeinen für die einseitige Fragestellung angegeben. Bei Verwendung von Statistiksoftware erhält man die Wahrscheinlichkeit $W(E|H_0)$ direkt, und zwar in der Regel für die zweiseitige Fragestellung. Bei der Wahl der Vorgehensweise müssen also verschiedene Anwendungsfälle unterschieden werden, die wieder am Beispiel der durchschnittlichen Kundenentfernungen der Geschäfte A und B erläutert werden sollen.

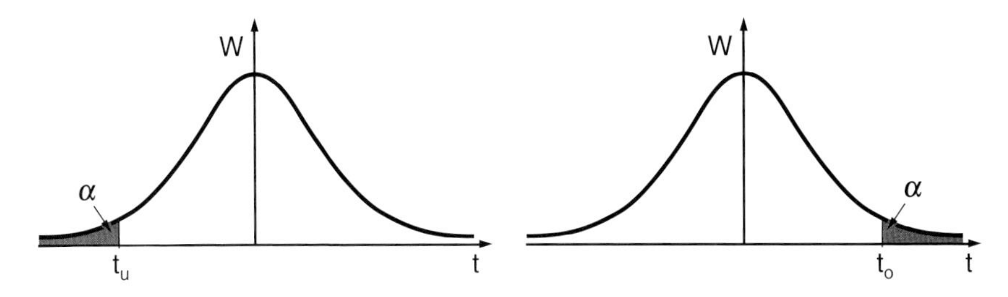

Abb. 41: Schwellenwert und Signifikanzniveau bei einem einseitigen Test (links Fall a, rechts Fall b)

(1) Zweiseitige Fragestellung mit der Schwellenwertmethode (vgl. Abb. 40)

Getestet wird das Hypothesenpaar $H_0 : \mu_A = \mu_B$ und $H_A : \mu_A \neq \mu_B$. Es sind dann zwei Schwellenwerte t_u (für negative t) und t_o (für positive t) gesucht, für die die Wahrscheinlichkeit $W(E|H_0) = W(t < t_u \text{ oder } t > t_o)$, dass die Prüfgröße t bei Gültigkeit von H_0 einen Wert kleiner als t_u oder größer als t_o annimmt, sehr klein ist.

Für die Festlegung von t_u und als t_o muss α vorgegeben sein. Konkret ermittelt man die Schwellenwerte, indem man ein t_u und ein t_o mit

$$W(\hat{t} < t_u) = W(\hat{t} > t_o) = \alpha/2$$

sucht. Solche Schwellenwerte werden auch als *kritische Werte* t_{krit} der Prüffunktion bezeichnet. Sie liegen für die gängigen Prüffunktionen tabellarisch vor (vgl. Anhang).

Liegt $\hat{t}$ jenseits der Schwellenwerte, d.h. $\hat{t} < t_u$oder $\hat{t} > t_o$, dann ist $W(E|H_0) < \alpha$ und wir lehnen H_0 ab. Ist dagegen $t_u \leq \hat{t} \leq t_o$, können wir die Nullhypothese nicht als widerlegt ansehen, denn dann ist $W(E|H_0) \geq \alpha$.

Man beachte, dass im vorliegenden Beispiel mit der t-Verteilung eine symmetrische Prüffunktion Verwendung findet. Es genügt daher, eine Grenze t_o zu bestimmen, denn wegen der Symmetrie gilt $t_u = -t_o$. Wird dagegen eine asymmetrische Prüffunktion verwendet, müssen beide Grenzen einzeln bestimmt werden.

(2) Einseitige Fragestellung mit der Schwellenwertmethode (vgl. Abb. 41)

Hier muss die Richtung der Fragestellung berücksichtigt werden.

(a) Angenommen, wir wollen nachweisen, dass das Geschäft A einen kleineren Einzugsbereich hat als das Geschäft B (was angesichts der Stichprobenmittelwerte wenig erfolgversprechend scheint). Getestet wird dann das Hypothesenpaar $H_0 : \mu_A \geq \mu_B$ und $H_A : \mu_A < \mu_B$. In diesem Fall ist nur ein Schwellenwert t_{krit} zu bestimmen, so dass $W(\hat{t} < t_{\text{krit}}) = \alpha$. Liegt $\hat{t}$ also unter dem Schwellenwert t_{krit}, dann ist H_0 abzulehnen, andernfalls muss die Nullhypothese beibehalten werden (Abb. 41a).

(b) Die inhaltliche These, dass das Geschäft A einen größeren Einzugsbereich hat als das Geschäft B entspricht dem Hypothesenpaar $H_0 : \mu_A \leq \mu_B$ und $H_A : \mu_A > \mu_B$. Für den Schwellenwert t_{krit} muss dann gelten: $W(\hat{t} > t_{\text{krit}}) = \alpha$. In diesem Fall muss $\hat{t}$ also größer sein als der Schwellenwert t_{krit}, damit H_0 verworfen werden kann. Andernfalls wird H_0 beibehalten (Abb. 41b).

Als Faustregel gilt, dass die Schwellenwerte immer 'in Richtung der Alternativhypothese' unter- bzw. überschritten werden müssen.

(3) Ein- und zweiseitige Fragestellung mit bekannter Signifikanz

Wir nehmen an, dass die Signifikanz $W(E|H_0)$ eines Tests für die zweiseitige Fragestellung bekannt ist. Dies ist in der Regel bei der Verwendung von Statistiksoftware der Fall.

Für einen zweiseitigen Test kann $W(E|H_0) = W(t < -\hat{t} \quad \text{oder} \quad t > \hat{t})$ direkt mit dem Signifikanzniveau α verglichen werden. $W(E|H_0) < \alpha$ führt also zur Ablehung von H_0.

Im Falle eines einseitigen Tests ist $W(t < -\hat{t}) = W(t > \hat{t}) = 1/2\,W(E|H_0)$. Die Irrtumswahrscheinlichkeit ist bei einseitiger Fragestellung also nur halb so groß wie bei zweiseitiger Fragestellung, und H_0 kann abgelehnt werden, wenn $1/2\,W(E|H_0) < \alpha$ ist. Dies gilt im Übrigen auch für asymmetrische Prüffunktionen.

5.3.3 Tests für das arithmetische Mittel und die Standardabweichung

Wir stellen zunächst geeignete Prüfgrößen für die verschiedenen Tests vor und demonstrieren anschließend ihre Anwendung an einigen Beispielen. Es sei betont, dass diese Tests jeweils (eine) normalverteilte Grundgesamtheit(en) voraussetzen, wenn sie auf kleinere Stichproben angewendet werden.

Tests für das arithmetische Mittel

Für Tests von zwei Mittelwerten werden in der Regel t-verteilte Prüfgrößen der Form

$$t = \frac{\text{Differenz der Stichprobenmittelwerte}}{\text{Standardfehler}}$$

verwendet. Für den folgenden Fall (1), für den nur ein Stichprobenmittelwert gegen einen konstanten Wert a getestet wird, ist der Zähler dieses Quotienten entsprechend als Differenz des Stichprobenmittelwerts vom Wert der Konstanten a zu lesen. Die Hypothesen werden zweiseitig formuliert; sie können natürlich auch einseitig formuliert werden.

(1) Getestet wird, ob das arithmetische Mittel μ einer Grundgesamtheit mit einem vorgegebenen Wert a übereinstimmt.

$$H_0 : \mu = a \qquad H_{\text{A}} : \mu \neq a$$

Als Prüfgröße wählt man

$$t = \frac{\bar{X}(n) - a}{S(n)/\sqrt{n}}.$$

Sie ist t-verteilt mit $(n-1)$ Freiheitsgraden.

(2) Getestet wird, ob die beiden Mittelwerte μ_1 und μ_2 zweier normalverteilter Grundgesamtheiten übereinstimmen.

$$H_0 : \mu_1 = \mu_2 \qquad H_\text{A} : \mu_1 \neq \mu_2$$

Wir unterscheiden nach den Varianzen der Grundgesamtheiten und dem Umfang der für den Test benutzten Stichproben folgende Fälle, wobei

n_1 der Umfang der ersten Stichprobe,

n_2 der Umfang der zweiten Stichprobe,

σ_1 die Varianz der Grundgesamtheit der ersten Stichprobe,

σ_2 die Varianz der Grundgesamtheit der zweiten Stichprobe ist.

(a) Sei $\sigma_1 = \sigma_2$ und $n_1 = n_2 = n$

Als Prüfgröße kann man dann

$$t = \frac{\bar{X}_1(n) - \bar{X}_2(n)}{\sqrt{\dfrac{S_1^2(n) + S_1^2(n)}{n}}}$$

wählen, die t-verteilt ist mit $(2n - 2)$ Freiheitsgraden.

(b) Sei $\sigma_1 = \sigma_2$, aber $n_1 \neq n_2$

Als Prüfgröße kann wiederum die t-Verteilung mit

$$t = \frac{\bar{X}_1(n) - \bar{X}_2(n)}{\sqrt{\left(\dfrac{n_1 + n_2}{n_1 \cdot n_2}\right) \cdot \left(\dfrac{(n_1 - 1)\, S_1^2(n_1) + (n_2 - 1)\, S_2^2(n_2)}{n_1 + n_2 - 2}\right)}}$$

verwendet werden. Sie hat $(n_1 + n_2 - 2)$ Freiheitsgrade.

(c) Sei $\sigma_1 \neq \sigma_2$ und $n_1 = n_2 = n$

Die Prüfgröße $$t = \frac{\bar{X}_1(n) - \bar{X}_2(n)}{\sqrt{\dfrac{S_1^2(n) + S_2^2(n)}{n}}}$$

ist t-verteilt mit $$FG = n - 1 + \frac{2n - 2}{\dfrac{s_1^2}{s_2^2} + \dfrac{s_2^2}{s_1^2}}.$$

(d) Sei $\sigma_1 \neq \sigma_2$ und $n_1 \neq n_2$

Die Prüfgröße $$t = \frac{\bar{X}_1(n_1) - \bar{X}_2(n_1)}{\sqrt{\frac{S_1^2(n_1)}{n_1} + \frac{S_2^2(n_2)}{n_2}}}$$

ist t-verteilt mit $$FG = \frac{\left(\frac{s_1^2}{n_1} + \frac{s_2^2}{n_2}\right)^2}{\frac{\left(\frac{s_1^2}{n_1}\right)^2}{n_1 + 1} + \frac{\left(\frac{s_2^2}{n_2}\right)^2}{n_2 + 1}} - 2.$$

Will man mehr als zwei Mittelwerte miteinander vergleichen, kommen varianzanalytische Methoden zum Einsatz, wie sie im zweiten Band besprochen werden.

Tests für die Varianz bzw. die Standardabweichung

(1) Getestet wird, ob Varianz σ^2 bzw. die Standardabweichung σ einer Grundgesamtheit mit einem vorgegebenen Wert b^2 bzw. b übereinstimmt.

$$H_0 : \sigma^2 = b^2 \ (\sigma = b) \qquad H_A : \sigma^2 \neq b^2 \ (\sigma \neq b)$$

Die Prüfgröße $$\chi^2 = (n-1)\frac{S^2(n)}{b}$$

ist χ^2-verteilt mit $(n-1)$ Freiheitsgraden.

(2) Getestet wird, ob die beiden Varianzen (Standardabweichungen) σ_1^2 (σ_1) und σ_2^2 (σ_2) zweier Grundgesamtheiten übereinstimmen. Man sagt auch, zwei Grundgesamtheiten werden auf *Varianzhomogenität* geprüft.

$$H_0 : \sigma_1^2 = \sigma_2^2 \ (\sigma_1 = \sigma_2) \qquad H_A : \sigma_1^2 \neq \sigma_2^2 \ (\sigma_1 \neq \sigma_2)$$

Seien s_1^2 und s_2^2 die beiden Stichprobenvarianzen mit $s_1^2 > s_2^2$, die beiden Stichprobenumfänge seien n_1 und n_2. Dann ist die Prüfgröße

$$F = \frac{S_1^2(n_1)}{S_2^2(n_2)}$$

F-verteilt mit den beiden Freiheitsgraden $n_1 - 1$ und $n_2 - 1$.

Bei diesem sogenannten F-Wert steht vereinbarungsgemäß die größere der beiden Varianzen im Zähler, die kleinere im Nenner des Bruches. Genauer wird nämlich beim F-Test die Hypothese $H_0 : \sigma_1^2 \leq \sigma_2^2$ gegen die Alternativhypothese $H_A : \sigma_1^2 > \sigma_2^2$ getestet, d.h. dieser Test ist eigentlich immer ein einseitiger Test.

Vergleich der durchschnittlichen Kundenentfernungen mit einem Vergleichswert ***MiG***
Eine Analyse auf der Basis des t-Tests

Wir wollen noch einmal fragen, inwieweit die hohe durchschnittliche Kundenentfernung der auswärtigen Einkaufsbesucher in Bremen im Jahr 2004 von 39,17 km als zufälliges Resultat einer unglücklichen, d.h. seltenen bzw. unwahrscheinlichen Stichprobe angesehen werden kann (siehe Kästen S. 125, 145, 157). Die ersten vier Spalten in Tabelle A zeigen erneut die entsprechenden Daten.

Tab. A: Stichprobenparameter der Kundenentfernungen (km) der auswärtigen Einkaufsbesucher in Bremen 2001–2005, der kritische t-Wert bei zweiseitiger Fragestellung für $\alpha=5\,\%$ und der Wert der Prüfgröße $\hat{t}$

i	n_i	$\bar{x}_i$	s_i	$t_{130;2,5\%}$	$\hat{t}$
2001	129	32,37	17,95	1,979	−1,664
2002	133	34,69	20,66	1,979	−0,173
2003	132	34,03	20,93	1,979	−0,532
2004	129	39,17	21,64	1,979	2,189
2005	137	32,20	20,59	1,979	−1,592

Die durchschnittliche Kundenentfernung für den gesamten Untersuchungszeitraum beträgt 34,46 km, die wir der Einfachheit halber (z.B. wegen der besseren Medienwirksamkeit glatter Zahlenwerte) auf 35 km aufrunden wollen. Wir wollen nun eine Aussage darüber machen, in welchen Jahren die durchschnittliche Kundenentfernung signifikant von 35 km abweicht.

Wir wählen ein Signifikanzniveau von 5 %und testen für jedes Jahr i das Hypothesenpaar

$$H_0 : \mu_i = 35\,\text{km} \quad H_\text{A} : \mu_i \neq 35\,\text{km}.$$

Da es sich um zweiseitige Tests handelt und die t-Verteilung symmetrisch ist, sind die beiden Schwellenwerte $t_{n-1;2,5\%}$ und $t_{n-1;97,5\%}$ mit $t_{n-1;2,5\%} = -t_{n-1;97,5\%}$ zu bestimmen. In Tafel 3 sind die t-Werte für $FG = 120$ und $FG = 200$ tabelliert. Unsere Stichprobenumfänge liegen zwischen $n_{2001} = n_{2004} = 129$ und $n_{2005} = 137$. Wir wählen daher die t-Werte für $FG = n - 1 \approx 130$, d.h. $t_{130;97,5\%} = -1{,}979$ und $t_{130;2,5\%} = 1{,}979$.

Der Wert der Prüfgröße für das Jahr 2004 errechnet sich beispielsweise wie folgt:

$$\hat{t}_{2004} = \frac{39{,}17 - 35}{21{,}64/\sqrt{129}} = 2{,}19.$$

Die Werte für die anderen Jahre lassen sich ebenso bestimmen und sind in Tabelle A dargestellt.

Für das Jahr 2004 ist $\hat{t}_{2004} > t_{130;2,5\%}$. Wir können die Nullhypothese also ablehnen, d.h. die Kundenentfernung im Jahr 2004 unterscheidet sich mit einer Irrtumswahrscheinlichkeit von 5 % signifikant von 35 km. Für alle anderen Jahre müssen die Nullhypothesen dagegen beibehalten werden.

Auch wenn die Kundenentfernungen in den Jahren 2001 und 2005 ebenfalls stark von 35 km abweichen, liegen die Werte der Prüffunktionen doch innerhalb der kritischen Grenzen. Umgekehrt bedeutet das, dass wir bei einer Ablehnung von H_0 einen Fehler riskieren würden, der größer ist als unser gewähltes Signifikanzniveau, d.h. als der Fehler, den wir maximal zulassen wollen.

Man beachte, dass bei dieser Vorgehensweise aufgrund der wiederholten Durchführung des Tests die Wahrscheinlichkeit recht hoch ist, die Nullhypothese bei einem der Tests zufällig fälschlicher Weise abzulehnen. Geht man von unabhängigen Stichproben aus, so liegt die Wahrscheinlichkeit bei fünf unabhängigen Tests und einem Signifikanzniveau von α für mindestens einen derartigen Fehler bei

$$1 - 0{,}95^5 = 1 - 0{,}7738 = 0{,}2262 = 22{,}62\,\% \quad \text{(vgl. Kap. 5.1.1).}$$

Vergleich der durchschnittlichen Kundenentfernungen mit einem Vergleichswert
Eine Analyse auf der Basis des t-Tests ***MiG***

Vergleich der Mittelwerte von Kundenentfernungen ***MiG***
Eine Analyse auf der Basis des t-Tests

Im vorangegangenen Beispiel wurde untersucht, ob die fünf Stichproben der auswärtigen Einkaufsbesucher in Bremen alle aus derselben Grundgesamtheit mit dem Mittelwert $\mu = 35\,\text{km}$ stammen können. Wir haben gesehen, dass die Stichprobe des Jahres 2004 mit einer hinreichend kleinen Irrtumswahrscheinlichkeit von $< 5\%$ nicht aus dieser Grundgesamtheit stammt.

Alternativ bietet es sich an, den Stichprobenmittelwert von 2004 mit einem anderen Stichprobenmittelwert zu vergleichen. Wir fragen dann, ob zwei Stichproben aus Grundgesamtheiten mit unterschiedlichen Parametern stammen oder nicht. Einer Frage dieses Typs wurde bereits in dem einführenden Beispiel der Kundeneinzugsbereiche zweier Geschäfte nachgegangen (vgl. 160 ff.).

Zum Vergleich ziehen wir die Stichprobe heran, deren Mittelwert am nächsten am Mittelwert für 2004 liegt. Wenn wir nachweisen können, dass diese beiden Stichproben aus verschiedenen Grundgesamtheiten stammen, können wir sicher sein, dass auch die anderen Stichproben mit noch größeren Unterschieden nicht derselben Grundgesamtheit entnommen sein können. Wir wollen also die durchschnittlichen Distanzen $\bar{x}_{2004} = 39{,}17\,\text{km}$ und $\bar{x}_{2002} = 34{,}69\,\text{km}$ miteinander vergleichen. Da wir daran interessiert sind, ob die durchschnittlichen Kundenentfernungen im Jahr 2004 überzufällig *groß* sind, führen wir einen einseitigen Test durch. Wir testen folglich das Hypothesenpaar

$$H_0 : \mu_{2004} \leq \mu_{2002} \qquad H_A : \mu_{2004} > \mu_{2002}.$$

Wir wollen als Signifikanzniveau wieder $\alpha = 5\%$ annehmen.

Um den Test durchführen zu können, muss zunächst auf Varianzhomogenität getestet werden. Die Prüfung der Hypothesen $H_0 : \sigma^2{}_{2004} \leq \sigma^2{}_{2002}$, $H_A : \sigma^2{}_{2004} > \sigma^2{}_{2002}$ erfolgt mit dem F-Test:

Es ist $$\hat{F} = \frac{s^2_{2004}}{s^2_{2002}} = \frac{21{,}64^2}{20{,}66^2} = 1{,}0971.$$

Der Schwellenwert beim F-Test ergibt sich bei einem Signifikanzniveau von $\alpha = 5\%$ aus Tafel 5 (Anhang). Gesucht wird $F_{128;\,132;\,5\%}$. Er findet sich in der Spalte $m_1 = 128$ und in der Zeile $m_2 = 132$. Wir runden auf $m_1 \approx 100$ und interpolieren für $m_2 = 132$ zwischen den Zeilen (m_2) 100 und 200 und erhalten $F_{128;\,132;\,5\%} \approx F_{100;\,132;\,5\%} \approx 1{,}39 + (1{,}32 - 1{,}39) \cdot (132 - 100)/(200 - 100) = 1{,}39 - 0{,}07 \cdot 0{,}32 = 1{,}3676$. Da $\hat{F} < F_{100;\,132;\,5\%}$ ist, können wir die Nullhypothese bezüglich der Varianzen nicht ablehnen und gehen davon aus, dass $\sigma^2{}_{2004} = \sigma^2{}_{2002}$. Wir müssen daher für den Test der Mittelwerte die Variante 2 (b) wählen.

Die Prüfgröße t für die beiden Stichproben hat dann den Wert

$$\hat{t} = \frac{39{,}17 - 34{,}69}{\sqrt{\left(\frac{129 + 133}{129 \cdot 133}\right) \cdot \left(\frac{128 \cdot 21{,}64^2 + 132 \cdot 20{,}66^2}{129 + 133 - 2}\right)}} = \frac{4{,}48}{2{,}6134} = 1{,}7142$$

mit $(129 + 133 - 2) = 260$ Freiheitsgraden.

Der Schwellenwert ist bei einseitigem Test, $\alpha = 5\%$ und 260 Freiheitsgraden $t_{260;\,5\%} \approx t_{200;\,5\%} = 1{,}653$ (s. Tafel 3 im Anhang). Da $\hat{t} > t_{260;\,5\%}$, ist die Nullhypothese abzulehnen.

Die Mittelwerte unterscheiden sich signifikant, d.h. die beiden Stichproben stammen wahrscheinlich aus Grundgesamtheiten mit verschiedenen Mittelwerten.

Einschränkend ist zu sagen, dass die Nullhypothese bereits auf einem geringfügig höheren Signifikanzniveau nicht mehr widerlegbar ist. Es ist nämlich $t_{260;\,2{,}5\%} \approx t_{200;\,2{,}5\%} = 1{,}972 > \hat{t}$.

Vergleich der Mittelwerte von Kundenentfernungen
Eine Analyse auf der Basis des t-Tests ***MiG***

Kritik

Wir hatten festgehalten, dass die vorgestellten Tests für den Mittelwert und die Varianz (Standardabweichung) nur anwendbar sind, wenn die jeweiligen Grundgesamtheiten, über die Aussagen in Form der Hypothesen H_0 und H_{A} gemacht werden, normalverteilt sind.

Wir haben nicht geprüft, ob diese Voraussetzung erfüllt ist. Dies ist besonders fahrlässig, da wir mit der 'Kundenentfernung' eine Distanzvariable betrachten. Solche Distanzvariablen folgen aber häufig einer L-Verteilung und sind damit meistens alles andere als normalverteilt (vgl. das Beispiel ab S. 44).

Die vorgestellten Tests sind jedoch extrem restriktiv, da sie bei kleinen Stichprobenumfängen nur auf normalverteilte Grundgesamtheiten angewendet werden können. Insbesondere in den Sozialwissenschaften sind solche Grundgesamtheiten aber äußerst selten, vielmehr herrschen schiefe Verteilungen vor. Eine einfache Methode, wie die Verteilung von Grundgesamtheiten geprüft werden kann, wird im folgenden Kapitel 5.3.4 vorgestellt.

Genau genommen ist natürlich für die Validität eines Tests entscheidend, dass die Prüffunktion einer bekannten theoretischen Verteilung folgt. In unserem Beispiel sollte also die Prüffunktion für die Mittelwerte t-verteilt und die Prüffunktion der Varianzen F-verteilt sein. Wie die Standardnormalverteilung bilden auch diese theoretischen Verteilungen Grenzverteilungen für hinreichend große Stichprobenumfänge, sofern die Grundgesamtheit nicht extrem verteilt ist. Im Falle unimodaler Grundgesamtheiten reicht es also eigentlich, wenn hinreichend viele Stichprobenwerte additiv in die Berechnung des Stichprobenparameters eingehen, wenn man also den Stichprobenumfang hinreichend groß wählt.

Es gibt jedoch keine Möglichkeit, die Verteilung einer Stichprobenfunktion zu überprüfen. Man begnügt sich daher häufig damit zu überprüfen, ob die Grundgesamtheit normalverteilt ist; in diesem Fall würden nämlich die Prüfgrößen zweifellos ihren theoretischen Verteilungen folgen. Andernfalls weiß man nicht genau, ab wann die Annäherung gut genug ist. In solchen Fällen sind deshalb sogenannte verteilungsunabhängige bzw. parameterfreie Tests, falls sie existieren, vorzuziehen. Wir werden in Abschnitt 5.3.6 einen Test für den Mittelwert kennenlernen, der unabhängig von der Verteilung der Variablen ist, d.h. keine Voraussetzungen hinsichtlich der Verteilung der Grundgesamtheiten macht.

5.3.4 Prüfen von Verteilungen

Die Prüfung von Verteilungen kann sich auf die absoluten Häufigkeiten bzw. die Wahrscheinlichkeitsfunktionen (Wahrscheinlichkeitsdichten) oder auf die Summenhäufigkeiten bzw. Verteilungsfunktionen beziehen. Im ersten Fall kommt der χ^2-Anpassungstest in Betracht, im zweiten Fall der hier nicht besprochene Kolmogoroff-Smirnoff-Test.

Der χ^2-Anpassungstest (chi-square goodness of fit test) ist verteilungsunabhängig und gehört zu den wichtigsten und am häufigsten angewandten Tests in der Statistik.

Er prüft, ob die Wahrscheinlichkeitsfunktion bzw. -dichte $f(x)$ einer Grundgesamtheit, aus der eine Stichprobe gezogen wurde, mit einer vorgegebenen Wahrscheinlichkeitsfunktion bzw. -dichte $f_0(x)$ übereinstimmt (H_0) oder nicht (H_A). Es wird also immer das Hypothesenpaar

$$H_0 : f(x) = f_0(x) \quad \text{und} \quad H_\mathrm{A} : f(x) \neq f_0(x)$$

geprüft. Man betrachtet dazu die folgende Prüfgröße

$$\chi^2 = \sum_{i=1}^{n} \frac{(BH_i - TH_i)^2}{TH_i}$$

mit
k = Anzahl der Klassen der Stichprobe
BH_i = beobachtete absolute Häufigkeit der i-ten Klasse
TH_i = theoretisch zu erwartende absolute Häufigkeit der i-ten Klasse, wenn die Hypothese H_0 gilt.

Wenn die TH_i genügend groß sind, ist diese Prüfgröße annähernd χ^2-verteilt mit $k-1-a$ Freiheitsgraden (a = Anzahl der aus der Stichprobe geschätzten Parameter, die zur Durchführung des Tests notwendig sind). Im Allgemeinen nimmt man an, dass die $TH_i > 5$ sein müssen. Ist diese Voraussetzung nicht erfüllt, müssen Klassen zusammengelegt werden. Dadurch verringert sich die Zahl der Freiheitsgrade.

Die Prüfgröße misst gewissermaßen die Ähnlichkeit zweier Verteilungen (BH und TH). Sind beide Verteilungen identisch, nimmt die Prüfgröße den Wert 0 an. Je unähnlicher die Verteilungen werden, d.h. je größer die paarweisen Differenzen $BH_i - TH_i$ werden, desto größer wird auch der Wert der Prüfgröße.

Man kann den χ^2-Test grundsätzlich auf den Vergleich zwischen einer beobachteten empirischen und einer theoretischen Häufigkeitsverteilung anwenden, also auch auf den Fall, dass die BH_i Häufigkeiten der i-ten Klasse einer Grundgesamtheit sind.

Rechenbeispiel

An einer Klimastation wurde in 10 Jahren in den meteorologischen Jahreszeiten folgende Anzahl von Tagen mit Gewittern beobachtet (vgl. Tab. 20).

Tab. 20 legt die Vermutung nahe, dass sich die Gewitter nicht gleichmäßig über das Jahr verteilen, sondern dass die Gewitterhäufigkeit von der Jahreszeit abhängig ist. Wir formulieren als Hypothesenpaar

H_0 : Die Verteilung der Gewitter über die Jahreszeiten ist eine Gleichverteilung

H_A : Die Verteilung der Gewitter über die Jahreszeiten ist keine Gleichverteilung.

Die Anzahl der Klassen ist $k = 4$. Die beobachteten Häufigkeiten sind in Tab. 20 aufgeführt. Die unter der Hypothese H_0 theoretisch zu erwartenden Häufigkeiten sind $TH_1 = TH_2 = TH_3 = TH_4 = 116/4 = 29$. Wir erhalten daraus einen Wert von

$$\hat{\chi}^2 = \frac{(9-29)^2}{29} + \frac{(32-29)^2}{29} + \frac{(58-29)^2}{29} + \frac{(17-29)^2}{29} = 48{,}1.$$

Tab. 20: Absolute Häufigkeit von Tagen mit Gewittern in 10 Jahren nach Jahreszeiten

Jahreszeit		Absolute Häufigkeit von Tagen mit Gewittern in 10 Jahren
Winter	(Dezember-Februar)	$b_1 = 9$
Frühjahr	(März-Mai)	$b_2 = 32$
Sommer	(Juni-August)	$b_3 = 58$
Herbst	(September-November)	$b_4 = 17$

Die Zahl der Freiheitsgrade ist $k - 1 - a = 4 - 1 - 0 = 3$ (da kein Parameter der Grundgesamtheit aus der Stichprobe geschätzt wird, ist $a = 0$). Wählen wir als Signifikanzniveau $\alpha = 5\%$, ergibt sich aus Tafel 4 im Anhang ein Schwellenwert von

$$\chi^2_{3;\,5\%} = 7{,}81.$$

Da $\hat{\chi}^2 > \chi^2_{3;\,5\%}$, können wir die Nullhypothese ablehnen. Unsere anfängliche Vermutung, dass die Gewitterhäufigkeit von der Jahreszeit abhängt, ist statistisch gesichert. Die Nullhypothese kann sogar auf einem Signifikanzniveau von $\alpha = 0{,}1\%$ abgelehnt werden, denn es ist $\chi^2_{3;\,0{,}1\%} = 16{,}27 < \hat{\chi}^2$.

Test der durchschnittlichen Kundenentfernungen auf Normalität ***MiG***
Eine Analyse auf der Basis des χ^2-Tests

Wir wollen nun prüfen, ob die Verteilung der Variablen 'Zurückgelegte Entfernungen der auswärtigen Einkaufsbesucher des Bremer Stadtzentrums' eine Normalverteilung ist (siehe Kästen S. 125, 145, 157 und 168). Das Signifikanzniveau sei $\alpha = 1\%$.

Die Nullhypothese besagt:

H_0 : Die 'Zurückgelegte Entfernungen der auswärtigen Einkaufsbesucher des Bremer Stadtzentrums' sind normalverteilt.

Die Alternativhypothese lautet dann

H_A : Die 'Zurückgelegte Entfernungen der auswärtigen Einkaufsbesucher des Bremer Stadtzentrums' sind nicht normalverteilt.

Die Anwendung des χ^2-Tests erfolgt mit Hilfe der Tab. A, aus der die beobachteten Häufigkeiten BH_i direkt zu entnehmen sind. Unter der Voraussetzung, dass H_0 gilt, sind nun die theoretisch zu erwartenden absoluten Häufigkeiten für die einzelnen Klassen zu berechnen.

Wenn H_0 gilt, sind die Kundenentfernungen normalverteilt. Als Schätzwerte für den Mittelwert und die Standardabweichung dieser Normalverteilung wählen wir den Mittelwert $\bar{x} = 34{,}46$ km und die Standardabweichung $s = 20{,}49$ km der $n = 660$ Entfernungen für alle Befragungsjahre 2001-2005 (siehe Tabelle A im Kasten S. 145).

Wir nehmen also an, dass die Kundenentfernungen normalverteilt mit ($\mu = 34{,}46$; $\sigma = 20{,}49$) sind. Unter dieser Voraussetzung lassen sich dann die Klassengrenzen der empirischen Verteilung in entsprechende Klassengrenzen der Standardnormalverteilung umrechnen. Seien x_u und x_o zwei Klassengrenzen der empirischen Verteilung, dann sind

$$z_u = \frac{x_u - 34{,}46}{20{,}49} \quad \text{und} \quad z_o = \frac{x_o - 34{,}46}{20{,}49}$$

die standardisierten Klassengrenzen. Für die so gewonnenen Klassen lassen sich nun mit Hilfe von Tafel 2 (Anhang) die Wahrscheinlichkeiten berechnen, mit denen sie auftreten (Spalte w_i der Tab. A). Der Einfachheit halber verwenden wir eine konstante Klassenbreite von $x_o - x_u = 0{,}5\,\sigma$. In Bezug auf die Standardnormalverteilung entspricht dies der Klassenbreite $z_o - z_u = 0{,}5$.

Das Produkt $w_i \cdot n$ gibt dann die theoretisch zu erwartenden Häufigkeiten TH_i unter der Hypothese H_0 an. Wie man sieht, sind die beiden ersten und die beiden letzten TH_i zu klein (nämlich < 5), so dass jeweils die ersten und die letzten drei Klassen zusammengefasst werden müssen. Bei der Berechnung der Prüfgröße können wir daher statt von ursprünglich 14 Klassen nur von 10 Klassen ausgehen. Insgesamt ergibt sich

$$\hat{\chi}^2 = 235{,}96.$$

Die Anzahl der Freiheitsgrade ist $k - 1 - a$, also $FG = 10 - 1 - 2 = 7$ ($a = 2$, da die beiden Parameter μ und σ der Normalverteilung geschätzt werden mussten). Der kritische Schwellenwert der χ^2-Verteilung ist

$$\chi^2_{7;\,1\%} = 18{,}48 \text{ (vgl. Tafel 4).}$$

Da $\hat{\chi}^2 > \chi^2_{7;\,1\%}$, muss die Nullhypothese abgelehnt werden, die Variable 'Zurückgelegte Entfernungen der auswärtigen Einkaufsbesucher des Bremer Stadtzentrums' ist nicht normalverteilt. Wir hätten den t-Test in den vorherigen Beispielen daher streng genommen nicht anwenden dürfen.

Dennoch: Die durchschnittlichen Entfernungen sind ganz offensichtlich nicht so extrem verteilt, wie dies für Distanzvariablen üblicherweise der Fall ist. Der Grund dafür ist, dass die Besucher aus der Stadt Bremen selbst nicht berücksichtigt werden. Es fehlen also die zahlreichen kurzen Entfernungen, die normalerweise zu einer extremen L-Verteilung führen. Da wir relativ umfangreiche Stichproben ($n_i \approx 130$) aus einer unimodalen Grundgesamtheit benutzen, ist es also durchaus wahrscheinlich, dass die Stichprobenfunktionen einer t-Verteilung folgen, auch wenn die Grundgesamtheit nicht streng normalverteilt ist. In diesem Licht erscheinen die Tests bezüglich der Mittelwerte in den vorangegangenen Beispielen durchaus valide.

Tab. A: Test der Variable 'Zurückgelegte Entfernungen der auswärtigen Einkaufsbesucher des Bremer Stadtzentrums' auf Normalität mit Hilfe des χ^2-Anpassungstests

i	Klassengrenzen	BH_i	standardisierte Klassengrenzen	w_i	TH_i		$\frac{(BH_i - TH_i)^2}{TH_i}$
1	<−27,010	0	<−3,0	0,0013	0,86		
2	−27,010 – <−16,765	0	−3,0 – <−2,5	0,0049	3,23	14,98	14,98
3	−16,765 – < −6,520	0	−2,5 – <−2,0	0,0165	10,89		
4	−6,520 – < 3,725	0	−2,0 – <−1,5	0,0441	29,11		29,11
5	3,725 – < 13,970	114	−1,5 – <−1,0	0,0918	60,59		47,08
6	13,970 – < 24,215	178	−1,0 – <−0,5	0,1499	98,93		63,20
7	24,215 – < 34,460	71	−0,5 – < 0,0	0,1915	126,39		24,27
8	34,460 – < 44,705	133	0,0 – < 0,5	0,1915	126,39		0,35
9	44,705 – < 54,950	69	0,5 – < 1,0	0,1499	98,93		9,05
10	54,950 – < 65,195	42	1,0 – < 1,5	0,0918	60,59		5,70
11	65,195 – < 75,440	15	1,5 – < 2,0	0,0441	29,11		6,84
12	75,440 – < 85,685	8	2,0 – < 2,5	0,0165	10,89		
13	85,685 – < 95,930	26	2,5 – < 3,0	0,0049	3,23	14,98	35,38
14	≥ 95,930	4	≥ 3,0	0,0013	0,86		
Summe		660		1,0000	660,00		$\hat{\chi}^2 = 235{,}96$

Test der durchschnittlichen Kundenentfernungen auf Normalität
Eine Analyse auf der Basis des χ^2-Tests ***MiG***

5.3.5 Ergänzende Hinweise zu Konfidenzintervallen und Tests

Das Signifikanzniveau α

Das Signifikanzniveau (significance level) α ist bei der Festlegung von Konfidenzintervallen wie auch beim Testen von zentraler Bedeutung. Bei Konfidenzintervallen bestimmt es die Größe des Intervalls: Je kleiner α, desto größer ist das Konfidenzintervall und desto ungenauer ist die Schätzung des Parameters. Die größere Ungenauigkeit der Schätzung wird aber durch die kleinere Irrtumswahrscheinlichkeit bzw. durch die größere Sicherheitswahrscheinlichkeit $1 - \alpha$ ausgeglichen, dass der geschätzte Parameter auch tatsächlich in dem angegebenen Konfidenzintervall liegt.

Beim Testen mit Hilfe von Wertetabellen für die Prüffunktionen bestimmt das Signifikanzniveau die Schwellenwerte (die kritischen Werte) der Prüfgröße. Liegt ein Prüfgrößenwert jenseits der (des) Schwellenwerte(s), wird die Nullhypothese abgelehnt. Je kleiner α, desto größer ist das Intervall zwischen den Schwellenwerten (t-Test) bzw. zwischen 0 und dem Schwellenwert (χ^2-Test, F-Test und allgemein bei Tests mit Prüfgrößen, die nur positive Werte annehmen). Mit anderen Worten: Je kleiner α, desto kleiner ist der Bereich jenseits der (des) Schwellenwerte(s). Diesen Bereich bezeichnet man als Verwerfungsbereich, weil die Nullhypothese verworfen wird, wenn die Prüfgröße einen Wert in diesem Verwerfungsbereich annimmt. Das bedeutet: Je kleiner α ist, desto schwieriger ist es, die Nullhypothese zu verwerfen, d.h. die Alternativhypothese anzunehmen. In der Regel möchte man in der Statistik die Alternativhypothese belegen, indem man zeigt, dass die Nullhypothese sehr unwahrscheinlich ist. Je kleiner nun α ist, desto sicherer kann die Alternativhypothese als richtig angenommen werden (falls der Prüfgrößenwert im Verwerfungsbereich liegt).

Wir kommen damit zu den Fehlern, die beim Testen auftreten können.

Fehler (Risiken beim Testen)

Beim Prüfen von Hypothesen mittels eines statistischen Test sind vier unterschiedliche Situationen denkbar, die in Tab. 21 zusammengefasst sind. Uns interessieren hier nur die beiden möglichen Fehler 1. und 2. Art bei der Anwendung von Tests.

(1) Fehler 1. Art (α-Fehler, Risiko I)

Der Fehler 1. Art tritt auf, wenn die Nullhypothese abgelehnt wird, obwohl sie gilt. Die Alternativhypothese wird in diesem Fall also fälschlicherweise angenommen. Die Wahrscheinlichkeit für einen Fehler l. Art ist $W(E|H_0) \leq \alpha$. Denn gemäß dem Testprinzip kann man mit der Wahrscheinlichkeit α erwarten, dass eine Prüfgröße einen Wert in dem Verwerfungsbereich annimmt, obwohl H_0 richtig ist – und zwar auf Grund einer zufallsbedingten, gewissermaßen unglücklichen Stichprobenauswahl.

Will man also H_0 belegen und möglichst sicher bei der Annahme von H_0 gehen, ist α sehr klein zu wählen, um den Fehler erster Art möglichst unwahrscheinlich zu machen. Deshalb wird bei Signifikanztests in der Regel $\alpha = 5\%$, 1% oder gar $0{,}1\%$ gewählt. Wichtig ist, α vor dem Testen festzulegen. Denn man sollte vor einer Handlung überlegen, welches Risiko man mit ihr einzugehen bereit ist.

Tab. 21: Mögliche Situationen beim statistischen Testen mit Fehlern 1. und 2. Art

Entscheidung des Tests	'Wirklichkeit'	
	H_0 wahr	H_0 falsch
H_0 abgelehnt	Fehler 1. Art	richtige Entscheidung
H_0 beibehalten	richtige Entscheidung	Fehler 2. Art

Inhaltlich gesehen ist der α-Fehler natürlich gewissermaßen relativ. Ein $\alpha = 5\%$ erscheint bei einem Test auf Unterschiede zwischen den Einzugsbereichen zweier Kaufhäuser recht gering. Ein $\alpha = 0{,}1\%$ erscheint dagegen für einen Test auf Einhaltung der Produktionstoleranzen für ein tragendes Teil einer Autobahnbrücke noch vergleichsweise groß.

(2) Fehler 2. Art (β-Fehler, Risiko II)

Der Fehler 2. Art tritt auf, wenn die Hypothese H_0 beibehalten wird, obwohl sie falsch ist. Die Wahrscheinlichkeit für einen solchen Fehler wird mit β bezeichnet. β hängt von α ab: Je kleiner α, desto größer β.

Der Fehler 2. Art wird dann relevant, wenn man eigentlich H_0 bestätigen möchte. Dieser Fall tritt besonders bei der Anwendung des χ^2-Anpassungstests auf, wenn man nämlich bestätigen will, dass eine empirische Verteilung gut durch eine theoretische Verteilung angepasst wird, z.B. um die Voraussetzung beim t-Test zu erfüllen (vgl. das letzte Beispiel). Die Größe des β-Fehlers kann allerdings nicht angegeben werden. Auf jeden Fall ist aber das gelegentlich beobachtbare Vorgehen abzulehnen, eine Nullhypothese als bewiesen anzunehmen, wenn sie nicht auf einem kleinen Signifikanzniveau (z.B. $\alpha = 5\%$) abgelehnt werden kann. Denn die Hypothese H_0 nicht ablehnen zu können, bedeutet nicht, sie bewiesen zu haben. In der Praxis wird man eher mit einem $\alpha = 30\%$ oder gar 50% arbeiten, wenn man die Hypothese H_0 belegen möchte. Diese Vorgehensweise ist z.B. beim Nachweis der Gleichheit zweier Verteilungen mit Hilfe des χ^2-Anpassungstests zu wählen.

(3) Trennschärfe eines Tests

In engem Zusammenhang mit dem Risiko II steht die Teststärke (Trennschärfe eines Tests). Sie ist definiert durch $1 - \beta$ und bezeichnet damit die Wahrscheinlichkeit, einen Fehler 2. Art zu vermeiden, bzw. die Wahrscheinlichkeit, H_0 auch tatsächlich abzulehnen, wenn sie falsch ist. Hat man mehrere Testverfahren zur Verfügung, so stellt die Teststärke ein wichtiges Kriterium für die Auswahl eines geeigneten Tests dar.

Wir weisen noch einmal auf die Voraussetzungen hinsichtlich der Verteilung der Grundgesamtheit(en) bei der Durchführung eines Tests hin. Verteilungsabhängige Tests sind, falls die Voraussetzungen erfüllt sind, trennschärfer als verteilungsunabhängige, letztere sind aber häufiger anwendbar. Wir wollen zum Schluss dieses Kapitels noch einen verteilungsunabhängigen Test für den Mittelwert vorstellen.

5.3.6 Der U-Test von MANN/WHITNEY

Der U-Test vergleicht eigentlich nicht die Mittelwerte zweier Grundgesamtheiten, sondern deren zentrale Tendenz, d.h. er prüft, ob die Werte der einen Zufallsvariablen insgesamt größer sind als die Werte der anderen. Voraussetzung ist lediglich, dass die beiden Zufallsvariablen die gleiche Form der Verteilung aufweisen, dass also z.B. die beiden Zufallsvariablen symmetrisch sind oder asymmetrisch mit gleicher Schiefe sind, was mit dem χ^2-Anpassungstest überprüft werden kann. Darüber hinaus müssen die beiden Zufallsvariablen natürlich mit der gleichen Maßeinheit gemessen werden, denn sonst wäre die Frage, ob die eine insgesamt größere Werte hat als die andere, sinnlos.

Will man mehr als zwei Mittelwerte vergleichen, kommt der hier nicht besprochene H-Test von KRUSKAL/WALLIS zur Anwendung.

Der U-Test benutzt nicht die Variablenwerte selbst, sondern nur ihre Rangordnung.

Die Nullhypothese lautet: Die beiden Zufallsvariablen X_1 und X_2 sind insgesamt gleich groß, d.h.

$$H_0 : \mu_1 = \mu_2 \quad \text{bzw.} \quad Me_1 = Me_2 \quad (Me_i = \text{Median von } X_i).$$

Die Alternativhypothese ist

$$H_\text{A} : \mu_1 \neq \mu_2 \quad \text{bzw.} \quad Me_1 \neq Me_2.$$

Wir nehmen an, die Umfänge der Stichproben aus den beiden Grundgesamtheiten seien n_1 und n_2. Zur Berechnung des Wertes $\hat{U}$ der Prüfgröße U werden die insgesamt $(n_1 + n_2)$ Stichprobenelemente in eine *gemeinsame* Rangordnung gebracht, die Rangzahlen reichen dann von 1 bis $(n_1 + n_2)$.

Anschließend werden die Rangzahlen jeder Stichprobe aufsummiert.

Sei $R_1 =$ Summe der Rangzahlen der Elemente der 1. Stichprobe (die zur Zufallsvariablen X_1 gehört)

$R_2 =$ Summe der Rangzahlen der Elemente der 2. Stichprobe (die zur Zufallsvariablen X_2 gehört).

Der Wert der Prüfgröße $\hat{U}$ wird nun definiert als Minimum (U_1, U_2) mit

$$U_1 = n_1 \cdot n_2 + \frac{n_1\,(n_1+1)}{2} - R_1$$

$$U_2 = n_1 \cdot n_2 + \frac{n_2\,(n_2+1)}{2} - R_2.$$

Für U_1 und U_2 gilt: $U_1 + U_2 = n_1 \cdot n_2$.

Der U-Test kann ein- und zweiseitig angewandt werden. Die U-Verteilung nimmt nur positive Werte an. Ihre kritischen Werte $U_{n_1;n_2}$ finden sich in Tafel 6 (Anhang).

Ist $1/\hat{U} > 1/U_{n_1;n_2;\alpha}$ wird H_0 abgelehnt.

Für genügend große Stichprobenumfänge (n_1,$n_2 > 8$) kann statt der Testgröße U die Standardnormalverteilung Z als Testgröße verwendet werden mit

$$Z = \frac{U - \frac{n_1 n_2}{2}}{\sqrt{\frac{n_1 n_2 (n_1 + n_2 + 1)}{12}}}.$$

Kommen in der gemeinsamen Rangordnung der beiden Stichproben bestimmte Werte mehrfach vor, so wird ihnen eine gemittelte Rangzahl zugewiesen. In Tab. 22 tritt z.B. der Wert 7,0 an der 13. und 14. Stelle auf. Er erhält dann jeweils die Rangzahl 13,5. Entsprechend verfährt man, wenn ein Wert mehr als zweimal auftritt.

Solche sogenannten *Bindungen* beeinflussen U nur dann, wenn sie zwischen den Stichproben auftreten, wenn also der gleiche Wert sowohl in der einen als auch in der anderen Stichprobe auftritt.

Im Fall von Bindungen und der Verwendung der Standardnormalverteilung als Testgröße muss Z korrigiert werden:

$$Z = \frac{U - \frac{n_1 n_2}{2}}{\sqrt{\frac{n_1 n_2}{n(n-1)} \cdot \left(\frac{n^3 - n}{12} - \sum_{i=1}^{r} \frac{t_i^3 - t_i}{12} \right)}}$$

mit r = Anzahl der verschiedenen Bindungen

t_i = Anzahl der Werte (Stichprobenelemente), die bei der i-ten Bindung die gleiche Rangzahl haben

$n = n_1 + n_2$.

Bei der Interpretation des Wertes einer Prüfgröße $\hat{z}$ ist zu beachten, dass ihr Vorzeichen wegen $\hat{U}$ = Minimum (U_1, U_2) unabhängig von der Richtung des Zusammenhangs ist.

Rechenbeispiel

Im Rahmen einer Untersuchung der Kundeneinzugsbereiche zweier Geschäfte A und B wurden je zehn zufällig ausgewählte Kunden der beiden Geschäfte nach ihrem Wohnstandort befragt. Entfernungsvariablen sind in der Regel eher L-verteilt (bzw. negativ exponentiell verteilt), weshalb ein U-Test durchgeführt werden soll. Dafür werden die insgesamt 20 Kunden nach der Entfernung zwischen ihrer Wohnung und dem aufgesuchten Geschäft in eine Rangordnung gebracht (Tab. 22).

Wenn sich die Kundeneinzugsbereiche der beiden Geschäfte unterscheiden, dann müssten im linken Teil der Tabelle 22 (bei den unteren Rängen) häufiger das Geschäft mit dem kleineren, im rechten Teil der Tabelle (bei den hohen Rängen) häufiger das Geschäft mit dem größeren Einzugsbereich zu finden sein. Eine solche Situation ist in Tab. 22 nicht zu erkennen. Da wir keinen begründeten Verdacht über die Richtung eines möglichen Unterschieds der Einzugsbereiche haben, müssen wir zweiseitig testen. Das Signifikanzniveau sei 5%.

Tab. 22: Gemeinsame Rangordnung der Entfernung zwischen Wohnung und Geschäft von je 10 Kunden zweier Geschäfte A und B

													13,5							
Rang	1	2	3	4	5	6	7	8	9	10	11	12	13	14	15	16	17	18	19	20
Entfernung	0,8	1,0	1,8	2,0	3,0	3,1	4,0	4,1	4,9	5,0	5,8	6,0	7,0	7,0	7,8	8,0	8,8	9,0	9,9	10,0
Geschäft	B	A	B	A	A	B	A	B	B	A	B	A	A	B	B	A	B	A	B	A

Es gilt:

$$\text{Geschäft } A\text{: } R_1 = 107{,}5 \quad U_1 = 10 \cdot 10 + \frac{10\,(10+1)}{2} - 107{,}5 = 47{,}5$$

$$\text{Geschäft } B\text{: } R_2 = 102{,}5 \quad U_2 = 10 \cdot 10 + \frac{10\,(10+1)}{2} - 102{,}5 = 52{,}5.$$

Der Wert der Prüfgröße ist also $\hat{U} = \text{Minimum}\,(U_1, U_2) = 47{,}5$. Aus Tafel 6 (Anhang) entnehmen wir den kritischen Wert $U_{10;\,10;\,5\%} = 23$.

Da $$1/\hat{U} = \frac{1}{47{,}5} < \frac{1}{23} = 1/U_{10;\,10;\,5\%},$$

kann die Nullhypothese nicht abgelehnt werden, d.h. wir können nicht sagen, die Geschäfte A und B haben unterschiedlich große Einzugsbereiche.

Zu dem gleichen Ergebnis kommen wir, wenn wir die Standardnormalverteilung als Testgröße benutzen. Wegen der Bindung müssen wir die korrigierte Variante anwenden:

$$\hat{z} = \frac{47{,}5 - \dfrac{10 \cdot 10}{2}}{\sqrt{\dfrac{10 \cdot 10}{20\,(20-1)} \cdot \left(\dfrac{20^3 - 20}{12} - \dfrac{2^3 - 2}{12}\right)}} = -\frac{2{,}5}{\sqrt{174{,}87}} = -0{,}1891.$$

Die kritischen Werte der Standardnormalverteilung bei einem Signifikanzniveau von 5% sind $-1{,}96$ und $1{,}96$, da $\Phi^*(1{,}96) = 2{,}5\%$ (vgl. Tafel 2). Der Wert $-0{,}1891$ liegt innerhalb des Intervalls $[-1{,}96; 1{,}96]$, also nicht im Verwerfungsbereich. Wir können die Nullhypothese daher nicht ablehnen.

Angesichts des kleinen α ist natürlich die Wahrscheinlichkeit für den Fehler 2. Art recht groß, so dass wir nicht ohne weiteres sagen können, wir hätten die Nullhypothese bewiesen. Allerdings ist $\Phi(0{,}1891) - \Phi(-0{,}1891) < 15{,}06\%$ (vgl. Tafel 2), der z-Wert liegt damit sehr nahe an dem bei Gültigkeit von H_0 zu erwartenden $z = 0$. Diese Feststellung spricht für die Annahme von H_0. Mit anderen Worten: Selbst wenn wir $\alpha = 80\%$ gewählt hätten, hätten wir die Hypothese H_0 nicht widerlegen können.

Test der zentralen Tendenz der Kundenentfernungen *MiG*
Eine Analyse auf der Basis des MANN/WHITNEY-*U*-Tests

Es soll abschließend untersucht werden, ob die 'Zurückgelegten Entfernungen der auswärtigen Einkaufsbesucher des Bremer Stadtzentrums' im Jahr 2004 in ihrer zentralen Tendenz über denen der anderen Untersuchungsjahre liegen (siehe Kästen S. 125, 145, 157 und 168).

Wir wollen zeigen, dass der Median Me_{2004} der Kundenentfernungen im Jahr 2004 signifikant größer ist als der Median $Me_{\text{andere Jahre}}$ der Kundenentfernungen in den anderen Jahren. Wir verfolgen also eine einseitige Fragestellung. Das Signifikanzniveau sei $\alpha = 5\%$. Die entsprechenden Stichprobenparameter zeigt Tabelle A.

Tab. A: Vergleich der Kundenentfernungen der auswärtigen Einkaufsbesucher in der Bremer Innenstadt des Jahres 2004 anhand von ausgewählten Stichprobenparametern

Jahr	$\bar{x}$	n	s	Me
2004	39,17	129	21,64	38,78
andere Jahre	33,32	531	20,06	25,67
Gesamt	34,46	660	20,49	29,81

Es wird das Hypothesenpaar

$$H_0: Me_{2004} \leq Me_{\text{andere Jahre}} \qquad H_A: Me_{2004} > Me_{\text{andere Jahre}}$$

überprüft, für das wir die Prüfgröße wie folgt berechnen:

$$\text{2004:} \quad R_1 = 48288 \quad U_1 = 129 \cdot 531 + \frac{129 \cdot 130}{2} - 48288 = 28596$$

$$\text{andere Jahre:} \quad R_2 = 169842 \quad U_2 = 129 \cdot 531 + \frac{531 \cdot 532}{2} - 169842 = 181149.$$

Als Wert der Prüfgröße ergibt sich $\hat{U} = \text{Minimum}\,(U_1, U_2) = 28596$. Aus Tafel 6 (Anhang) können wir den kritischen Wert wegen der relativ großen Stichprobenumfänge nicht entnehmen. Es ist zwar $U_{129;531;5\%} > U_{20;20;5\%} = 127$, allerdings ist dies für unseren Test zu ungenau. Der Schluss, wegen $1/\hat{U} = 1/28596 < 1/127$ könnte die Nullhypothese nicht abgelehnt werden, wäre also voreilig, da wir nicht wissen, wie groß $U_{129;531;5\%}$ tatsächlich ist.

Wir müssen daher die standardnormalverteilte Prüfgröße bestimmen. Wegen der Größe des Datensatzes (n =660) ist dies praktisch nicht mehr ohne Computerhilfe durchführbar. Die Statistiksoftware SPSS berechnet $\hat{z} = -2{,}913$ und gibt als zweiseitige Signifikanz den Wert $0{,}0036 = 0{,}36\%$ an. Es ist demnach $W(z < -2{,}913 \text{ oder } z > 2{,}913) = 0{,}36\%$. Für die einseitige Fragestellung ist die Irrtumswahrscheinlichkeit entsprechend $W(z < -2{,}913) = W(z > 2{,}913) = 0{,}0036/2 = 0{,}0018 = 0{,}18\%$. Dies kann im Übrigen auch leicht mit Hilfe der tabellierten Werte der Standardnormalverteilung (Tafel 2 im Anhang) überprüft werden. Es ist nämlich $\Phi(-2{,}913) = 1 - 0{,}9982 = 0{,}0018$.

Wir können die Nullhypothese also hochsignifikant verwerfen. Allerdings suggeriert der negative Wert der Prüfgröße, dass der erwiesene Zusammenhang anders gerichtet ist, als mit H_A angenommen, dass also in Wahrheit $Me_{2004} < Me_{\text{andere Jahre}}$ gilt. Das ist angesichts der Werte der Mediane (Tabelle A) natürlich unsinnig. Das Problem ist, dass die Richtung des Zusammenhangs beim U-Test – anders als z.B. beim t-Test – nicht anhand des Vorzeichens der Prüfgröße ersichtlich ist. Für einen einseitigen Test müssen daher immer auch die deskriptiven Parameter, vorzugsweise die Mediane der beiden Stichproben, berücksichtigt werden.

Mit Statistiksoftware werden oft zusätzlich zu den Rangsummen die durchschnittlichen Ränge angegeben, an denen sich ebenfalls sehr gut die Richtung des Zusammenhangs ablesen lässt. Sie werden als arithmetisches Mittel der Ränge der einzelnen Stichproben berechnet, indem eine Rangsumme durch den entsprechenden Stichprobenumfang dividiert wird. Für die Kundenentfernungen sind die mittleren Rangsummen

2004: $\bar{R}_1 = R_1/n_1 = 48288/129 = 374{,}33$

andere Jahre: $\bar{R}_2 = R_2/n_2 = 169842/531 = 319{,}85.$

Die Kundenentfernungen des Jahres 2004 haben demnach im Durchschnitt einen höheren Rang als die der anderen Jahre, d.h. sie stehen in der aufsteigend sortierten Folge der Entfernungen aller Jahre weiter hinten. Entsprechend ist der Median Me_{2004} signifikant größer (und nicht kleiner!) als $Me_{\text{andere Jahre}}$, und unsere Alternativhypothese H_{A} ist anzunehmen.

Test der zentralen Tendenz der Kundenentfernungen
Eine Analyse auf der Basis des MANN/WHITNEY-U-Tests ***MiG***

6 Korrelations- und Regressionsanalyse

Regressions- und Korrelationsanalyse (regression and correlation analysis) beschäftigen sich mit bivariaten und multivariaten Verteilungen. Insbesondere behandeln sie die Frage nach dem Zusammenhang zwischen zwei oder mehreren Zufallsvariablen. Solche Fragen können zwar auch schon mit den im vorigen Kapitel vorgestellten Tests beantwortet werden, allerdings nur sehr eingeschränkt. Tests können nämlich höchstens die Frage beantworten, ob überhaupt ein Zusammenhang zwischen zwei Zufallsvariablen besteht. Man denke z.B. an den t-Test, mit dessen Hilfe man untersuchen kann, ob Kunden in verschiedenen Jahren aus derselben Grundgesamtheit stammen oder ob sie sich signifikant voneinander unterscheiden.

Will man darüber hinaus wissen, von welcher Form und wie stark der Zusammenhang zwischen mehreren Variablen ist, kommt die Regressions- und Korrelationsanalyse zur Anwendung. Mit der Korrelationsanalyse wird die Stärke des Zusammenhangs zweier (mehrerer) Variablen ermittelt, die Regressionsanalyse zielt dagegen auf die Form des Zusammenhangs ab. Korrelations- und Regressionsanalyse können sowohl rein deskriptiv auf empirische Grundgesamtheiten als auch analytisch auf Stichproben angewandt werden.

Hinsichtlich des Skalenniveaus ist festzuhalten: Je nachdem, welches Skalenniveau die beteiligten Variablen aufweisen, sind unterschiedliche Techniken der Korrelations- und Regressionsanalyse anzuwenden. Die zunächst vorgestellten Verfahren setzen metrisches Skalenniveau aller beteiligten Variablen voraus. Korrelationsmaße für ordinal- und nominalskalierte Variablen werden in Kapitel 6.7 besprochen. Seit den 1980er Jahren haben Regressionsanalysen für nicht metrisch-skalierte Variablen an Bedeutung gewonnen. Sie werden im 2. Band behandelt (BAHRENBERG/GIESE/MEVENKAMP/NIPPER 2008).

6.1 Typen von Zusammenhängen

Wir wollen kurz einige Typen von Zusammenhängen unterscheiden, die mit Hilfe der Korrelations- und Regressionsanalyse untersucht werden können.

(1) Eine Variable Y hängt von einer anderen Variablen X ab (einfacher einseitiger Zusammenhang):

$$Y \longleftarrow X$$

Z.B. hängt die Verdunstung Y von der Lufttemperatur X ab.

(2) Zwei Variablen Y und X bedingen sich gegenseitig bzw. hängen jeweils voneinander ab (einfacher wechselseitiger Zusammenhang):

$$Y \rightleftarrows X$$

Die Verdunstung hängt zwar von der Lufttemperatur ab, umgekehrt beeinflusst sie aber auch die Lufttemperatur, da zur Verdunstung Wärme benötigt wird, die der Luft entzogen wird, wodurch die Lufttemperatur sinkt.

(3) Eine Variable Y hängt von mehreren anderen Variablen $X_1, \ldots, X_n$ ab (mehrfacher Zusammenhang):

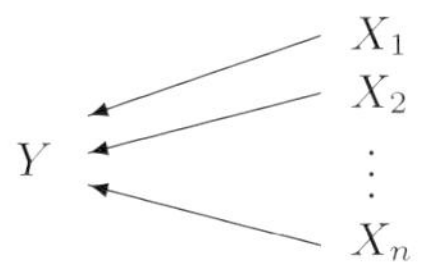

So hängt die Verdunstung Y nicht nur – wie in (1) angenommen wurde – von der Lufttemperatur X_1 ab, sondern z. B. auch von der Sonneneinstrahlung X_2, der relativen Luftfeuchtigkeit X_3 und der Luftturbulenz X_4.

(4) Daneben sind viel kompliziertere Zusammenhangsstrukturen denkbar. Im Beispiel zu (3) stehen ja auch die einzelnen Einflussvariablen noch untereinander in Beziehung. So wird die Lufttemperatur von der Sonneneinstrahlung beeinflusst, die relative Luftfeuchtigkeit von der Lufttemperatur. Berücksichtigen wir nun diese, immer noch relativ wenigen Beziehungen, erhalten wir eine Struktur, wie sie das sogenannte Pfaddiagramm zeigt:

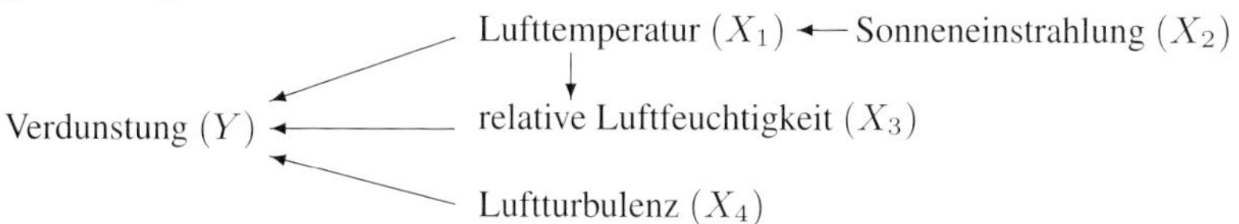

(5) Ein besonderer Fall ist gegeben, wenn zwei Variablen Y und X von einer dritten Variablen Z abhängen:

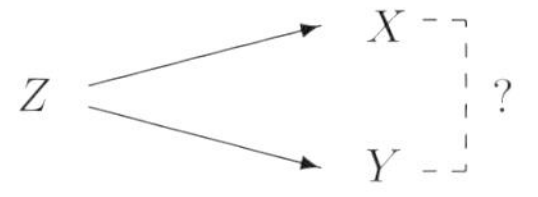

In solchen Fällen kann man formal einen Zusammenhang zwischen X und Y feststellen, obwohl eine 'inhaltliche' Abhängigkeit zwischen X und Y nicht bestehen muss.

Wir werden uns in diesem Buch mit den Typen (1) und (2) befassen. Die komplexeren Strukturen (3) und (4) werden im 2. Band behandelt.

6.2 Lineare Einfachregression

Die Regressionsanalyse dient dazu, die Form des Zusammenhangs zwischen Variablen festzustellen. Mit ihrer Hilfe wird also untersucht, wie eine Variable Y von n Variablen $X_1, \ldots, X_n$ abhängt bzw. wie man von dem Wertetupel $x_1, \ldots, x_n$ auf den Wert y der Variablen Y schließen kann. Der Schluss von $X_1, \ldots, X_n$ auf Y, Regression genannt, setzt immer die Trennung zwischen den Ausgangsvariablen (unabhängigen Variablen, Regressoren, regressor variables, Prädiktorvariablen) $X_1, \ldots, X_n$ und der Zielvariablen (abhängigen Variablen, Regressand, dependent variable) Y voraus. Diese Trennung ist inhaltlich bestimmt. Bei dem Beispiel des Typs (3) ist die Verdunstung die abhängige Variable, Sonneneinstrahlung, Lufttemperatur, relative Luftfeuchtigkeit und Luftturbulenz sind die unabhängigen Variablen.

Der einfachste Fall der Regressionsanalyse liegt vor, wenn nur zwei Variablen Y und X betrachtet werden. Man spricht dann von einer *Einfachregression*. Untersucht man, wie eine Variable von zwei bzw. mehreren anderen Variablen abhängt, handelt es sich um eine Zweifach- bzw. Mehrfachregression (multiple regression).

Wir beschäftigen uns im folgenden nur mit der Einfachregression, und zwar zunächst nur mit deren elementarster Variante, der linearen Einfachregression.

Das Prinzip der linearen Einfachregression wird am Beispiel der Verdunstung und Lufttemperatur erläutert. Wir wollen die Verdunstung (Y) in Abhängigkeit von der Lufttemperatur (X, unabhängige Variable) darstellen. Die Frage ist dann:

> Welche Funktion $Y = f(X)$ beschreibt möglichst gut die Beziehung zwischen Y und X?

In der Statistik nennt man die Funktion $Y = f(X)$ auch die Regression von Y nach X.

Um die Abhängigkeit der Verdunstung Y von der Lufttemperatur X in Form einer Funktion darstellen zu können, geht man am besten von einer Messreihe von Verdunstungs- und Lufttemperaturwerten aus, wie sie Tab. 23 für die Verdunstungsmessanlage Senne im südöstlichen Münsterland zeigt. Die Daten stellen eine Stichprobe mit $n = 36$ aus einer insgesamt 21-jährigen Messreihe 1956–1976 dar.

Bei den Verdunstungswerten handelt es sich um Messwerte der sogenannten aktuellen Evapotranspiration (= Verdunstung von einem pflanzenbestandenen (grasbedeckten) Bodenkörper), die mit Hilfe einer Lysimeteranlage gemessen wurden. Die Messtechnik von Lysimeteranlagen bedingt, das in unseren Breiten im Winter auch 'negative' Verdunstungswerte auftreten können, so dass negative Werte der Verdunstung ('Kondensation') in der Tab. 23 nicht verwundern sollten.

Wir können die in Tab. 23 enthaltenen Wertepaare (x_i, y_i) in ein rechtwinkliges Koordinatensystem eintragen und erhalten ein sog. *Streuungsdiagramm* (Korrelogramm, scatter plot) (Abb. 42). Die Punktwolke deutet auf eine bestimmte Tendenz hin, die wir in diesem Fall annähernd durch eine Gerade kenntlich machen können, die mitten durch die Punktwolke zu legen ist. Wir hätten somit eine Funktion $Y = f(X)$, nämlich die Gerade $Y = a + bX$, zu suchen, die die Abhängigkeit beschreibt. Diese Gerade, also die lineare Einfachregression $Y = a + bX$ zu bestimmen, heißt nun nichts anderes, als durch die Punktwolke eine 'mittlere Gerade' so zu legen, dass die Tendenz der Punktwolke, der regelhafte lineare Verlauf, am besten ausgedrückt wird. Diese 'mittlere Gerade' gibt an, in welchem Maß die Verdunstung mit der Lufttemperatur ansteigt.

Tab. 23: Mittlere Tagessummen der Verdunstung (Evapotranspiration) im Monat und mittlere monatliche Lufttemperatur der Landverdunstungsmessanlage Senne (Lysimeter 1: Sand) (Quelle: Staatliches Amt für Wasser- und Abfallwirtschaft Münster)

Jahr/Monat	i	Mittl. tägl. Verdunstung im Monat (mm) y_i	Mittl. monatl. Lufttemperatur (°C) x_i
1973			
Januar	1	−0,20	1,06
Februar	2	−0,38	1,41
März	3	0,07	3,88
April	4	0,57	5,40
Mai	5	2,33	11,63
Juni	6	1,92	15,89
Juli	7	1,37	17,29
August	8	2,14	17,97
September	9	0,70	14,29
Oktober	10	0,01	8,12
November	11	−0,10	4,02
Dezember	12	−0,36	1,03
1974			
Januar	13	−0,65	3,98
Februar	14	−0,11	3,48
März	15	0,50	5,49
April	16	1,57	8,41
Mai	17	1,78	10,54
Juni	18	2,40	13,56
Juli	19	1,96	14,07
August	20	2,27	16,89
September	21	1,38	12,90
Oktober	22	−0,21	5,62
November	23	−0,72	5,48
Dezember	24	−0,24	5,65
1975			
Januar	25	−0,09	5,22
Februar	26	0,34	1,94
März	27	0,13	3,45
April	28	0,94	6,07
Mai	29	1,92	10,24
Juni	30	1,91	14,36
Juli	31	2,53	17,64
August	32	1,48	19,69
September	33	1,06	14,90
Oktober	34	0,56	7,40
November	35	−0,15	3,67
Dezember	36	−0,21	1,58

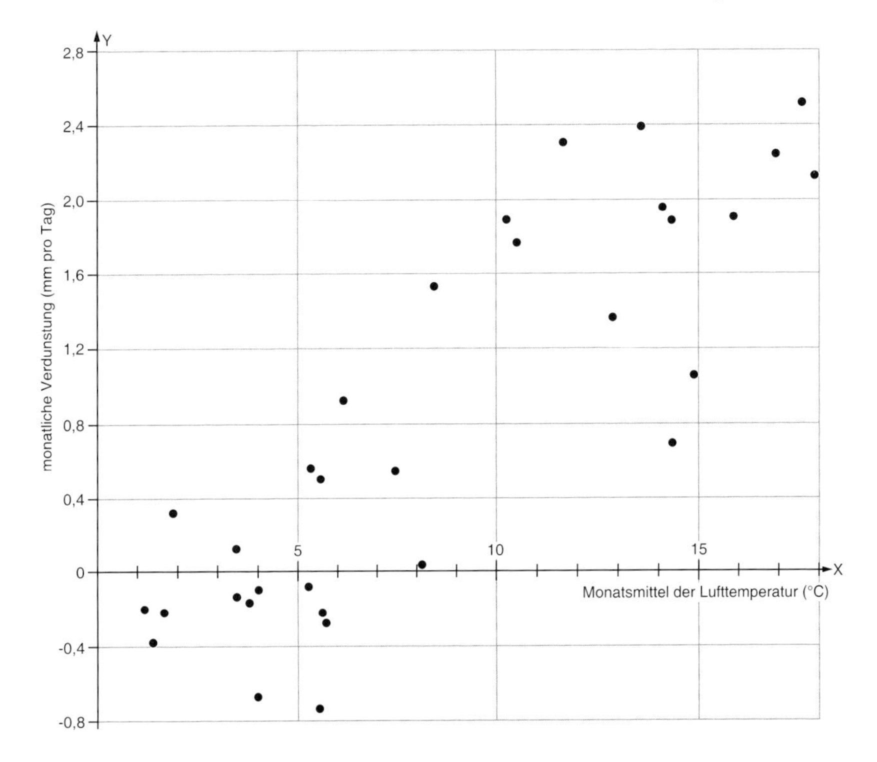

Abb. 42: Streuungsdiagramm der Werte aus Tab. 23

6.2.1 Die Bestimmung der Regressionsgeraden

Die exakte Bestimmung der Regressionsgeraden $Y = a+bX$ bedeutet, die Parameterwerte a und b so zu bestimmen, dass die Gerade die in dem Streuungsdiagramm vorhandene lineare Tendenz optimal wiedergibt. Für die Erreichung dieses Zieles sind zunächst zwei Überlegungen wichtig:

(a) Es ist klar, dass die genaue Lage der Regressionsgeraden (und damit die genauen Werte für a und b) allein von der Verteilung der Punkte im Streuungsdiagramm, also von den Wertepaaren (x_i, y_i) abhängt.

(b) An die Regressionsgerade wird die Bedingung gestellt, sie solle die Punktwolke optimal repräsentieren. Es ist also zunächst festzulegen, was 'optimal' bedeuten soll.

Im Zusammenhang mit (a) wird 'optimal' sinnvoller Weise bedeuten, dass alle Punkte möglichst nahe an der Geraden liegen. 'Möglichst nahe' kann so aufgefasst werden, dass

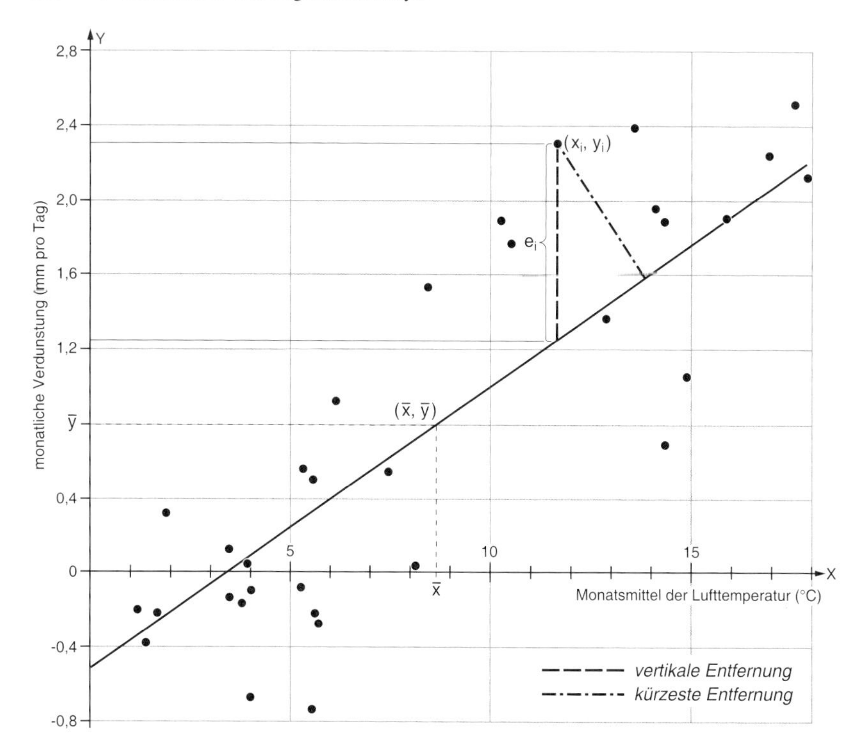

Abb. 43: Regressionsgerade und mögliche Entfernungsdefinitionen am Beispiel des Streuungsdiagramms aus Abb. 42

die mittlere Entfernung der Punkte von der Geraden ($= \sum_{i=1}^{n} |e_i|/n$ mit $|e_i|$ = Entfernung des Punktes (x_i, y_i) von der Geraden; n = Anzahl der Punkte) so klein wie möglich ist. Das heißt, dass die Summe der Entfernungen $|e_i|$ ($= \sum_{i=1}^{n} |e_i|$) minimiert werden muss.

Die Gerade $Y = a + bX$ repräsentiert die Punktwolke also dann optimal, wenn die Summe der Entfernungen der Punkte von dieser Geraden am kleinsten ist.

Zu klären bleibt jetzt noch, wie die Entfernung genau definiert sein soll. So sind etwa die Möglichkeiten 'kürzeste Entfernung' oder 'vertikale Entfernung' denkbar (s. Abb. 43). Aus rechentechnischen Gründen benutzt man die vertikalen Entfernungen $|e_i|$. Sie sind die Absolutbeträge der vertikalen Abweichungen $e_i = y_i - (a + bx_i)$ (vgl. Abb. 43). Diese vertikalen Abweichungen werden auch als *Residuen* bezeichnet. Sie geben an, wie groß die Differenz zwischen dem tatsächlichen y_i-Wert und dem zu x_i, gehörenden y-Wert auf der Regressionsgeraden ist.

Mathematisch ausgedrückt bedeutet das:

(a) Bestimmung der Geraden $Y = a + bX$ heißt Bestimmung der Parameter a und b.

(b) Die vertikalen Entfernungen der Punkte $P_i(x_i,y_i)$ von der zu berechnenden Geraden sind: $|e_i| = |y_i - (a + bx_i)|$.

a und b sind also so zu bestimmen, dass

$$\sum_{i=1}^{n} |e_i| \rightarrow \text{Minimum.}$$

Aus mathematischen Gründen geht man nicht von den einfachen Entfernungen $|e_i|$ aus, sondern von ihrem Quadrat $|e_i|^2 = e_i^2$, d.h. a und b werden so bestimmt, dass

$$\begin{aligned} E &= \sum_{i=1}^{n} e_i^2 = \sum_{i=1}^{n} |y_i - (a + bx_i)|^2 = \sum_{i=1}^{n} (y_i - (a + bx_i))^2 \\ &= \sum_{i=1}^{n} (y_i - a - bx_i)^2 \rightarrow \text{Min.} \end{aligned}$$

Dieses Prinzip zur Konstruktion einer 'bestmöglichen Geraden' nennt man das GAUSSsche Prinzip der kleinsten Quadrate (least squares principle). Unter Anwendung dieses Prinzips lassen sich die gesuchten Parameter wie folgt bestimmen (die genaue Vorgehensweise ist im folgenden Kasten dargestellt):

$$a = \frac{n \cdot \sum_{i=1}^{n} x_i^2 \cdot \sum_{i=1}^{n} y_i - \sum_{i=1}^{n} x_i \cdot \sum_{i=1}^{n} x_i y_i}{n \cdot \sum_{i=1}^{n} x_i^2 - \left(\sum_{i=1}^{n} x_i \right)^2}$$

und $$b = \frac{n \cdot \sum_{i=1}^{n} x_i y_i - \sum_{i=1}^{n} x_i \cdot \sum_{i=1}^{n} y_i}{n \cdot \sum_{i=1}^{n} x_i^2 - \left(\sum_{i=1}^{n} x_i \right)^2}.$$

a $(= a_{yx})$ wird als *Regressionskonstante* (regression constant) bezeichnet, b $(= b_{yx})$ heißt der *Regressionskoeffizient* (regression coefficient) von y nach x.

Diese Darstellungen eignen sich besonders dann, wenn die Regressionsparameter ohne Statistiksoftware, d.h. gewissermaßen 'mit der Hand' berechnet werden sollen.

Man kann die ermittelte Formel für den Regressionskoeffizienten weiter umformen, so dass man zu folgender vereinfachter Darstellung gelangt:

$$b = \frac{\frac{1}{n}\sum_{i=1}^{n}(x_i - \bar{x})(y_i - \bar{y})}{\frac{1}{n}\sum_{i=1}^{n}(x_i - \bar{x})^2} = \frac{s_{XY}}{s_X^2}.$$

Im Zähler erscheint hier die Kovarianz und im Nenner die Varianz (vgl. Kap. 4.2.2). Die *Kovarianz* (covariance) s_{XY} ist die gemeinsame Varianz der beiden Variablen X und Y. Der Regressionskoeffizient b ist damit die bezüglich der Varianz von X normierte Kovarianz von X und Y.

Ableitung der Regressionsparameter a und b ***FuF***

E ist eine Funktion von a und b: $E = E(a,b)$. Die Summe der Entfernungsquadrate zu minimieren bedeutet dann: a und b sind so zu wählen, dass die Funktion $E = E(a,b)$ ein Minimum annimmt.

Notwendig dafür ist, dass die Funktion E an dieser Stelle in ihren beiden partiellen Ableitungen $\frac{\partial E}{\partial a}$ und $\frac{\partial E}{\partial b}$ gleich Null ist, also:

$$\frac{\partial E}{\partial a} = 0 \quad \text{und} \quad \frac{\partial E}{\partial b} = 0.$$

Mit anderen Worten: Es werden diejenigen Werte a und b gesucht, für die gilt:

$$\frac{\partial E}{\partial a} = \sum_{i=1}^{n} -2(y_i - a - bx_i) = 0 \quad \text{und} \quad \frac{\partial E}{\partial b} = \sum_{i=1}^{n} -2x_i(y_i - a - bx_i) = 0.$$

Es folgt $\quad -2\sum_{i=1}^{n}(y_i - a - bx_i) = 0 \quad$ und $\quad -2\sum_{i=1}^{n} x_i(y_i - a - bx_i) = 0$

sowie $\quad \sum_{i=1}^{n}(y_i - a - bx_i) = 0 \quad$ und $\quad \sum_{i=1}^{n} x_i(y_i - a - bx_i) = 0.$

Die sich daraus ergebenden Gleichungen

$$\text{(I)} \quad \sum_{i=1}^{n} y_i - na - b\sum_{i=1}^{n} x_i = 0 \quad \text{und}$$

$$\text{(II)} \quad \sum_{i=1}^{n} x_i y_i - a\sum_{i=1}^{n} x_i - b\sum_{i=1}^{n} x_i^2 = 0$$

werden als Normalgleichungen bezeichnet.

Mit den Normalgleichungen (I) und (II) erhält man zwei Gleichungen für die beiden Unbekannten a und b. Die Multiplikation von (I) mit $\sum_{i=1}^{n} x_i$ und von (II) mit n und anschließende Subtraktion der

Gleichung (II) von (I) ergibt

$$\sum_{i=1}^{n} x_i \cdot \sum_{i=1}^{n} y_i - na \cdot \sum_{i=1}^{n} x_i - b \cdot \left(\sum_{i=1}^{n} x_i\right)^2 = 0$$

$$n \cdot \sum_{i=1}^{n} x_i y_i - na \cdot \sum_{i=1}^{n} x_i - nb \cdot \sum_{i=1}^{n} x_i^2 = 0$$

$$\sum_{i=1}^{n} x_i \cdot \sum_{i=1}^{n} y_i - n \cdot \sum_{i=1}^{n} x_i y_i - b \cdot \left(\sum_{i=1}^{n} x_i\right)^2 + nb \cdot \sum_{i=1}^{n} x_i^2 = 0, \qquad \text{d.h.}$$

$$b \cdot \left(n \cdot \sum_{i=1}^{n} x_i^2 - \left(\sum_{i=1}^{n} x_i\right)^2\right) = n \cdot \sum_{i=1}^{n} x_i y_i - \sum_{i=1}^{n} x_i \cdot \sum_{i=1}^{n} y_i.$$

Löst man die letzte Gleichung nach b auf, so ergibt sich:

$$b = \frac{n \cdot \sum_{i=1}^{n} x_i y_i - \sum_{i=1}^{n} x_i \cdot \sum_{i=1}^{n} y_i}{n \cdot \sum_{i=1}^{n} x_i^2 - \left(\sum_{i=1}^{n} x_i\right)^2}.$$

Entsprechend kann a aus (I) und (II) berechnet werden, indem (I) mit $\sum_{i=1}^{n} x_i^2$ und (II) mit $\sum_{i=1}^{n} x_i$ multipliziert wird und dann (II) von (I) subtrahiert wird.

Ableitung der Regressionsparameter a und b ***FuF***

6.2.2 Berechnung der Regressionsgeraden für das Beispiel 'Abhängigkeit der Verdunstung von der Lufttemperatur'

Selbst preiswerte Taschenrechner sind mit festen Programmen zur Berechnung einer Regressionsgeraden ausgerüstet. Sofern ein solcher Taschenrechner nicht zur Verfügung steht, geht man am Besten wie folgt vor: Man berechnet zunächst die einzelnen Glieder der beiden Formeln für a und b, indem man folgendes Schema anfertigt:

i	Verdunstung y_i	Lufttemperatur x_i	$x_i y_i$	x_i^2
1	-0,20	1,06	-0,2120	1,1236
2	-0,38	1,41	-0,5358	1,9881
⋮	⋮	⋮	⋮	⋮
36	-0,21	1,58	-0,3318	2,4964
	$\sum_{i=1}^{36} y_i = ?$	$\sum_{i=1}^{36} x_i = ?$	$\sum_{i=1}^{36} x_i y_i = ?$	$\sum_{i=1}^{36} x_i^2 = ?$

Für die Wertpaare aus Tab. 23 ergibt sich

$$b_{yx} = 0{,}1489$$
$$a_{yx} = -0{,}5101.$$

Die Regressionsgerade lautet demnach (vgl. Abb. 43)

$$Y = -0{,}5101 + 0{,}1489X.$$

6.2.3 Zur Interpretation einer Regressionsgleichung

Für die einzelnen Stichprobenwerte folgt aus der Ableitung der Regressionsgeraden: $y_i = a + bx_i + e_i$, wobei die e_i als zufallsbedingte Abweichungen angesehen werden, die aus Messungenauigkeiten resultieren, aber auch daraus, dass in die Regressionsanalyse eine Reihe von unabhängigen Variablen, die möglicherweise ebenfalls Einfluss auf Y ausüben, nicht aufgenommen wurde. Dabei wird angenommen, dass diese übrigen Variablen keinen systematisch verzerrenden Einfluss ausüben, sondern eben insgesamt nur zu zufälligen Abweichungen der einzelnen Punkte von der Regressionsgeraden führen. Das der Regressionsanalyse zugrunde liegende Modell ist also nicht

$$Y = a + bX,$$

sondern $Y = a + bX + \epsilon$

mit ϵ = Zufallsvariable (Zufallsfehler), die die zufälligen Abweichungen repräsentiert.

Außerdem weisen wir an dieser Stelle schon darauf hin, dass die 'besten Werte' a und b ja aus einer Stichprobe gewonnen wurden und als Schätzungen für die tatsächlichen Parameter α und β der bivariaten Grundgesamtheit (X, Y) dienen. Wir kommen darauf im Kapitel 6.4 zurück.

Mit Hilfe der Regressionsgeraden kann für ein beliebiges x der Zufallsvariablen X berechnet werden, welchen Wert Y für dieses x annimmt. In unserem Beispiel erhält man z.B. für den in der Stichprobe nicht auftretenden Wert $x^* = 12\,°\mathrm{C}$ folgenden Verdunstungswert y^*, indem man den Wert $x^* = 12\,°\mathrm{C}$ in die ermittelte Regressionsgleichung einsetzt:

$$\begin{aligned} y^* &= a + bx^* = -0{,}5101 + 0{,}1489x^* \\ &= -0{,}5101 + 0{,}1489 \cdot 12 \\ &= 1{,}2767 \end{aligned}$$

Dieser Wert von $y^* = 1{,}2767\,\mathrm{mm}$ ist ein Schätzwert (Prognose) für den wahren Wert der Verdunstung bei einer Lufttemperatur von $x^* = 12\,°\mathrm{C}$.

Der Regressionskoeffizient beschreibt, um wieviele Einheiten sich Y verändert (zunimmt oder abnimmt), wenn sich X um eine Einheit verändert. b heißt deshalb auch die Steigung der Geraden. Ist b positiv, ist die Beziehung zwischen Y und X gleichsinnig, für negative b ist sie gegensinnig.

Die Regressionskonstante a bezeichnet den Wert von y, der sich für $x = 0$ ergibt, denn für $x = 0$ ist $y = a$. Der Parameter a bezeichnet also den Schnittpunkt der Regressionsgeraden mit der y-Achse, sofern die y-Achse bei $x = 0$ liegt.

Unser Regressionsmodell besagt, dass die tägliche Verdunstung um $0{,}1489\,\text{mm}$ zunimmt, wenn die Lufttemperatur um 1 °C steigt. Für eine Lufttemperatur von 0 °C wird eine tägliche Verdunstung von $-0{,}5101\,\text{mm}$ ('Kondensation' von $0{,}5101\,\text{mm}$) prognostiziert.

6.2.4 Die Bestimmung des Trends einer Zeitreihe

Für Prognosen interessiert häufig die Frage, wie sich eine Variable in der Vergangenheit entwickelt hat. Man versucht, einen Entwicklungstrend zu erkennen, der die Prognose zukünftiger Variablenwerte erlaubt – unter der Voraussetzung, dass der beobachtete Trend in Zukunft anhält. Ist der Trend linear, lässt sich die 'GAUSSsche Methode der kleinsten Quadrate' für Prognosezwecke benutzen. Wir zeigen dies am Beispiel der Entwicklung der binnenländischen Verkehrsleistung im Güterverkehr Deutschlands (1960–2005). Die binnenländische Verkehrsleistung bezeichnet die Menge aller mit Start und Ziel innerhalb Deutschlands transportierten Güter, wobei jeder Transport mit der Weglänge gewichtet wird. Sie wird in 'Tonnenkilometern' (tkm) angegeben. (Nimmt man eine solche Gewichtung nicht vor, so bestimmt man faktisch nur die transportierte Menge ohne Berücksichtigung der Weglänge. Diese Größe nennt man das Güterverkehrsaufkommen, das uns hier aber nicht interessieren soll.)

Tab. 24: Entwicklung der binnenländischen Güterverkehrsleistung in der Bundesrepublik Deutschland 1960–2005 (Quelle: Bundesministerium für Verkehr, Bau- und Wohnungswesen (Hrsg.) (2002): Verkehr in Zahlen 2002/2003. S. 234-235; Bundesministerium für Verkehr, Bau- und Stadtentwicklung (Hrsg.) (2007): Verkehr in Zahlen 2007/2008. S. 240-243)

Jahr		Güterverkehrsleistung Binnenland (Mrd. tkm)		Jahr		Güterverkehrsleistung Binnenland (Mrd. tkm)	
nach Chr.	nach 1960	Gesamt	Eisenbahn	nach Chr.	nach 1960	Gesamt	Eisenbahn
1960	0	142,4	53,1	1995	35	431,3	70,5
1965	5	173,8	58,2	1996	36	427,1	70,0
1970	10	215,9	71,5	1997	37	451,6	73,9
1975	15	214,4	55,3	1998	38	469,9	74,2
1980	20	256,2	64,9	1999	39	496,9	76,8
1985	25	256,2	64,0	2000	40	511,3	82,7
1990	30	300,3	61,9	2001	41	515,3	81,0
1991	31	400,0	82,2	2002	42	515,8	81,1
1992	32	398,5	72,8	2003	43	541,4	85,1
1993	33	391,2	65,6	2004	44	571,1	94,9
1994	34	422,3	70,7	2005	45	580,0	95,4

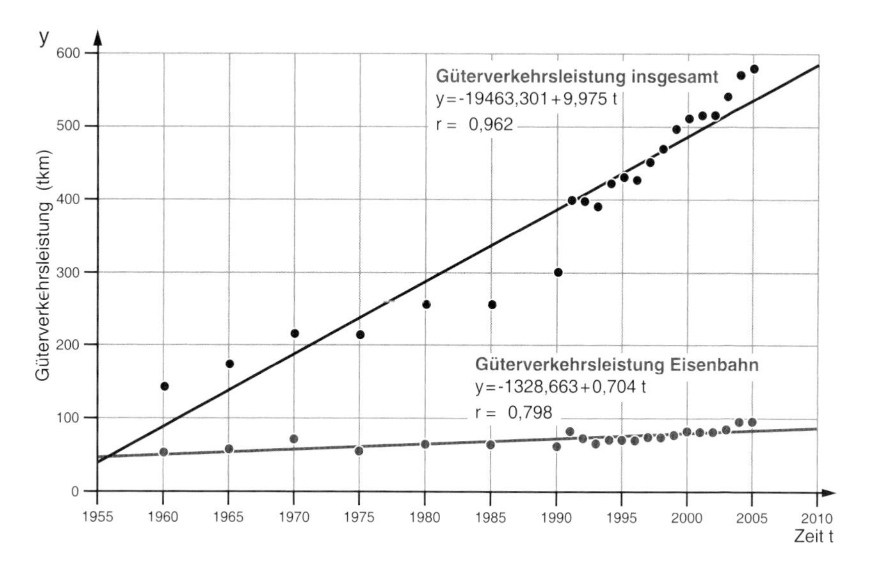

Abb. 44: Entwicklung der binnenländischen Transportleistung im Güterverkehr insgesamt und im Schienenverkehr in Deutschland 1960–2005

Tab. 24 zeigt die Entwicklung der Güterverkehrsleistung in Deutschland für den Zeitraum 1960 – 2005. Zum Vergleich ist für den gleichen Zeitraum auch die Güterverkehrsleistung aufgeführt, die ausschließlich von der Eisenbahn erbracht wurde.

Die Abb. 44 veranschaulicht graphisch die zeitliche Entwicklung der beiden Variablen. Deutlich wird, dass beide Zeitreihen durch einen relativ gleichmäßigen Anstieg gekennzeichnet sind, der aber im Fall der gesamten binnenländischen Transportleistung steiler ist als bei der mit der Eisenbahn erbrachten Transportleistung (vgl. auch Tab. 24).

Eine quantitative Bestimmung dieser linearen Tendenz, die wir auch als *linearen Trend* bezeichnen, würde die zu Anfang formulierte Fragestellung lösen helfen. Die in Kapitel 6.2.1 für die Berechnung der Regressionsgeraden benutzte Methode der kleinsten Quadrate hilft uns auch hier weiter, indem wir die verschiedenen Arten der Transportleistung als abhängige Variablen ($= Y$) und die Zeit (Jahre) als die unabhängige Variable ($= t$) auffassen. Betont werden muss, dass mit 'Abhängigkeit' nicht gemeint ist, die beiden Variablen würden kausal durch die Zeit bedingt; es geht vielmehr ausschließlich um die optimale Erfassung des linearen Trends der beiden Zeitreihen, also um ein formales Problem.

Schon beim Vergleich der beiden Zeitreihen fällt der steilere Anstieg der gesamten binnenländischen Transportleistung im Güterverkehr im Vergleich zur Transportleistung auf der Schiene auf. Führt man entsprechende Regressionsanalysen für die Zeitreihen durch,

Fortschreibung der Regressionsgeraden ***MuG***

Man sieht schnell, dass in Abbildung 44 etwas nicht stimmen kann. Denn die gesamte binnenländische Güterverkehrsleistung setzt sich ja zusammen aus der Leistung der Eisenbahn und der Leistung der anderen Transportmittel (Lkw, Schiffe, Flugzeuge). Das heißt aber, dass die Leistung der Eisenbahn immer kleiner ist als die Gesamtleistung, die Kurve für die Eisenbahn also immer unter der Gesamtkurve liegen muss. Das ist an den jeweiligen Einzelwerten in Abb. 44 auch deutlich zu erkennen. Da aber die Zunahme der Eisenbahnleistung im Zeitraum 1960-2005 und somit auch im Jahresdurchschnitt deutlich geringer ist als die Zunahme der Leistung bei den anderen Transportmitteln, ist auch der Regressionskoeffizient für die Güterverkehrsleistung der Eisenbahn kleiner als der für die Gesamtleistung. Mit anderen Worten: Legt man den Zeitraum 1960-2005 zugrunde, verläuft die Regressionsgerade für die Transportleistung der Eisenbahn flacher als die für die gesamte Transportleistung. Das führt aber dazu, dass sich die beiden Regressionsgeraden links vom Jahr 1960 schneiden müssen. Gemäß Abb. 44 liegt dieser Schnittpunkt etwa im Jahr 1956. Mit anderen Worten: Vor 1956 hätte die Eisenbahn eine größere Gütertransportleistung erbracht als alle Transportmittel zusammen, d.h. als sie selbst zuzüglich der anderen Transportmittel. Das ist offensichtlicher Unsinn.

Generell darf man Regressionsgeraden nicht einfach über den Wertebereich der Stichproben hinaus verlängern, weil das eine zeitliche Konstanz der sie erzeugenden Verhältnisse voraussetzt, die in der Vergangenheit meistens nicht gegeben war und in der Zukunft höchst unwahrscheinlich ist.

Fortschreibung der Regressionsgeraden ***MuG***

so erhält man als Gleichung für die beiden Regressionsgeraden:

Gesamte binnenländische Transportleistung:	$Y = 88{,}612 + 9{,}975\,t$
Binnenländische Transportleistung auf der Schiene:	$Y = 51{,}388 + 0{,}704\,t.$

Die gesamte binnenländische Transportleistung wächst demnach jedes Jahr tendenziell um etwa 9,975 t, die binnenländische Transportleistung auf der Schiene dagegen nur um etwa 0,704 t jährlich. Das weist darauf hin, dass die Eisenbahn gegenüber anderen Verkehrsträgern, insbesondere dem Straßenverkehr, im Laufe der Zeit an relativer Bedeutung verloren hat, obwohl sie im Jahr 2005 eine um 80% höhere Güterverkehrsleistung erbrachte als 1960. Allerdings hat sich die gesamte binnenländische Transportleistung in diesem Zeitraum etwa vervierfacht, ist also um ca. 300% gestiegen (vgl. Tab. 24).

Es ist darauf hinzuweisen, dass als Variable ‘Zeit‘ nicht die Jahreszahlen, sondern die transformierten Werte ‘Jahreszahl – 1960‘ genommen wurden (d.h. $1960 \rightarrow t = 0; 1961 \rightarrow t = 1; \ldots$). Eine solche Transformation ändert den Wert der Regressionskonstanten a, den Wert des Regressionskoeffizienten b dagegen nicht. Die Regressionskonstante a gibt hier also den jeweiligen Schätzwert der Güterverkehrsleistung für das Jahr 1960 ($t = 0$) an (vgl. Kasten auf S. 196).

In diesem Fall wird die gesamte binnenländische Transportleistung im Jahr 1960 ($t = 0$) auf 88,612 Mrd. tkm geschätzt. Diese Schätzung ist gegenüber dem wahren Wert für 1960 von 142,3 Mrd. tkm (Tab. 24) sehr schlecht. Das liegt natürlich daran, dass die Regressionsgerade einen optimalen Verlauf in Bezug auf *alle* Datenpunkte hat. Wie Abb. 44 zeigt,

Interpretation der Regressionskonstanten ***MuG***

Wir möchten an dieser Stelle noch auf etwas hinweisen, das vielleicht nicht allen Lesern klar ist. In der Tabelle 24 stehen zwei Jahresangaben: einmal das Jahr nach Christi Geburt und zum anderen das Jahr nach 1960. Beide Regressionsgeraden wurden mit dem Jahr nach 1960 berechnet. Für 1960 ist dann $t = 0$, für 1961 ist $t = 1$, für 1965 ist $t = 5$ usw.
Wir hätten auch die Berechnung mit den Jahren nach Christi Geburt vornehmen können. Diese Zeitvariable bezeichnen wir der deutlicheren Unterscheidung wegen mit t^*. $t^* = 0$ meint dann also das Jahr von Christi Geburt, also das Jahr 0 n.Chr. Geburt; $t^* = 1960$ steht für das Jahr 1960, das bei der Zeitvariablen t den Wert $t = 0$ annimmt. Wenn wir die Regressionsgerade bzw. die Trendgerade einmal mit der unabhängigen Variablen t und zum anderen mit der unabhängigen Variablen t^* berechnen, erhalten wir für die gesamte binnenländische Transportleistung:

$$Y^* = -19463{,}301 + 9{,}975\,t^*$$
$$Y = 88{,}612 + 9{,}975\,t \text{ (s.o.).}$$

Die beiden Regressionsgeraden unterscheiden sich lediglich in ihrem Nullpunkt. Wie man sieht, ist der Regressionskoeffizient in beiden Fällen gleich. Dies muss auch so sein, weil sich beide Geraden auf die gleichen Daten beziehen. Der Regressionskoeffizient gibt ja nur an, um welchen Betrag die binnenländische Transportleistung pro Jahr steigt. Dieser Betrag ist aber unabhängig davon, was wir als Nullpunkt für die Zeitachse wählen. Im Fall der ersten Geraden für Y^* ist das Jahr für $t^* = 0$ das Jahr der Geburt Christi, das 1960 Jahre vor dem Nullpunkt der Zeit für die Bestimmung der Regressionsgeraden von Y liegt. Wenn wir in diese Geradengleichung für Y den Wert $t = -1960$ einsetzen, erhalten wir $88{,}612 - 19551 = -19462{,}388$, also bis auf einen Rundungsfehler genau den Wert von Y^* für $t^* = 0$.
Überdies ist die negative Regressionskonstante in der Gleichung für Y^* kaum sinnvoll interpretierbar. Sie besagt, dass die binnenländische Transportleistung im Jahr 0 n.Chr. Geburt ($t^* = 0$) auf $-19463{,}301$ tkm geschätzt wird, was natürlich inhaltlich gesehen unsinnig ist. Um den Wert der Regressionskonstanten in interpretierbaren Grenzen zu halten, empfiehlt es sich daher, die unabhängige Variable (hier: t) so in die Variable t^* zu transformieren, dass der Nullpunkt von t^* einen Wert innerhalb oder zumindest in der Nähe des Wertebereichs von t (hier: 1960 – 2005) darstellt. Dies gilt natürlich nicht nur für Zeitreihen, sondern für unabhängige Variablen im allgemeinen.
Dieses Beispiel verdeutlicht auch, dass in der Regressionsanalyse der Regressionskoeffizient meistens von größerem Interesse ist als die Konstante in der Regressionsgleichung. Denn die Konstante wird u.a. davon bestimmt, welchen Nullpunkt man für die unabhängige Variable wählt.

Interpretation der Regressionskonstanten ***MuG***

weisen jedenfalls die ersten sieben Punkte bis zum Jahr 1990 insgesamt einen systematischen Verlauf der Abweichungen von der Regressionsgeraden auf: von einer zunächst (1960) relativ hohen positiven Abweichung geht es recht stetig zu einer relativ großen negativen Abweichung 1990. Die anschließenden Werte werden dagegen durch die Regressionsgerade sehr viel besser abgebildet.

In der Abbildung 44 haben wir zum Vergleich aber einen anderen Ausgangszeitpunkt als 1960 gewählt, nämlich das Jahr von Christi Geburt ($t = 0$). Entsprechend erhält man eine andere Regressionsgleichung. Es ändern sich wiederum nur die Schätzwerte für die Konstante in der Regressionsgleichung, aber selbstverständlich nicht die Schätzwerte des Regressionskoeffizienten (vgl. die Geradengleichungen in Abb. 44) und auch nicht die Schätzwerte für die Transportleistungen (vgl. auch den Kasten oben).

Während die gesamte binnenländische Transportleistung im langjährigen Durchschnitt pro Jahr um 9,97 Mrd. tkm zunimmt, steigt die binnenländische Transportleistung der Eisenbahn pro Jahr nur um 0,704 Mrd. tkm, also um weniger als $1/13$. Auf die anderen Transportmittel entfällt im langjährigen Mittel pro Jahr also ein Zuwachs von etwas mehr als 9 Mrd. Tonnenkilometern. Die Eisenbahn wird also relativ unattraktiver, die übrigen Verkehrsträger – und hier handelt es sich in erster Linie um den Straßenverkehr – gewinnen an Bedeutung. Das lässt sich allerdings nur sagen, wenn die beiden Regressionsgeraden die jeweilige Entwicklung gut abbilden. Die Frage, was eine 'gute Abbildung' ist, beantwortet man mit der so genannten Korrelationsanalyse (vgl. dazu den nächsten Abschnitt 6.3). Einen ersten Eindruck vermitteln dafür aber schon die Streuungsdiagramme (vgl. Abb. 44).

6.3 Lineare Einfachkorrelation nach PEARSON

Die Korrelationsanalyse beschäftigt sich damit, die Stärke des Zusammenhangs zwischen Variablen zu messen. Im Gegensatz zur Regressionsanalyse ist bei der Korrelationsanalyse eine Unterscheidung in eine abhängige und in eine unabhängige Variable nicht notwendig. Wir werden trotzdem von dieser Unterscheidung ausgehen, da Korrelations- und Regressionsanalyse eng verwandt sind und wir den sogenannten PEARSONschen Produktmoment-Korrelationskoeffizienten (product moment correlation) aus der Regressionsanalyse ableiten wollen.

Liegen die Wertepaare (Punkte) (x, y) zweier Variablen X und Y alle auf einer Geraden, so wird der funktionale Zusammenhang zwischen Y und X beschrieben durch

$$Y = a + bX.$$

Für die Stichprobenwerte gilt dann

$$y_i = a + bx_i$$

bzw. $$\bar{y} = a + b\bar{x}.$$

In diesem Fall einer perfekten deterministischen Beziehung gilt für die Stichprobenvarianzen

$$s_Y^2 = b^2 \cdot s_X^2,$$

d.h., die Varianz der y_i ist ausschließlich ein 'Resultat' der Varianz der x_i. Geht man dagegen – wie in der Regressionsanalyse – von einem Modell

$$Y = a + bX + \epsilon$$

bzw. $$y_i = a + bx_i + e_i$$

aus, so ist die Varianz der y_i nicht mehr das b^2-fache der Varianz der x_i. Vielmehr ist

$$s_Y^2 = b^2 \cdot s_X^2 + \frac{1}{n-1} S.$$

Stichprobenvarianz der abhängigen Variable ***FuF***

Für das deterministische Modell $Y = a + b\,X$ sind die Stichprobenvarianzen

$$s_Y^2 = \frac{1}{n-1}\sum_{i=1}^{n}(y_i - \bar{y})^2 = \frac{1}{n-1}\sum_{i=1}^{n}(a + bx_i - a - b\bar{x})^2$$
$$= \frac{1}{n-1}\sum_{i=1}^{n} b^2(x_i - \bar{x})^2$$
$$= b^2 \cdot \frac{1}{n-1}\sum_{i=1}^{n}(x_i - \bar{x})^2 = b^2 \cdot s_X^2.$$

Im Modell $Y = a + bX + \epsilon$ gilt dagegen

$$s_Y^2 = \frac{1}{n-1}\sum_{i=1}^{n}(y_i - \bar{y})^2 = \frac{1}{n-1}\sum_{i=1}^{n}(a + bx_i + e_i - a - b\bar{x} - e_{\bar{x}})^2$$
$$= \frac{1}{n-1}\sum_{i=1}^{n}(bx_i - b\bar{x} + e_i - e_{\bar{x}})^2$$
$$= \frac{1}{n-1}\sum_{i=1}^{n}\left[(bx_i - b\bar{x})^2 + (e_i - e_{\bar{x}})^2 + 2(bx_i - b\bar{x})(e_i - e_{\bar{x}})\right]$$
$$= \frac{1}{n-1}\sum_{i=1}^{n}(bx_i - b\bar{x})^2$$
$$+ \frac{1}{n-1}\sum_{i=1}^{n}\left[(e_i - e_{\bar{x}})^2 + 2(bx_i - b\bar{x})(e_i - e_{\bar{x}})\right]$$
$$= b^2 \cdot s_X^2 + \frac{1}{n-1}S.$$

Stichprobenvarianz der abhängigen Variable ***FuF***

S misst die Streuung um die Regressionsgerade. Es ist $S \geq 0$ ($S = 0$ gilt genau dann, wenn alle $e_i = 0$ sind). Die Varianz der y_i setzt sich also aus zwei Teilen zusammen: Der erste Teil resultiert allein aus der Varianz der x_i, der zweite Teil resultiert aus den mehr oder minder großen Abweichungen der Stichprobenpunkte von den Regressionsgeraden.

Es liegt daher nahe, das Verhältnis des ersten Teils zur gesamten Varianz der y_i als Maß für die Stärke des Zusammenhangs zwischen X und Y zu wählen. Dieses Maß heißt *Bestimmtheitsmaß* (coefficient of determination) B:

$$B = \frac{b^2 \cdot \frac{1}{n-1}\sum_{i=1}^{n}(x_i - \bar{x})^2}{\frac{1}{n-1}\sum_{i=1}^{n}(y_i - \bar{y})^2} = \frac{b^2 \cdot s_X^2}{s_Y^2}.$$

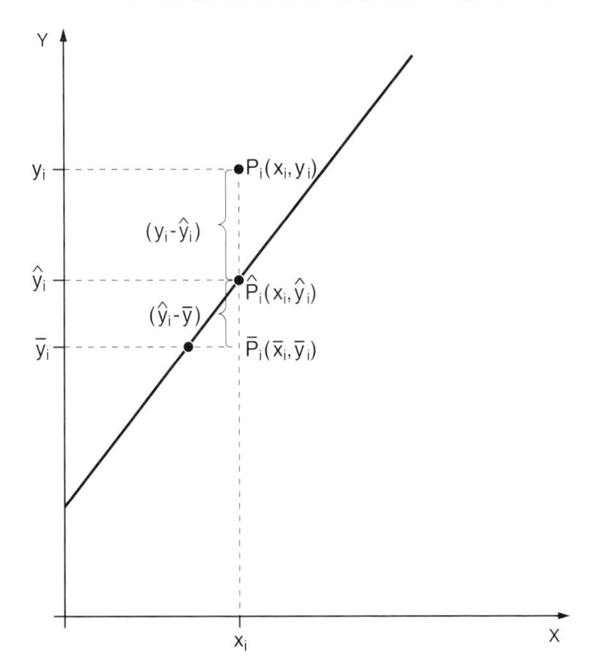

Abb. 45: Schätzwerte $\hat{y}_i$ und Stichprobenpunkte (x_i, y_i) bei der Regressionsanalyse

Es ist $0 \leq B \leq 1$. Insbesondere ist $B = 1$, wenn $S = 0$, d.h. wenn alle Punkte auf der Regressionsgeraden liegen und der funktionale Zusammenhang streng deterministisch ist.

B nennt man auch kurz den durch die Regression von Y nach X erklärten Varianzteil (explained variance) von Y.

Bezeichnet man mit $\hat{y}_i$ die zu den x_i gehörenden Werte von Y, also die Schätzwerte der y_i, so liegen die Punkte $(x_i, \hat{y}_i)$ genau auf der Regressionsgeraden. Es gilt (vgl. Abb. 45):

$$\hat{y}_i = a + bx_i \quad \text{und}$$
$$e_i = y_i - \hat{y}_i$$

Das Optimierungsverfahren zur Bestimmung der Regressionsgeraden gewährleistet, dass die Regressionsgerade durch den Punkt $(\bar{x}, \bar{y})$ geht und $\sum_{i=1}^{n} e_i = 0$ ist, d.h. es gilt $\bar{y} = \bar{\hat{y}}$.

Für die Varianz der Schätzwerte ergibt sich daraus:

$$s_{\hat{y}}^2 = \frac{1}{n-1} \sum_{i-1}^{n} (\hat{y}_i - \bar{y})^2 = \frac{1}{n-1} \sum_{i-1}^{n} (a + bx_i - a - b\bar{x})^2$$
$$= b^2 \cdot \frac{1}{n-1} \sum_{i=1}^{n} (x_i - \bar{x})^2.$$

Bestimmtheitsmaß und Produktmoment-Korrelationskoeffizient ***FuF***

Für das Bestimmtheitsmaß gilt:

$$B = \frac{\sum_{i=1}^{n}(\hat{y}_i - \bar{y})^2}{\sum_{i=1}^{n}(y_i - \bar{y})^2} = \frac{\sum_{i=1}^{n}(a + bx_i - a - b\bar{x})^2}{\sum_{i=1}^{n}(y_i - \bar{y})^2} = \frac{\sum_{i=1}^{n}(bx_i - b\bar{x})^2}{\sum_{i=1}^{n}(y_i - \bar{y})^2}$$

$$= \frac{b^2 \cdot \sum_{i=1}^{n}(x_i - \bar{x})^2}{\sum_{i=1}^{n}(y_i - \bar{y})^2} = \frac{\left(\sum_{i=1}^{n}(x_i - \bar{x})(y_i - \bar{y})\right)^2 \cdot \sum_{i=1}^{n}(x_i - \bar{x})^2}{\left(\sum_{i=1}^{n}(x_i - \bar{x})^2\right)^2 \cdot \sum_{i=1}^{n}(y_i - \bar{y})^2}$$

$$= \frac{\left(\sum_{i=1}^{n}(x_i - \bar{x})(y_i - \bar{y})\right)^2}{\sum_{i=1}^{n}(x_i - \bar{x})^2 \cdot \sum_{i=1}^{n}(y_i - \bar{y})^2}.$$

Damit ist

$$r_{XY} = \frac{\sum_{i_1}^{n}(x_i - \bar{x})(y_i - \bar{y})}{\sqrt{\sum_{i-1}^{n}(x_i - \bar{x})^2 \cdot \sum_{i=1}^{n}(y_i - \bar{y})^2}}$$

$$= \frac{\frac{\sum_{i_1}^{n}(x_i - \bar{x})(y_i - \bar{y})^2}{n-1}}{\sqrt{\frac{\sum_{i-1}^{n}(x_i - \bar{x})^2 \cdot \sum_{i=1}^{n}(y_i - \bar{y})^2}{(n-1)(n-1)}}} = \frac{s_{XY}}{s_X \cdot s_Y}.$$

Bestimmtheitsmaß und Produktmoment-Korrelationskoeffizient ***FuF***

Damit kann B auch ausgedrückt werden durch

$$B = \frac{\sum_{i-1}^{n}(\hat{y}_i - \bar{y})^2}{\sum_{i=1}^{n}(y_i - \bar{y})^2} = \frac{\text{Systematische Variation}}{\text{Gesamtvariation}}.$$

Der Produktmoment-Korrelationskoeffizienten r_{XY} (als Maß für die Stärke des Zusammenhangs zwischen X und Y) ergibt sich als

$$r_{XY} = \sqrt{B} = \frac{s_{XY}}{s_X \cdot s_Y}.$$

Der Korrelationskoeffizient r_{XY} ist somit die bezüglich der Standardabweichungen von X und Y normierte Kovarianz der beiden Variablen X und Y. In der Gleichung für r_{XY} sind die x_i und die y_i austauschbar, d.h. $r_{XY} = r_{YX}$. Der Korrelationskoeffizient ist also im Unterschied zum Regressionskoeffizienten unabhängig davon, welche Variable man als abhängig und welche man als unabhängig ansieht.

Außerdem nimmt der Korrelationskoeffizient im Gegensatz zu B auch negative Werte an.

Insbesondere gilt für den Korrelationskoeffizienten r_{XY}:

(1) $r_{XY} = r_{YX}$ hat das gleiche Vorzeichen wie b_{YX}. Ist $r_{YX} > 0$, so besteht eine gleichsinnige Beziehung zwischen Y und X, für $r_{YX} < 0$ ist die Beziehung gegensinnig.

(2) Der Korrelationskoeffizient nimmt nur Werte zwischen -1 und $+1$ an, da $r_{YX} = \sqrt{B}$ und $0 \leq B \leq 1$. Es ist also $-1 \leq r_{XY} \leq 1$.

(3) Ist $r_{XY} = 0$, so heißen die beiden Variablen unkorreliert.

(4) Die Stärke des linearen Zusammenhangs zwischen X und Y ist umso größer, je näher $|r_{XY}|$ bei 1 liegt.

Für die Stichprobenwerte aus Tab. 23 ergibt sich:

$$\begin{aligned} r_{XY} &= 0{,}8381 \\ B &= 0{,}7024 = 70{,}24\%. \end{aligned}$$

70,24% der Gesamtvarianz der y_i können also auf die Varianz der x_i zurückgeführt werden. Bestimmtheitsmaß und Korrelationskoeffizient weisen offensichtlich auf einen recht starken Zusammenhang zwischen Verdunstung und Lufttemperatur hin.

6.4 Analytisch-statistische Probleme bei der Regressions- und Korrelationsanalyse

Je nachdem, welche Stichprobe man aus einer bivariaten Grundgesamtheit zieht, werden der Korrelationskoeffizient r_{XY}, das Bestimmtheitsmaß B, der Regressionskoeffizient b_{YX} sowie die Schätzwerte $\hat{y}_i$ unterschiedliche Werte aufweisen. Wählt man für das Beispiel aus Tab. 23 anstatt der dreijährigen Messreihe 1973–1975 als Stichprobe die dreijährigen Messreihen 1971–1973 und 1967–1969 (Stichprobenumfänge $n = 36$), so ergeben sich für die betrachteten Parameter abweichende Werte (vgl. Tab. 25).

Es ist daher noch einmal zu betonen, dass die aus einer Stichprobe gewonnenen Korrelations- und Regressionsparameter Schätzwerte für die entsprechenden Parameter der bivariaten Grundgesamtheit (X, Y) sind.

D.h. insbesondere: r ist ein Element der Zufallsvariablen R (= Korrelationskoeffizient von Zufallsstichproben von n Paaren (x_i, y_i) aus der bivariaten Grundgesamtheit (X, Y)), die als Schätzfunktion für ρ (= Korrelationskoeffizient der bivariaten Grundgesamtheit (X, Y))

Tab. 25: Ergebnis der Regressions- und Korrelationsanalyse der Verdunstung nach der Lufttemperatur für drei verschiedene Stichproben (Verdunstungsmessanlage Senne)

	Stichprobe 1 Jahre 1973-75 $n = 36$	Stichprobe 2 Jahre 1971-73 $n = 36$	Stichprobe 3 Jahre 1967-69 $n = 36$
Korrelationskoeffizient	0,8381	0,8742	0,8162
Bestimmtheitsmaß	70,24%	76,42%	66,62%
Regressionskoeffizient	0,1489	0,1368	0,1380
Regressionskonstante	−0,5101	−0,3108	−0,2021

dient. Entsprechend ist b_{YX} ein Schätzwert für den Parameter β_{YX} (= Regressionskoeffizient von Y nach X der bivariaten Grundgesamtheit (X, Y)).

Folgende analytisch-statistischen Probleme interessieren besonders:

(1) Ist $\rho = 0$ (H_0) oder $\rho \neq 0$ (H_A)?

(2) Welche Konfidenzintervalle kann man zu gegebenen Sicherheitswahrscheinlichkeiten (bzw. Irrtumswahrscheinlichkeiten) für ρ und β_{YX} abgrenzen?

Korrelationsanalyse

Wir betrachten zunächst diese Fragen für den Korrelationskoeffizienten ρ. Sie lassen sich exakt nur beantworten, wenn X und Y binormalverteilt sind, d.h., wenn die bivariate Grundgesamtheit (X, Y) eine zweidimensionale Normalverteilung darstellt. Wir können hier nicht tiefer in die Theorie multivariater theoretischer Verteilungen eindringen. Allerdings können einige Eigenschaften der Binormalverteilung veranschaulicht werden.

(1) Die Binormalverteilung hat außer den Parametern $\mu_X, \mu_y, \sigma_X^2, \sigma_Y^2$ als fünften Parameter noch ρ, wobei ρ definiert ist durch $\rho = \text{Kovarianz}\ (X, Y)/(\sigma_X \cdot \sigma_Y)$. Abb. 46 zeigt eine Binormalverteilung mit $\rho = 0$.

Die Schnittflächen zwischen der Wahrscheinlichkeitsdichte und der (X, Y)-Ebene sind jeweils konzentrische Kreise. Wäre $\rho \neq 0$, würden diese Kreise zu Ellipsen und die dreidimensionale Form der Binormalverteilung würde entsprechend gestreckt.

(2) Projiziert man die Dichtefunktion einer Binormalverteilung auf eine zur X-Achse oder zur Y-Achse parallele Ebene, so erhält man als sogenannte Randverteilungen jeweils eindimensionale Normalverteilungen.

Ist (X, Y) also eine Binormalverteilung, so sind X und Y jeweils univariate Normalverteilungen. Der umgekehrte Schluss ist übrigens nicht möglich.

Abb. 47 veranschaulicht diesen Fall, wobei die Punkte eine Zufallsstichprobe aus der Binormalverteilung darstellen und die Geraden den aus der Stichprobe ermittelten Regressionsgeraden entsprechen.

(3) Für beliebige $x_0 \in X$ und $y_0 \in Y$ gilt, falls (X, Y) eine Binormalverteilung ist: Die bedingten Wahrscheinlichkeitsdichten $f(Y|X{=}x_0)$ und $f(X|Y{=}y_0)$ sind jeweils

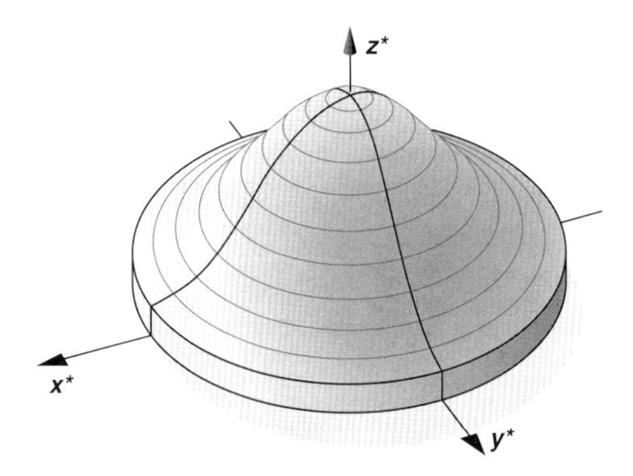

Abb. 46:
Die Binormalverteilung für $\rho = 0$

eindimensionale Normalverteilungen. Der zentrale Satz für den Korrelationskoeffizienten ρ einer Binormalverteilung lautet nun:

ρ ist genau dann gleich 0, wenn die beiden Variablen X und Y stochastisch unabhängig voneinander sind. Falls $\rho \neq 0$, sind die beiden Variablen mehr oder weniger abhängig voneinander. Diese Abhängigkeit wird am besten durch das lineare Modell $Y = \alpha + \beta X$ bzw. $X = \alpha^* + \beta^* Y$ beschrieben.

Sind X und Y dagegen nicht binormalverteilt, so kann man zwar ρ bestimmen, aber ρ ist nicht mehr ein Maß für die stochastische Abhängigkeit der beiden Variablen schlechthin, sondern nur noch für ihre lineare Abhängigkeit. Abb. 48 möge dies verdeutlichen. Sie zeigt verschiedene Stichproben aus bivariaten Grundgesamtheiten und die Korrelationskoeffizienten der Stichproben. Das Bild in Abb. 48 oben rechts zeigt nun, dass der Korrelationsko-

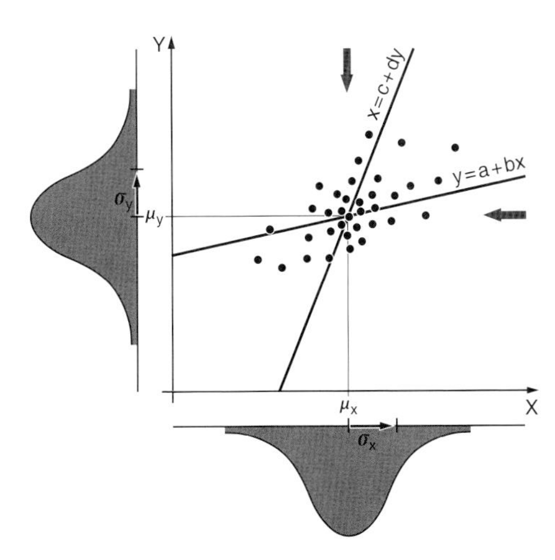

Abb. 47:
Eindimensionale Normalverteilungen der beiden Variablen X und Y der Binormalverteilung (X,Y)

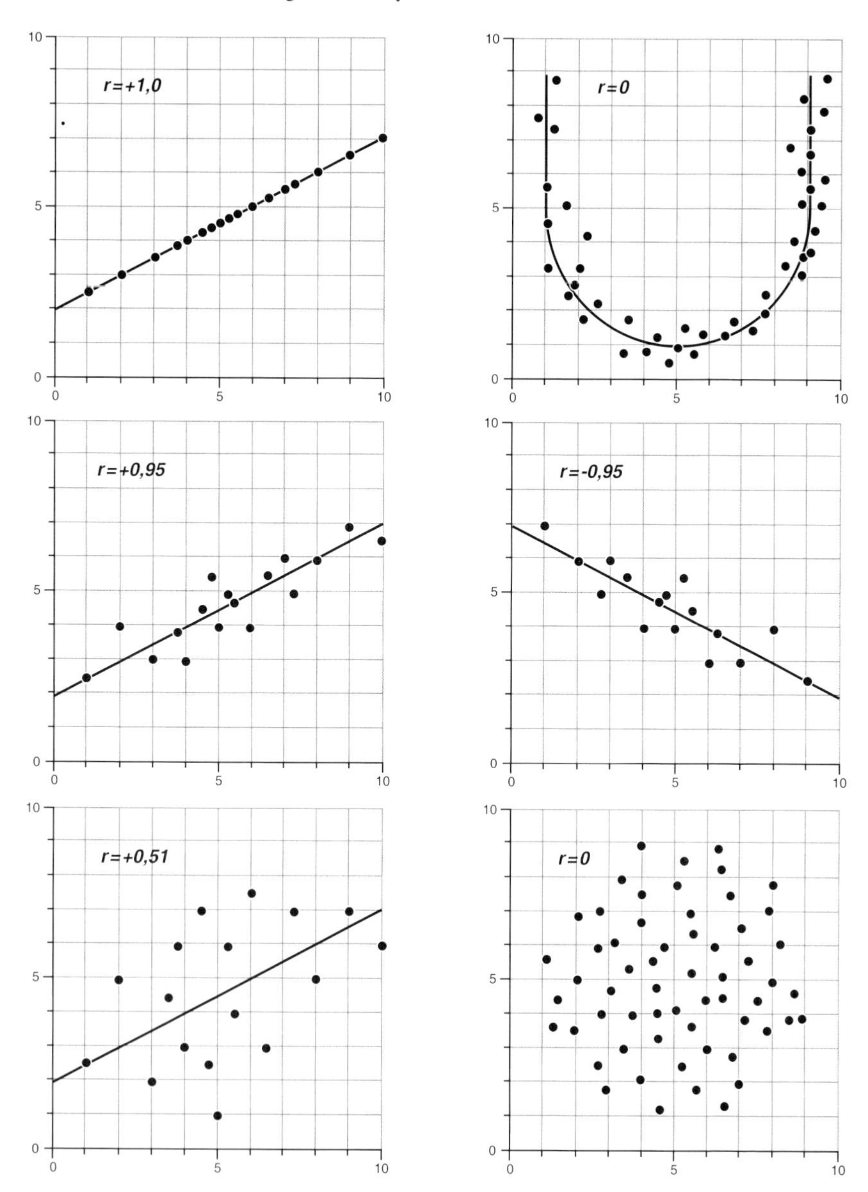

Abb. 48: Beispiele von Stichproben mit verschiedenen Werten des Produktmoment-Korrelationskoeffizienten r

effizient der Stichprobe zwar 0 ist, die beiden Variablen aber trotzdem stark voneinander abhängen, wobei die Abhängigkeit durch eine U-förmige Verteilung ausgedrückt wird. Ein solches Ergebnis ($\rho \approx 0$ trotz engen Zusammenhangs der beiden Variablen X und Y) ist nur möglich, wenn X und Y nicht binormalverteilt sind.

Wir können also Folgendes festhalten: Sind zwei Variablen binormalverteilt, so ist ρ ein Maß für die Stärke des Zusammenhangs zwischen den beiden Variablen. Sind zwei Variablen nicht binormalverteilt, so ist ρ ein Maß nur für die Stärke des linearen Zusammenhangs zwischen den beiden Variablen.

Um die Aussagekraft eines aus einer Stichprobe gewonnenen Korrelationskoeffizienten r beurteilen zu können, müsste man vorher prüfen, ob beide Variablen binormalverteilt sind. Eine solche Prüfung ist zwar grundsätzlich möglich, aber in der Praxis fast immer ausgeschlossen, da der Umfang von zweidimensionalen Stichproben meistens zu gering ist. Man behilft sich damit zu testen, ob die beiden univariaten Verteilungen normal sind (gemäß unserer Aussage (2)), obwohl es durchaus, wenn auch selten, vorkommen kann, dass zwei Variablen jeweils normalverteilt sind, ohne dass die zweidimensionale Grundgesamtheit binormalverteilt ist. Die folgenden Schätzungen und Tests für den Korrelationskoeffizienten sind eigentlich nur anwendbar, falls die zweidimensionale Grundgesamtheit binormalverteilt ist. Sie sind jedoch relativ robust gegenüber Verletzungen dieser Voraussetzung.

Test für den Korrelationskoeffizienten ρ

Man möchte prüfen, ob der Schätzwert r der Stichprobe $\{(x_i, y_i), i = 1, \ldots, n\}$, dafür spricht, dass $\rho = 0$ (die Variablen sind unabhängig voneinander) oder $\rho \neq 0$ ist, also

$$H_0\colon\ \rho = 0, \quad H_\mathrm{A}\colon\ \rho \neq 0.$$

Unter der Voraussetzung H_0 ist die Testgröße

$$t = \frac{R \cdot \sqrt{n-2}}{\sqrt{1-R^2}}$$

t-verteilt mit $(n-2)$ Freiheitsgraden.

Man sucht also den für die zweiseitige Fragestellung kritischen Wert $t_{n-2;\alpha/2}$ und kontrolliert, ob $\hat{t} = \dfrac{r \cdot \sqrt{n-2}}{\sqrt{1-r^2}} > t_{n-2;\alpha/2}$ ist.

Für die Verdunstung und die Lufttemperatur (Werte aus Tab. 23) hatten sich $r = 0{,}8381$ und $r^2 = 0{,}7024$ ergeben. Bei einem Signifikanzniveau von $\alpha = 5\%$ ist $t_{34;2,5\%} = 2{,}032$ (Tafel 3). Außerdem ist

$$\hat{t} = \frac{0{,}8381 \cdot \sqrt{34}}{1 - 0{,}7024} = 8{,}9587,$$

also $\qquad \hat{t} = 8{,}9587 > 2{,}032 = t_{34;2,5\%}.$

Wir können daher mit einer Sicherheitswahrscheinlichkeit von 95% sagen, dass zwischen der Verdunstung und der Lufttemperatur ein Zusammenhang besteht.

Dieser Test ist sehr häufig in der Praxis. Deshalb finden sich die kritischen Werte des Produktmoment-Korrelationskoeffizienten für verschiedene Signifikanzniveaus und Freiheitsgrade in einer eigenen Tabelle (Tafel 7, Anhang). Zusätzlich können zwei oder mehrere Korrelationskoeffizienten darauf überprüft werden, ob die entsprechenden Korrelationskoeffizienten der Grundgesamtheiten gleich sind (H_0) oder nicht (H_A). Und es können Konfidenzintervalle um r für ρ bestimmt werden. Zu diesen Test- und Schätzverfahren vergleiche SACHS/HEDDERICH (2009, S. 631 ff).

Regressionsanalyse

Die Voraussetzungen der Regressionsanalyse sind andere als bei der Korrelationsanalyse, was zeigt, dass wir es mit unterschiedlichen gedanklichen Konzepten zu tun haben.

Die lineare Einfachregression

$$Y = \alpha + \beta X + \epsilon$$

soll ja die beste Schätzung des Wertes y zu einem gegebenen Wert x erlauben. Dies ist jedoch nur möglich, wenn

(1) für jeden Wert x (beliebig, fest) die zugehörige Zufallsvariable $Y|x$ normalverteilt mit dem Mittelwert $\mu_{y|x}$ und der Standardabweichung $\sigma_{y|x}$ ist,
(2) die Mittelwerte $\mu_{y|x}$ alle auf der Geraden $\mu_{y|x} = \alpha + \beta X$ liegen,
(3) die Varianzen $\sigma^2_{y|x}$ für jedes x gleich groß sind,
(4) die Residualvariablen $\epsilon|_x$ $(= y|x - \mu_{y|x})$ jeweils paarweise stochastisch unabhängig sind, d.h. der Korrelationskoeffizient für je zwei beliebige Residualvariablen 0 ist.

Diese Forderungen erscheinen auf den ersten Blick unverständlich. Sie werden aber einsichtiger, wenn man bedenkt, dass wir ja über die Abhängigkeit zwischen zwei stetigen Zufallsvariablen sprechen. Das bedeutet:

Zu jedem Wert x der Zufallsvariablen X gibt es unendlich viele Werte $y|x$ der Zufallsvariablen Y (vgl. Abb. 49). Diese $y|x$-Werte müssen normalverteilt sein (Bedingung (1)) um den Mittelwert $\mu_{y|x} = \alpha + \beta x$ (Bedingung (2)), weil sonst $\alpha + \beta x$ keine beste Schätzung für die $y|x$-Werte wäre.

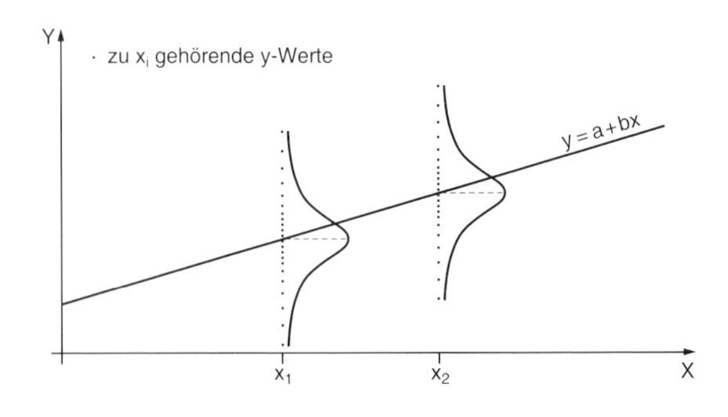

Abb. 49:
Die Voraussetzungen (1)-(3) der Regressionsanalyse

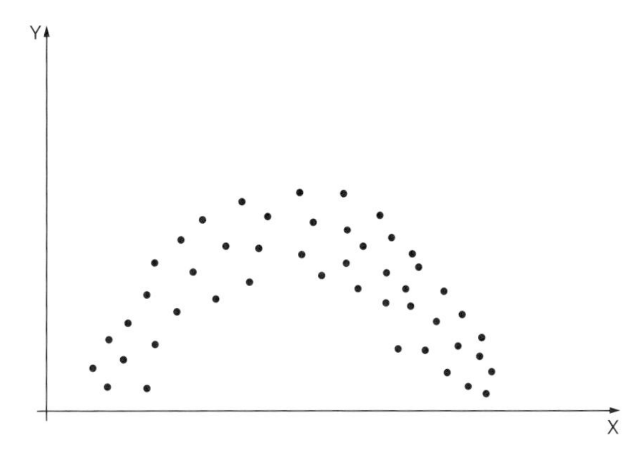

Abb. 50:
Stichprobe aus einer zweidimensionalen Grundgesamtheit, die der Bedingung (2) widerspricht

Bedingung (2) fordert außerdem, dass tatsächlich die Regressionsgerade $Y = \alpha + \beta X + \epsilon$ die besten Schätzungen liefert (und nicht eine andere Gerade $Y = \gamma + \delta X + \epsilon$ oder gar eine nicht-lineare Funktion). Abbildung 50 zeigt eine Stichprobe aus einer zweidimensionalen Grundgesamtheit, für die die Bedingung (2) nicht erfüllt ist. Bedingung (2) stellt also sicher, dass der Zusammenhang zwischen Y und X überhaupt linear ist.

Bedingung (3) fordert die sogenannte Homogenität der Zufallsfehlervarianzen. Ist sie nicht erfüllt, stellt sich die Frage, ob es tatsächlich sinnvoll ist, eine durch eine mathematische Funktion beschreibbare Beziehung zwischen Y und X anzunehmen (vgl. Abb. 51).

Die Bedingung (4) verlangt insbesondere, dass die beiden Zufallsvariablen jeweils für sich betrachtet stochastisch unabhängig sind. Wir kommen darauf gleich zurück.

Abb. 49 veranschaulicht die Bedingungen (1)–(3). Man kann im übrigen die Bedingungen (1)–(4) auch in einer einzigen Forderung zusammenfassen:

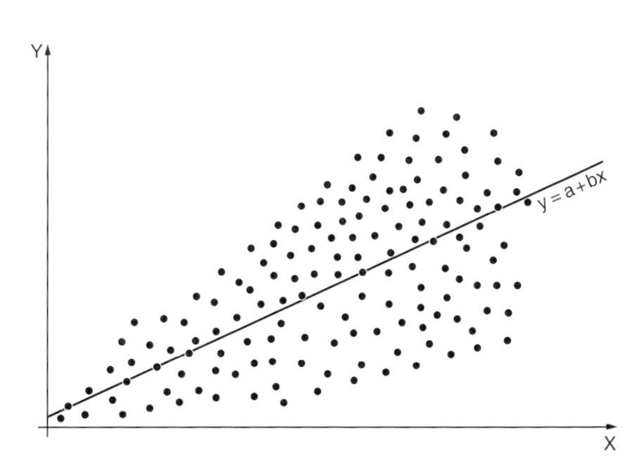

Abb. 51:
Stichprobe aus einer zweidimensionalen Grundgesamtheit, die der Bedingung (3) widerspricht

(5) Die Residualvariablen $\epsilon|x$ müssen den Mittelwert 0 haben, für jedes x die gleiche Varianz $\sigma_{\epsilon|x} = \sigma_\epsilon$ besitzen und binormalverteilt sein mit dem Korrelationskoeffizienten 0.

Die Voraussetzungen sind in der Praxis kaum zu überprüfen, da man in der Regel ja mit Stichproben arbeitet, in denen zu jedem x_i nur ein y_i oder höchstens sehr wenige y_i gehören. Man sollte daher vor einer Regressionsanalyse ein Streuungsdiagramm anfertigen, um abschätzen zu können, ob die Voraussetzungen offensichtlich nicht erfüllt sind.

In der Praxis kann man für eine Stichprobe (x_i, y_i) nach Bestimmung der Regressionsgeraden die einzelnen e_i berechnen:

$$e_i = y_i - \hat{y}_i = y_i - (a + bx_i),$$

die sogenannten Residuen (residuals). Die Forderung (5) bedeutet nun insbesondere, dass die e_i eine Stichprobe aus einer mit $(0, \sigma_\epsilon)$ normalverteilten Grundgesamtheit sein müssen. Man kann daher nachträglich prüfen, ob die Regressionsgleichung ein angemessenes Modell war, indem man kontrolliert, ob die e_i annähernd um 0 normalverteilt sind.

Eine weitere Prüfungsmöglichkeit ergibt sich aus der Forderung (4). Für ein korrektes Regressionsmodell bedeutet die Voraussetzung (4) z.B., dass man nicht von den e_i jeweils auf andere e_i schließen darf. Mit anderen Worten: die e_i (aufgefasst als Zufallsereignisse) müssen stochastisch unabhängig sein. Wir können auch sagen: Die e_i dürfen keine erkennbare 'Strukturierung' aufweisen.

Im Übrigen sei noch einmal betont: Die genannten Voraussetzungen der Korrelations- und Regressionsanalyse sind nur dann von Bedeutung, wenn von Stichproben auf Grundgesamtheiten geschlossen werden soll. Werden empirische Grundgesamtheiten untersucht, können beide Analysen zur Messung der Stärke und der Form der linearen Abhängigkeit zwischen Y und X durchgeführt werden. Dann haben die folgenden Tests und Schätzungen für den Regressionkoeffizienten aber auch keinen Sinn.

Andererseits ist es natürlich äußerst fragwürdig, eine lineare Einfachregression einer empirischen Grundgesamtheit zu berechnen, wenn ersichtlich ist, dass die Beziehung zwischen Y und X nicht linear ist (wie im Beispiel im folgenden Kasten).

Systematische Strukturierung von Residuen ***MuG***

In der Bevölkerungsgeographie kann man lernen, dass die Natalität u.a. von dem Grad der Verstädterung beeinflusst wird. In Städten werden Kinder eher als Kostenfaktor angesehen als in ländlichen Gebieten. Das würde bedeuten, dass die Abnahme der Natalität zum Teil als Resultat der zunehmenden Urbanisierung angesehen werden kann.

Tabelle A zeigt die Entwicklung der Natalität (Y = Anzahl der Geburten pro 1000 Einwohner pro Jahr) und der Verstädterung (X = Anzahl der städtischen Einwohner an der Gesamtbevölkerung in %) in der Sowjetunion im Zeitraum 1950 – 1976. Das lineare Regressionsmodell für die Natalität in Abhängigkeit von dem Verstädterungsgrad lautet

$$Y = 49{,}95 + 0{,}55\,X \quad \text{mit } r = -0{,}9207.$$

In Abb. A ist die resultierende Regressionsgerade dargestellt. Tatsächlich zeigt der Korrelationskoeffizient von $r = -0{,}9207$, dass immerhin 84,77 % der Varianz der Natalität durch die Verstädterung erklärt werden können.

Tab. A: Entwicklung der Natalität und Verstädterung in der Sowjetunion 1950–1976 (Quelle: Statistische Jahrbücher der UDSSR, Moskau 1963 ff.)

Jahr	Natalität	Verstädterung	Jahr	Natalität	Verstädterung
1950	26,7	40,2	1964	19,6	52,6
1951	27,0	41,6	1965	18,4	53,3
1952	26,5	42,7	1966	18,2	54,0
1953	25,1	43,8	1967	17,4	54,7
1954	26,6	44,4	1968	17,3	55,5
1955	25,7	44,6	1969	17,0	56,3
1956	25,2	45,4	1970	17,4	57,0
1957	25,4	46,7	1971	17,8	57,9
1958	25,3	47,9	1972	17,8	58,8
1959	25,0	48,8	1973	17,6	59,6
1960	24,9	49,9	1974	18,0	60,4
1961	23,8	50,5	1975	18,1	61,3
1962	22,4	51,2	1976	18,4	61,9
1963	21,2	51,9			

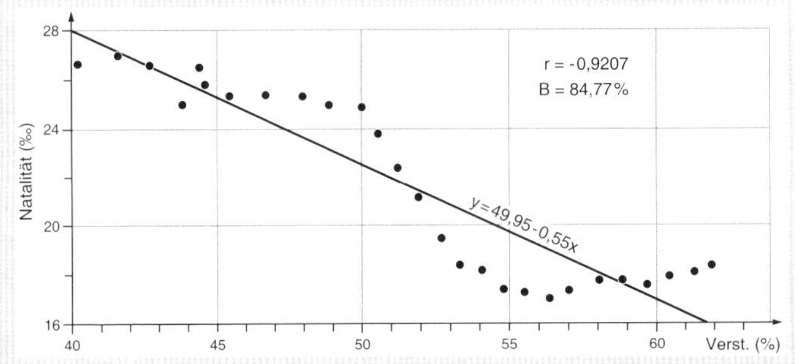

Abb. A: Streuungsdiagramm der Variablen Natalität und Verstädterung in der Sowjetunion mit 'illegitimer' Regressionsgeraden

Dieses Ergebnis ist eigentlich sehr befriedigend. Allerdings tauchen leichte Zweifel auf, wenn man das Streuungsdiagramm (siehe Abb. A) genauer betrachtet. Die Abweichungen der wahren Natalitätswerte von den Werten auf der Regressionsgeraden, also den geschätzten Werten, sind offensichtlich nicht zufällig verteilt. Die Natalität zeigt insgesamt einen s-förmigen Verlauf und keinen linearen. Formal bedeutet dies, dass wir die Regressionsanalyse nicht hätten durchführen dürfen, da die e_i eine systematische Struktur aufweisen, also nicht stochastisch unabhängig voneinander sind.

Was kann man nun machen? Zunächst sollte man festhalten, dass ja durchaus eine Abhängigkeit der Natalität von dem Grad der Verstädterung besteht. Langfristig, also für einen Zeitraum von ca. 30 Jahren, bestätigen das hohe Bestimmtheitsmaß und der absolut hohe Korrelationskoeffizient ja durchaus diese These. Offensichtlich gibt es aber noch andere Einflüsse auf die Natalität, die nichts mit dem Verstädterungsgrad zu tun haben. Das heißt, man müsste eine sogenannte multiple Regressionsanalyse durchführen, also noch eine weitere Variable in die Gleichung für die Natalität aufnehmen, die unabhängig von dem Verstädterungsgrad ist. Zu denken wäre dabei vielleicht an solche Variablen, die die wirtschaftliche Entwicklung oder das Familieneinkommen widerspiegeln. Entsprechende multiple Regressionsanalysen werden im zweiten Band ausführlich besprochen.

Systematische Strukturierung von Residuen ***MuG***

Test für den Regressionskoeffizienten

Geprüft wird, ob $\beta = 0$ (H_0). H_A ist $\beta \neq 0$. Im Fall $\beta = 0$ besteht keine Abhängigkeit der Zufallsvariablen Y von X. Unter der Voraussetzung H_0 ist die folgende Testgröße mit $(n - 2)$ Freiheitsgraden t-verteilt:

$$t = \frac{B_{yx}}{S_B}$$

mit B_{yx} = Zufallsvariable 'Regressionskoeffizient von Y nach X für Stichproben vom Umfang n der bivariaten Grundgesamtheit (X, Y)' = Schätzfunktion für β

S_B = Standardfehler von $B_{yx} = \dfrac{\sqrt{S_y^2(n) - B_{yx}^2 S_x^2(n)}}{S_x(n)\sqrt{n-2}}$

$S_x^2(n)$ = Varianz von Stichproben vom Umfang n der Variablen X

$S_y^2(n)$ = Varianz von Stichproben vom Umfang n der Variablen Y.

Für die zweiseitige Fragestellung ist der kritische Wert bei einem Signifikanzniveau α gleich $t_{n-2;\alpha/2}$.

Für das Beispiel zur Lufttemperatur und Verdunstung aus Tab. 23 ergibt sich

$$s_b = \frac{\sqrt{s_y^2 - b_{yx}^2 s_x^2}}{s_x \cdot \sqrt{n-2}} = \frac{\sqrt{1{,}0384 - 0{,}0222 \cdot 32{,}8902}}{5{,}735 \cdot \sqrt{34}} = 0{,}0166.$$

Die Prüfgröße nimmt daher den folgenden Wert $\hat{t}$ an:

$$\hat{t} = \frac{b_{yx}}{s_b} = \frac{0{,}1489}{0{,}0166} = 8{,}9699.$$

Bei einem 5%-Signifikanzniveau ist $t_{n-2;\alpha/2} = 2{,}032 < \hat{t} = 8{,}9699$. Folglich ist β signifikant von 0 verschieden.

Will man β einseitig testen, ist entsprechend zu verfahren.

Konfidenzintervall für den Regressionskoeffizienten

Wir benutzen die gleiche t-verteilte Prüfgröße und erhalten für das Signifikanzniveau α als Konfidenzintervall in Analogie zu den Ausführungen über Konfidenzintervalle in Kap. 5.3.1, dass β mit einer Wahrscheinlichkeit von $1 - \alpha$ in dem Intervall

$$b_{yx} - t_{n-2;\alpha/2} \cdot s_b \leq \beta \leq b_{yx} + t_{n-2;\alpha/2} \cdot s_b$$

liegt. Für das Beispiel zur Lufttemperatur und Verdunstung hatten wir für die Stichprobe 1973–1975 $(n = 36)$ die Regression

$$y = -0{,}5101 + 0{,}1489x$$

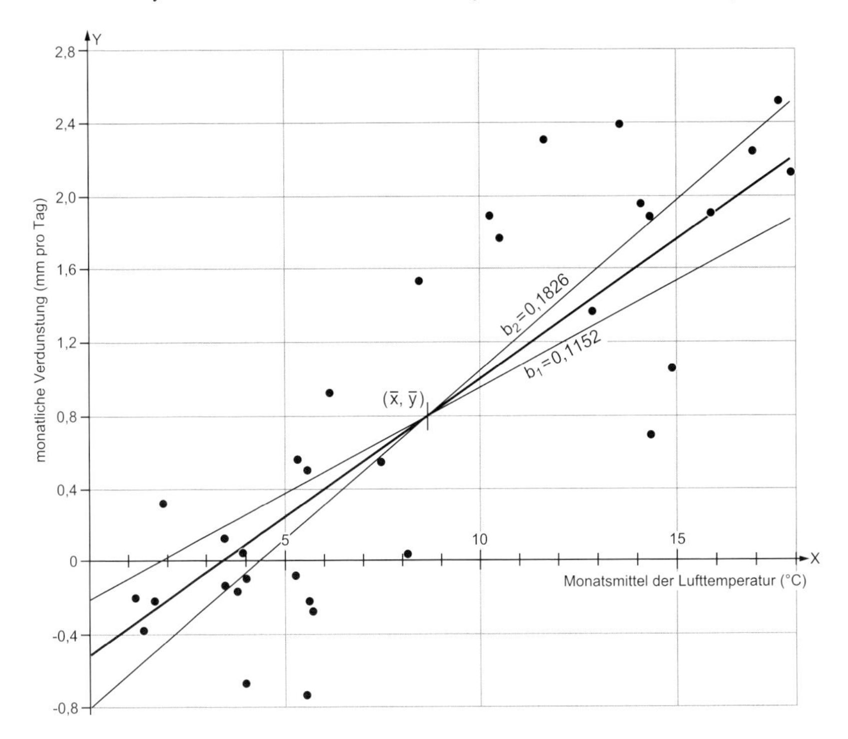

Abb. 52: Konfidenzintervall des Regressionskoeffizienten und resultierende Grenzgeraden

berechnet. Setzen wir $\alpha = 5\%$, so entnehmen wir aus Tafel 3 für 34 Freiheitsgrade den kritischen Wert (bei einseitiger Fragestellung)

$$t_{n-2;\alpha/2} = t_{34;2,5\%} = 2{,}032.$$

$s_b = 0{,}0166$ war bereits beim Test des Regressionskoeffizienten berechnet worden.

Also ist das Konfidenzintervall für β:

$$0{,}1489 - 2{,}032 \cdot 0{,}0166 \leq \beta \leq 0{,}1489 + 2{,}032 \cdot 0{,}0166$$

bzw. $$0{,}1489 - 0{,}0337 \leq \beta \leq 0{,}1489 + 0{,}0337$$

bzw. $$0{,}1152 \leq \beta \leq 0{,}1826.$$

Abb. 52 zeigt die beiden Grenzgeraden mit den Anstiegen $0{,}1152$ und $0{,}1826$, zwischen denen die wahre Regressionsgerade mit 95%-iger Wahrscheinlichkeit liegt. Wie man sieht, verlaufen die beiden Grenzgeraden sowie die (Stichproben-) Regressionsgerade durch den Punkt $(\bar{x}, \bar{y})$, der damit als Drehpunkt anzusehen ist.

Konfidenzintervalle für die Schätzwerte $\hat{Y} = Y|x$

Der zu einem x berechnete Wert $\hat{y} = a + bx$ kann als Schätzwert für den Einzelwert $y = a+bx+e_i$ betrachtet werden. Er kann aber auch als Schätzwert für das arithmetische Mittel aller zu einem x gehörenden Werte $y|x$ bzw. als Schätzwert für das arithmetische Mittel der Zufallsvariablen $Y|x$ angesehen werden. Wir beschränken uns hier auf den zweiten Fall (bei gleichem Signifikanzniveau sind die Konfidenzintervalle im ersten Fall etwas breiter).

Grundlage für die Bestimmung des Konfidenzintervalls für $\mu_{y|x}$ ist die mit $(n-2)$ Freiheitsgraden t-verteilte Schätzfunktion

$$t = \frac{\hat{Y}|x - \mu_{Y|x}}{S_{\hat{Y}|x}}$$

mit $\hat{Y}|x$ = Zufallsvariable (Schätzfunktion 'arithmetische Mittel der aus Stichproben vom Umfang n geschätzten Werte $y|x$ (x fest)')

$S_{\hat{Y}}|x$ = Standardfehler von $\hat{Y}|x$

$$= \sqrt{\frac{(n-1)(S_y^2(n) - B_{yx}^2 S_x^2(n))}{n-2}} \cdot \sqrt{\frac{1}{n} + \frac{(x - \bar{X}(n))^2}{(n-1)S_x^2(n)}}$$

mit $\bar{X}(n)$ = Mittelwert von Stichproben vom Umfang n der Variablen X

$S_x^2(n)$ = Varianz von Stichproben vom Umfang n der Variablen X

$S_y^2(n)$ = Varianz von Stichproben vom Umfang n der Variablen Y

B_{yx} = Regressionskoeffizient von Stichproben vom Umfang n der bivariaten Grundgesamtheit (X, Y)

$\mu_{Y|x}$ = Mittelwert der Variablen $Y|x$.

Das Konfidenzintervall für das Signifikanzniveau α ist daher

$$\hat{Y}|x - t_{n-1;\alpha/2} \cdot S_{\hat{Y}|x} \leq \mu_{Y|x} \leq \hat{Y}|x + t_{n-1;\alpha/2} \cdot S_{\hat{Y}|x}$$

Es ist wichtig zu betonen, dass $S_{\hat{Y}}|x$ von $|x - \bar{X}(n)|$ abhängt. Je größer $|x - \bar{X}(n)|$, desto größer ist $S_{\hat{Y}|x}$ und desto größer ist damit das Konfidenzintervall. Mit anderen Worten: Je weiter man sich vom Mittelwert entfernt, desto größer werden die Konfidenzintervalle für $Y|x$, desto ungenauer wird also die Schätzung von Y durch die Regressionsgerade. Wir wollen diesen Effekt am Beispiel der Abhängigkeit der Verdunstung von der Lufttemperatur demonstrieren.

Die Regressionsgleichung lautete: $Y = -0{,}5101 + 0{,}1489X$. Wir wollen die Konfidenzintervalle von $\mu_{Y|x}$ für $x_1 = 1$, $x_2 = 5$, $x_3 = 9$, $x_4 = 13$, und $x_5 = 17$ berechnen. Durch Einsetzen dieser Werte in die Regressionsgleichung ergibt sich:

$$\hat{y}_1 = -0{,}3612,\ \hat{y}_2 = 0{,}2344,\ \hat{y}_3 = 0{,}8300,\ \hat{y}_4 = 1{,}4256,\ \hat{y}_5 = 2{,}0212.$$

Für $\alpha = 5\%$ ist der kritische t-Wert für $n - 2 = 34$ Freiheitsgrade

$$t_{34;2{,}5\%} = 2{,}032.$$

Für $\hat{y}_1$ berechnet man den Standardfehler $s_{\hat{y}|x_1}$ nach der genannten Formel:

$$\begin{aligned} s_{\hat{y}|x_1} &= \sqrt{\frac{(n-1)(s_y^2 - b_{yx}^2 s_x^2)}{n-2}} \cdot \sqrt{\frac{1}{n} + \frac{(x_1 - \bar{x})^2}{(n-1)s_x^2}} \\ &= \sqrt{\frac{35 \cdot (1{,}0384 - 0{,}0222 \cdot 32{,}8902)}{34}} \cdot \sqrt{\frac{1}{36} + \frac{(1 - 8{,}728)^2}{35 \cdot 32{,}8902}} \\ &= \sqrt{\frac{35 \cdot 0{,}3082}{34}} \cdot \sqrt{\frac{1}{36} + \frac{59{,}7220}{35 \cdot 32{,}8902}} \\ &= \sqrt{0{,}3173} \cdot \sqrt{0{,}0797} = 0{,}1590. \end{aligned}$$

Somit ist $t_{34;\,2{,}5\%} \cdot s_{\hat{y}|x_1} = 2{,}032 \cdot 0{,}1590 = 0{,}3232$.

Das Konfidenzintervall für $\mu_{y|x_1}$ ist also für das 5%-Signifikanzniveau

$$-0{,}3612 - 0{,}3231 \leq \mu_{y|x_1} \leq -0{,}3612 + 0{,}3231$$

bzw.

$$-0{,}6843 \leq \mu_{y|x_1} \leq -0{,}0381.$$

Ebenso werden die Konfidenzintervalle für $\mu_{y|x_2}, \ldots, \mu_{y|x_5}$ berechnet (vgl. Tab. 26 auf der nächsten Seite). Abb. 53 zeigt diese Konfidenzintervalle. Sie wurden zu einem 'Vertrauensband' verbunden und zeigen deutlich, dass die Schätzwerte um so ungenauer werden, je mehr man sich vom Mittelwert $(\bar{x}, \bar{y})$ entfernt. Diese Beobachtung verdient besonders bei Prognosen für Zeitreihen Beachtung: Je weiter nämlich die Prognosen in die Zukunft vorgreifen, desto unsicherer werden die Prognosewerte, und zwar selbst dann, wenn der zeitliche Trend konstant bleibt.

Zur Beziehung zwischen Korrelations- und Regressionsanalyse

Wir kehren noch einmal zu den Voraussetzungen der Regressionsanalyse zurück. Sie lauteten: Die Residualvariablen $\epsilon|x$ sind normalverteilt mit $\mu_{\epsilon|x} = 0$ und $\sigma_{\epsilon|x} = \sigma_\epsilon$ und paarweise binormalverteilt mit dem Korrelationskoeffizienten 0. Da die $\mu_{\epsilon|x} = 0$ sind, müssen auch die aus X geschätzten $\hat{y}$-Werte den gleichen Mittelwert wie die Variable Y haben, d. h. $\mu_y = \mu_{\hat{y}}$. Daraus ergibt sich die Gleichung für die *Varianzzerlegung*

$$\sigma_y^2 = \sigma_{\hat{y}}^2 + \sigma_\epsilon^2,$$

d.h., die Gesamtvarianz von Y ist additiv zerlegbar in die Varianz der geschätzten Variablen $\hat{Y}$ und in die Varianz der *Fehlervariablen* ϵ. Während $\sigma_{\hat{y}}^2$ 'erklärte' Varianz heißt, da sie die systematischen Abweichungen entsprechend dem Regressionsmodell zusammenfasst, stellt σ_ϵ^2 den nicht durch das Regressionsmodell erfassten Teil der Gesamtvarianz von Y dar. Insofern ist es sinnvoll, das Verhältnis

$$\frac{\sigma_{\hat{y}}^2}{\sigma_\epsilon^2}$$

als Bestimmtheitsmaß B zu wählen (vgl. auch Kap. 6.3), als Maß also für die Stärke des (linearen) Zusammenhangs zwischen Y und X.

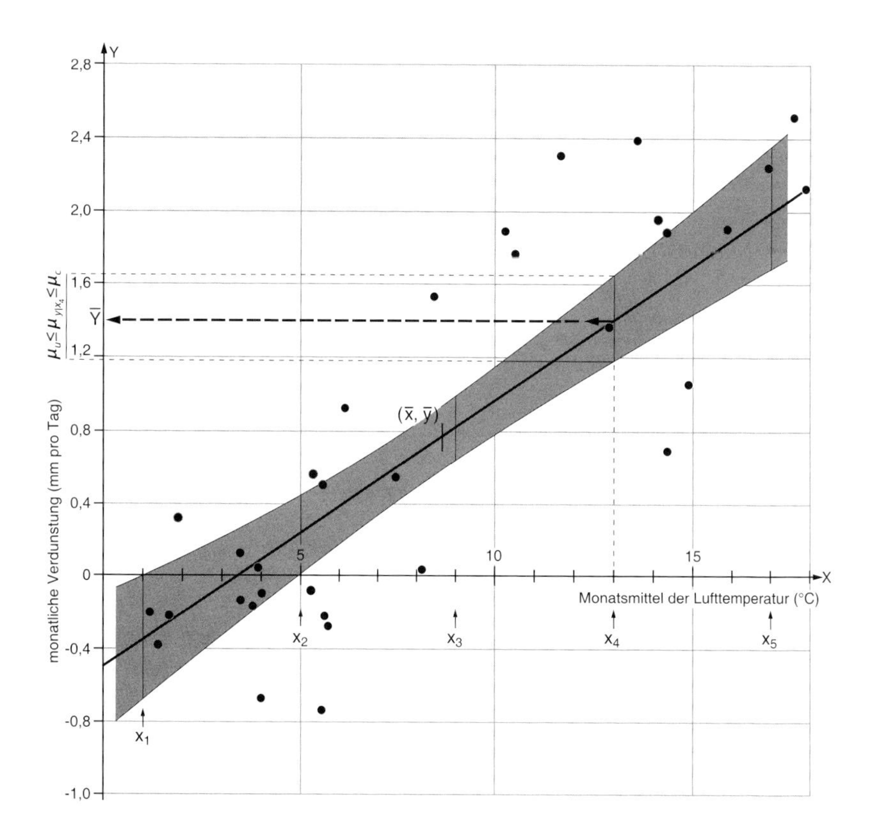

Abb. 53: Konfidenzintervalle für die $\hat{y}$-Schätzwerte der Regression $Y = -0{,}5101 + 0{,}1489\,X$

Tab. 26: 95%-Konfidenzintervalle für geschätzte Mittelwerte von Y der Regression von Y (Verdunstung) nach X (Lufttemperatur) für fest vorgegebene x

x_i	$S_{\hat{y}\|x_i}$	$t_{34;2,5\%} \cdot S_{\hat{y}\|x_i}$	$\hat{y}\|x_i (= a + bx_i)$	$\mu_u \leq \mu_{y\|x_i} \leq \mu_o$
1	0,1590	0,3232	−0,3612	$-0{,}6843 \leq \mu_{y\|x_i} \leq -0{,}0381$
5	0,1125	0,2286	0,2344	$+0{,}0058 \leq \mu_{y\|x_i} \leq +0{,}4630$
9	0,0941	0,1912	0,8300	$+0{,}6388 \leq \mu_{y\|x_i} \leq +1{,}0212$
13	0,1177	0,2392	1,4256	$+1{,}1864 \leq \mu_{y\|x_i} \leq +1{,}6648$
17	0,1663	0,3379	2,0212	$+1{,}6833 \leq \mu_{y\|x_i} \leq +2{,}3591$

6.5 Anwendungen der Regressions- und Korrelationsanalyse

Regressions- und Korrelationsanalyse haben vor allem die Aufgabe, Vermutungen über Art und Stärke des Zusammenhangs zwischen zwei Variablen zu überprüfen. In diesem Sinn sind sie hier eingeführt und bislang diskutiert worden. Für diese Aufgabe ist in der Sozial- und Wirtschaftsgeographie ein wichtiger inhaltlicher Anwendungsbereich die Frage nach einem zentral-peripheren Formenwandel. Dabei geht es um die Aufstellung und die Überprüfung von Hypothesen, die die Veränderung eines Phänomens mit zunehmender Distanz von einem Zentrum aus in Richtung der zugehörigen Peripherie (oder umgekehrt) betreffen. Im ersten Abschnitt werden wir ein Beispiel zu diesem Themenkomplex vorstellen. Der zweite Abschnitt wird sich mit der Frage der Schätzung bzw. Prognose fehlender Werte mit Hilfe der Regressionsanalyse beschäftigen. Im dritten Abschnitt geht es dann um eine genauere Betrachtung der Residuen einer Regression zum Zweck einer möglichen Erweiterung des Regressionsmodells. Konkrete Anwendungsmöglichkeiten dieser Erweiterung werden im Band 2 (BAHRENBERG/GIESE/MEVENKAMP/NIPPER 2008) vorgestellt.

6.5.1 Räumliche Distanz als unabhängige Variable: Die Verteilung der Bevölkerungsdichte in der Stadt Bremen

In der Stadtgeographie findet man u.a. die These, dass die Bevölkerungsdichte innerhalb einer Stadt mit zunehmender Entfernung vom Stadtzentrum abnimmt. Einschlägig ist hier die Theorie von Alonso, die außer in den einführenden Lehrbüchern zur Wirtschaftsgeographie in ALONSO (1975) und in GIESE (1995, S. 39 ff.) in einfacher Form und gut verständlich dargestellt wird. Wesentlich für diese Hypothese ist, dass einmal der Bodenpreis mit zunehmender Entfernung vom Zentrum der Stadt abnimmt und dass zweitens auf den zentrumsnäheren Flächen mit dem höheren Bodenpreis mehr Menschen pro Flächeneinheit wohnen, der Boden also in diesem Sinne intensiver genutzt wird.

Wir wollen diese These am Beispiel der Stadt Bremen untersuchen. Als Basis dienen die in Tab. 27 aufgeführten 19 Stadtteile der Stadt Bremen (vgl. auch Abb. 54). Diese Stadtteile liegen auch der Amtlichen Statistik zugrunde. Es wurden allerdings nicht die drei Stadtteile berücksichtigt, die zu Bremen-Nord gehören (vgl. Abb. 54). Bremen-Nord wurde erst im 20. Jahrhundert nach Bremen eingemeindet und zeichnet sich durch eine relativ große Eigenständigkeit aus, so dass es funktional als eigene Stadt mit einem eigenen Zentrum angesehen werden kann. Die Verwaltungseinheit Stadt Bremen besteht funktional daher aus zwei Städten. Wir haben uns deshalb in der Analyse auf das ehemalige Gebiet der Stadt Bremen vor der Eingemeindung von Bremen-Nord beschränkt.

Es wurden zwei Berechnungen der Bevölkerungsdichte zugrunde gelegt. Einmal wurde als Fläche die Gesamtfläche des jeweiligen Stadtteils gewählt ($DichteGes$), zum anderen nur die Siedlungs- und Verkehrsfläche ($DichteSV$). Wenn man die Bevölkerungsdichte nur auf die Siedlungs- und Verkehrsfläche bezieht, schließt man die Landwirtschafts-, die Wald- und die Wasserfläche sowie die sog. Flächen anderer Nutzung aus. Die Bezugsfläche wird damit auf die Flächen reduziert, die zum Wohnen und damit in engem Zusam-

Tab. 27: Entfernung vom Stadtzentrum und Bevölkerungsdichte der Stadtteile Bremens 2006 (Quelle: Statistisches Landesamt Bremen, eigene Berechnungen)

Stadtteil	Gesamtfläche in ha	Siedl.- u. Verkehrsfläche in ha	Einwohner	Entfernung vom Zentrum in km	Einw. je ha Gesamtfläche	Einw. je ha Siedlungs- u. Verkehrsfl.
				DIST	*DichteGes*	*DichteSV*
1 Mitte	324	284	16808	0,7	51,88	59,18
2 Neustadt	1541	1298	43192	1,7	28,03	33,28
3 Obervieland	1377	1020	35480	5,0	25,77	34,78
4 Huchting	1373	802	29398	5,5	21,41	36,66
5 Woltmershausen	539	461	13752	3,2	25,51	29,83
6 Seehausen	1104	270	1130	7,7	1,02	4,19
7 Strom	731	210	456	5,8	0,62	2,17
8 Östliche Vorstadt	334	316	29744	2,6	89,05	94,13
9 Schwachhausen	876	871	37672	3,4	43,00	43,25
10 Vahr	434	420	27120	6,0	62,49	64,57
11 Horn-Lehe	1404	1004	24363	6,0	17,35	24,27
12 Borgfeld	1663	362	7693	8,4	4,63	21,25
13 Oberneuland	1844	724	12686	7,8	6,88	17,52
14 Blockland	3030	93	399	8,2	0,13	4,29
15 Osterholz	1290	932	37883	9,0	29,37	40,65
16 Hemelingen	2976	1858	41734	6,5	14,02	22,46
17 Findorff	426	417	26046	1,6	61,14	62,46
18 Walle	834	753	27469	2,3	32,94	36,48
19 Gröpelingen	979	856	34913	5,8	35,66	40,79

menhang stehenden Nutzungen in Anspruch genommenen werden. Dies erschien uns u.a. deshalb sinnvoll, weil sich in Bremen, im Unterschied zu vielen anderen deutschen Großstädten, am Rand der Stadt noch große Gebiete dörflichen Charakters mit ausgeprägter landwirtschaftlicher Nutzung befinden. Andererseits gehört aber zum Modell der städtischen Landnutzung auch die Landwirtschaft, die sich vielleicht am Rand der Stadt, wenn auch nur inselhaft, erhalten hat und die noch nicht durch typische städtische Nutzungen ersetzt wurde. Es könnte also durchaus sein, dass das Regressionsmodell durch die Einbeziehung der landwirtschaftlich genutzten Gebiete am Rand der Stadt besser wird.

Die Analysen der Regression von den beiden Dichtevariablen nach der Entfernung von der Stadtmitte ($DIST$) liefern folgende Ergebnisse:

$$DichteGes = 59{,}642 - 5{,}991\, DIST \quad \text{mit } r = 0{,}636,\ r^2 = 40{,}5\%$$
$$DichteSV = 62{,}100 - 5{,}223\, DIST \quad \text{mit } r = 0{,}579,\ r^2 = 33{,}6\%.$$

Beide Regressionsanalysen liefern angesichts ihrer Schlichtheit zufriedenstellende Ergebnisse. Immerhin erklären sie gut 40% bzw. 33% der Varianz der Bevölkerungsdichte. Man darf nicht vergessen, dass die Entfernung zwischen den Stadtteilen und dem Zentrum recht einfach als Luftlinienentfernung bestimmt wurde. Entscheidender ist aber, dass das der Regressionsanalyse zugrunde liegende Modell extrem einfach gehalten war. In der Wirklich-

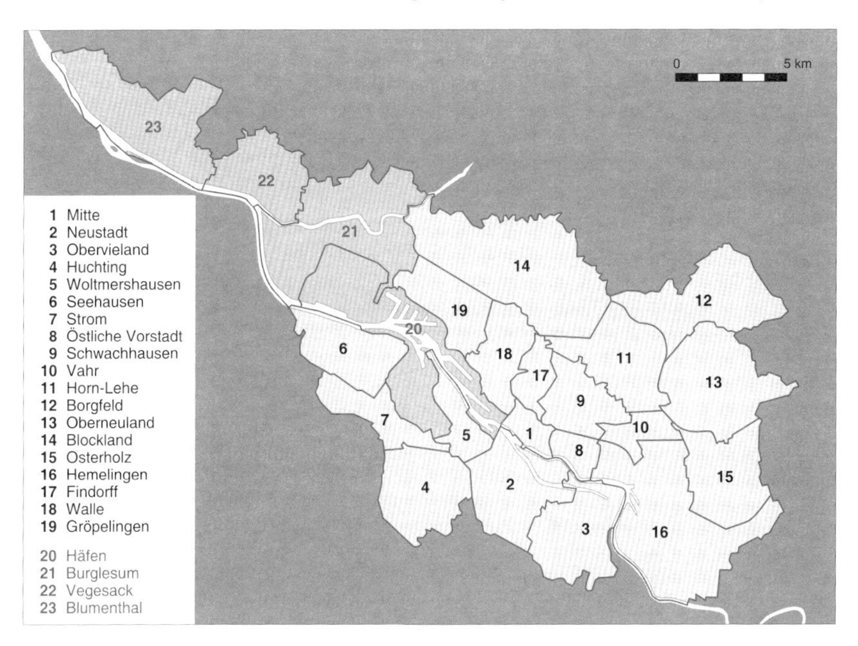

Abb. 54: Stadtteile Bremens

keit wird die Bevölkerungsdichte eines Viertels in der Stadt von sehr viel mehr Faktoren bestimmt. Man denke nur daran, dass der öffentlich geförderte Wohnungsbau in den 1960er und 1970er Jahren einen großen Einfluss auf die Verteilung der Wohnbevölkerung hatte. Dieser hat sich aber nicht an standorttheoretischen Überlegungen orientiert, wenigstens nicht an solchen, die der Theorie von Alonso zugrunde liegen.

Wir können abschließend noch kurz zur Übung die beiden Regressionsgleichungen vergleichen um zu sehen, ob die Ergebnisse überhaupt plausibel sind. Es fällt auf, dass die Schätzungen für $DichteGes$ immer niedriger liegen als für $DichteSV$. Das ist eigentlich trivial, denn die gleiche Bevölkerung wird bei $DichteGes$ immer auf eine größere Fläche bezogen als bei $DichteSV$. Außerdem muss $DichteSV$ mit der Entfernung stärker abfallen, der Steigungskoeffizient b also absolut größer sein. Denn in der Nähe der Stadtmitte wird die Siedlungs- und Verkehrsfläche fast so groß sein wie die Gesamtfläche, in größerer Entfernung von der Stadtmitte wird sie dagegen deutlich kleiner als die Gesamtfläche sein.

Wir wollen zum Schluss darauf hinweisen, dass es sehr wichtig ist, solche Plausibilitätsüberlegungen durchzuführen. Erst dann beginnen die Daten 'zu leben', und erst dann kann man überhaupt Freude an solchen Analysen gewinnen.

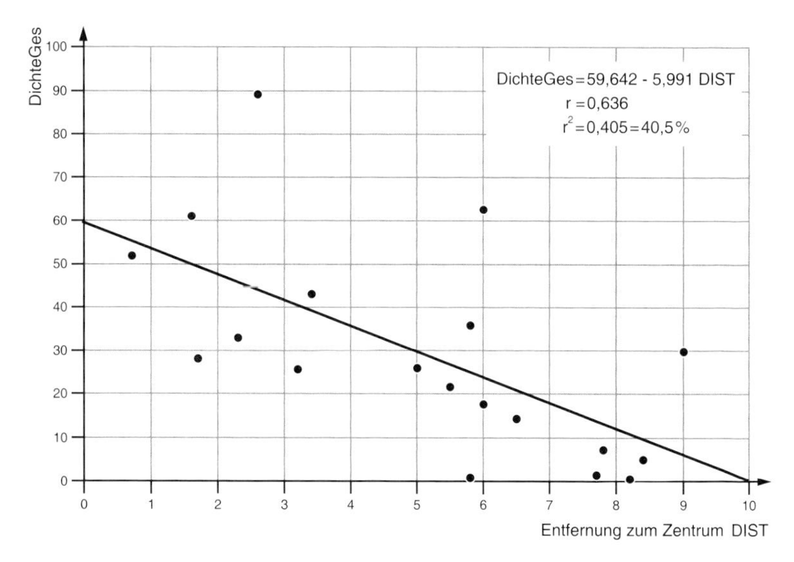

Abb. 55: Streuungsdiagramm der Variablen $DIST$ = Entfernung vom Stadtzentrum Bremens und $DichteGes$ = Einwohner je ha Gesamtfläche

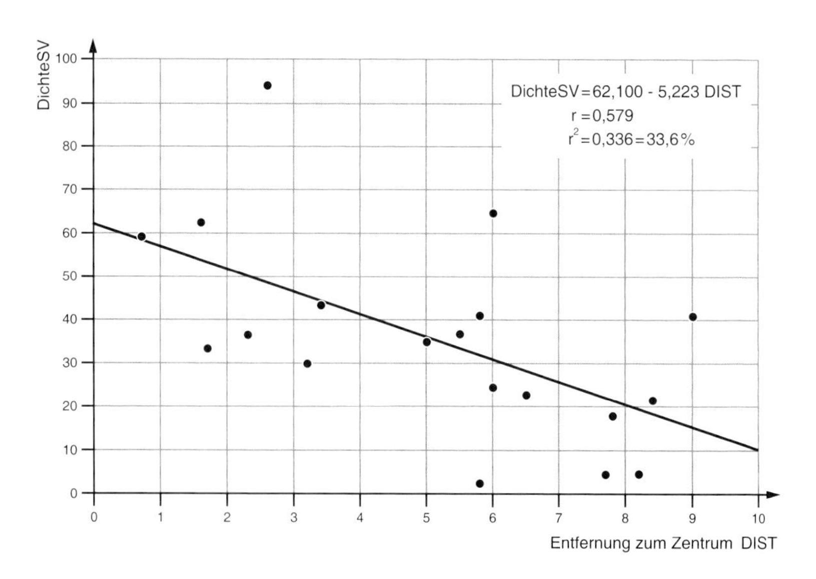

Abb. 56: Streuungsdiagramm der Variablen $DIST$ = Entfernung vom Stadtzentrum Bremens und $DichteSV$ = Einwohner je ha Siedlungs- und Verkehrsfläche

6.5.2 Schätzung (Prognose) fehlender Werte

Wir kehren noch einmal zu dem Beispiel der Entwicklung des Binnengüterverkehrs in Deutschland aus Kap. 6.2.4 zurück, insbesondere zu den Daten der Entwicklung der binnenländischen Güterverkehrsleistung in der Bundesrepublik Deutschland 1960–2005 in Tab. 24 auf S. 193.

Ein zentrales Problem der Verkehrspolitik und -planung ist die Verkehrsinfrastrukturplanung, also die Planung der zukünftigen Verkehrswege. Dabei geht es einmal um die Frage, welche neuen Verkehrswege (Schienenwege, Straßen, Kanäle etc.) wann gebaut werden sollen, aber auch darum, welche bestehenden Verkehrswege wann und wie ausgebaut werden sollen, also z.B. ob und, wenn ja, wann der Ausbau einer vierspurigen Autobahn auf sechs Spuren erfolgen soll. Im Grundsatz geht man dabei so vor, dass man die Verkehrsentwicklung in der Zukunft schätzt, vor allem unter Berücksichtigung der zukünftigen Wirtschaftsentwicklung, der Bevölkerungsentwicklung und anderer Parameter. Für den Güterverkehr nimmt man auch noch eine Schätzung des Modal Splits, also des Anteils der verschiedenen Verkehrsträger vor. Auch muss man die zukünftige regionale Verteilung des Verkehrs zu berücksichtigen versuchen.

In solchen und ähnlichen Fällen kommt es immer dazu, dass man eine Vorausschätzung der zukünftigen Entwicklung einer Variablen machen muss. Man versucht dann, den Trend der vergangenen Entwicklung einer Variablen zu bestimmen und unter der Voraussetzung der fortgesetzten Gültigkeit dieses Trends die zukünftigen Werte mit Hilfe der Regressionsgleichung zu bestimmen.

Angenommen, wir wollten auf Grundlage der vorliegenden Datenreihe zur Entwicklung der Güterverkehrsleistung (Tab. 24, S. 193) wissen, wie hoch im Jahr 2006 die gesamte binnenländische Güterverkehrsleistung in Deutschland sein wird. Wir machen dazu eine Regressionsanalyse mit der unabhängigen Variablen 'Jahr nach 1960' ($= t$) und der abhängigen Variablen 'Güterverkehrsleistung Binnenland (gesamt)' ($= Y$). In Kap. 6.2.4 hatten wir als Regressionsgleichung bereits erhalten:

$$Y = 88{,}612 + 9{,}975\,t.$$

Setzen wir nun $t = 46$ ein, erhalten wir als Schätzwerte für das Jahr 2006:

$$\hat{Y}_{2006} = 88{,}612 + 9{,}975 \cdot 46 = 547{,}462.$$

Wir hätten also gegenüber 2005 (580,0 Mrd. tkm) eine Verringerung der Transportleistung um gut 32,5 Mrd. tkm zu erwarten. Solche Rückgänge sind durchaus nicht ungewöhnlich, wenn auch relativ selten. Betrachten wir nur die Daten ab 1990, weil sie in der Tab. 24 erst ab diesem Jahr jährlich vorliegen, so kann man feststellen, dass nur in 3 von 15 Fällen ein Rückgang der gesamten binnenländischen Transportleistung zu beobachten war, in 12 Fällen dagegen eine Zunahme. Ein genaueres Hinsehen könnte sich also vielleicht lohnen. In der Tat betrug die tatsächliche binnenländische Transportleistung im Jahr 2006 620,0 Mrd. tkm.[11]

[11] Vgl. Bundesministerium für Verkehr, Bau- und Stadtentwicklung (Hrsg.) (2007), Verkehr in Zahlen 2007/2008, S. 240-243

Geht man von unserem Schätzwert von 547,462 für das Jahr 2006 aus, so weicht der tatsächliche Wert um mehr als 10% von dem Schätzwert ab. Das ist ein Fehler, der für politische Entscheidungen über den Ausbau/Nichtausbau des Verkehrsnetzes vielleicht zu hoch ist – zumal ein solcher Fehler, wenn man ihn weiter fortschreibt, wahrscheinlich noch größer wird (vgl. hierzu auch Kap. 6.4).

Man könnte nun annehmen, dass die Schätzung vielleicht deshalb so unbefriedigend ist, weil das Regressionsmodell insgesamt nicht gut genug ist, also kein sehr hoher Korrelationskoeffizient zwischen der Zeit und der gesamten binnenländischen Transportleistung besteht bzw. der berechnete Trend die tatsächliche Entwicklung nur ungenau wiedergibt. Dies ist aber nicht der Fall. Vielmehr beträgt der Korrelationskoeffizient zwischen der Zeit und der binnenländischen Transportleistung 0,962, und das Bestimmtheitsmaß, d.h. der durch die Zeit erklärte Anteil der Varianz der binnenländischen Transportleistung, erreicht somit einen Wert 0,926 = 92,6%. Wie man sieht, muss eine insgesamt sehr gute Anpassung durch das Regressionsmodell nicht auch bedeuten, dass jeder einzelne Wert sehr gut durch das Modell abgebildet wird.

Um etwas genauer zu sehen, warum in unserem Fall der Schätzwert für das Jahr 2006 unbefriedigend ist, haben wir vier verschiedene Regressionsgleichungen für die Entwicklung der binnenländischen Transportleistung aufgestellt:

A Berücksichtigung aller Jahre in Tab. 24 mit dem Stichprobenumfang $n = 22$

$Y = 88{,}612 + 9{,}975\,t$ mit $r = 0{,}962$, $r^2 = 0{,}926$, $\hat{Y}_{2006} = 547{,}462$

B Berücksichtigung aller Jahre ab 1990, $n = 16$

$Y = -109{,}077 + 15{,}282\,t$ mit $r = 0{,}970$, $r^2 = 0{,}941$, $\hat{Y}_{2006} = 593{,}895$

C Berücksichtigung aller Jahre bis 1990, danach alle geraden Jahre, $n = 14$

$Y = 97{,}753 + 9{,}452\,t$ mit $r = 0{,}957$, $r^2 = 0{,}912$, $\hat{Y}_{2006} = 532{,}527$

D Berücksichtigung aller Jahre bis 1990, danach alle ungeraden Jahre, $n = 15$

$Y = 94{,}563 + 9{,}654\,t$ mit $r = 0{,}957$, $r^2 = 0{,}916$, $\hat{Y}_{2006} = 538.647$

Betrachtet man die Korrelationskoeffizienten, die Bestimmtheitsmaße und die Schätzwerte für die vier Varianten, sieht man, dass der Schätzwert für das Jahr 2006 umso näher an dem tatsächlichen Wert von 620,0 Mrd. tkm liegt, je mehr Werte aus dem Zeitraum ab 1991 für die Berechnung der Regressionsgeraden herangezogen wurden. Auch gilt für die Bestimmtheitsmaße/Korrelationskoeffizienten, dass sie umso höher sind, je geringer der Anteil von Stichprobenelementen aus dem Zeitraum bis 1990 ist. Offensichtlich hat nach 1990 eine Veränderung der Entwicklung stattgefunden, in dem Sinne, dass der binnenländische Gütertransport insgesamt deutlich höher als vor 1991 liegt. Dafür könnten zwei Gründe ausschlaggebend sein: einmal die deutsche Wiedervereinigung, die das Gesamtniveau des binnenländischen Gütertransports angehoben hat, weil ab 1991 durch die sprunghafte Bevölkerungszunahme mehr Güter konsumiert wurden; zum zweiten kann dieser Effekt noch dadurch verstärkt worden sein, dass es im Zeitraum vor 1990 in der zweiten Hälfte der 1970er und in den 1980er Jahren im Zuge der sogenannten Deindustrialisierung zu einer Abschwächung des Wirtschaftswachstums gekommen ist.

Allgemein kann man aus diesen Ergebnissen den Schluss ziehen, dass es, wenn es um die Schätzung einzelner zukünftiger Werte geht, besser ist, nicht zu lange Zeiträume für die Trendberechnung heranzuziehen. Und vielleicht sollte man, wenn möglich, auch verschieden lange und verschieden fragmentierte Zeitreihen benutzen.

Auch hier kann die Schlussfolgerung nur sein, die verfügbaren Methoden nicht schematisch, sondern mit möglichst viel Fingerspitzengefühl einzusetzen – und vor allem, falls irgend möglich, zu der gleichen Frage mehrere Analysen durchzuführen.

6.5.3 Residuen einer Regression

Als *Residuen* (residuals) werden die Differenzen zwischen den tatsächlichen Werten y_i der Stichprobe und den durch die Regressionsgerade geschätzten Werten $\hat{y}_i = a + bx_i$ bezeichnet. Diese Residuen spielten für die Schätzung der Regressionsgeraden (vgl. Kap. 6.2.1) und für die Darstellung der theoretischen Voraussetzungen der Regressionsanalyse eine zentrale Rolle. Sie sind aber auch in der Forschungspraxis von großer Bedeutung, da ihre Analyse häufig Hinweise gibt für eine Verbesserung des Regressionsmodells.

Wir wählen als Beispiel die Beziehung zwischen der Bevölkerungsdichte eines Stadtteils und seiner Entfernung von der Stadtmitte. Wir betrachten das bessere der beiden Regressionsmodelle, das lautete (vgl. S. 216):

$$DichteGes = 59{,}642 - 5{,}991\,DIST \quad \text{mit } r = 0{,}636,\ r^2 = 40{,}5\%.$$

Wir hatten oben festgestellt, dass dieses Ergebnis durchaus zufriedenstellend ist – dies insbesondere angesichts der Tatsache, dass wir nur eine unabhängige Variable berücksichtigt haben und diese auch noch relativ grob gemessen haben. Trotzdem: 40% an erklärtem Varianzanteil sind nicht gerade überwältigend viel. Man könnte nun überlegen, ob man nicht eine bessere Varianzaufklärung erreichen kann. In vielen Fällen wird das darauf hinauslaufen, nach weiteren Variablen zu suchen, die ebenfalls einen Einfluss auf die Ausprägung der abhängigen Variablen, in diesem Fall also die Bevölkerungsdichte $DichteGes$, haben könnten. Man würde sich also um die Einbeziehung weiterer unabhängiger Variablen in das Regressionsmodell bemühen und zu einer sogenannten multivariaten Analyse übergehen. Die entsprechenden Modelle sind Gegenstand des zweiten Bandes. Wir können aber an dieser Stelle wenigstens mit Hilfe der Residuen überlegen, welche Variablen dafür in Frage kämen. Abb. 55 auf S. 218 zeigt die Distanzen vom Stadtzentrum, die beobachteten Bevölkerungsdichten sowie die mit Hilfe der Regressionsgleichung geschätzten Dichtewerte. Besonders große absolute (also besonders große positive oder negative) Schätzfehler (=Residuen) treten bei den Stadtteilen auf, bei denen die geschätzten Dichtewerte ($DichteGes$) um mehr als 20 Einheiten von den tatsächlich beobachteten abfallen (vgl. Tab. 28 und Abb. 55).

Tab. 28: Geschätzte und tatsächliche Bevölkerungsdichten ausgewählter (extremer) Bremer Stadtteile (vgl. auch Tab. 27 und Abb. 55)

Stadtteil	Entfernung vom Zentrum (km)	beobachtete Dichte (E/ha)	geschätzte Dichte (E/ha)	Schätzfehler (Residuum)
Östliche Vorstadt	2,6	89,05	44,07	44,98
Vahr	6,0	62,49	23,70	38,79
Osterholz	9,0	29,37	5,72	23,65
Strom	5,8	0,62	24,28	−23,64

Der hohe absolute Schätzfehler im Fall von Strom ist bedingt durch die zu grobe Entfernungsangabe. Strom ist eine recht kleine ländliche Siedlung mit sehr großen landwirtschaftlichen Nutzflächen und nur wenigen städtischen Haushalten. Das bewirkt die geringe Dichte. Der große Schätzfehler kommt dadurch zustande, dass als Entfernung einfach die Luftlinienentfernung genommen wurde und nicht etwa die sehr viel größere straßenkilometrische Distanz. Dadurch wurde die Dichte viel zu hoch geschätzt. Das Modell müsste also mit 'realistischen' Entfernungen geschätzt werden.

Die Östliche Vorstadt gehört zu den ältesten Wohnquartieren in der Stadt, die sich mehr oder weniger ringförmig um das Zentrum legen. Sie ist fast ein reines Wohngebiet, woraus eine extrem hohe Dichte resultiert (auch im Vergleich zu anderen alten Wohngebieten in ähnlicher Lage). Solche Unterschiede zwischen Gebieten in ähnlicher Entfernung zum Zentrum sind sozusagen der Normalfall in unseren Großstädten und können als im statistischen Sinn zufällige Abweichungen von einem hypothetischen Durchschnittswert angesehen werden – wenigstens vorläufig. Die Stadtteile Vahr und Osterholz zeichnen sich ebenfalls durch sehr große positive Abweichungen von dem aufgrund der Regressionsgleichung zu erwartenden Wert aus. Bei diesen Stadtteilen handelt es sich um solche, in denen die Stadt Bremen große öffentliche Wohnungsbauvorhaben realisiert hat, wodurch diese Stadtteile eine hohe Bevölkerungsdichte erreicht haben. Diese werden aber durch die Modelle, denen individuelle Entscheidungen von Bauherren und Mietern zugrunde liegen, nicht erfasst. D.h., man müsste das einfache Regressionsmodell mit einer unabhängigen Variablen ersetzen durch eins mit zwei unabhängigen Variablen. Neben der Entfernung zum Stadtzentrum könnte man z.B. eine Variable 'Anteil der öffentlich geförderten Wohnungen' als zweite unabhängige Variable einführen. Dann hätte man es aber mit einem so genannten multiplen Regressionsmodell zu tun. Dieser Typ von Modellen wird im zweiten Band der Statistischen Methoden in der Geographie behandelt.

6.6 Nicht-lineare Regression

Lineare Zusammenhänge der Form

$$Y = \alpha + \beta X + \epsilon$$

sind dadurch gekennzeichnet, dass bei Zunahme von X um einen konstanten Betrag Δx auch Y um einen konstanten Betrag $\Delta y = \beta \cdot \Delta x$ zunimmt ($\beta > 0$) oder abnimmt ($\beta < 0$).

Häufig ist jedoch die Variable Y nicht linear von der Variablen X abhängig. In einem solchen Fall liefert ein lineares Regressionsmodell nur unbefriedigende Ergebnisse, was sich in einem geringen Bestimmtheitsmaß ausdrückt.

Nicht-lineare Zusammenhänge zwischen Variablen sind sehr häufig. Abb. 57 zeigt die Abhängigkeit des Weizen-Ertrages (in kg pro ha) von der eingesetzten Düngemenge (in kg pro ha). Die Zunahme des Ertrages ist nicht konstant, sondern wird mit der eingebrachten Düngemenge geringer. Es drückt sich darin das sogenannte 'Gesetz vom abnehmenden Ertragszuwachs' aus, nach dem die Erhöhung eines Inputfaktors zu einer immer geringer werdenden Erhöhung des Ertrages führt, wenn nicht gleichzeitig auch die anderen für den Ertrag relevanten Inputfaktoren (z.B. Arbeitszeit) zunehmen.

Eine andere nicht-lineare Beziehung zeigt Abb. 58, nämlich die Abhängigkeit der Häufigkeit Y, mit der Besucher die Bremer Innenstadt aufsuchen, von der Entfernung X ihres Wohnstandortes zu Bremen. Dargestellt ist die Anzahl der Besucher aus jeweils 10 km breiten konzentrischen Ringen um die Bremer Innenstadt sowie die durchschnittliche Entfernung zwischen den jeweiligen Wohnstandorten und der Bremer Innenstadt in km. Der starke Abfall für kleine Entfernungen und die nur noch geringe Abnahme für große Entfernungen lassen sich offensichtlich auf unterschiedliche Bewertungen gleicher Entfernungsdifferenzen seitens der Bevölkerung zurückführen: Die Zunahme der Entfernung von 3 auf 4 km bedeutet eine größere Zunahme des Wegeaufwandes als eine Erhöhung der Entfernung von 35 auf 36 km.

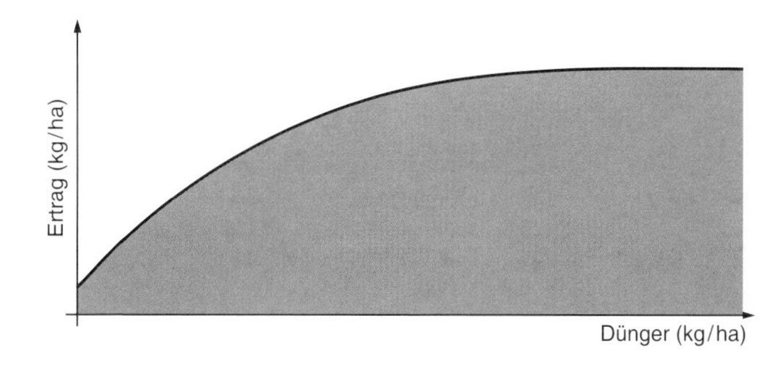

Abb. 57: Abhängigkeit der Ertragsmenge auf dem Acker von der Düngemenge

Tab. 29: Häufigkeit des Besuchs der Bremer Innenstadt 2001–2005 und mittlere Entfernung der Wohnstandorte von Bremen sowie die Transformationen mit Hilfe des natürlichen Logarithmus

Durchschnittliche Entfernung der Wohnstandorte von der Bremer Innenstadt (km)	Anzahl der Besucher in der Befragungsstichprobe		Einwohner in den Wohngemeinden	Anteil der Besucher in der Befragungsstichprobe je 1.000 Einwohner	
$x_i = x_i^*$	y_i	$y_i^* = \ln y_i$	B_i	$h_i = y_i/B_i \cdot 10^3$	$h_i^* = \ln h_i$
5,5	2492	7,8208	428269	5,8188	1,7611
14,7	584	6,3699	298969	1,9534	0,6696
24,6	287	5,6595	236537	1,2133	0,1934
35,8	219	5,3891	405194	0,5405	−0,6153
44	78	4,3567	159198	0,4900	−0,7134
55	159	5,0689	378503	0,4201	−0,8673
65,3	24	3,1781	135034	0,1777	−1,7275
73,5	10	2,3026	99418	0,1006	−2,2967
86,6	33	3,4965	58788	0,5613	−0,5774
94,4	13	2,5649	195725	0,0664	−2,7118
103,2	38	3,6376	763983	0,0497	−3,0010
110,4	15	2,7081	85901	0,1746	−1,7451
121,2	8	2,0794	33023	0,2423	−1,4178
146,3	7	1,9459	245895	0,0285	−3,5590
178,6	2	0,6931	24930	0,0802	−2,5229

Grundsätzlich gibt es mehrere Möglichkeiten, nicht-lineare Beziehungen zwischen zwei metrischen Variablen Y und X regressionsanalytisch zu erfassen:

- Die Beziehung kann stückweise linearisiert werden, indem man für die Bereiche von X, in denen sie jeweils annähernd linear ist, jeweils eigene Regressionsgeraden berechnet.
- Man bezieht weitere Variablen in die Regressionsanalyse ein. Diese Vorgehensweise wird im Band 2 der Statistischen Methoden in der Geographie ausführlich dargestellt (BAHRENBERG/GIESE/MEVENKAMP/NIPPER 2008).
- Man transformiert Y und X zu neuen Variablen Y^* und X^*, so dass die Beziehung zwischen Y^* und X^* linear ist (vgl. das folgende Beispiel).

Wir beschränken uns auf die letztgenannte Alternative und wollen das praktische Vorgehen am Beispiel des Besuchsverhaltens in Bremen aufzeigen. Tab. 29 zeigt die Stichprobenwerte (x_i, y_i), Abb. 58 das Streuungsdiagramm mit der Regressionsgeraden. Danach lassen sich 30,27% der Varianz der Besuchshäufigkeiten Y auf die Entfernung X zurückführen ($r = -0{,}5502$). Abb. 58 weist aber nachdrücklich auf die Inadäquatheit der Regressionsgeraden hin. Transformiert man nun Y und X zu

$$Y^* = \ln Y \quad \text{(natürlicher Logarithmus zur Basis } e\text{)},$$
$$X^* = X \quad \text{(d.h., } X \text{ wird nicht verändert)},$$

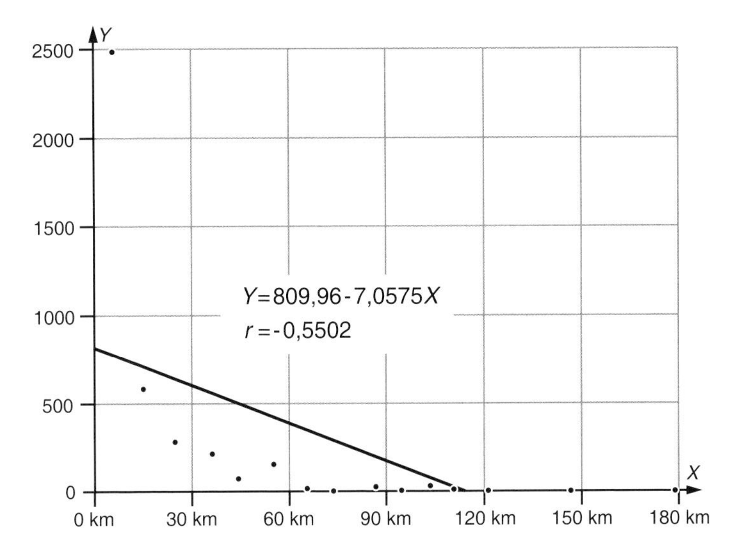

Abb. 58: Der lineare Zusammenhang zwischen der 'Besuchshäufigkeit' ($= Y$) in der Bremer Innenstadt und der 'Entfernung zum Wohnstandort' der Besucher ($= X$)

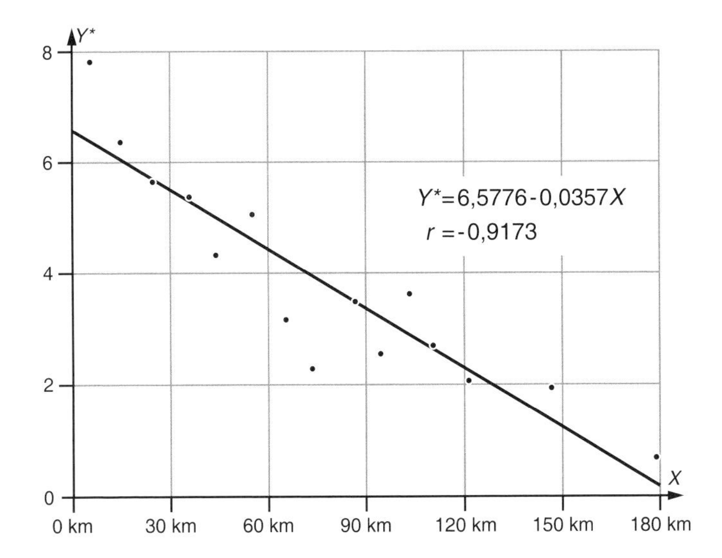

Abb. 59: Streuungsdiagramm der transformierten Werte $x_i^* = x_i$ und $y_i^* = ln\, y_i$ sowie die dazugehörige Regressionsgerade

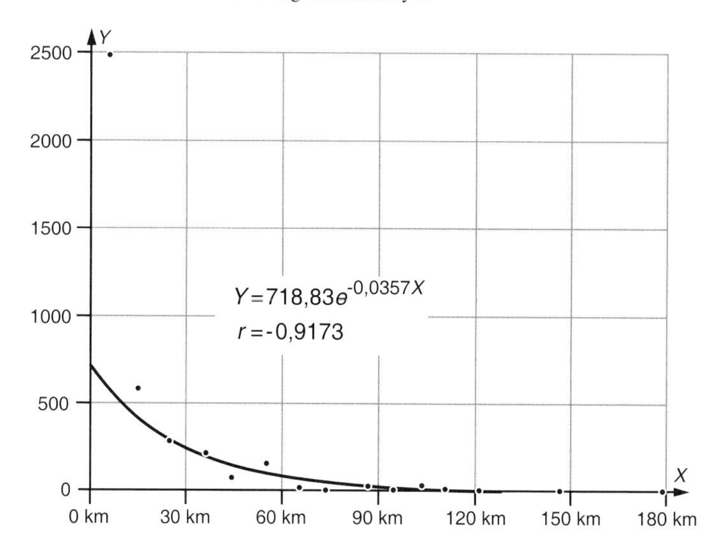

Abb. 60: Der exponentielle Zusammenhang zwischen der 'Besuchshäufigkeit' (= Y) in der Bremer Innenstadt und der 'Entfernung vom Wohnstandort' der Besucher (= X)

erhält man transformierte Stichprobenwerte (Tab. 29), für die eine Regressionsanalyse

$$Y^* = 6{,}5776 - 0{,}0357X$$

ergibt (vgl. Abb. 59). Der Korrelationskoeffizient ist mit $r = -0{,}9173$ absolut beträchtlich größer als für die nicht transformierten Variablen. Immerhin entfällt jetzt auf die Regressionsgerade ein Anteil von 84,15% der Gesamtvarianz – allerdings nicht von Y, sondern von $Y^* = \ln Y$. Invertiert man die Regressionsgerade, so erhält man als Funktion für die Beziehung zwischen Y und Y^*:

$$e^{Y^*} = Y = e^{6{,}5776} \cdot e^{-0{,}0357\,X}$$
$$= 718{,}81 \cdot e^{-0{,}0357\,X}$$

Diese Funktion ist eine sogenannte negative Exponentialfunktion. Abb. 60 zeigt sie in dem ursprünglichen Streuungsdiagramm.

Diese Funktion kann nun als ein vereinfachtes Modell der Besuchshäufigkeiten verwendet werden, mit dem die Besuchshäufigkeiten Y durch die Distanz X zum Wohnort der Besucher geschätzt werden können. Die Funktion fällt asymptotisch gegen Null, aus sehr großen Entfernungen sind demnach faktisch keine Besucher zu erwarten. Die Regressionskonstante von 718,81 gibt die geschätzte Besuchshäufigkeit für $X = 0$, d.h. für die

Bewohner des Zielortes selbst an. In unserem Fall reflektiert dieser Wert allein den Umfang der Befragungsstichprobe und ist insofern zu vernachlässigen.

Es ist auf Folgendes hinzuweisen: Durch die Transformation wird nicht das Modell

$$Y = \alpha \cdot e^{\beta X} + \epsilon$$

geschätzt, sondern das Modell (*)

$$Y^* = \alpha^* + \beta^* X + \epsilon^* \quad \text{bzw.} \quad Y = \alpha \cdot e^{\beta X} \cdot \epsilon.$$

Es wird also nicht die Summe

$$\sum_{i=1}^{n}(y_i - \hat{y}_i)^2, \text{ sondern die Summe } \sum_{i=1}^{n}(y_i^* - \hat{y}_i^*)^2$$

minimiert. Die Voraussetzungen der Regressionsanalyse müssen also für das Modell (*) erfüllt sein; ebenso können Tests nur für dieses Modell durchgeführt werden. Mit anderen Worten: Wir schätzen nicht die beste Exponentialfunktion nach dem Prinzip der kleinsten Quadrate. Die Frage ist, ob die beste Schätzung für (*) auch die beste Schätzung für das Modell $Y = \alpha \cdot e^{\beta X} + \epsilon$ ist. Wir wollen diese Frage hier nur aufwerfen, ohne sie in diesem Band zu beantworten.

Es gibt eine Reihe von Funktionen, die sich durch entsprechende Transformationen linearisieren lassen. Tab. 30 auf der folgenden Seite zeigt einige typische Kurvenverläufe, die zugehörigen Funktionsklassen sowie die zur Linearisierung notwendigen Transformationen. Es ist ersichtlich, dass selbst mit der linearen Einfachregression eine Reihe sehr unterschiedlicher Typen von Zusammenhängen erfasst werden kann.

Die für die Geographie spezifische Deutung negativer Exponentialfunktionen und ihre Anwendungsmöglichkeiten in Form von Distanzfunktionen sollen im Folgenden noch etwas näher untersucht werden.

6.6.1 Die Halbwertdistanz

Wir wollen die betrachtete Distanzvariable etwas verallgemeinern und sprechen im Folgenden von der Distanz D. Ein Wert von D heißt d_{ij} und bezeichnet die Distanz zwischen zwei Raumeinheiten i und j. Die Variable X ‘Entfernung zwischen dem Bremer Stadtzentrum und dem Wohnstandort der Besucher‘ ist gewissermaßen ein Spezialfall von D für ein konstantes j: Ein Wert x_i von X beschreibt die Distanz zwischen einem Wohnstandort i und der Raumeinheit j = ‘Stadtzentrum Bremens‘.

Der Anteil der Bewohner einer Raumeinheit i (Quelle), die die Raumeinheit j (Ziel) besuchen, lässt sich also in Abhängigkeit von der Distanz d_{ij} zwischen diesen beiden Raumeinheiten als negative Exponentialfunktion der Form

$$f(d_{ij}) = \alpha\, e^{-\beta \cdot d_{ij}} \quad (\beta > 0)$$

Tab. 30: Transformation einiger nicht-linearer Funktionen in lineare und Rücktransformationen der linearen Regressionsparameter a^* und b^* in die ‘ursprünglichen‘ Parameter a und b

Form des nicht-linearen Zusammenhangs		Transformation der Variablenwerte		Berechnung der Parameter a und b aus a^* und b^*	
Kurventyp	Funktion	$y_i^* =$	$x_i^* =$	$a =$	$b =$
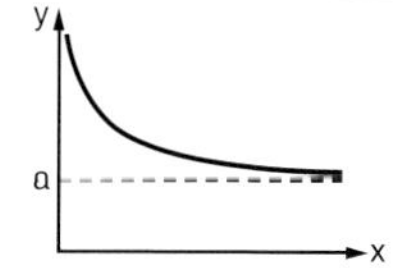	$y = a + \frac{b}{x};\ x > 0$	y_i	$\frac{1}{x_i}$	a^*	b^*
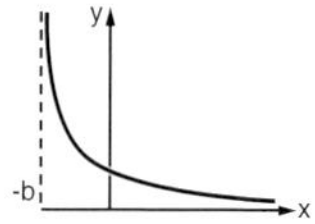	$y = \frac{a}{b+x};\ x > -b$	$\frac{1}{y_i}$	x_i	$\frac{1}{b^*}$	$a^* \cdot b^*$
	$y = ax^b;\ b < 0$	$\lg\ y_i$ $\ln\ y_i$	$\lg\ x_i$ $\ln\ x_i$	10^{a^*} e^{a^*}	b^* b^*
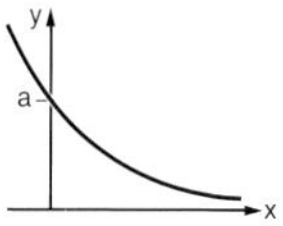	$y = ae^{bx};\ b < 0$	$\ln y_i$	x_i	e^{a^*}	b^*
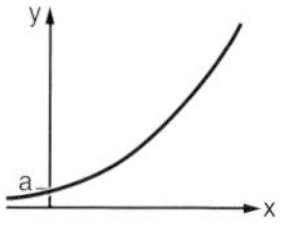	$y = ae^{bx};\ b > 0$	$\ln y_i$	x_i	e^{a^*}	b^*
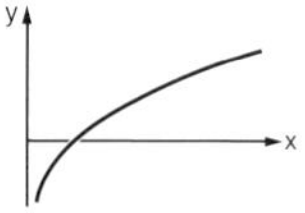	$y = a + b \ln x$ $y = a + b \lg x$	y_i y_i	$\ln x_i$ $\ln x_i$	a^* a^*	b^* b^*
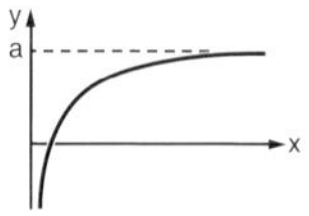	$y = a + \frac{b}{x};\ b < 0$	y_i	$\frac{1}{x_i}$	a^*	b^*
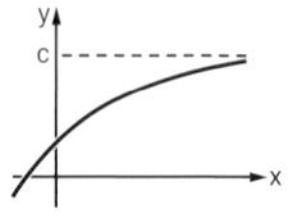	$y = c + ae^{bx};\ a < 0$ (c muss bekannt sein)	$\ln(c - y_i)$	x_i	$-e^{a^*}$	b^*

ausdrücken. Wie beim linearen Regressionsmodell nimmt die Funktion für $d_{ij} = 0$ den Wert der Regressionskonstanten α an. Das ist dann der Fall, wenn die Quelle i mit dem Ziel j identisch ist ($i = j$, $d_{ij} = d_{ii} = 0$). Alternativ kann man eine sogenannte *Eigendistanz* bestimmen, so dass die $d_{ii} > 0$ sind. [12]

Der Regressionskoeffizient β beschreibt die Steilheit der Regressionskurve. Indirekt drückt er die sogenannte *Halbwertdistanz* h aus, die angibt, mit welcher Zunahme der Distanz zwischen i und j sich $f(d_{ij})$, d.h. das Besucheraufkommen aus i in j, halbiert, wie steil also die Exponentialfunktion verläuft:

$$0{,}5 \cdot f(d_{ij}) = f(d_{ij} + h).$$

Schreibt man diese Gleichung aus, dann lässt sich die Beziehung zwischen dem Regressionsparameter β und der Halbwertdistanz h wie folgt beschreiben:

$$0{,}5 \cdot e^{-\beta \cdot d_{ij}} = e^{-\beta \cdot (d_{ij}+h)},$$

d.h. $$\frac{e^{-\beta \cdot d_{ij}}}{e^{-\beta \cdot (d_{ij}+h)}} = \frac{e^{\beta \cdot (d_{ij}+h)}}{e^{\beta \cdot d_{ij}}} = e^{\beta \cdot h} = 2$$

bzw. $$ln(e^{\beta \cdot h}) = \beta \cdot h = ln(2).$$

Für den Regressionskoeffizienten erhält man dann

$$\beta = \frac{ln(2)}{h} \approx \frac{0{,}7}{h},$$

entsprechend gilt für die Halbwertdistanz

$$h = \frac{ln(2)}{\beta} \approx \frac{0{,}7}{\beta}.$$

Die Halbwertdistanz h ist also umgekehrt proportional zu β. Je größer β, desto kleiner ist h und desto steiler verläuft die Exponentialfunktion. Insbesondere entspricht ein Regressionskoeffizient von 0,7 einer Halbwertdistanz von 1. Weitere Wertepaare sind zum Beispiel:

β	0,001	0,007	0,01	0,07	0,1	0,35	0,7	1	1,4	2,1	7	10	70	100	700
h	700	100	70	10	7	2	1	0,7	0,5	0,4	0,1	0,07	0,01	0,007	0,001

Für das obige Beispiel mit $\beta = 0{,}0357$ (vgl. Abb. 60) heißt das

$$h = \frac{\ln 2}{\beta} = \frac{\ln 2}{0{,}0357} = 19{,}4$$

Die Halbwertdistanz aller Besucher der Bremer Innenstadt beträgt also 19,4 km.

[12] Von den statistischen Ämtern werden solche Eigendistanzen manchmal angeboten. Sie entsprechen dann z.B. den durchschnittlichen Distanzen zwischen den Mittelpunkten der bewohnten Grundstücke zum Gemeindezentrum.

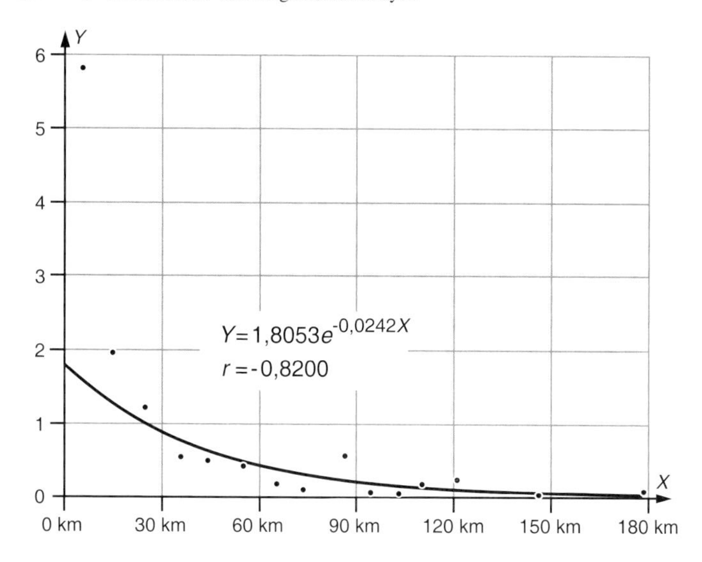

Abb. 61: Der exponentielle Zusammenhang zwischen der 'Besucherdichte' h_i (= Y) in der Bremer Innenstadt und der 'Entfernung vom Wohnstandort' der Besucher (= X) (vgl. Tab. 29 auf S. 224)

Wir interpretieren die Besuchshäufigkeiten als Wahrscheinlichkeiten und gehen vereinfacht davon aus, dass die Personen, die direkt in der Bremer Innenstadt wohnen ($d_{ij} = 0$), diese ohne Ausnahme besuchen, d.h. $\alpha = 1$. Das Modell besagt dann, dass aus einer Entfernung von $19{,}4$ km zu Bremer Innenstadt nur jeder zweite Einwohner die Innenstadt besucht, aus einer Entfernung von $38{,}8$ km nur jeder vierte, aus einer Entfernung von $58{,}2$ km nur jeder achte Einwohner usw. Von Wohnstandorten, die über 100 km entfernt sind, kommen demnach nur noch etwa 3% der Einwohner in die Bremer Innenstadt, denn für $5 \cdot 19{,}4$ km= 97 km wird nur ein Besucher unter $2^5 = 32$ Einwohnern erwartet.

Bei dieser Interpretation macht man jedoch einen Fehler. Die Besuchshäufigkeiten hängen ja unter anderem von der Einwohnerzahl am Wohnstandort ab, so dass aus einwohnerstarken Wohnstandorten tendenziell mehr Besucher zu erwarten sind als aus einwohnerschwachen. Dies kann korrigiert werden, indem nicht die absolute Zahl der Besucher y_i von einem Wohnstandort i betrachtet wird, sondern die Besucherdichte h_i, mit der der Besucheranteil an der in i ansässigen Wohnbevölkerung B_i ausgedrückt werden. Die Besucherdichte h_i sowie die logarithmierte Besucherdichte h_i^* sind in Tab. 29 (rechts) dargestellt (siehe S. 224), das Streuungsdiagramm mit der Regressionskurve zeigt Abb. 61.

Die Regression von der Besucherdichte h_i (= Y) nach der Entfernung zum Stadtzentrum Bremens (= X) ergibt das Modell

$$Y = 1{,}8053\, e^{-0{,}0242X} \quad \text{mit } r = 0{,}8200.$$

Die Beziehung ist nicht mehr ganz so eng wie zuvor, dennoch lassen sich noch zwei Drittel ($r^2 = 0{,}82^2 = 0{,}6724 = 67{,}24\%$) der Varianz der Besucherdichten auf die Distanz zurückführen. Der Regressionskoeffizient β ist kleiner geworden, was gleichbedeutend mit einer Vergrößerung der Halbwertdistanz h ist:

$$h = \frac{\ln 2}{\beta} = \frac{\ln 2}{0{,}0242} = 28{,}6.$$

Die Besuchswahrscheinlichkeiten halbieren sich demnach erst alle 28,6 km. Von den Einwohnern, die 100 km entfernt von der Bremer Innenstadt wohnen, besuchen schätzungsweise etwa $1/2^{100/28{,}6} \approx 1/2^{3{,}5} \approx 8{,}8\%$ die Bremer Innenstadt.

Vergleich der Distanzabhängigkeit der Besucher der Bremer Innenstadt zwischen 2001 und 2005 für verschiedene Verkehrsmittel und Besuchszwecke – Eine Analyse auf der Basis eines nicht-linearen Regressionsmodells *MiG*

Die in Abb. 61 dargestellte Regressionskurve repräsentiert die gegebene Punktewolke nicht optimal. Im Bereich kurzer Distanzen verläuft sie nicht steil genug, so dass hier z.T. sehr große Residuen zu beobachten sind. Eine mögliche Erklärung kann das jeweils genutzte Verkehrsmittel bieten. Während beispielsweise für kürzere Distanzen bis ca. 10 km von einem Teil der Bevölkerung auch das Fahrrad genutzt wird, werden längere Distanzen fast ausschließlich mit motorisierten Verkehrsmitteln zurückgelegt – hauptsächlich mit dem eigenen Pkw oder mit den Öffentlichen Verkehrsmitteln (ÖV). Darüber hinaus ist zu erwarten, dass die Besuchshäufigkeiten mit Blick auf die verschiedenen Besuchszwecke in unterschiedlicher Weise abhängig von der Länge des zurückgelegten Weges sind.

Tab. A: Distanzfunktionen für verschiedene Besuchergruppen der Bremer Innenstadt 2001–2005

Modell		r	r^2	β	h
M1	Eigener Pkw	−0,8181	0,6693	−0,0303	22,9
M2	ÖPNV	−0,8183	0,6697	−0,0342	20,2
M3	Fahrrad	−0,8307	0,6900	−0,3540	2,0
M4	Arbeit	−0,6953	0,4835	−0,0387	17,9
M5	Einkauf	−0,8519	0,7257	−0,0375	18,5

Die Besucher der Bremer Innenstadt wurden daher je nach Besuchszweck und genutzem Verkehrsmittel in verschiedene Teilgruppen unterteilt. Als Verkehrsmittel werden der eigene Pkw, öffentliche Verkehrsmittel und das Fahrrad unterschieden, als Besuchszwecke werden Einkauf und Arbeit untersucht. Fußgängerverkehre sind nicht darstellbar, da die räumliche Auflösung (maximal Stadtteilniveau) für die zu erwartenden geringen Distanzen zu grob ist.

Hier kommen nun die Individualdaten zur Anwendung, die, wie auf S. 230 besprochen wurde, als Dichtewerte berechnet und damit gewissermaßen um die Bevölkerungsverteilung bereinigt wurden. Für die einzelnen Teilgruppen wurde jeweils die Distanzfunktion bestimmt. Tab. A zeigt die Modellergebnisse, die Streuungsdiagramme und Regressionskurven sind in Abb. A dargestellt.

Für die verschiedenen Verkehrsmittel können durchweg knapp 70% der Varianz der Besuchshäufigkeiten durch die unterschiedlichen Wegelängen zwischen Wohnort und Bremer Innenstadt erklärt werden. Pkw-Nutzer und ÖV-Nutzer zeigen dabei eine ähnliche Distanzempfindlichkeit mit Halbwertdistanzen von 22,9 km bzw. 20,2 km. Für beide Gruppen, insbesondere aber für die ÖV-Nutzer, sind nach wie vor große Residuen auf den kurzen Distanzen zu konstatieren, zu deren Erklärung über die reinen Distanzen hinaus andere Faktoren berücksichtigt werden müssen. So kann beispielsweise eine lokal relativ schlechte Anbindung an das ÖPNV-Netz Ursache einer stärkeren Nutzung des

Pkw sein. Die unterschiedlichen Reichweiten der Öffentlichen Verkehrsmittel (Regionalbahn, Straßenbahn, Bus) und die ausgezeichnete Erreichbarkeit der Bremer Innenstadt mit der Straßenbahn von den angrenzenden bevölkerungsstarken Stadtteilen aus können wiederum die Nutzung des ÖV auf kurzen Wegen beeinflussen. Ein Vergleich der Wohnstandorte der verschiedenen Verkehrsmittelnutzer könnte hier Aufschluss bringen.

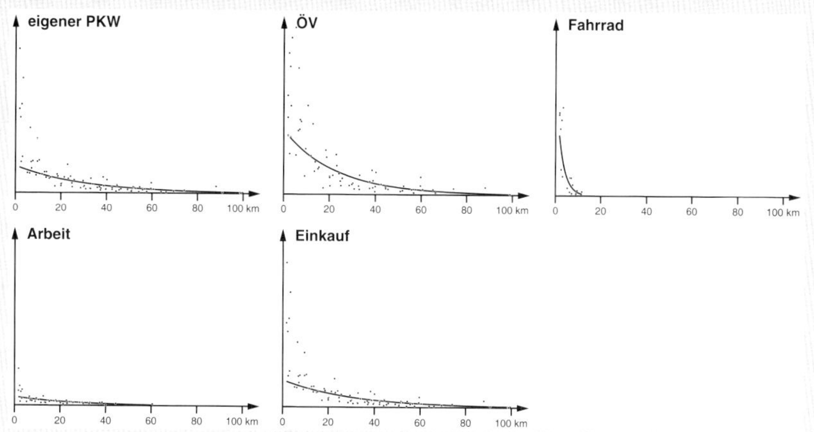

Abb. A: Exponentielle Zusammenhänge zwischen der 'Besucherdichte' in der Bremer Innenstadt und der 'Entfernung vom Wohnstandort' der Besucher für verschiedene Besuchergruppen

Sehr empfindlich gegen längere Distanzen sind natürlich die Fahrradfahrer. Für jede Zunahme der Wegelänge vom Wohnort um 2 km halbiert sich die Wahrscheinlichkeit für die Nutzung des Fahrrads für eine Fahrt in die Innenstadt. Aufgrund des Fehlens längerer Wege kann die Steilheit der Punktewolke in Innenstadtnähe wesentlich besser modelliert werden. Dies wird sehr schön durch das Streuungsdiagramm in Abb. A oben rechts deutlich.

Die Unterscheidung der Besuchszwecke Arbeit und Einkauf zeigt zunächst, dass die Einkäufer rein von der Anzahl her überwiegen. Die Innenstadt ist in erster Linie ein Konsumort und erst in zweiter Linie ein Arbeitsort. Die Halbwertdistanzen der arbeitenden und einkaufenden Innenstadtbesucher unterscheiden sich mit 17,9 km bzw. 18,5 km nur unwesentlich. Die Bestimmtheitsmaße sind mit $r^2_{M4} = 48{,}4\%$ und $r^2_{M5} = 72{,}6\%$ jedoch sehr unterschiedlich.

Es fällt auf, dass zum Einkauf einige Besucher aus viel größeren Entfernungen kommen als zur Arbeit. Das ist verständlich, denn für einen Einkauf, der vielleicht nur wenige Male im Jahr stattfindet, nimmt man leichter weite Wege in Kauf als für die tägliche Fahrt zur Arbeit. Diese großen Distanzen sind in ertser Linie verantwortlich für die bessere Anpassung der Regressionskurve für die Einkaufsbesucher. Hinzu kommt, dass Arbeitswege in der Regel, d.h. bei Vorhandensein eines jeweils festen Wohn- und Arbeitsortes, weder zeitlich noch räumlich variabel sind. Ganz anders verhält es sich bei den Einkaufsfahrten, die von den fünf Modellen das höchste Bestimmtheitsmaß aufweisen. Die Entscheidung für oder gegen einen Einkauf in einem Oberzentrum wie der Bremer Innenstadt wird also viel direkter von der zu überwindenden Distanz beeinflusst. Fast drei Viertel aller Einkaufsbesuche können allein durch die Entfernungen zu den Wohnorten prognostiziert werden.

Vergleich der Distanzabhängigkeit der Besucher der Bremer Innenstadt zwischen 2001 und 2005 für verschiedene Verkehrsmittel und Besuchszwecke – Eine Analyse auf der Basis eines nicht-linearen Regressionsmodells ***MiG***

Wahl der Distanzfunktion ***MuG***

Die negative Exponentialfunktion der hier vorgestellten Form als

$$f(d_{ij}) = e^{-\beta \cdot d_{ij}} \quad (\beta > 0)$$

kann auch als Wahrscheinlichkeit dafür interpretiert werden, dass der Weg von einem Quellstandort i zu einem Zielstandort j zurückgelegt wird. Mit zunehmender Distanz zwischen i und j nimmt diese Wahrscheinlichkeit ab. Die höchste *Distanzempfindlichkeit*, d.h. die stärkste Veränderung (hier: Abnahme) der Wahrscheinlichkeit bei Zunahme der Wegelänge um einen festen Betrag, wird dabei für die kurzen Distanzen unterstellt, d.h. im Nahbereich des Quellstandortes, denn hier verläuft die Exponentialkurve am steilsten.

Betrachten wir nun eine Familie, die mit kleinen Kindern in einer Etagenwohnung ohne Garten in der Stadt lebt. Die Kinder wollen täglich zum Spielplatz, der 300m von der Wohnung entfernt und zu Fuß erreichbar ist. Auch in diesem Fall ist die tägliche Entscheidung, ob der Weg zum Spielplatz zurückgelegt wird, durchaus distanzabhängig. Kein Elternteil würde beispielsweise täglich einen Spielplatz aufsuchen, der mehrere Kilometer weit entfernt liegt; die Nähe von nur 300m macht dagegen einen täglichen Besuch leicht möglich. Das gleiche würde allerdings auch gelten, wenn der Spielplatz nur 200m oder 50m weit von der Wohnung entfernt läge. Es gibt also einen Nahbereich um den Spielplatz, innerhalb dessen die Wege mit gleich hoher Wahrscheinlichkeit zurückgelegt werden, d.h. innerhalb dessen die Wegewahl unabhängig von der Wegelänge und damit vollständig distanzunempfindlich ist. Dieser Nahbereich mag einen Radius von einigen hundert Metern besitzen, je nach dem Alter der Kinder und der Notwendigkeit einer elterlichen Begleitung; erst bei größeren Entfernungen jenseits dieses Nahbereichs erfolgt die Wegewahl dann in Abhängigkeit von der Distanz.

Wir haben es hier offensichtlich mit einer gänzlich anderen Distanzfunktion zu tun. Nehmen wir an, dass der distanzunabhängige Nahbereich um den Spielplatz j einen Radius von $d_u = 300\,\text{m}$ besitzt, und dass Kinder und/oder Eltern nicht bereit sind, zu Fuß mehr als $d_o = 1000\,\text{m}$ für den Spielplatzbesuch zurückzulegen. Eine einfache Distanzfunktion kann dann wie folgt definiert werden:

$$f(d_{ij}) = \begin{cases} 1 & \text{falls } d_{ij} \leq d_u \\ 1 - \dfrac{d_{ij} - d_u}{d_o - d_u} & \text{falls } d_u < d_{ij} \leq d_o \\ 0 & \text{falls } d_o < d_{ij} \end{cases}$$

mit d_u = untere Grenze des distanzabhängigen Bereichs

d_o = obere Grenze des distanzabhängigen Bereichs

Dies besagt, dass der Spielplatz j von Kindern, die maximal $d_u = 300\,\text{m}$ entfernt wohnen, bei Bedarf jederzeit aufgesucht wird. Jenseits einer Entfernung von $d_o = 1000\,\text{m}$ besucht dagegen kein Kind mehr den Spielplatz. Für die distanzabhängigen Wege mit Wegelängen zwischen d_u und d_o nehmen die Werte der Distanzfunktion linear von 1 (falls $d_{ij} = d_u$) bis 0 (falls $d_{ij} = d_o$) ab.

Grundsätzlich muss vor jeder Untersuchung distanzabhängiger Phänomene große Sorgfalt auf die Wahl der passenden Distanzfunktion gelegt werden. Im Allgemeinen stellen Exponentialfunktionen für die Modellierung kurzer, insbesondere fußläufiger Wege keine gute Wahl dar.

Als formaler Hinweis sei noch angemerkt, dass die vorgestellte, recht einfache Distanzfunktion zwar stetig, aber in d_u und d_o nicht differenzierbar ist. Sie kann jedoch bei Bedarf in eine negative logistische Funktion transformiert werden. Auch ohne eine solche Transformation stellt sie jedoch eine wesentliche Erweiterung zu einer einfachen binären Pufferbildung (vgl. S. 234) dar.

Wahl der Distanzfunktion ***MuG***

6.6.2 Das Potentialmodell

Eine wichtige Anwendung der oben diskutierten Distanzfunktionen besteht in der Schätzung von Besucher- bzw. Kundenpotentialen. Hier werden Fragen der Raumanalyse berührt, wie sie heute unter dem Stichwort *Geomarketing* subsumiert werden. Gemeint sind Methoden der Standortanalyse, der Standortplanung und des Standortmarketings, die auf der räumlichen Nähe bzw. verwandten Größen (Erreichbarkeit, Reisezeit u.a.) zwischen Anbietern von Gütern und Dienstleitstungen und deren Nachfragern beruhen.

Nehmen wir an, wir hätten eine geeignete Definition der 'Kunden' (sind alle Einwohner gemeint, alle erwachsenen Einwohner, alle verheirateten Männer ab 40 Jahren?). Sei K_i die Anzahl der Kunden, die in einem Nachfragestandort i wohnen. Gesucht ist die Anzahl P_j aller Kunden, die sich in der Raumeinheit j potentiell, d.h. unabhängig vom tatsächlichen Angebot in j, versorgen. Eine sehr schlichte Methode zur Bestimmung der P_j besteht darin, alle Kunden zu zählen, die innerhalb einer bestimmten Entfernung r vom Angebotsstandort j wohnen. Es wäre dann

$$P_j = \sum_{i=1}^{n} K_i \, f(d_{ij})$$

mit

$$K_i = \text{Anzahl der Kunden in einem Nachfragestandort } i$$

$$d_{ij} = \text{Distanz zwischen den Raumeineinheiten } i \text{ und } j$$

$$f(d_{ij}) = \begin{cases} 1 & \text{wenn } d_{ij} \leq r \\ 0 & \text{sonst} \end{cases}$$

$$r = \text{Radius des Einzugsbereiches des Zielstandorts } j$$

Die hier verwendete binäre Distanzfunktion $f(d_{ij})$ entspricht der sogenannten 'Pufferbildung' (buffering), wie sie heute gemeinhin mit jedem Desktop-GIS durchgeführt werden kann. Sie modelliert die Entscheidung, einen Versorgungsstandort aufzusuchen, entlang einer festen, konzentrischen Grenze. Diesem Modell zufolge besuchen von den möglichen Kunden, die innerhalb des Einzugskreises mit dem Mittelpunkt im Versorgungsstandort j und dem Radius r wohnen, ohne Ausnahme alle den Versorgungsstandort j. Von den anderen möglichen Kunden, die jenseits dieser Grenze wohnen, kommt niemand.

Eine negative Exponentialfunktion bietet dagegen eine stetige und damit wesentlich realitätsnähere Metrik. Berechnet man die potentiellen Kunden P_j als

$$\begin{aligned} P_j &= \sum_{i=1}^{n} K_i \, f(d_{ij}) \quad \text{mit} \quad f(d_{ij}) = e^{-\beta \cdot d_{ij}} \quad (\beta > 0) \\ &= \sum_{i=1}^{n} K_i \, e^{-\beta \cdot d_{ij}} \end{aligned}$$

erhält man ein entsprechend stetiges Modell, das gemeinhin als *Potentialmodell* bezeichnet wird. Die Distanzfunktion $f(d_{ij})$ fungiert dabei als Gewichtungsfaktor, der Beziehungen zwischen Angebots- und Versorgungsstandorten über kleine Distanzen höher gewichtet als solche über große Distanzen.

Im einfachsten Fall wird das Potentialmodell als Versorgungsmodell im Rahmen einer Standortanalyse interpretiert. So wird beispielsweise der Einzugsbereich eines Einzelhandelsstandorts häufig nicht kilometrisch, sondern als Anzahl der versorgten Kunden angegeben, genauer als Summe der distanzgewichteten Anzahl der Kunden, für die der Standort erreichbar ist. Entsprechend kann das Kaufkraftpotential eines Standortes als distanzgewichtete Summe der Kaufkraftzahlen berechnet werden.

Andere Anwendungen des Potentialmodells basieren auf einem Vergleich der Potentiale verschiedener Standorte. Dazu bestimmt man zunächst die Potentiale P_j für alle $j = 1, \ldots, n$ und erhält so eine sogenannte *Potentialfläche*.

Im Rahmen eines Standortallokationsproblems, d.h. bei der Suche nach einem neuen Standort, kann man diese Potentialfläche dann als Nachfragemodell deuten. Als optimaler Standort für einen neuen Einzelhandelsstandort kann beispielsweise derjenige Standort R_{opt} aus allen möglichen Standorten j ($j = 1, \ldots, n$) gewählt werden, der das größte Kundenpotential aufweist.

Potentialflächen werden in der Raumforschung auch zur Zentralitätsmessung eingesetzt. Vom Bundesinstitut für Bau-, Stadt- und Raumforschung (BBSR) werden im Rahmen der Laufenden Raumbeobachtung die Bevölkerungspotentiale auf Basis der Landkreise und kreisfreien Städte ermittelt, um das sogenannte Kontaktpotential, d.h. die Möglichkeit räumlicher Interaktionen, flächenhaft darzustellen. Hierbei wird eine Halbwertdistanz von 10 km verwendet.[13] Im nachfolgenden Kasten findet sich ein vergleichbares Beispiel.

Das Bevölkerungspotential in Niedersachen ***MiG***
Eine Analyse auf der Basis des Potentialmodells

Für eine Übersicht der Bevölkerungspotentiale in Niedersachsen wurde auf Basis der $n = 445$ Niedersächsischen Gemeinden und Stadtteile Bremens die Potentialfläche der Gesamtbevölkerung (E) bestimmt. Als Regressionskoeffizient wurde $\beta = 0{,}0375$ entsprechend einer Halbwertdistanz von 18,5 km gewählt, um das Mobilitätsverhalten von Einkaufsbesuchern zu simulieren (vgl. Tab. A im vorherigen Beispiel). Für jede Raumeinheit R_j wurde also das Bevölkerungspotential als

$$P_j = \sum_{i=1}^{n} E_i \, e^{-0{,}0375 \cdot d_{ij}} \qquad i,j = 1, \ldots, n$$

mit E_i = Einwohner 2004 in der Raumeinheit i

d_{ij} = Luftlinienentfernung zwischen den Schwerpunkten der Raumeinheiten i und j.

bestimmt. Das Ergebnis ist in Abbildung A kartographisch dargestellt.

[13] zuletzt: Bundesinstitut für Bau-, Stadt- und Raumforschung (BBSR) (2009): Indikatorenblatt: Regionales Bevölkerungspotenzial. URL: http://www.bbsr.bund.de/cln_016/nn_23680/BBSR/DE/Raumbeobachtung/Komponenten/LaufendeRaumbeobachtung/SiedlungsstrukturFLNU/Bevoelkerungspotenzial/Indikatorenblatt__Bevoelkerungs potenzial.html (9.2.2010).

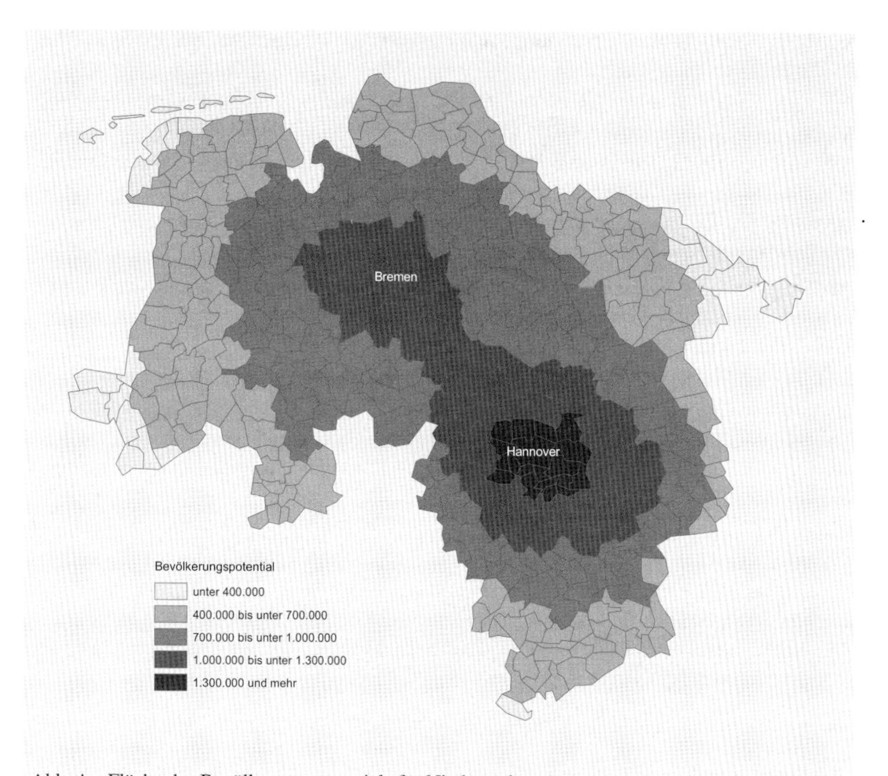

Abb. A: Fläche des Bevölkerungspotentials für Niedersachsen

Es ergibt sich ein interessanter Vergleich zwischen den beiden Oberzentren und Landeshauptstädten Bremen und Hannover (Niedersachsen). Beide Städte haben mit je gut einer halben Million Einwohnern (Hannover: 515.841, Bremen: 545.932; Stand 2004) eine vergleichbare Größe. Das Potential an Einkaufsbesuchern unterscheidet sich aufgrund der unterschiedlich dicht besiedelten Umländer jedoch drastisch (Hannover: 1.574.704, Bremen: 1.285.695). Obwohl in der Stadt Bremen etwa 30.000 Einwohner mehr wohnen als in Hannover, ist das Bevölkerungspotential in der Bremer Innenstadt um 289.000 potentielle Besucher kleiner als in der Innenstadt Hannovers. Dies erklärt die Unterschiede in der Ausdehnung und im Angebot der beiden Innenstädte recht eindrucksvoll.

Einschränkend ist natürlich zu sagen, dass nicht jeder Einwohner ein potentieller Einkäufer ist (kleine Kinder sind dies beispielsweise sicher nicht). Vielleicht sollte daher besser nicht die Einwohnerzahl selbst, sondern die Kaufkraft oder eine vergleichbare, für den Einzelhandel relevante Größe bei der Berechnung eines solchen Modells Berücksichtigung finden.

Ein einfaches Modell wie das hier vorgestellte kann auch als Erreichbarkeitsmodell interpretiert werden. In diesem Sinne sieht man deutlich, dass die Stadt Bremen aufgrund ihrer räumlichen Lage in einem dünner besiedelten Umland für wesentlich weniger Menschen ein Ziel darstellt als die Stadt Hannover.

Das Bevölkerungspotential in Niedersachen
Eine Analyse auf der Basis des Potentialmodells ***MiG***

6.7 Zusammenhangsmaße für nicht-metrisch skalierte Variablen

Der Produktmoment-Korrelationskoeffizient r bzw. ρ ist nur für metrisch-skalierte, binormalverteilte Variablen definiert. Andere Korrelationskoeffizienten können angewandt werden, wenn die in Frage stehenden Variablen nicht entsprechende Eigenschaften haben, also wenn

- metrische Variablen vorliegen, die nicht binormalverteilt sind,
- metrische Variablen vorliegen, zwischen denen offensichtlich ein nicht-linearer Zusammenhang besteht,
- ordinal- oder nur nominal-skalierte Variablen vorliegen.

Metrische Variablen müssen ggf. auf das entsprechende niedrigere Skalenniveau transformiert werden.

6.7.1 Der Rang-Korrelationskoeffizient ρ_s nach SPEARMAN

Gegeben sei eine Stichprobe aus einer zweidimensionalen Grundgesamtheit (X,Y), wobei die beiden Zufallsvariablen jeweils mindestens ordinal-skaliert sind. Die Stichprobenwerte x_i bzw. y_i seien der Größe nach geordnet mit den Rangplätzen x_i^* bzw. y_i^*. Es ergibt sich somit eine Reihe von Rangpaaren

$$(x_i^*, y_i^*) \quad 1 \leq x_i^* \leq n, \quad 1 \leq y_i^* \leq n$$

mit x_i^* = Rangplatz des i-ten Elements von X

y_i^* = Rangplatz des i-ten Elements von Y.

Der *Rang-Korrelationskoeffizient* (rank correlation) ρ_s nach SPEARMAN wird dann geschätzt durch

$$r_s = 1 - \frac{6 \cdot \sum_{i=1}^{n} d_i^2}{n\,(n^2 - 1)}$$

mit n = Stichprobenumfang

$d_i = |x_i^* - y_i^*|$.

Der Rang-Korrelationskoeffizient ist nichts anderes als der auf Rangplätze angewandte Produktmoment-Korrelationskoeffizient. Diese Definitionsgleichung ergibt sich also, wenn man in die Definitionsgleichung der Produktmoment-Korrelationskoeffizienten als x_i und y_i die Rangplätze der jeweils i-ten Elemente einsetzt. Der Leser kann das durch einfache Umrechnungen selbst nachprüfen.

Wie man sieht, kann mit Hilfe von r_s geprüft werden, ob zwischen X und Y ein monotoner Zusammenhang besteht, ob sich also X und Y gleichsinnig oder gegensinnig verändern. Falls dagegen eine U-förmige Beziehung besteht, erhält man $r_s \approx \rho_s = 0$, obwohl ein

Zusammenhang besteht. Für die Rangpaare (1,6), (2,5), (3,3), (4,1), (5,2), (6,4), (7,7) einer offensichtlich U-förmigen Beziehung ist beispielsweise

$$r_s = 1 - \frac{6 \cdot \sum_{i=1}^{n} d_i^2}{n\left(n^2 - 1\right)} = r_s = 1 - \frac{6 \cdot 56}{7 \cdot 48} = 1 - \frac{336}{336} = 0.$$

Für ρ_s gilt:

(1) $-1 \leq \rho_s \leq 1$, denn $\sum_{i=1}^{n} d_i^2 \leq \frac{n\left(n^2 - 1\right)}{3}$.

(2) $\rho_s = -1$ tritt ein, wenn die beiden Variablen genau gegensinnig sind, wenn also $(x_1,y_1) = (1,n)$, $(x_2,y_2) = (2,n-1), \ldots, (x_n,y_n) = (n,1)$. In diesem Fall ist nämlich $\sum_{i=1}^{n} d_i^2 = \frac{n\left(n^2 - 1\right)}{3}$.

(3) $\rho_s = +1$ tritt ein, wenn die beiden Rangreihen genau gleichsinnig sind, wenn also $(x_i,y_i) = (i,i)$, d.h. $d_i^2 = 0$ für alle $i = 1, \ldots, n$.

(4) $\rho_s < 0$: Die beiden Variablen korrelieren negativ, die Rangreihen verlaufen mehr oder weniger gegensinnig.

(5) $\rho_s > 0$: Die beiden Variablen korrelieren positiv, die Rangreihen verlaufen mehr oder weniger gleichsinnig.

(6) $\rho_s = 0$: Es besteht kein Zusammenhang zwischen den beiden Variablen, der sich durch eine monotone Beziehung ausdrücken lässt.

Treten bei X oder Y gleiche Rangplätze auf (sogenannte *Bindungen*), wird der Rang-Korrelationskoeffizient nach folgender korrigierter Formel geschätzt:

$$r_s = 1 - \frac{6 \cdot \sum_{i=1}^{n} d_i^2}{n\left(n^2 - 1\right) - \left(T_x + T_y\right)}$$

mit

$$T_x = \frac{1}{2} \sum_{j=2}^{k} \left(t_{x_j}^3 - t_{x_j}\right)$$

$$T_y = \frac{1}{2} \sum_{j=2}^{l} \left(t_{y_j}^3 - t_{y_j}\right)$$

k = Anzahl der Bindungen bei X

l = Anzahl der Bindungen bei Y

t_{x_j} = Anzahl der Stichprobenelemente mit dem gleichen Rangplatz x_j

t_{y_j} = Anzahl der Stichprobenelemente mit dem gleichen Rangplatz y_j.

Der Signifikanztest für $\rho_s = 0$ kann zwei- oder einseitig erfolgen. Tafel 8 (Anhang) enthält die kritischen Werte $r_{s,\alpha}$ für $n \leq 30$ und die Irrtumswahrscheinlichkeit α. Für $n \geq 30$ kann als Testgröße

$$Z = R_s \cdot \sqrt{n-1}$$

verwendet werden, die standardnormalverteilt ist.

Der Rang-Korrelationskoeffizient ist sinnvoll anwendbar auf metrische Variablen, zwischen denen ein monotoner, aber nicht-linearer Zusammenhang vermutet wird – und zwar unabhängig von der Verteilung der Variablen –, sowie auf ordinal-skalierte Variablen. Im erstgenannten Fall, der in der Praxis sehr häufig auftritt, müssen die Variablenwerte, wie im obigen Rechenbeispiel demonstriert, in Rangplätze umgewandelt werden (siehe auch das folgende Beispiel).

Der Zusammenhang zwischen der Bevölkerungsentwicklung und der Höhe der Baulandpreise in der BRD – Eine Analyse auf Basis des Rang-Korrelationskoeffizienten *MiG*

Der demographische Wandel beeinflusst seit zumindest einem Jahrzehnt fast alle Gebiete und Gebietstypen in Deutschland. Für die Stadt sind als Auswirkungen ganz besonders der Bevölkerungsrückgang, die sogenannte Schrumpfung der Stadt, aber auch die sozio-ökonomischen bzw. sozio-demographischen Umstrukturierungen innerhalb der Stadtbevölkerung wie der Anstieg des Anteils an älteren Menschen oder an ausländischen Mitbürgern zu nennen. Es ist zu vermuten, dass die Schrumpfung deutliche Auswirkungen auf den städtischen Wohnungsmarkt hat, etwa in der Weise, dass wegen des Bevölkerungsrückgangs die Nachfrage nach Wohnungen und nicht zuletzt auch nach Neubauwohnungen zurückgeht. Letzteres führt zu einer verringerten Nachfrage nach Bauland und damit zu einem geringeren Anstieg oder sogar einem Rückgang der Baulandpreise.

Der Frage, ob in den kreisfreien Städten der Bundesrepublik Deutschland ein Zusammenhang zwischen der Bevölkerungsentwicklung X und der Höhe der Baulandpreise Y festzustellen ist, soll im Folgenden nachgegangen werden. In Tab. A sind dazu für insgesamt 81 kreisfreie Städte der BRD die Bevölkerungsentwicklung im Zeitraum 1995-2003

$$X = (B_{2003} - B_{1995})/B_{1995} \cdot 100$$

und der durchschnittliche Baulandpreis (€) pro m^2 im Zeitraum 2001–2003

$$Y = \text{Kaufsumme für baureifes Land 2001–2003}/\text{Umgesetzte Fläche für baureifes Land 2001–2003}$$

aufgeführt. Diese sind dem Informationssystem INKAR 2005 entnommen. Zudem sind in der Tabelle die zugehörigen Rangwerte (1 = kleinster Wert, ...) aufgeführt.

Wie das Korrelogramm in Abb. A (a) zeigt, ist eine regelhafte (z.T. lineare) Tendenz vorhanden und der positive Korrelationskoeffizient nach PEARSON von $r = 0{,}4676$ ist sogar auf dem 0,1%-Niveau signifikant von 0 verschieden (vgl. Tafel 8 im Anhang). Allerdings zeigt der relativ geringe Wert auch, dass der lineare Zusammenhang nicht sehr eng ist. Neben der nicht unbeträchtlichen Streuung der Punktwolke lässt ein Blick auf Abb. A (a) einen zweiten Grund darin vermuten, dass der Zusammenhang eher eine nicht-lineare (exponentielle, also $Y = ae^{bx}$) Form hat. Und drittens sind für die Variable Y zwei extreme Werte (Frankfurt mit 979€/m^2 und Stuttgart mit 627€/m^2) auszumachen, die dazu führen, dass in dem Korrelogramm die beiden Punkte für diese Städte außerhalb der Punktwolke liegen. Werden diese beiden Städte nicht mit in die lineare Korrelationsanalyse einbezogen (also $n = 79$), dann erhöht sich der Wert auf $r = 0{,}6176$ (siehe Abb. A (b)).

In Abb. B sind die Korrelogramme für die Variablen X und $Y^* = \ln(Y)$ (= exponentieller Ansatz) für die beiden oben angesprochenen Stichprobenumfänge ($n = 81$ und $n = 79$) aufgeführt. Die Korrelationskoeffizienten sind im Vergleich zu dem linearen Ansatz höher.

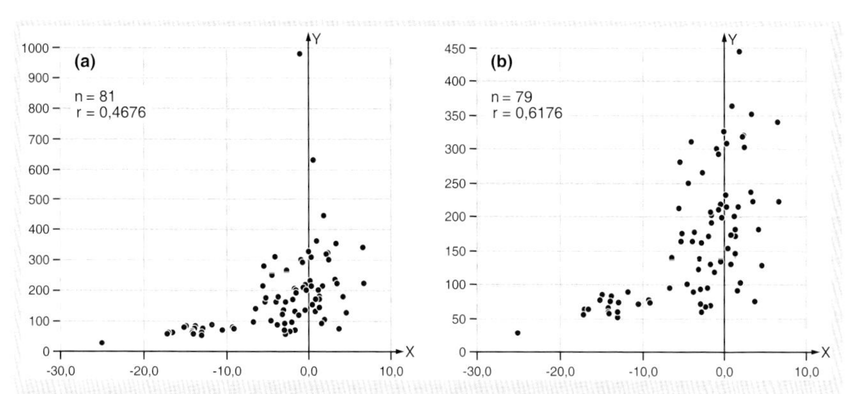

Abb. A: 'Bevölkerungsentwicklung im Zeitraum 1995–2003 (in %)' (= X) und 'Baulandpreis (€) pro m^2 im Zeitraum 2001–2003' (= Y) für 81 kreisfreie Städte in der BRD

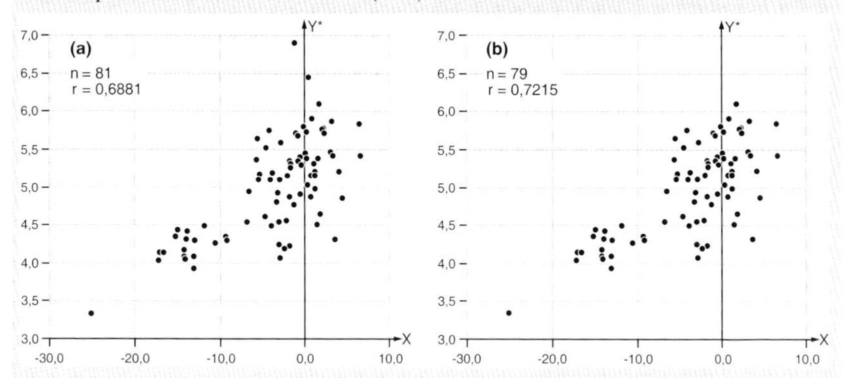

Abb. B: 'Bevölkerungsentwicklung im Zeitraum 1995–2003 (in %)' (= X) und 'Baulandpreis (€) pro m^2 im Zeitraum 2001–2003' (= $Y^* = \ln(Y)$) für 81 kreisfreie Städte in der BRD

Aus den Streuungsdiagrammen lässt sich zudem leicht ersehen, dass beide Variablen X und Y nicht normalverteilt sind, sondern dass X eine linksschiefe Tendenz hat und dass Y eine linkssteile Form aufweist. Es bietet sich daher an, den Rangkorrelationskoeffizienten r_s nach SPEARMAN zu bestimmen. Im vorliegenden Fall bestehen bei der Variablen X elf und bei der Variablen Y sieben Zweierbindungen (siehe Rangwerte in Tab. A). Andere Bindungstypen kommen nicht vor. Für die volle Stichprobe mit $n = 81$ berechnet sich damit der Koeffizient als

$$r_s = 1 - \left(6 \cdot \sum_{i=1}^{81} d_i^2\right) \Big/ \left(81 \cdot (81^2 - 1) - \left(\frac{1}{2} \cdot 11 \cdot 6 + \frac{1}{2} \cdot 7 \cdot 6\right)\right) = 0{,}6452.$$

Für die Stichprobe ohne die beiden Extremfälle ($n = 79$) ergibt sich der Koeffizient als

$$r_s = 1 - \left(6 \cdot \sum_{i=1}^{79} d_i^2\right) \Big/ \left(79 \cdot (79^2 - 1) - \left(\frac{1}{2} \cdot 11 \cdot 6 + \frac{1}{2} \cdot 7 \cdot 6\right)\right) = 0{,}6515.$$

In beiden Fällen sind die Werte für den Rangkorrelationskoeffizienten r_s also etwas kleiner als die Werte des Korrelationskoeffizienten r nach PEARSON für den (nicht-linearen) exponentiellen Ansatz. Der Vergleich des Rangkorrelationskoeffizienten r_s mit den Korrelationskoeffizienten r für den linearen Ansatz zeigt, dass $r_s = 0{,}6452$ bei Berücksichtigung der Extremwerte deutlich größer ist als $r = 0{,}4676$, was belegt, dass der Zusammenhang eine eher nicht-lineare Form hat. Der Rangkorrelationskoeffizient r_s verändert sich kaum, wenn die Extremwerte aus der Betrachtung herausgenommen werden. Im Falle des Korrelationskoeffizienten r tritt hingegen eine deutliche Änderung (in diesem Fall Vergrößerung) ein.

Der Grund für Letzteres liegt in der Reaktion der Koeffizienten auf Extremwerte. Durch die Rangbildung werden extreme Unterschiede in den Daten nivelliert und beeinflussen so die Berechnung des Zusammenhangsmaßes r_s kaum. Sind also extreme Werte in einer Datenreihe vorhanden und will man diese nicht als Auslieger (vgl. Kap. 6.8.1) betrachten und aus der Datenreihe entfernen, dann bietet sich der Rang-Korrelationskoeffizient r_s als gute Alternative für die Messung des linearen Zusammenhangs an.

Tab. A: 'Originalwerte' und ihre Rangwerte für die beiden Variablen 'Bevölkerungsentwicklung im Zeitraum 1995–2003 (in %)' (= X) und 'Baulandpreis (€) pro m^2 im Zeitraum 2001–2003' (= Y) für 81 kreisfreie Städte in der BRD

Kreisfreie Stadt	Originalwerte		Rangwerte ($n = 81$)			Rangwerte ($n = 79$)		
	Bev. Entw. x_i	Preise y_i	x'_i	y'_i	$d_i^2 = \|x'_i - y'_i\|$	x'_i	y'_i	$d_i^2 = \|x'_i - y'_i\|$
Hoyerswerda	−25,0	28	1,0	1,0	0,00	1,0	1,0	0,00
Brandenburg (Havel)	−13,0	51	12,5	2,0	110,25	12,5	2,0	110,25
Frankfurt/Oder	−17,1	56	2,0	3,0	1,00	2,0	3,0	1,00
Gera	−13,9	57	9,0	4,0	25,00	9,0	4,0	25,00
Eisenach	−2,8	58	35,5	5,0	930,25	35,5	5,0	930,25
Görlitz	−14,1	59	12,5	6,5	36,00	12,5	6,5	36,00
Greifswald	−13,0	59	7,5	6,5	1,00	7,5	6,5	1,00
Cottbus	−16,4	62	4,0	8,0	16,00	4,0	8,0	16,00
Suhl	−16,9	63	3,0	9,0	36,00	3,0	9,0	36,00
Neubrandenburg	−14,1	65	7,5	10,0	6,25	7,5	10,0	6,25
Flensburg	−2,3	66	38,0	11,0	729,00	38,0	11,0	729,00
Zweibrücken	−1,7	68	41,5	12,0	870,25	41,5	12,0	870,25
Wolfsburg	−2,9	70	33,5	13,0	420,25	33,5	13,0	420,25
Stralsund	−10,4	71	16,0	14,0	4,00	16,0	14,0	4,00
Pirmasens	−9,1	73	18,0	15,5	6,25	18,0	15,5	6,25
Rostock	−12,8	73	14,0	15,5	2,25	14,0	15,5	2,25
Weimar	3,7	74	77,0	17,0	3600,00	75,0	17,0	3364,00
Dessau	−13,8	75	10,0	18,0	64,00	10,0	18,0	64,00
Halle/Saale	−15,1	77	17,0	19,5	6,25	17,0	19,5	6,25
Wismar	−9,2	77	5,0	19,5	210,25	5,0	19,5	210,25
Chemnitz	−13,7	82	11,0	21,0	100,00	11,0	21,0	100,00
Schwerin	−14,8	84	6,0	22,0	256,00	6,0	22,0	256,00
Neumünster	−3,8	88	29,0	23,0	36,00	29,0	23,0	36,00
Magdeburg	−11,7	89	15,0	24,0	81,00	15,0	24,0	81,00
Jena	1,6	91	67,0	25,0	1764,00	65,0	25,0	1600,00
Delmenhorst	−2,9	93	33,5	26,0	56,25	33,5	26,0	56,25
Salzgitter	−6,7	94	19,0	27,0	64,00	19,0	27,0	64,00
Lübeck	−2,0	95	39,0	28,0	121,00	39,0	28,0	121,00
Erfurt	−4,5	100	25,0	29,0	16,00	25,0	29,0	16,00
Ansbach	2,0	103	70,0	30,0	1600,00	68,0	30,0	1444,00
Potsdam	−1,1	117	46,0	31,0	225,00	46,0	31,0	225,00
Dresden	−3,2	122	31,0	32,0	1,00	31,0	32,0	1,00

Fortsetzung Tab. A

Kreisfreie Stadt	Originalwerte Bev. Entw. x_i	Preise y_i	Rangwerte ($n = 81$) x'_i	y'_i	$d_i^2 = \lvert x'_i - y'_i \rvert$	Rangwerte ($n = 79$) x'_i	y'_i	$d_i^2 = \lvert x'_i - y'_i \rvert$
Oldenburg	4,6	128	79,0	33,0	2116,00	77,0	33,0	1936,00
Frankenthal (Pfalz)	−1,7	130	60,5	34,5	676,00	58,5	34,5	576,00
Hamm	0,8	130	41,5	34,5	49,00	41,5	34,5	49,00
Passau	−0,4	134	51,5	36,0	240,25	50,5	36,0	210,25
Braunschweig	−3,0	137	32,0	37,0	25,00	32,0	37,0	25,00
Gelsenkirchen	−6,4	140	20,0	38,0	324,00	20,0	38,0	324,00
Memmingen	1,3	145	64,0	39,0	625,00	62,0	39,0	529,00
Straubing	0,5	153	58,0	40,0	324,00	57,0	40,0	289,00
Kaiserslautern	−2,8	162	35,5	41,0	30,25	35,5	41,0	30,25
Herne	−3,9	163	28,0	42,5	210,25	28,0	42,5	210,25
Kiel	−5,3	163	23,0	42,5	380,25	23,0	42,5	380,25
Oberhausen	−1,9	171	65,5	44,5	441,00	63,5	44,5	361,00
Worms	1,4	171	40,0	44,5	20,25	40,0	44,5	20,25
Trier	0,8	172	60,5	46,0	210,25	58,5	46,0	156,25
Wuppertal	−5,2	175	24,0	47,0	529,00	24,0	47,0	529,00
Remscheid	−3,7	177	30,0	48,0	324,00	30,0	48,0	324,00
Bielefeld	1,4	181	78,0	50,0	784,00	76,0	50,0	676,00
Landau (Pfalz)	4,2	181	65,5	50,0	240,25	63,5	50,0	182,25
Koblenz	−1,5	190	44,5	51,0	42,25	44,5	51,0	42,25
Bottrop	−0,3	199	53,0	52,0	1,00	52,0	52,0	0,00
Speyer	1,2	201	63,0	53,0	100,00	61,0	53,0	64,00
Dortmund	−1,5	202	44,5	54,0	90,25	44,5	54,0	90,25
Mönchengladbach	−1,6	207	43,0	55,0	144,00	43,0	55,0	144,00
Solingen	−0,7	210	49,5	56,0	42,25	48,5	56,0	56,25
Hagen	−5,6	213	21,0	57,0	1296,00	21,0	57,0	1296,00
Münster (Westf.)	1,7	215	68,0	58,5	90,25	66,0	58,5	56,25
Neustadt (Weinstr.)	0,3	215	56,5	58,5	4,00	55,5	58,5	9,00
Leverkusen	−0,4	218	51,5	60,0	72,25	50,5	60,0	90,25
Bonn	6,7	222	81,0	61,0	400,00	79,0	61,0	324,00
Ulm	3,5	223	76,0	62,0	196,00	74,0	62,0	144,00
Pforzheim	0,2	232	55,0	63,0	64,00	54,0	63,0	81,00
Fürth	3,2	235	74,0	64,0	100,00	72,0	64,0	64,00
Krefeld	−4,4	250	26,0	65,0	1521,00	26,0	65,0	1521,00
Ludwigshafen	−2,7	266	37,0	66,0	841,00	37,0	66,0	841,00
Duisburg	−5,4	281	22,0	67,0	2025,00	22,0	67,0	2025,00
Heilbronn	−0,7	292	49,5	68,0	342,25	48,5	68,0	380,25
Mannheim	−0,9	301	48,0	69,0	441,00	47,0	69,0	484,00
Karlsruhe	2,5	302	73,0	70,0	9,00	71,0	70,0	1,00
Düsseldorf	0,3	308	56,5	71,0	210,25	55,5	71,0	240,25
Essen	−4,1	311	27,0	72,0	2025,00	27,0	72,0	2025,00
Regensburg	2,2	318	71,0	73,0	4,00	69,0	73,0	16,00
Baden-Baden	2,3	321	72,0	74,0	4,00	70,0	74,0	16,00
Köln	0,0	327	54,0	75,0	441,00	53,0	75,0	484,00
Freiburg	6,6	340	80,0	76,0	16,00	78,0	76,0	4,00
Aschaffenburg	3,4	352	75,0	77,0	4,00	73,0	77,0	16,00
Mainz	1,0	363	62,0	78,0	256,00	60,0	78,0	324,00
Wiesbaden	1,8	445	69,0	79,0	100,00	67,0	79,0	144,00
Stuttgart	0,6	627	59,0	80,0	441,00			
Frankfurt/Main	−1,0	979	47,0	81,0	1156,00			

Der Zusammenhang zwischen der Bevölkerungsentwicklung und der Höhe der Baulandpreise in der BRD – Eine Analyse auf Basis des Rang-Korrelationskoeffizienten *MiG*

6.7.2 Zusammenhangsmaße für nominal-skalierte Variablen

Der χ^2-Unabhängigkeitstest und der Kontingenzkoeffizient C (nach PEARSON*)*

Wir gehen aus von zwei nominalskalierten Variablen X und Y mit r bzw. c verschiedenen Ausprägungen. Für die bivariate Verteilung gibt es dann insgesamt $r \cdot c$ Ausprägungen, deren Häufigkeiten sich in einer sogenannten $r \times c$-*Kontingenztafel* (contingency table) mit r Zeilen (rows) und c Spalten (columns) anordnen lassen :

		Y						Summe
		1	2	...	j	...	c	
	1	H_{11}	H_{12}	...	H_{1j}	...	H_{1c}	$\sum_{j=1}^{c} H_{1j} = H_{1\cdot}$
	2	H_{21}	H_{22}	...	H_{2j}	...	H_{2c}	$\sum_{j=1}^{c} H_{2j} = H_{2\cdot}$
X	⋮	⋮	⋮		⋮		⋮	⋮
	i	H_{i1}	H_{i2}	...	H_{ij}	...	H_{ic}	$\sum_{j=1}^{c} H_{ij} = H_{i\cdot}$
	⋮	⋮	⋮		⋮		⋮	⋮
	r	H_{r1}	H_{r2}	...	H_{rj}	...	H_{rc}	$\sum_{j=1}^{c} H_{rj} = H_{r\cdot}$
Summe		$\sum_{i=1}^{r} H_{i1} = H_{\cdot 1}$	$\sum_{i=1}^{r} H_{i2} = H_{\cdot 2}$	...	$\sum_{i=1}^{r} H_{ij} = H_{\cdot j}$	...	$\sum_{i=1}^{r} H_{ic} = H_{\cdot c}$	$\sum_{i=1}^{r}\sum_{j=1}^{c} H_{ij} = n$

mit
- H_{ij} = absolute Häufigkeit von Stichprobenelementen mit der i-ten Ausprägung von X und der j-ten Ausprägung von Y
- $H_{\cdot j}$ = absolute Häufigkeit von Stichprobenelementen mit der j-ten Ausprägung von Y
- $H_{i\cdot}$ = absolute Häufigkeit von Stichprobenelementen mit der i-ten Ausprägung von X
- n = Stichprobenumfang.

Die H_{ij} stellen also eine zweidimensionale Häufigkeitsverteilung dar. Der Kontingenzkoeffizient beruht auf der folgenden Überlegung: Die Randverteilungen sind Schätzungen der Verteilungen von X und Y. D.h., die relativen Häufigkeiten $H_{\cdot j}/n$ sind Schätzungen für die Wahrscheinlichkeit, dass die Variable Y den Wert j annimmt, also für $W(Y = j)$. Entsprechend sind die $H_{i\cdot}/n$ Schätzungen für $W(X = i)$. Geprüft werden soll, ob ein Zusammenhang zwischen X und Y besteht.

Die Nullhypothese lautet daher

$$H_0 : X \text{ und } Y \text{ sind voneinander stochastisch unabhängig.}$$

Unter der Voraussetzung, dass die Nullhypothese gilt, kann für eine beliebige Ausprägung (i,j) die theoretisch zu erwartende Häufigkeit TH_{ij} berechnet werden.

Die Verteilung der TH_{ij} wird mit der empirisch beobachteten Verteilung der H_{ij} verglichen, indem man die χ^2-verteilte Prüfgröße

$$\chi^2 = \sum_{i=1}^{r} \sum_{j=1}^{c} \frac{(H_{ij} - TH_{ij})^2}{TH_{ij}}$$

bildet (vgl. auch Kap. 5.3.4). Der Test wird deshalb auch als χ^2-*Unabhängigkeitstest* bezeichnet.

Die TH_{ij} lassen sich wie folgt schätzen: Unter der Annahme, dass H_0 gilt, ist entsprechend dem Multiplikationsgesetz der Wahrscheinlichkeitsrechnung (vgl. Kap. 5.1.2)

$$W(X = i \text{ und } Y = j) = W(X = i) \cdot W(Y = j).$$

Bei n Stichprobenelementen lassen sich die absoluten theoretischen Häufigkeiten für die Ausprägungen $(X = i \text{ und } Y = j)$ schätzen als

$$TH_{ij} = n \cdot W(X = i \text{ und } Y = j) = n \cdot \frac{H_{i\cdot}}{n} \cdot \frac{H_{\cdot j}}{n} = \frac{H_{i\cdot} \cdot H_{\cdot j}}{n}.$$

Die Anzahl der Freiheitsgrade FG der Prüfgröße χ^2 ist durch die Anzahl der Klassen gegeben, deren Häufigkeiten bekannt sein müssen, um den χ^2-Wert der Stichprobe zu ermitteln. Insgesamt gibt es $r \cdot c$ Klassen. Von den r Klassen der Variablen X sind aber für jedes j nur die Häufigkeiten von $(r - 1)$ Klassen notwendig, da die Häufigkeit der letzten Klasse durch die Randsummen gegeben ist. Aus dem gleichen Grund sind von den c Klassen der Variablen Y für jedes i nur die Häufigkeiten von $(c - 1)$ Klassen notwendig. Daraus ergibt sich:

$$FG = (r - 1)(c - 1).$$

Der Wert der Prüfgröße χ^2 ist im Übrigen direkt proportional zu n, da

$$\sum_{i=1}^{r} \sum_{j=1}^{c} \frac{(H_{ij} - TH_{ij})^2}{TH_{ij}} = n \cdot \sum_{i=1}^{r} \sum_{j=1}^{c} \left(\frac{H_{ij}^2}{H_{i\cdot} \cdot H_{\cdot j}} - 1 \right).$$

Man wählt deshalb als Maß für den Zusammenhang

$$C^* = +\sqrt{\frac{\chi^2}{n + \chi^2}},$$

um die Zusammenhangsmaße verschiedener Kontingenz-Tafeln mit unterschiedlichem n miteinander vergleichen zu können. C^* liegt zwischen 0 und 1. Genauer ergibt sich für das Maximum von C^*:

$$C^*_{\max} = \sqrt{\frac{k-1}{k}}$$

mit $\quad k = \min(r, c)$.

Das Verhältnis von C^* zu $C^*_{\max}$ bezeichnet man als *Kontingenzkoeffizienten* C (für die Stichprobe)

$$C = \frac{C^*}{C^*_{\max}} = \sqrt{\frac{k \cdot \chi^2}{(k-1)\,(n+\chi^2)}}$$

mit $\quad k = \min(r, c)$.

C ist durch die Normierung auf $0 \leq C \leq 1$ ein Maß für die Stärke des Zusammenhangs zwischen X und Y. Die Nullhypothese ($C = 0$) wird mit Hilfe der χ^2-verteilten Prüfgröße

$$\chi^2 = \sum_{i=1}^{r} \sum_{j=1}^{c} \frac{(H_{ij} - TH_{ij})^2}{TH_{ij}} \qquad \text{getestet.}$$

Die Signifikanzprüfung des Kontingenzkoeffizienten C und der χ^2-Unabhängigkeitstest benutzen dieselbe Prüfgröße, denn es wird ja auch dieselbe Nullhypothese überprüft. Die Annahme, X und Y Zeilen- und Spaltenvariable der Kontinenztafel seien stochastisch unabhängig voneinander, ist schließlich gleichbedeutend mit der Annahme einer Nullkorrelation, d.h. $C = 0$.

Der χ^2-Unabhängigkeitstest wird auch als $r \times c$-Felder-Test bezeichnet, da er sich auf eine Kontingenztafel mit r Zeilen und c Spalten bezieht $(r, c \geq 2)$.

Das Wahlverhalten der Bevölkerung in Deutschland ***MiG***
Eine Analyse auf Basis des χ^2-Unabhängigkeitstests

Über das Wahlverhalten der Bevölkerung in Deutschland besteht traditionell die Vermutung, dass die SPD ihr Wählerpotential vor allem in den Städten findet, während die CDU eher in den ländlichen Gebieten gewählt wird. Die FDP war traditionell etwas unabhängiger von solchen siedlungsstrukturellen Gegebenheiten, die Grünen waren wohl zunächst in den Städten stark vertreten, und hier vor allem in einigen Vierteln. Die Frage ist, ob solche siedlungsstrukturellen Einflüsse auch weiterhin Bestand haben. Wir wollen das überschlägig am Beispiel der Bundestagswahl 2005 untersuchen (die Ergebnisse der Bundestagswahl 2009 lagen bei Abfassung des Manuskripts noch nicht vor). Wir betrachten dazu die Ergebnisse der Bundestagswahl 2005 für die CDU und wählen als Gebietseinheiten die Regierungsbezirke bzw. die sogenannten statistischen Regionen in den Bundesländern, in denen es keine Regierungsbezirke gibt, oder die Länder selbst, wenn sie sehr klein sind. Tab. A zeigt für diese Gebietseinheiten die Bevölkerungsdichte und den Stimmenanteil (Zweitstimmen) der CDU bei der Bundestagswahl 2005.

Tab. A: Einwohnerdichte und CDU-Anteil bei der Bundestagswahl 2005 (Quelle: Niedersächsisches Landesamt für Statistik 2008)

Regierungsbezirk/ Statistische Region	Einw. je km²	CDU (%)	Regierungsbezirk/ Statistische Region	Einw. je km²	CDU (%)
Stuttgart	379,6	38,5	Hannover	239,2	30,5
Karlsruhe	394,9	38,5	Lüneburg	109,9	34,4
Freiburg	234,4	38,4	Weser-Ems	165,4	37,5
Tübingen	202,4	42,8	Düsseldorf	987,9	33,0
Oberbayern	241,8	48,5	Köln	594,5	34,9
Niederbayern	115,0	57,3	Münster	379,7	36,4
Oberpfalz	112,4	51,2	Detmold	317,5	38,6
Oberfranken	152,3	48,0	Arnsberg	469,9	32,0
Mittelfranken	236,4	42,4	Koblenz	188,5	39,0
Unterfranken	157,2	48,2	Trier	104,3	39,8
Schwaben	279,0	52,7	Rheinhessen-Pfalz	295,4	34,5
Berlin	3806,9	22,0	Saarland	408,9	30,2
Brandenburg-Nordost	74,8	20,7	Chemnitz	252,1	30,4
Brandenburg-Südwest	100,2	21,5	Dresden	209,6	30,9
Bremen	1641,1	22,8	Leipzig	244,8	28,1
Hamburg	2308,7	28,9	Dessau	118,6	25,3
Darmstadt	507,5	34,2	Halle	184,3	23,9
Gießen	197,2	34,2	Magdeburg	97,7	24,9
Kassel	151,2	31,9	Schleswig-Holstein	179,3	36,4
Mecklenburg-Vorpommern	73,7	29,6	Thüringen	144,4	25,7
Braunschweig	203,8	31,0			

Die Bevölkerungsdichten der Regionen wurden in drei Klassen eingeteilt: < 200, 200 – 350 und > 350 Einwohner pro km²; für den CDU-Anteil wurden zwei Klassen gewählt: höchstens 33,3% oder mehr als 33,3% CDU-Stimmenanteil. Tab. B zeigt die Verteilung der Häufigkeiten nach diesen insgesamt 6 Klassen.

Stimmenanteil für die CDU	Bevölkerungsdichte (E/km^2) < 200	200 – 350	> 350	Summe
$\leq$ 33,3%	8	5	7	20
$>$ 33,3%	10	7	4	21
Summe	18	12	11	41

Tab. B: Bundestagswahl 2005: Beobachtete Häufigkeiten der Regionen nach der Bevölkerungsdichte und dem CDU-Anteil

Die Nullhypothese (H_0), die im folgenden auf einem Signifikanzniveau von $\alpha = 5\%$ geprüft wird, besagt nun, dass der CDU-Anteil unabhängig von der Bevölkerungsdichte ist. Unterstellt man die Gültigkeit von H_0, ist eine Häufigkeitsverteilung zu erwarten, wie sie in Tab. C dargestellt ist.

Stimmenanteil für die CDU	Bevölkerungsdichte (E/km^2) < 200	200 – 350	> 350	Summe
$\leq$ 33,3%	8,8	5,8	5,4	20,0
$>$ 33,3%	9,2	6,2	5,6	21,0
Summe	18,0	12,0	11,0	41,0

Tab. C: Bundestagswahl 2005: Bei Gültigkeit der Nullhypothese theoretisch zu erwartende Häufigkeiten der Regionen nach der Bevölkerungsdichte und dem CDU-Anteil

Aus den Tabellen B und C resultiert als Wert der Prüfgröße

$$\hat{\chi}^2 = 7{,}68 \text{ bei 3 Freiheitsgraden.}$$

Der kritische χ^2-Wert bei 3 Freiheitsgraden ist aber $\chi^2_{3;5\%} = 7{,}81 > \hat{\chi}^2$ (Tafel 4). Das heißt, wir können nicht sagen, dass unsere Analyse die Vermutung eines Zusammenhangs zwischen der Siedlungsstruktur und dem CDU-Anteil bestätigt hat. Wir können aber auch nicht behaupten, die Nullhypothese sei bestätigt worden, sondern nur, dass die Nullhypothese weiter akzeptiert wird.

Eine Schwäche der Analyse ist sicherlich die Abgrenzung der zugrunde liegenden Raumeinheiten, die möglicherweise viel zu groß sind. Man müsste also eventuell mit einer anderen Regionsabgrenzung experimentieren. Andererseits lässt sich mit dem Ergebnis (fehlender Nachweis eines Zusammenhangs zwischen der Siedlungsstruktur und dem Wahlverhalten) aber gut leben. Es spricht ja durchaus viel dafür, dass sich die Stadt-Land-Dichotomie in vielerlei Hinsicht sehr stark abgeschwächt hat. Man wird vielleicht sagen können, dass die Stadt-Land-Differenzierung für die moderne Gesellschaft angesichts der zur Verfügung stehenden Verkehrsmittel und Telekommunikationsmittel kaum noch eine strukturbildende Bedeutung hat.

Das Wahlverhalten der Bevölkerung in Deutschland
Eine Analyse auf Basis des χ^2-Unabhängigkeitstests ***MiG***

Residualanalyse

Es sei bemerkt, dass der Kontingenzkoeffizient C nicht die Richtung des Zusammenhanges angibt, da er nur positive Werte annimmt. Bei nominalskalierten Variablen ist es aber sowieso sinnlos, von einer Richtung des Zusammenhanges (im bisher verwendeten Sinne) zu sprechen. Allerdings wäre es von Vorteil zu wissen, wie der Zusammenhang geartet ist, d.h. welche Ausprägungskombinationen (i, j) der beiden Merkmale X und Y die Häufigkeiten H_{ij} aufweisen, die deutlich von den unter H_0 (stochastische Unabhängigkeit) zu erwartenden Werten TH_{ij} abweichen und so den Zusammenhang hervorrufen.

Eine einfache Möglichkeit zur Prüfung bieten die absoluten Residuen $R_{ij} = H_{ij} - TH_{ij}$. Die relative Bedeutung einzelner Merkmalskombinationen kann jedoch besser untersucht werden, indem die Residuen standardisiert werden. Man unterscheidet zwischen *standardisierten Residuen* (standardized residuals)

$$SR_{ij} = \frac{R_{ij}}{\sqrt{TH_{ij}}}$$

und *korrigierten standardisierten Residuen* (adjusted standardized residuals)

$$ASR_{ij} = \frac{R_{ij}}{\sqrt{TH_{ij}\left(1 - \frac{H_{i\cdot}}{n}\right)\left(1 - \frac{H_{\cdot j}}{n}\right)}}.$$

Die beiden Standardisierungen unterscheiden sich durch die Art der Schätzung der Standardabweichung. Während bei den SR_{ij} die geschätzten Standardabweichungen der einzelnen Residuen R_{ij} im Nenner stehen, werden die Residuen bei den ASR_{ij} auf ihren Standardfehler normiert. Die ASR_{ij} sind daher im Gegensatz zu den SR_{ij} unabhängig von den Randverteilungen (den Zeilen- und Spaltensummen) der Kontingenztafel. Eine ausführliche Darstellung hierzu ist bei HABERMAN (1973) zu finden.

Die Verkehrsmittelwahl der Besucher der Bremer Innenstadt ***MiG***
Eine Analyse auf Basis von standardisierten Residuen des χ^2-Unabhängigkeitstests

Bei der Diskussion um die Entwicklung von Innenstädten lassen sich verschiedene Interessen identifizieren, die bei den jeweiligen politischen Entscheidungen eine Rolle spielen. Auf der einen Seite steht der Wunsch nach einer hohen Aufenthaltsqualität, u.a. also nach sauberer Luft oder geringer Lärmbelastung, auf der anderen Seite sollen die Besucher die Möglichkeit haben, mit dem eigenen Pkw in die Innenstadt zu fahren. Die Erreichbarkeit durch den Pkw ist dabei insbesondere aus Sicht des Einzelhandels von Bedeutung, da der Pkw den Transport von Einkäufen erleichtert und die Qualität des Einkaufserlebnisses steigert.

Anhand der Daten der Passantenbefragung zur Besucherstruktur in der Bremer Innenstadt 2001–2005 wollen wir dieses Argument nun untersuchen. Genauer wollen wir die These prüfen, dass Einkaufsbesucher tatsächlich häufiger den Pkw nutzen als Besucher, die die Innenstadt aus anderen Gründen aufsuchen.

Bei der Befragung wurden die Passanten unter anderem nach dem hauptsächlichen Zweck ihres Innenstadtbesuchs und dem dabei überwiegend genutzten Verkehrsmittel gefragt. Als Besuchszwecke werden hier 'Arbeit', 'Einkauf' und 'Sonstige Zwecke' unterschieden. Als gewählte Verkehrsmittel betrachten wir den 'eigenen Pkw', 'öffentliche Verkehrsmittel (ÖV)', das 'Fahrrad', das 'Zu-Fuß-Gehen' und 'sonstige Verkehrsmittel' (dies betrifft Personen, die mit einem Pkw gebracht wurden, sowie Nutzer von Taxis, Motorrädern u.a.).

Es liegen also zwei nominalskalierte Merkmale vor, die wir auf einen Zusammenhang hin untersuchen wollen. Wir führen deshalb einen χ^2-Unabhängigkeitstest durch. Die Nullhypothese lautet

$$H_0 : \text{Die Verkehrsmittelwahl ist vom Zweck des Besuchs unabhängig.}$$

Tab. A zeigt die Häufigkeitsverteilung H_{ij} von 4020 Besuchern, die zwischen 2001 und 2005 die Bremer Innenstadt von ihrem Wohnort aus aufgesucht haben und am selben Tag an ihren Wohnort zurückgekehrt sind (also keine Touristen). Darunter sind die bei Gültigkeit von H_0 zu erwartenden theoretischen Häufigkeiten TH_{ij} dargestellt.

Der Wert der Prüfgröße ist $\hat{\chi}^2 = 37{,}155$, und die Anzahl der Freiheitsgrade ist $(3-1)\cdot(5-1) = 8$. Sogar der kritische Wert auf dem 0,1 %-Signifikanzniveau beträgt nur $\chi^2_{8;0,1\%} = 26{,}13$ (Tafel 4).

Da $\hat{\chi}^2 > \chi^2_{8;0,1\%}$, ist H_0 abzulehnen.

Tab. A: Beobachtete Häufigkeiten H_{ij} und theoretische Häufigkeiten TH_{ij} der gewählten Verkehrsmittel nach Besuchszwecken in der Bremer Innenstadt 2001–2005

Hauptbesuchszweck		Hauptsächlich genutztes Verkehrsmittel					Summe
		Eigener Pkw	ÖPNV	Fahrrad	zu Fuß	Sonstiges	
H_{ij}	Arbeit	74	211	49	37	10	381
	Einkauf	697	907	257	225	67	2153
	Sonstiges	426	699	154	164	43	1486
	Summe	1197	1817	460	426	120	4020
TH_{ij}	Arbeit	113,45	172,21	43,60	40,37	11,37	381,00
	Einkauf	641,08	973,13	246,36	228,15	64,27	2153,00
	Sonstiges	442,47	671,66	170,04	157,47	44,36	1486,00
	Summe	1197,00	1817,00	460,00	426,00	120,00	4020,00

Für den Kontingenzkoeffizienten erhält man

$$C = \sqrt{\frac{k \cdot \chi^2}{(k-1)\,(n+\chi^2)}} = \sqrt{\frac{3 \cdot 37{,}155}{2 \cdot (4020 + 37{,}155)}} = \sqrt{\frac{111{,}465}{8114{,}31}} = 0{,}1172.$$

Es besteht also ein hochsignifikanter, wenngleich recht schwach ausgeprägter Zusammenhang zwischen dem Besuchszweck und der Wahl des Verkehrsmittels.

Offen ist jedoch, wie dieser Zusammenhang geartet ist. Die Widerlegung der Nullhypothese sagt ja noch nichts über unsere inhaltliche These aus, nach der die Einkaufsbesucher überzufällig oft den Pkw nutzen. Um diese zu überprüfen, müssen die Residuen betrachtet werden.

Tab. B zeigt die Residuen $R_{ij} = H_{ij} - TH_{ij}$. Wie man sieht, wurden in der Stichprobe 55,92 mehr Einkaufsbesucher gezählt, die den Pkw benutzen, als bei Unabhängigkeit (H_0) zu erwarten gewesen wären. Dagegen hätten bei Unabhängigkeit (H_0) 66,13 Nutzer öffentlicher Verkehrsmittel mehr unter den Einkaufsbesuchern sein müssen, als tatsächlich beobachtet werden konnten.

Man könnte nun unsere inhaltliche These als bestätigt ansehen, denn die größten absoluten Residuen fallen ja im Sinne unserer These aus. Dieser Schluss wäre jedoch nicht ganz richtig. Die standardisierten Residuen $SR_{ij} = R_{ij}/\sqrt{TH_{ij}}$ in Tab. B zeigen nämlich, dass für die Signifikanz des Unabhängigkeitstests, d.h. für die absolute Größe von $\hat{\chi}^2$, in erster Linie nicht die Einkaufsbesucher verantwortlich sind, sondern die Besucher, die die Innenstadt zum Arbeiten aufsuchen. Im Berufsverkehr ist die Häufigkeit der Pkw-Nutzer um 3,7 Standardabweichungen kleiner, die Häufigkeit der ÖV-Nutzer im Berufsverkehr ist dagegen um fast drei Standardabweichungen (2,96) größer als bei Unabhängigkeit zu erwarten wäre.

Die Abweichungen für die Einkaufsbesucher liegen nur bei jeweils knapp über zwei Standardabweichungen. Um von einem signifikanten Effekt mit einer Irrtumswahrscheinlichkeit von maximal 5% ausgehen zu können, sollten die standardnormalverteilten Residuen größer als $1{,}96$ oder kleiner als $-1{,}96$ sein (zweiseitige Fragestellung, $\Phi^*(1{,}96) = 2{,}5\%$ (Tafel 2)). Eine Bevorzugung des Pkw durch die Einkaufsbesucher ist auf einem Signifikanzniveau von 5% so eben nachweisbar. Viel deutlicher ist dagegen die Präferenz für die Öffentlichen Verkehrsmittel im Berufsverkehr, denn diese ist mindestens auf dem 0,2%-Niveau signifikant ($\Phi^*(2{,}96) = 0{,}154\%$ (Tafel 2)).

Im Nachhinein überrascht dieses Ergebnis angesichts des sehr gut ausgebauten Öffentlichen Verkehrsnetzes in Bremen nicht. Insbesondere das dichte Straßenbahnnetz bietet eine gute Anbindung und aufgrund der separaten Trassenführung im Zentrumsbereich eine bequeme und schnelle Alternative zum Pkw-gebundenen Berufsverkehr.

Tab. B: Residuen R_{ij} und standardisierte Residuen SR_{ij} für die gewählten Verkehrsmittel nach Besuchszwecken in der Bremer Innenstadt 2001–2005

Hauptbesuchszweck		Hauptsächlich genutztes Verkehrsmittel				
		Eigener Pkw	ÖPNV	Fahrrad	zu Fuß	Sonstiges
R_{ij}	Arbeit	−39,45	38,79	5,40	−3,37	−1,37
	Einkauf	55,92	−66,13	10,64	−3,15	2,73
	Sonstiges	−16,47	27,34	−16,04	6,53	−1,36
SR_{ij}	Arbeit	−3,70	2,96	0,82	−0,53	−0,41
	Einkauf	2,21	−2,12	0,68	−0,21	0,34
	Sonstiges	−0,78	1,05	−1,23	0,52	−0,20

Die Verkehrsmittelwahl der Besucher der Bremer Innenstadt
Eine Analyse auf Basis von standardisierten Residuen des χ^2-Unabhängigkeitstests *MiG*

Der 4-Felder-Korrelationskoeffizient

Liegen zwei dichotome Variablen X und Y vor, spricht man von einer 4-Felder-Tafel (2×2-Felder-Tafel). Auf 4-Felder-Tafeln lässt sich natürlich der Kontingenzkoeffizient C ebenfalls anwenden. Außerdem ist für diesen speziellen Fall ein eigener Korrelationskoeffizient ρ_ϕ (rho-phi) entwickelt worden. Die beiden möglichen Werte der Variablen X und Y seien 0 und 1. Daraus ergibt sich eine 4-Felder-Tafel

X	Y		Summe
	0	1	
0	H_{00}	H_{01}	$H_{00} + H_{01}$
1	H_{10}	H_{11}	$H_{10} + H_{11}$
Summe	$H_{00} + H_{10}$	$H_{01} + H_{11}$	$H_{00} + H_{01} + H_{10} + H_{11} = n$

mit H_{ij} = absolute Häufigkeit der Stichprobenelemente mit der Merkmalskombination $X = i$ und $Y = j$ $(i,j = 0,1)$
n = Stichprobenumfang.

Für eine Stichprobe ist der 4-Felder-Korrelationskoeffizient wie folgt definiert:

$$r_\phi = \frac{H_{00}\,H_{11} - H_{01}\,H_{10}}{\sqrt{(H_{00} + H_{01})\,(H_{10} + H_{11})\,(H_{00} + H_{10})\,(H_{01} + H_{11})}}.$$

r_ϕ ist also gleich der Differenz aus den Produkten der Haupt- und der Nebendiagonalelemente, dividiert durch die Wurzel aus dem Produkt der Randsummen.

Wenn $\rho_\phi = 0$, sind die Variablen X und Y unkorreliert, es besteht zwischen ihnen kein Zusammenhang.

Wenn $\rho_\phi \neq 0$, besteht zwischen den beiden Variablen ein Zusammenhang, der umso stärker ist, je näher $|\rho_\phi|$ an 1 liegt.

ρ_ϕ liegt nämlich im Unterschied zu C zwischen -1 und $+1$. Aus der Definition von ρ_ϕ geht hervor, das ρ_ϕ auch negative Werte annehmen kann. Ein positiver Zusammenhang resultiert, wenn die Häufigkeiten in der Hauptdiagonalen die Häufigkeiten in der Nebendiagonalen übertreffen, wenn also gleiche Ausprägungen von X und Y häufiger sind als entgegengesetzte Ausprägungen. Sind entgegengesetzte Ausprägungen von X und Y häufiger als gleiche Ausprägungen, ist der Zusammenhang negativ.

Ist $\rho_\phi > 0$ (bzw. $\rho_\phi < 0$), so spricht man von einem positiven (bzw. negativen) Zusammenhang. Das hat natürlich nur dann einen Sinn, wenn die Ausprägungen 0 und 1 im Sinne von 'gut/schlecht', 'groß/klein' usw. interpretiert werden können.

Die Prüfung der Hypothese $H_0 : \rho_\phi = 0$ erfolgt durch die χ^2-verteilte Prüfgröße

$$\chi^2 = n \cdot R_\phi^2$$

mit einem Freiheitsgrad $(FG = 1)$.

Die Signifikanzprüfung des 4-Felder-Korrelationskoeffizienten ρ_ϕ kann wiederum als 4-Felder-Test interpretiert werden, denn die Unabhängigkeit der Zeilen- und Spaltenvariable ist gleichbedeutend mit $\rho_\phi = 0$. Der 4-Felder-Test stellt damit einen Spezialfall des χ^2-Unabhängigkeitstest für $(r = c = 2)$ dar.

Die Bedeutung des Pkw für die Einkaufsbesucher am Wochenende *MiG*
Eine Analyse auf Basis des 4-Felder-Tests

Aus Sicht des Einzelhandels ist die Erreichbarkeit einer Innenstadt mit dem Pkw insbesondere am Wochenende von Bedeutung. Als Grund wird angeführt, dass am Samstag mehr Besucher aus dem städtischen Umland kommen, so dass mit einem höheren Pkw-Anteil zu rechnen ist.

Wir überprüfen im Folgenden die These, dass der Anteil der Einkäufer, die die Innenstadt mit dem Pkw aufsuchen, samstags höher ist als werktags (montags bis freitags). Als Datenbasis dient wieder die Passantenbefragung zur Besucherstruktur in der Bremer Innenstadt 2001–2005. Wir betrachten zwei dichotome Merkmale, nämlich 'Wochentag' (mit den Werten 0 ='Montag - Freitag', 1 ='Samstag') und das 'hauptsächlich genutzte Verkehrsmittel' (mit den Werten 0 ='eigener Pkw', 1 ='anderes Verkehrsmittel').

Tab. A: Absolute Häufigkeiten der Einkaufsbesucher in der Bremer Innenstadt 2001–2005 nach Wochentag und genutzem Verkehrsmittel

Wochentag	genutztes Verkehrsmittel		Summe
	Eigener Pkw	anderes Vkm.	
Montag-Freitag	302	758	1060
Samstag	395	698	1093
Summe	697	1456	2153

Tabelle A zeigt die Verteilung der absoluten Häufigkeiten H_{ij} für die insgesamt 2153 Besucher der Befragungsstichprobe, die die Bremer Innenstadt zwischen 2001 und 2005 zum Einkaufen besucht haben. Der Vier-Felder-Korrelationskoeffizient für die Stichprobe ist

$$\begin{aligned} r_\phi &= \frac{302 \cdot 698 - 758 \cdot 395}{\sqrt{(302+758)\,(395+698)\,(302+395)\,(758+698)}} \\ &= \frac{210796 - 299410}{\sqrt{1060 \cdot 1093 \cdot 697 \cdot 1456}} = \frac{-88614}{1084326{,}5461} \\ &= -0{,}0817. \end{aligned}$$

Die Prüfgröße für den Test des Korrelationskoeffizienten gegen Null ($H_0 : \rho_\phi = 0$) nimmt den Wert

$$\hat{\chi}^2 = n\, r_\phi^2 = 2153 \cdot -0{,}0817^2 = 14{,}37$$

an. Der kritische Wert für einen Freiheitsgrad bei einer Irrtumswahrscheinlichkeit von 1% ist $\chi^2_{1;\,1\%} = 6{,}63$. Da $\hat{\chi}^2 > \chi^2_{1;\,1\%}$, ist die Nullhypothese abzulehnen.

Der Anteil der Pkw-Nutzer am Samstag unterscheidet sich demnach hochsignifikant von dem Anteil an einem Werktag. Allerdings ist der Zusammenhang äußerst schwach ausgeprägt.

Die Ausprägung des so bestätigten Zusammenhangs zeigt uns schließlich das negative Vorzeichen des Korrelationskoeffizienten von $r_\phi = -0{,}0817$. In einer regressionsanalytischen Interpretation bedeutet es, dass bei einer Zunahme der Variablen 'Wochentag' von 0 (Montag - Freitag) auf 1 (Samstag) mit einer Abnahme der Variablen 'Verkehrsmittel' von 1 (anderes Verkehrsmittel) in Richtung 0 (eigner Pkw) zu rechnen ist. Samstags ist also tatsächlich mit einem geringfügig *höheren* Pkw-Anteil unter den Einkaufsbesuchern der Innenstadt zu rechnen.

Die Bedeutung des Pkw für die Einkaufsbesucher am Wochenende
Eine Analyse auf Basis des 4-Felder-Tests *MiG*

Voraussetzungen für die χ^2-Analyse von Kontingenztafeln ***FuF***

Bei der Analyse von 2×2 oder $r \times c$-Kontingenztafeln werden beobachtete Häufigkeiten mit den bei Gültigkeit von H_0 zu erwartenden Häufigkeiten verglichen. Die erwarteten Häufigkeiten TH_{ij} werden dabei immer als

$$TH_{ij} = \frac{H_{i.} \cdot H_{.j}}{n} = \frac{\text{Zeilensumme} \cdot \text{Spaltensumme}}{\text{Gesamtsumme}}$$

bestimmt, und der Vergleich erfolgt mit Hilfe der χ^2-verteilten Prüfgröße

$$\chi^2 = \sum_{i=1}^{r} \sum_{j=1}^{c} \frac{(H_{ij} - TH_{ij})^2}{TH_{ij}}.$$

Die TH_{ij} sollten dabei für beide Tests in jeder Zelle größer als 5 sein. Andernfalls besteht die Gefahr, dass die Prüfgröße einen zu großen Wert annimmt, so dass der Fehler 1. Art unterschätzt würde (die TH_{ij} stehen ja im Nenner).
Im Unterschied zum Kontingenzkoeffizienten C, der nur positive Werte annehmen kann, wird mit dem 4-Felder-Koeffizienten ρ_ϕ durch das Vorzeichen die Richtung eines Zusammenhangs angegeben. Von einem gerichteten Zusammenhang kann man sinnvoll ausschließlich für 2×2-Tafeln sprechen, da ja in der Regel nominalskalierte Daten vorliegen. Sollen inhaltliche Thesen über größere $r \times c$ Kontingenztafeln geprüft werden, empfiehlt sich immer die Kontrolle anhand einer Residualanalyse.

Voraussetzungen für die χ^2-Analyse von Kontingenztafeln ***FuF***

Standardisierte und korrigierte standardisierte Residuen beim χ^2-Test ***MuG***

Die Eigenschaften der verschiedenen Formen der Standardisierung von Residuen bei χ^2-basierten Tests kann man sich am einfachsten anhand eines 4-Felder-Tests verdeutlichen.

Wir betrachten nochmals die Frage, inwieweit der Anteil der Pkw-Nutzer unter den Einkäufern in der Bremer Innenstadt am Wochenende höher ist als an einem Werktag (Montag bis Freitag). Die absoluten Häufigkeiten zeigt erneut Tabelle A. Zusätzlich angegeben sind die theoretischen Häufigkeiten sowie die resultierenden Residuen R_{ij}. Die R_{ij} einer 4-Felder-Kontingenztafel müssen symmetrisch sein, da ja nur ein Freiheitsgrad existiert; bei Kenntnis der Häufigkeit in einer Zelle lassen sich die Häufigkeiten in den anderen drei Zellen als Differenz zur jeweiligen Randsumme berechnen. Weicht also eine Zelle positiv von der erwarteten Häufigkeit ab, muss die benachbarte Zelle eine entsprechend negative Abweichung aufweisen.

Die standardisierten Residuen SR_{ij} sind dagegen asymmetrisch. Der Grund dafür ist, dass zu ihrer Berechnung die Standardabweichung der Residuen der einzelnen Zellen zugrundegelegt wird. Diese Standardabweichung wird auf $\sqrt{TH_{ij}}$ geschätzt und ist daher abhängig von den Randsummen. Die Standardabweichung nimmt mit den Randsummen zu, so dass die standardisierten, d.h. auf ihre Standardabweichung normierten Residuen $SR_{ij} = R_{ij}/\sqrt{TH_{ij}}$ mit steigenden Randsummen schrumpfen. Dies ist in Tabelle A gut zu sehen.

Mit den korrigierten standardisierten Residuen ASR_{ij} wird das Problem der Abhängigkeit standardisierter Residuen von den Randsummen umgangen (Tabelle A). Verantwortlich dafür ist, dass bei der Berechnung der ASR_{ij} nicht die geschätzte Standardabweichung der Residuen der einzelnen Zellen, sondern der geschätzte Standardfehler aller Residuen zugrunde gelegt wird. Die ASR_{ij} sind daher von den Randverteilungen der Kontingenztafel unabhängig.

Das Maß der Beeinflussung der standardisierten Residuen SR_{ij} durch die Randverteilungen ist in mehrdimensionalen $r \times c$-Tafeln nur schwer abzuschätzen. Aus diesem Grund werden häufig korrigierte standardisierte Residuen ASR_{ij} berechnet. Sie fallen bei kleineren Tabellen in der Regel etwas größer aus als die unkorrigierten Werte.

Für die Verwendung der standardisierten Residuen SR_{ij} spricht ihre leichtere Interpretierbarkeit. Sie entsprechen nämlich der Quadratwurzel der einzelnen Summanden der Prüfgröße:

$$SR_{ij} = \frac{R_{ij}}{\sqrt{TH_{ij}}} = \sqrt{\frac{R_{ij}^2}{TH_{ij}}} = \sqrt{\frac{(H_{ij} - TH_{ij})^2}{TH_{ij}}}.$$

Die standardisierten Residuen SR_{ij} können daher direkt als Beitrag der einzelnen Kombinationen der Zeilen- und Spaltenvariablen zur Gesamtabweichung (sogenannte *Effekte*) bzw. zur Größe der Prüfgröße interpretiert werden.

Unkorrigierte und korrigierte standardisierte Residuen spielen bei der Kontingenztafelanalyse als sogenannte *Effektgrößen* eine bedeutende Rolle. Sie erlauben nämlich die Bestimmung der praktischen Relevanz einzelner Effekte, indem sie mit festgelegten Mindestgrößen bzw. Schwellenwerten verglichen werden. Da SR_{ij} und ASR_{ij} standardnormalverteilt sind, lässt sich beispielsweise die Mindestgröße der Betrags einzelner standardisierter Residuen mit einer Fehlerwahrscheinlichkeit von 5% auf 1,96 festlegen, denn $\Phi(-1{,}96) = \Phi^*(1{,}96) = 2{,}5\%$ (Tafel 2) (siehe das obige Beispiel zur Verkehrsmittelwahl). Diese Vorgehensweise entspricht einem Test der Residuen auf Signifikanz gegen Null.

Es ist klar, dass die SR_{ij} aufgrund der häufig kleineren Werte in der Regel robustere Ergebnisse liefern als die ASR_{ij}. Im Zweifelsfall sollte man beide Residuen berechnen. In der praktischen Anwendung sollten unkorrigierte bzw. korrigierte standardisierte Residuen jedoch in erster Linie zum Zwecke einer groben Abschätzung der relativen Bedeutung einzelner Effekte dienen, die immer zuallererst inhaltlich begründet werden muss.

Tab. A: Absolute Häufigkeiten H_{ij} der Einkaufsbesucher in der Bremer Innenstadt 2001–2005 nach Wochentag und gewähltem Verkehrsmittel, erwartete Häufigkeiten TH_{ij}, absolute Residuen R_{ij}, standardisierte Residuen SR_{ij} und korrigierte standardisierte Residuen ASR_{ij}

	Wochentag	Nutzung des Pkw		Summe
		ja	nein	
H_{ij}	Montag-Freitag	302	758	1060
	Samstag	395	698	1093
	Summe	697	1456	2153
TH_{ij}	Montag-Freitag	343,2	716,8	
	Samstag	353,8	739,2	
R_{ij}	Montag-Freitag	-41,2	41,2	
	Samstag	41,2	-41,2	
SR_{ij}	Montag-Freitag	-2,2	1,5	
	Samstag	2,2	-1,5	
ASR_{ij}	Montag-Freitag	-3,8	3,8	
	Samstag	3,8	-3,8	

Standardisierte und korrigierte standardisierte Residuen beim χ^2-Test ***MuG***

CRAMERs Index CI ***FuF***

Die theoretischen Häufigkeiten einer 4-Felder-Kontingenztafel für die Unabhängigkeitshypothese H_0 sind

$$TH_{00} = \frac{H_{0\cdot} \cdot H_{\cdot 0}}{n} \qquad TH_{10} = \frac{H_{1\cdot} \cdot H_{\cdot 0}}{n}$$

$$TH_{01} = \frac{H_{0\cdot} \cdot H_{\cdot 1}}{n} \qquad TH_{11} = \frac{H_{1\cdot} \cdot H_{\cdot 1}}{n}$$

Setzt man diese theoretischen Häufigkeiten in die Gleichung für $\chi^2 = R_{ij}^2/TH_{ij}$ ein, erhält man die Gleichung für die χ^2-verteilte Prüfgröße

$$\chi^2 = \frac{n\,(H_{00}\,H_{11} - H_{01}\,H_{10})^2}{(H_{00} + H_{01})\,(H_{10} + H_{11})\,(H_{00} + H_{10})\,(H_{01} + H_{11})} = n \cdot R_\phi^2.$$

Der 4-Felder-Korrelationskoeffizient ρ_ϕ ist der Erwartungswert von R_ϕ. ρ_ϕ ist demnach als

$$\rho_\phi = \sqrt{\frac{\chi^2}{n}}$$

für 2×2-Tabellen definiert. Eine Verallgemeinerung auf $r \times c$-Tabellen $(r,c \geq 2)$ stellt CRAMERs Index CI dar:

$$CI = \sqrt{\frac{\chi^2}{n\,(k-1)}}$$

mit $k = \min(r,c)$.

CI empfiehlt sich insbesondere dann, wenn ein Kontingenzkoeffizient mit anderen Korrelationsmaßen wie z.B. r nach PEARSON oder r_s nach SPEARMAN verglichen werden soll. CI nimmt generell kleinere Werte an als C.

CRAMERs Index CI ***FuF***

6.8 Ausgewählte Probleme bei der Anwendung der Korrelations- und Regressionsanalyse

In diesem Abschnitt werden einige Probleme angesprochen, die vor allem bei der praktischen Anwendung der Korrelations- und Regressionsanalyse auftreten. Einige von ihnen sind besonders typisch für Anwendungen in der Geographie.

6.8.1 Das Ausreißer-Problem

Als Ausreißer bezeichnet man diejenigen Stichprobenelemente, die gegenüber den anderen Stichprobenelementen durch extrem abweichende Werte gekennzeichnet sind. Derartige Ausreißer beeinflussen natürlich alle beschreibenden Maße (Mittelwert, Varianz, Korrelationskoeffizienten usw.) für die Stichprobe und damit auch die Schätzwerte für die Grundgesamtheit sowie die Ergebnisse von Tests. Die Auswirkungen von Ausreißern bei der Korrelations- und Regressionsanalyse lassen sich an den Abb. 62 und 63 ablesen.

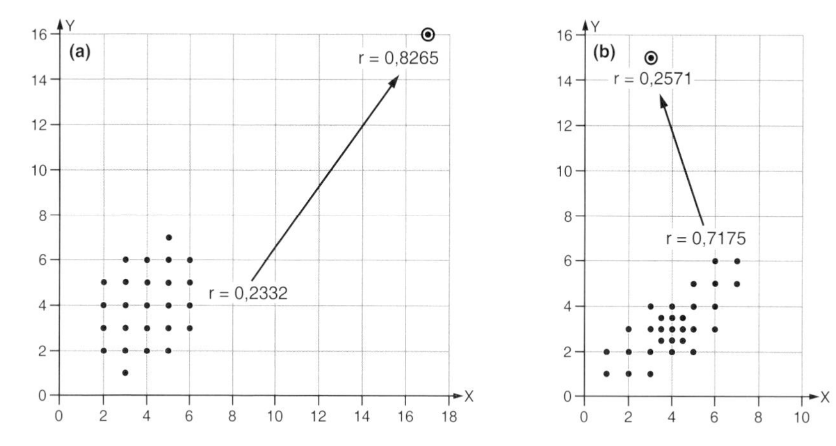

Abb. 62: Änderung der Korrelation durch Ausreißer (Quelle: GIESE 1978, S. 166)

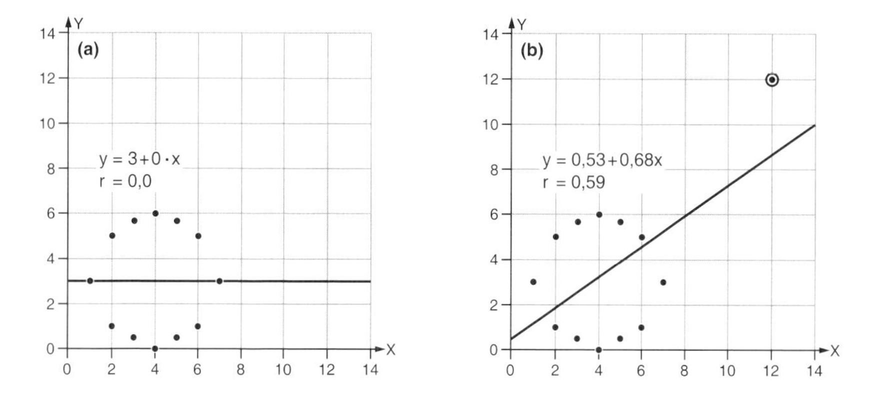

Abb. 63: Änderung der Regressionsgeraden durch Ausreißer

Abb. 62 zeigt, dass Ausreißer Korrelationskoeffizienten sowohl erhöhen (a) als auch erniedrigen (b) können. Abb. 63 demonstriert die Änderung der Regressionsgeraden (und des Korrelationskoeffizienten) durch Ausreißer. Während in Abb. 63 bei (a) Y offensichtlich linear unabhängig von X ist, ergibt sich bei (b) durch den zusätzlichen Ausreißer sogar eine Regressionsgerade mit signifikantem Regressions- und Korrelationskoeffizienten.

Ausreißer können das Resultat falsch definierter Grundgesamtheiten sein. Häufig handelt es sich bei ihnen jedoch tatsächlich um singuläre Fälle, die sich nicht dem allgemeinen Trend einordnen. Dann verdienen sie besondere Beachtung, denn als Ausnahmen von der Regel sind sie meistens Anlass zu neuen Forschungshypothesen.

Tab. 31: Vier Datensätze von je elf Beobachtungspaaren (Quelle: ANSCOMBE 1973, S. 19)

X_1	Y_1	X_2	Y_2	X_3	Y_3	X_4	Y_4
10,0	8,04	10,0	9,14	10,0	7,46	8,0	6,58
8,0	6,95	8,0	8,14	8,0	6,77	8,0	5,76
13,0	7,58	13,0	8,74	13,0	12,74	8,0	7,71
9,0	8,81	9,0	8,77	9,0	7,11	8,0	8,84
11,0	8,33	11,0	9,26	11,0	7,81	8,0	8,47
14,0	9,96	14,0	8,10	14,0	8,84	8,0	7,04
6,0	7,24	6,0	6,13	6,0	6,08	8,0	5,25
4,0	4,26	4,0	3,10	4,0	5,39	19,0	12,50
12,0	10,84	12,0	9,13	12,0	8,15	8,0	5,56
7,0	4,82	7,0	7,26	7,0	6,42	8,0	7,91
5,0	5,68	5,0	4,74	5,0	5,73	8,0	6,89

Wegen ihrer verzerrenden Wirkung sollten Ausreißer bei der statistischen Analyse ausgeschlossen werden. Eine Übereinkunft, welche Stichprobenelemente als Ausreißer anzusehen sind, ist die folgende: Man bestimmt den Mittelwert $\bar{x}$ und die Standardabweichung s der Stichprobenelemente ohne den fraglichen Ausreißer. Liegt der Variablenwert des Ausreißers außerhalb des Intervalls $\bar{x} \pm 4 \cdot s$, bleibt er ausgeschlossen.

Das von ANSCOMBE (1973) konstruierte Beispiel verdeutlicht die Gefahren, die bei einer unreflektierten Anwendung der Regressions- und Korrelationsanalyse und durch das Auftreten von Ausreißern entstehen.

Tab. 31 enthält vier Datensätze für Regressionen einer abhängigen Variable Y_i nach X_i. Im Falle der Regression von Y_i nach X_i $(i = 1, \ldots, 4)$ ergeben sich für alle vier Datensätze folgende Kenngrößen:

Anzahl der Beobachtungen:	$n = 11$
Arithmetisches Mittel der x-Werte:	$\bar{x}_i = 9{,}0$
Arithmetisches Mittel der y-Werte:	$\bar{x}_i = 7{,}5$
Varianz der x-Werte:	$s_x^2 = 11{,}0$
Varianz der y-Werte:	$s_y^2 = 4{,}1$
Regressionsgleichung:	$y_i = 3 + 0{,}5x_i + e_i$
Bestimmtheitsmaß:	$r_i^2 = 0{,}67$

Hätte man die vier Regressionen ausschließlich anhand dieser zahlenmäßigen Ergebnisse beurteilt, wäre man zu dem Schluss gekommen, dass in allen vier Fällen dieselbe Regressionsgerade mit derselben Güte vorliegt und deshalb alle vier dieselbe Qualität besitzen. Abb. 64 verdeutlicht jedoch, dass dieses Fazit falsch ist.

Nur im Fall (a) liegt ein typisches Beispiel für eine korrekte Anwendung der linearen Einfachregression vor. Anscheinend streuen die Beobachtungspunkte im Streuungsdiagramm

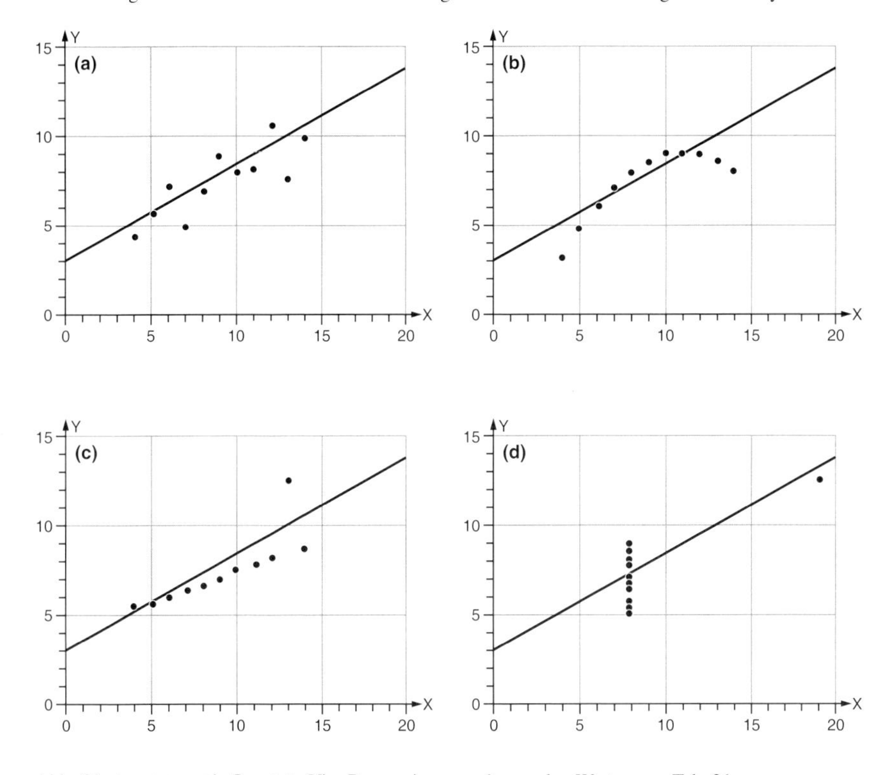

Abb. 64: ANSCOMBE's Quartett: Vier Regressionsgeraden zu den Werten aus Tab. 31

regellos um eine Gerade, so dass die Schätzung der zugehörigen Regressionsgleichung zulässig ist. In allen anderen Fällen hätte man anders vorzugehen.

In Diagramm (b) deutet die Punktewolke auf einen ausgeprägt nicht-linearen Verlauf hin. Die Schätzung nach einem linearen Ansatz würde zu systematischen Verzerrungen führen, die sich speziell bei einer Prognose über den Stützbereich hinaus verhängnisvoll auswirken würden.

Im Fall (c) weisen die Beobachtungspunkte bis auf einen Ausreißer auf einen streng linearen Verlauf hin. Hier könnte ein typisches Beispiel für einen auftretenden Messfehler vorliegen. Bezieht man den Ausreißer in die Regressionsschätzung ein, so wird, wie in Abb. 64 dargestellt, die Steigung durch die Regressionsgerade systematisch überschätzt.

Im Fall (d) schließlich zeigt sich ein Ausreißerproblem, welches daraus resultieren könnte, dass ein einzelnes Objekt aus einer anderen Grundgesamtheit stammt als alle anderen Objekte. Die Lage des Ausreißers im Streuungsdiagramm (d) ist allein ausschlaggebend für das Vorzeichen und den Betrag der geschätzten Steigung der Regressionsgerade. Führt man deshalb die Regressionsschätzung unreflektiert durch, begibt man sich in eine große Unsicherheitssituation. Die Schätzung der Regressionsgeraden würde im Fall (d) nämlich nur von einem einzigen Beobachtungspaar abhängen und wäre damit extrem instabil.

Das vorliegende Beispiel verdeutlicht, dass es nicht ausreicht, Regressionsfunktionen zu berechnen und sich mit der Interpretation der Zahlenwerte zu begnügen. Stattdessen sollte die Zulässigkeit einer Anwendung der Regressions- und Korrelationsanalyse stets kritisch untersucht werden. Eine solche Untersuchung kann sehr gut mit graphischen Mitteln durchgeführt werden. Analog zu der Strategie, vor jeder eindimensionalen parametrischen Datenanalyse das Histogramm der untersuchten Variable zu untersuchen, sollte man vor jeder zweidimensionalen Korrelations- oder Regressionsanalyse immer das bivariate Streuungsdiagramm betrachten.

6.8.2 Stochastische Unabhängigkeit der Variablen

Die vorgestellten Schätz- und Testmethoden haben alle zur Voraussetzung, dass die jeweiligen Zufallsvariablen stochastisch unabhängig sind. Eine Zufallsvariable hatten wir genau dann als stochastisch unabhängig bezeichnet, wenn je zwei beliebige ihrer Ereignisse stochastisch unabhängig sind. Sind die Untersuchungselemente Zeitpunkte oder Raumeinheiten, was in der Geographie häufig der Fall ist, so sind die für diese Elemente gemessenen Zufallsvariablen häufig nicht stochastisch unabhängig. Weist eine Variable nämlich einen zeitlichen Trend auf, z.B.

$$X = a + b \cdot t$$

so sind die Ausprägungen von X zu zwei Δt auseinanderliegenden Zeitpunkten eben nicht mehr unabhängig voneinander, sondern es ist

$$X_{t+\Delta t} = X_t + b \cdot \Delta t$$

d.h., die Werte der Variablen hängen von zeitlich vorangehenden Werten ab.

Für stochastisch abhängige Variablen liefern die besprochenen Test- und Schätzverfahren verzerrte Resultate. Wir wollen dies für die Korrelations- und Regressionsanalyse an dem folgenden Beispiel von STREIT (1982) demonstrieren. Tab. 32 zeigt die Werte von vier Variablen für zehn Zeitpunkte $t_1 = 1, \ldots, t_{10} = 10$.

Die beiden ersten Zeitreihen sind Zufallsstichproben aus je einer normalverteilten Grundgesamtheit. Es sind X eine $N(4;\ 1)$- und Y eine $N(6;\ 2)$-Verteilung. X und Y repräsentieren also stochastisch unabhängige Zufallsvariablen. Man erkennt dies daran, dass die Stichprobenwerte recht unregelmäßig schwanken, zumindest lassen sie keine Strukturierung über die Zeit erkennen. Das Fehlen einer solchen Strukturierung lässt sich im Übrigen mit Hilfe sogenannter Autokorrelationskoeffizienten überprüfen (vgl. dazu den zweiten Band). Für den Korrelationskoeffizienten zwischen X und Y ergibt sich hier $r = -0{,}37$. Dieser Koeffizient scheint zwar recht hoch zu sein, er ist aber nicht signifikant. Eine signifikante Korrelation ist auch nicht zu erwarten, da die Stichprobe x_i $(i = 1, \ldots, 10)$ ja unabhängig von der Stichprobe y_i $(i = 1, \ldots, 10)$ gezogen wurde.

Tab. 32: Werte von vier Variablen X, Y, U, V für 10 Zeitpunkte

t_i	x_i	y_i	u_i	v_i
1	3,42	5,03	7,42	6,03
2	5,32	3,94	12,32	6,94
3	4,37	8,30	14,37	13,30
4	4,32	4,57	17,32	11,57
5	2,20	5,28	18,20	14,28
6	4,13	6,47	23,13	17,47
7	3,47	4,93	25,47	17,93
8	3,29	6,38	28,29	21,38
9	2,31	9,63	30,31	26,63
10	3,77	8,36	34,77	27,36

Für die Variablen U und V ergibt sich dagegen der hochsignifikante Korrelationskoeffizient $r = 0{,}96$, der für einen starken Zusammenhang zwischen beiden Variablen spricht. Beide Variablen zeigen jedoch einen ausgeprägten zeitlichen Trend. Sie sind also nicht stochastisch unabhängig. Ihre Stichprobenwerte wurden wie folgt erzeugt:

$$u_i = 1 + 3\,t_i + x_i$$
$$v_i = 1 + 2\,t_i + y_i .$$

Der hohe Korrelationskoeffizient ist also ausschließlich Resultat des Ergebnisses der zeitlichen Abhängigkeit jeder der beiden Variablen U und V, denn X und Y sind ja nicht miteinander korreliert. Von einem inhaltlichen bzw. ursächlichen Zusammenhang zwischen U und V kann also keine Rede sein.

Man wird allgemein bei Variablen, die einen starken zeitlichen und/oder räumlichen Trend aufweisen, mit signifikanten Korrelationen rechnen können, auch wenn die Variablen kausal nicht miteinander verknüpft sind.

Zwar wird man häufig wenigstens grob abschätzen können, ob zwei Variablen nur auf Grund eines jeweiligen zeitlichen und/oder räumlichen Trends miteinander korrelieren. Kompliziert sind aber Situationen, in denen kausale Beziehungen und stochastische Abhängigkeit der Variablen zusammen auftreten. Analysenmethoden für derartige Probleme werden im 2. Band vorgestellt (BAHRENBERG/GIESE/MEVENKAMP/NIPPER 2008).

6.8.3 Ökologische Verfälschung – das Problem aggregierter Daten

Die bei einer statistischen Analyse betrachteten Variablen werden für Elemente der Grundgesamtheit oder Stichprobe gemessen. Diese Elemente stellen häufig Aggregate (Mengen) dar, und zwar in zeitlicher, räumlicher oder sachlicher Hinsicht. Die Variablenwerte werden also für Elemente unterschiedlichen Aggregationsniveaus bestimmt.

Beispielsweise kann die Entwicklung von Bevölkerung und Arbeitslosenquote in Deutschland auf der Basis (Ebene) der Bundesländer gemessen werden, aber auch auf der Basis der Raumordnungsregionen oder noch kleinerer Bezugseinheiten (vgl. Tab. 2 auf S. 32). Verdunstung und Lufttemperatur können für Tage, Wochen und Monate bestimmt werden; die jeweiligen Mittelwerte stellen dann die Ausgangswerte der Analyse dar. Entfernungen zwischen Kundenwohnung und Einkaufsort können auf Basis der Angaben der einzelnen Kunden oder auf der Ebene von Ortsteilen, Gemeinden ermittelt werden usw.

Je nachdem, welches Aggregationsniveau gewählt wird, sind die betrachteten statistischen Parameter im Normalfall unterschiedlich. Eine Untersuchung der linearen Abhängigkeit der Entwicklung der Arbeitslosenquote 1995–2004 (V_2) von der Bevölkerungsentwicklung 1995–2003 (V_1) (vgl. Tab. 2) ergibt beispielsweise

auf der Ebene der Raumordnungsregionen: $V_2 = 1{,}906 - 0{,}329\, V_1$ mit $r = 0{,}572$

auf der Ebene der Bundesländer: $V_2 = 1{,}889 - 0{,}415\, V_1$ mit $r = 0{,}581.$

Regressions- und Korrelationskoeffizient sind also abhängig von dem Aggregationsniveau. Allgemein lässt sich festhalten: Je höher das Aggregationsniveau (bzw. je größer die Untersuchungseinheiten), desto größer ist der Absolutbetrag des Korrelationskoeffizienten. Der Grund ist darin zu sehen, dass bei größeren Untersuchungseinheiten eine stärkere Glättung der Variablen (durch Mittelbildung) erreicht wird, die die Varianzen verringert.

Besonders bekannt ist der sogenannte *ökologische Fehlschluss* (ecological fallacy). Er entsteht, wenn man Korrelationen auf der Basis aggregierter Daten auf die Individualebene überträgt. ROBINSON (1950) machte als erster auf ihn aufmerksam, indem er die Korrelation zwischen dem Anteil der über 10-jährigen schwarzen Bevölkerung mit dem Anteil der über 10-jährigen Analphabeten (jeweils an der über 10-jährigen Gesamtbevölkerung) in den USA berechnete. Auf der Basis von 9 größeren Census-Bereichen ergab sich für das Jahr 1930 ein Korrelationskoeffizient von $r = 0{,}946$; für die 48 Staaten betrug die Korrelation nur noch $r = 0{,}773$; auf der Individualebene sank der Korrelationskoeffizient gar auf $r = 0{,}203$. Für die Individualebene benutzte ROBINSON den in Kap. 6.7.2 eingeführten Vierfelder-Korrelationskoeffizienten. Es ist leicht einzusehen, wie gefährlich sogenannte ökologische, d.h. für aggregierte Untersuchungseinheiten bestimmte Korrelationen sind, wenn man sie beispielsweise für sozialpolitische Zwecke benutzt.

Um ökologische Fehlschlüsse zu vermeiden, müssen wir unsere Hypothesen über Zusammenhänge zwischen Variablen also immer und a priori auf ein bestimmtes Aggregationsniveau beziehen.

Bei der Korrelations- und Regressionsanalyse aggregierter Daten tritt ein weiteres Problem auf. OPENSHAW (1978) konnte in einer Studie nämlich jeden beliebigen Korrelationskoeffizienten (und Regressionskoeffizienten) erzeugen, indem er verschiedene räumliche Bezugssysteme gleichen Aggregationsniveaus für eine Analyse des Zusammenhangs zwischen zwei Variablen benutzte. Das bedeutet: Nicht nur das Aggregationsniveau bzw. die Größe der Untersuchungseinheiten ist zu beachten, sondern ebenso ihre Form. Für Untersuchungen auf der Basis von Raumeinheiten ergibt sich damit, dass alle Hypothesen spezifisch für ein bestimmtes räumliches Bezugssystem zu formulieren sind. Schätzungen und

Tests gelten ausschließlich für das gewählte Bezugssystem. Verschiedene Strategien, das Problem räumlich aggregierter Daten zu bewältigen, diskutieren OPENSHAW und TAYLOR (1981).

Zu ähnlichen rechnerischen Ergebnissen wie OPENSHAW (1978) kam auch GÜSSEFELDT (1978), der aber eine andere Interpretation anbietet (vgl. GÜSSEFELDT 1978 und 1988, S. 69 ff.). Er argumentiert (vgl. Kap. 5.5.3), dass ein Untersuchungsgebiet auf beliebig (unendlich) viele Weisen in n Raumeinheiten aufteilbar ist, die das Untersuchungsgebiet vollständig und ohne Überschneidungen bedecken. Jede solche Aufteilung kann somit als eine Stichprobe vom Umfang n aufgefasst werden. Mit anderen Worten: „Grenzänderungen (von Raumeinheiten) wirken wie das Ziehen von Zufallsstichproben auf die Korrelationen zwischen Variablen" (GÜSSEFELDT 1988, S. 70). Dementsprechend ist eine Änderung von Korrelationskoeffizienten als Folge unterschiedlicher Aufteilungen in Raumeinheiten nicht verwunderlich oder gar störend, sondern zu erwarten, weil sie der statistischen Theorie entspricht. Diese Interpretation von GÜSSEFELDT ist für den rein statistisch denkenden Anwender ohne Zweifel sehr attraktiv, da sie das von OPENSHAW aufgeworfene Problem der Notwendigkeit einer auf ein gegebenes räumliches Bezugssystem abzustimmenden Hypothesenbildung umgeht. Andererseits kann das räumliche Bezugssystem bei zahlreichen geographischen Untersuchungen, die auf der Auswertung sekundärstatistischer Daten beruhen, kaum als Ergebnis einer Zufallsauswahl angesehen werden.

Ökologische Verfälschung ***MuG***

Ein Ökologischer Fehlschluss tritt in der Geographie oft bei der Aggregation von Individualdaten auf verschiedene räumliche Bezugssysteme auf. ROBINSON (1950) demonstrierte den Effekt auf Basis verschiedener räumlicher Bezugssysteme der USA. In enger Anlehnung an seine Originalschrift wollen wir hier abschließend zeigen, wie leicht ökologische Verfälschungen auch für beliebige andere, nicht räumliche Aggregationsniveaus auftreten können.

Als Beispiel dient die inhaltlich bewusst einfach gehaltene Frage nach der Beziehung zwischen dem Alter von Einkaufsbesuchern einer Innenstadt und ihrer Verkehrsmittelwahl. Es gibt zahlreiche Gründe dafür, anzunehmen, dass mit zunehmendem Alter der Grad der individuellen Nutzung des Pkw steigt, z.B. aufgrund allgemein zunehmender Bequemlichkeit, aufgrund der abnehmenden Bereitschaft zum längeren Tragen der Einkäufe und zum Warten an einer Haltestelle, wegen der größeren Pkw-Verfügbarkeit in Folge eines gewachsenen Einkommens, oder weil die jüngsten der Befragten noch keinen Führerschein besitzen (befragt wurden Passanten ab 16 Jahren).

Zur Überprüfung der These nutzen wir wieder die Daten der Bremer Passantenbefragung 2001–2005. Wir unterscheiden die Innenstadtbesucher nach den zwei dichotomen Merkmalen Besuchszweck (Einkauf: ja/nein) und Verkehrsmittelwahl (Nutzung des eigenen Pkw: ja/nein). Die Korrelation dieser beiden Merkmale wird mit dem 4-Felder-Korrelationskoeffizienten gemessen.

Tab. A zeigt die Verteilung der 3665 Einkaufsbesucher in Bremen nach dem Besuchszweck und der Verkehrsmittelwahl.

Tab. A:
Absolute Häufigkeiten der Einkaufsbesucher in der Bremer Innenstadt 2001–2005 nach ihrem Besuchszweck und ihrem gewählten Verkehrsmittel

Alter unter 40 Jahren	Nutzung des eigenen Pkw		Summe
	ja	nein	
ja	480	1360	1840
nein	682	1143	1825
Summe	1162	2503	3665

Tab. B: Absolute Häufigkeiten der Einkaufsbesucher in der Bremer Innenstadt 2001–2005 nach ihrem Besuchszweck und ihrem gewählten Verkehrsmittel, aggregiert nach Befragungsjahren, 4-Felder-Korrelationskoeffizienten r_ϕ mit ihren Prüfgrößen $\hat{\chi}^2$ und relative Häufigkeiten der <40-Jährigen und der Pkw-Nutzer

Jahr	< 40 J.	Pkw		Summe	r_ϕ	$\hat{\chi}^2$	Anteile (%)	
		ja	nein				< 40 J.	Pkw
2001	ja	79	225	304				
	nein	110	179	289				
	Summe	189	404	593	−0,13	9,9	51,3	31,9
2002	ja	104	240	344				
	nein	154	216	370				
	Summe	258	456	714	−0,12	10,0	48,2	36,1
2003	ja	109	291	400				
	nein	135	234	369				
	Summe	244	525	769	−0,10	7,7	52,0	31,7
2004	ja	97	276	373				
	nein	158	275	433				
	Summe	255	551	806	−0,11	10,2	46,3	31,6
2005	ja	91	328	419				
	nein	125	239	364				
	Summe	216	567	783	−0,14	15,5	53,5	27,6

Der Wert des 4-Felder-Korrelationskoeffizienten ist $r_\phi = -0{,}12$, die Prüfgröße nimmt den Wert $\hat{\chi}^2 = 53{,}9$ an. Der kritische Wert beträgt $\chi^2_{1;\,1\%} = 6{,}63$ ($H_0 : \rho_\phi = 0$), d.h. es liegt ein signifikanter negativer Zusammenhang vor. Unter 40-Jährige nutzen demnach seltener den Pkw bei ihrem Einkaufsbesuch, unsere Eingangsvermutung wird also bestätigt. Der hier vorliegende Zusammenhang basiert auf Individualdaten. Man spricht daher auch von *individueller Korrelation*.

Führt man die Untersuchung für die einzelnen Erhebungsjahre getrennt durch, so sieht man, dass die festgestellte negative Beziehung der beiden Variablen über die Jahre hinweg sehr stabil ist (Tab. B). Die Korrelationskoeffizienten r_ϕ nehmen für alle Jahre alle Werte zwischen $-0{,}14$ und $-0{,}1$ an und sind ohne Ausnahme auf dem 1%-Signifikanzniveau von Null verschieden (die $\hat{\chi}^2$-Werte sind alle größer als $\chi^2_{1;\,1\%} = 6{,}63$; Tafel 4).

Die aggregierten Daten eröffnen nun einen zweiten Weg, unsere Zusammenhangshypothese zu untersuchen, indem wir die relativen Häufigkeiten (%-Anteile) der Ausprägungen der beiden Merkmale berechnen. Beispielsweise beträgt der Anteil der unter 40-Jährigen im Jahr 2001 $304/593 = 0{,}513 = 51{,}3\%$, der Anteil Pkw-Nutzer beträgt im selben Jahr $189/593 = 0{,}319 = 31{,}9\%$ (Tab. B). Diese relativen Häufigkeiten können nun regressionsanalytisch untersucht werden. Die These lautet dann: Mit zunehmendem Anteil der unter 40-jährigen (X) sinkt der Anteil der Pkw-Nutzer (Y). Dies ist eine These über Anteilswerte, d.h. über Gruppen ('Populationen') von Individuen.

Das lineare Regressionsmodell für die fünf Wertepaare der relativen Häufigkeiten aus Tab. B lautet:

$$y = 63{,}428 - 0{,}6297x + e \quad \text{mit } r^2 = 37{,}83\% \quad \text{(Modell (a) in Abbildung A).}$$

Es bestätigt unsere These auf dem Aggregationsniveau der einzelnen Jahre. Den so beschriebenen Zusammenhang bezeichnet man auch als *ökologische Korrelation*.

Tab. C zeigt die Ergebnisse der 4-Felder-Tests auf einem weiteren Aggregationsniveau. Hier wird nun nicht nur nach Befragungsjahren, sondern zusätzlich auch nach Besuchszweck unterschieden.

Tab. C: Absolute Häufigkeiten der Einkaufsbesucher in der Bremer Innenstadt 2001–2005 nach ihrem Besuchszweck und ihrem gewählten Verkehrsmittel, aggregiert nach Befragungsjahren und Einkaufszweck, 4-Felder-Korrelationskoeffizienten r_ϕ mit ihren Prüfgrößen $\hat{\chi}^2$ und relative Häufigkeiten der <40-Jährigen und der Pkw-Nutzer

Jahr	Einkauf	< 40 J.	Pkw		Summe	r_ϕ	$\hat{\chi}^2$	Anteile (%)	
			ja	nein				< 40 J.	Pkw
2001	ja	ja	45	115	160				
		nein	55	78	133				
		Summe	100	193	293	−0,14	5,7	54,6	34,1
	nein	ja	34	110	144				
		nein	55	101	156				
		Summe	89	211	300	−0,13	4,9	48,0	29,7
2002	ja	ja	60	116	176				
		nein	80	99	179				
		Summe	140	215	355	−0,11	4,2	49,6	39,4
	nein	ja	44	124	168				
		nein	74	117	191				
		Summe	118	241	359	−0,13	6,4	46,8	32,9
2003	ja	ja	69	173	242				
		nein	78	120	198				
		Summe	147	293	440	−0,11	5,8	55,0	33,4
	nein	ja	40	118	158				
		nein	57	114	171				
		Summe	97	232	329	−0,09	2,5	48,0	29,5
2004	ja	ja	63	132	195				
		nein	93	125	218				
		Summe	156	257	413	−0,11	4,7	47,2	37,8
	nein	ja	34	144	178				
		nein	65	150	215				
		Summe	99	294	393	−0,13	6,4	45,3	25,2
2005	ja	ja	60	181	241				
		nein	70	112	182				
		Summe	130	293	423	−0,15	9,0	57,0	30,7
	nein	ja	31	147	178				
		nein	55	127	182				
		Summe	86	274	360	−0,15	8,1	49,4	23,9

Die 4-Felder-Koeffizienten r_ϕ bestätigen auch auf diesem Niveau sehr zuverlässig den negativen Zusammenhang. Sie variieren scheinbar zufällig zwischen $-0{,}15$ und $-0{,}09$ und sind, von einer Ausnahme abgesehen (die Nicht-Einkäufer 2003), mindestens auf dem 5%-Niveau signifikant von Null verschieden ($\chi^2_{1;5\%} = 3{,}84$; Tafel 4).

Bei der Regressionsanalyse des Anteils der Pkw-Nutzer (Y) in Abhängigkeit vom Anteil der unter 40-Jährigen (X) passiert allerdings etwas merkwürdiges. Das Modell lautet nun

$$y = 20{,}439 + 0{,}224x + e \quad \text{mit } r^2 = 3{,}29\% \quad \text{Modell (b) in Abbildung A.}$$

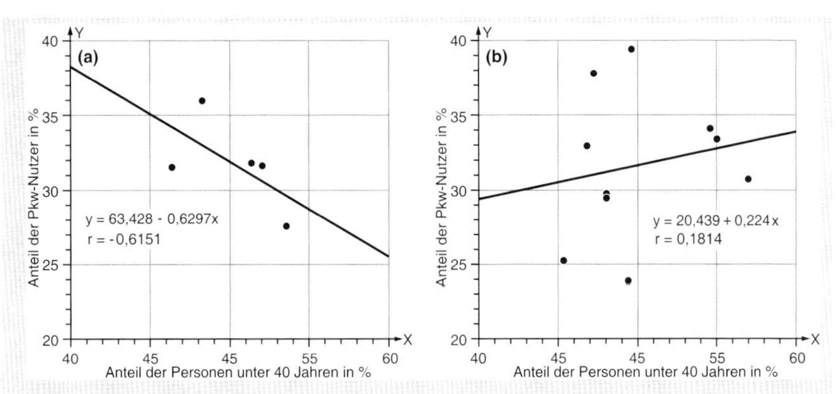

Abb. A: Ökologische Korrelationen zwischen dem Alter von Einkaufsbesuchern und ihrer Verkehrsmittelwahl in der Bremer Innenstadt 2001–2005 mit ihren linearen Trends auf verschiedenen Aggregationsniveaus (vgl. Tabellen B und C)

Auf dem Aggregationsniveau der Jahre×Besuchszwecke besagt das Regressionsmodell nun, dass der Anteil der Pkw-Nutzer mit zunehmendem Anteil der unter 40-Jährigen ansteigt. Zwar ist anzumerken, dass der Zusammenhang nicht signifikant ist. Das Grundproblem bleibt jedoch bestehen: Je nach Aggregationsniveau verändert sich nicht nur der Betragswert der Regressionskoeffizienten (was angesichts verschiedener Stichprobenumfänge noch durchaus plausibel wäre), sondern auch sein Vorzeichen, d.h. die Richtung des Zusammenhangs (Abbildung A).

Würde man auf Basis dieses Modells den Schluss ziehen, dass unter 40-jährige den Pkw bei ihrem Einkaufsbesuch in der Innenstadt eher nutzen als über 40-Jährige, dann würde man einen ökologischen Fehlschluss ziehen, denn die Individualdaten besagen genau das Gegenteil.

Die Ursache für diese scheinbar unkontrollierte Variation der Zusammenhangsmaße hat ROBINSON (1950) als erster herausgearbeitet. Während mit dem Korrelationskoeffizienten r_ϕ nämlich Zusammenhänge auf Basis der Werte H_{ij} in den *inneren Zellen* der Häufigkeitstabellen gemessen werden, basiert die Regressionsanalyse auf den Häufigkeiten $H_{i.}$ bzw. $H_{.j}$, d.h. ausschließlich auf den *Randverteilungen* der Häufigkeitstabellen (Tab. B, C). Nun wird die Verteilung innerhalb der Häufigkeitstabelle aber nicht von den Randverteilungen bestimmt. Vielmehr existiert für jede Randverteilung einer Häufigkeitstabelle immer eine sehr große Zahl möglicher Verteilungen innerhalb der Tabelle, die diese Randverteilung erzeugt. Daher gibt es für jede ökologische Korrelation (auf Basis von Aggregatdaten) eine Vielzahl möglicher individueller Korrelationen (auf Basis von Individualdaten). Die Beziehung zwischen beiden Arten der Korrelation ist daher äußerst unsicher und die inhaltliche Gleichsetzung der Ergebnisse ist unzulässig.

Als Quintessenz lässt sich festhalten, dass man als Statistiker – wenn überhaupt – dann nur mit Individualdaten statistisch gesicherte, d.h. methodisch kontrollierte Erkenntnisse gewinnen kann. Aus rein praktischen Gründen muss jedoch meistens auf Aggregatdaten zurückgegriffen werden. Die Arbeit mit Daten der amtlichen Statistik – die ja sehr häufig nur für Raumeinheiten (Ortsteile, Gemeinden, Arbeitsmarktbezirke u.v.m.) zusammengefasst vorliegen – birgt beispielsweise ein hohes Risiko der ökologischen Verfälschung bei der Überprüfung von Zusammenhangshypothesen. Das Wissen um dieses Risiko soll jedoch keinesfalls demotivieren. Vielmehr soll es als Aufforderung verstanden werden, den Ergebnissen der alltäglichen Analyse von Aggregatdaten ein gesundes Maß an Misstrauen entgegenzubringen und bei der Interpretation entsprechend umsichtig und zurückhaltend zu sein.

Ökologische Verfälschung ***MuG***

Literatur

ALBERT, H. (1964): Probleme der Theoriebildung. Entwicklung, Struktur und Anwendung sozialwissenschaftlicher Theorien. In: ALBERT, H. (Hrsg.): Theorie und Realität. Ausgewählte Aufsätze zur Wissenschaftslehre der Sozialwissenschaften. Tübingen, S. 3-70

ALONSO, W. (1964): Location theory. In: FRIEDMANN, J.; ALONSO, W. (Hrsg.): Regional development and planning. Cambridge (Mass.), S. 78-106

ALONSO, W. (1975): Eine Theorie des städtischen Grund- und Bodenmarktes. In: BARNBROCK, J. (Hrsg.): Materialien zur Ökonomie der Stadtplanung. Braunschweig, S. 55-65

ANSCOMBE, F-J. (1973): Graphs in statistical analysis. The American Statistican 27, S. 17-21

BÄHR, J. (2004): Bevölkerungsgeographie. Stuttgart, 4. Aufl.

BAHRENBERG, G. (1974): Zur Frage optimaler Standorte von Gesamthochschulen in Nordrhein-Westfalen. Eine Lösung mit Hilfe der linearen Programmierung. Erdkunde 28, S. 101-114

BAHRENBERG, G.; GIESE, E.; MEVENKAMP, N.; NIPPER, J. (2008): Statistische Methoden in der Geographie. Band 2: Multivariate Statistik. Berlin, Stuttgart, 3. neubearb. Aufl.

BBR (BUNDESAMT FÜR BAUWESEN UND RAUMORDNUNG) (2005): Indikatoren und Karten zur Raumentwicklung 2005 (INKAR 2005). CD-ROM

DUNCAN, O.D. (1957): The measurement of population distribution. Population Studies 11, S. 27-45

DUNCAN, O.D.; DUNCAN, B. (1955): A methodological analysis of segregation indexes. American Sociological Review 20, S. 210-217

FLASKÄMPER, P. (1962): Bevölkerungsstatistik. Hamburg

FLIRI, G. (1969): Statistik und Diagramm. Braunschweig

GIESE, E. (1985): Klassifikation der Lädner der Erde nach ihrem Entwicklungsstand. Geographische Rundschau, 37, Heft 4, S. 164-175

GIESE, E. (1995): Die Bedeutung Johann Heinrich von Thünens für die geographische Forschung. In: Bundesministerium für Ernährung, Landwirtschaft und Forsten (Hrsg.): Johann Heinrich von Thünen. Seine Erkenntnisse aus wissenschaftlicher Sicht (1783–1850). S. 30-47. Münster-Hiltrup (= Berichte über Landwirtschaft. Zeitschrift für Agrarpolitik und Landwirtschaft. Neue Folge, 210. Sonderheft)

GIESE, E.; MOSSIG, I. (2004): Klimawandel in Zentralasien. Gießen (= Zentrum für internationale Entwicklungs- und Umweltforschung der Justus-Liebig-Universität Gießen. Discussion Paper, Nr. 17)

GIESE, E.; MOSSIG, I.; RYBSKI, D.; BUNDE, A. (2007): Long-term analysis of fair temperature trends in Central Asia. Erdkunde 61, S. 186-202

GÜSSEFELDT, J. (1978): Probleme bei der Verwendung inferenzstatistischer Modelle in geographischen Arbeiten. Karlsruhe (= Karlsruher Manuskripte zur Mathematischen und Theoretischen Wirtschafts- und Sozialgeographie 26)

GÜSSEFELDT, J. (1988): Kausalmodelle in Geographie, Ökonomie und Soziologie. Eine Einführung mit Übungen und einem Computerprogramm. Berlin u. a.

HABERMAN, S.J. (1973): The analysis of residuals in cross-classified tables. Biometrics 29, S. 218-224

HEMMER, H.R. (2002): Wirtschaftsprobleme der Entwicklungsländer. München, 3. Aufl.

HENGST, M. (1967): Einführung in die mathematische Statistik und ihre Anwendung. Mannheim

JUNG, H.-U. (1980): Wie können räumliche Disparitäten gemessen werden? Geographie heute 1, S. 53-54

KING, L.J. (1969): Statistical analysis in geography. Englewood Cliffs

KUNZ, D. (1986): Anfänge und Ursachen der Nord-Süd-Drift. Informationen zur Raumentwicklung, 1986, S. 829-838

LINDER, A. (1964): Statistische Methoden für Naturwissenschaftler, Mediziner und Ingenieure. Basel, 4. Aufl.

MOEWES, W. (1971): Wie zentral liegt der Raum Gießen-Wetzlar. Mitt. d. Industrie und Handelskammer. Gießen

NEFT, D.S. (1962): Statistical analysis for areal distributions. Diss. New York (University Microfilm, Ann Arbor 1970)

NIEDERSÄCHSISCHES LANDESAMT FÜR STATISTIK (HRSG.) (2008): Kreiszahlen – Ausgewählte Regionaldaten für Deutschland. Ausgabe 2007. Hannover

OPENSHAW, S. (1978): An empirical study of somezone-design criteria. Environment and Planning A 10, S. 710-794

OPENSHAW, S.; TAYLOR, P.J. (1981): The modifiable areal unit problem. In: WRIGLEY, N.; BENNETT, R. J. (Hrsg.): Quantitative Geography: A British view. London S. 60-69

PÖRTGE, K.-H. (1997): Der Mittelpunkt Deutschlands. Eine unendliche Geschichte. Pädagogische Hochschule Erfurt, PH Report 7, 3. Erfurt, S. 14-15

REVELLE, C. S.; SWAIN, R. W. (1970): Central facilities location. Geographical Analysis 2, S. 30-42

ROBINSON, W.S. (1950): Ecological correlation and the behaviour of individuals. American Sociological Review 15, S. 351-357

SACHS, L. (1984): Angewandte Statistik. Berlin, 5. Aufl.

SACHS, L.; HEDDERICH, J. (2009): Angewandte Statistik. Methodensammlung mit R. Berlin, Heidelberg,13. Aufl.

SACKS, S.R. (1976): Regional inequality in Yugoslav industry. The Journal of Developing Areas 11, S. 59-77

SCHWARZ, K. (1970): Maßzahlen zur Beurteilung der räumlichen Verteilung der Bevölkerung im Bundesgebiet. Wirtschaft und Statistik 7, S. 337-342

SHACHAR, A. (1967): Some applications of geo-statistical methods in urban research. Papers of the Regional Science Association 18, S. 197-206

STREIT, U. (1982): Einführung in die Statistik für Geographen. Skripten zur Vorlesung. Münster

SUMMERFIELD, M.A. (1983): Populations, samples and statistical inference in geography. The Professional Geographer 35. S. 143-149

STURGES, H.A. (1926): The choice of a class interval. Journal of the American Statistical Association 21, S. 65-6

TÖNNIES, F. (1971): Die Abflußregime in Italien unter besonderer Berücksichtigung statistischer Methoden. In: Mitteilungen der Geographischen Fachschaft Freiburg, NFl, S. 93-115

WILLIAMSON, J. G. (1965): Regional inequality and the process of national development. A description of the patterns. Economic Development and Cultural Change, 13, S. 3-84

Anhang

Die Tafeln sind entnommen aus:

GLASSER, G.J.; WINTER, R.F. (1961): Critical values of rank correlation for testing the hypothesis of independence. Biometrika 48, S. 444-448.

KREYSZIG, E. (1968): Statistische Methoden und ihre Anwendungen. Göttingen, 3. Aufl.

SACHS, L. (1984): Angewandte Statistik. Berlin, 5. Aufl.

SACHS, L.; HEDDERICH, J. (2009): Angewandte Statistik. Methodensammlung mit R. Berlin, Heidelberg, 13. Aufl.

ÜBERLA, K. (1968): Faktorenanalyse. Berlin.

Tafel 1 Zufallszahlen
Quelle: KREYSZIG 1968, S. 400

87331	82442	28104	26432	83640	17323	68746	84728	37995	96106
33628	17364	01409	87803	65641	33433	48944	64299	79066	31777
54680	13427	72496	16967	16195	96593	55040	53729	62035	66717
51199	49794	49407	10774	98140	83891	37195	24066	61140	65144
78702	98067	61313	91661	59861	54437	77739	19892	54817	88645
55672	16014	24892	13089	00410	81458	76156	28189	41595	21500
18880	58497	03868	32368	59320	24807	63392	79793	63043	09425
10242	62548	62330	05703	33535	49128	66298	16193	55301	01306
54993	17182	94618	23228	83895	73251	68199	64639	83178	70521
22686	50885	16006	04041	08077	33065	35237	02502	94755	72062
42349	03145	15770	70665	53291	32288	41568	66079	98705	31029
18093	09553	39428	75464	71329	86344	80729	40916	18860	51870
11535	03924	84252	74795	40193	84597	42497	21918	91384	84721
35066	73848	65361	53270	67341	70177	92373	17604	42204	60476
57477	22809	73558	96182	96779	01604	25748	59553	64876	94611
48647	33850	52956	45410	88212	05120	99391	32276	55961	41775
86857	81154	22223	74950	53296	67767	55866	49061	66937	81818
20182	36907	94644	99122	09774	29189	27212	79000	50217	71077
83687	31231	01133	41432	54542	60204	81618	09586	34481	87683
81315	12390	46074	47810	90171	36313	95440	77583	28506	38808
87026	52826	58341	76549	04105	66191	12914	55348	07907	06978
34301	76733	07251	90524	21931	83695	41340	53581	64582	60210
70734	24337	32674	49751	49508	90489	63202	24380	77943	09942
94710	31527	73445	32839	68176	53580	85250	53243	03350	00128
76462	16987	07775	43162	11777	16810	75158	13894	88945	15539
14348	28403	79245	69023	34196	46398	05964	64715	11330	17515
74618	89317	31146	25606	94507	98104	04239	44973	37636	88866
99442	19200	85406	45358	86253	60638	38858	44964	54103	57287
26869	44399	89452	06652	31271	00647	46551	83050	92058	83814
80988	08149	50499	98584	29395	63680	44638	91864	96002	87802
07511	79047	89289	17774	67194	37362	85684	55505	97809	67056
49779	12138	05048	03535	27502	63308	10218	53296	48687	61340
47938	55945	24003	19635	17471	65997	85906	98649	56420	78357
15604	06626	14360	79542	13512	87595	08542	03800	35443	52823
12307	27726	21864	00045	16075	03770	86978	52718	02693	09096
02450	28053	66134	99445	91316	25727	89399	85272	67138	78358
57623	54382	35236	89244	27245	90500	75430	96762	71968	65838
91762	78849	93105	40481	99431	03304	21079	86459	21287	76566
87373	31137	31128	67050	34309	44914	80711	61738	61498	24288
67094	41485	54149	86088	10192	21174	67268	29938	32476	39948
94456	66747	76922	87627	71834	57688	04878	78348	68970	60048
68359	75292	27710	86889	91678	79798	58360	39175	75667	65782
52393	31404	32584	06837	79762	13168	76055	54833	22841	98889
59565	91254	11847	20672	37625	41454	86861	55824	79793	74575
48185	11066	20162	38230	16043	48409	47421	21195	98008	57305
19230	12187	86659	12971	52204	76546	63272	19312	81662	96557
84327	21942	81727	68735	89190	58491	55329	96875	19465	89687
77430	71210	00591	50124	12030	50280	12380	76174	48353	09682
12462	19108	70512	53926	25595	97085	03833	59806	12351	64253
11684	06644	57816	10078	45021	47751	38285	73520	08343	65627

Tafel 2 Die Verteilungsfunktion $\Phi^*(z)$ der Standardnormalverteilung nach SACHS/HEDDERICH 2009, S. 229 und vorderer Innendeckel

Die Tabelle zeigt die 'rechtsseitigen' Wahrscheinlichkeiten dafür, dass z überschritten wird ($= \Phi^*(z)$). Wegen der Symmetrie entspricht dies den 'linksseitigen' Wahrscheinlichkeiten dafür, dass $(-z)$ unterschritten wird ($= 1 - \Phi^*(-z) = \Phi(z)$). Für $z < 3$ ist die erste Nachkommastelle von z in den Zeilen, die zweite Nachkommastelle in den Spalten der Tabelle angegeben. Beispielsweise ist $\Phi^*(0{,}25) = 0{,}4013$ in der Zeile '0,2' und der Spalte '0,05' zu finden.

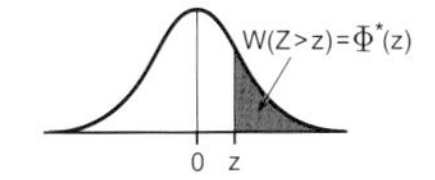

z	0,00	0,01	0,02	0,03	0,04	0,05	0,06	0,07	0,08	0,09
0,0	0,5000	0,4960	0,4920	0,4880	0,4840	0,4801	0,4761	0,4721	0,4681	0,4641
0,1	0,4602	0,4562	0,4522	0,4483	0,4443	0,4404	0,4364	0,4325	0,4286	0,4247
0,2	0,4207	0,4168	0,4129	0,4090	0,4052	0,4013	0,3974	0,3936	0,3897	0,3859
0,3	0,3821	0,3783	0,3745	0,3707	0,3669	0,3632	0,3594	0,3557	0,3520	0,3483
0,4	0,3446	0,3409	0,3372	0,3336	0,3300	0,3264	0,3228	0,3192	0,3156	0,3121
0,5	0,3085	0,3050	0,3015	0,2981	0,2946	0,2912	0,2877	0,2843	0,2810	0,2776
0,6	0,2743	0,2709	0,2676	0,2643	0,2611	0,2578	0,2546	0,2514	0,2483	0,2451
0,7	0,2420	0,2389	0,2358	0,2327	0,2296	0,2266	0,2236	0,2206	0,2177	0,2148
0,8	0,2119	0,2090	0,2061	0,2033	0,2005	0,1977	0,1949	0,1922	0,1894	0,1867
0,9	0,1841	0,1814	0,1788	0,1762	0,1736	0,1711	0,1685	0,1660	0,1635	0,1611
1,0	0,1587	0,1562	0,1539	0,1515	0,1492	0,1469	0,1446	0,1423	0,1401	0,1379
1,1	0,1357	0,1335	0,1314	0,1292	0,1271	0,1251	0,1230	0,1210	0,1190	0,1170
1,2	0,1151	0,1131	0,1112	0,1093	0,1075	0,1056	0,1038	0,1020	0,1003	0,0985
1,3	0,0968	0,0951	0,0934	0,0918	0,0901	0,0885	0,0869	0,0853	0,0838	0,0823
1,4	0,8080	0,0793	0,0778	0,0764	0,0749	0,0735	0,0721	0,0708	0,0694	0,0681
1,5	0,0668	0,0655	0,0643	0,0630	0,0618	0,0606	0,0594	0,0582	0,0571	0,0559
1,6	0,0548	0,0537	0,0526	0,0516	0,0505	0,0495	0,0485	0,0475	0,0465	0,0455
1,7	0,0446	0,4360	0,4270	0,0418	0,0409	0,0401	0,0392	0,0384	0,0375	0,0367
1,8	0,0359	0,0351	0,0344	0,0336	0,0329	0,0322	0,0314	0,0307	0,0301	0,0294
1,9	0,0287	0,0281	0,2740	0,0268	0,0262	0,0256	0,0250	0,0244	0,2390	0,0233
2,0	0,02275	0,02222	0,02169	0,02118	0,02068	0,02018	0,01970	0,01923	0,01876	0,01831
2,1	0,01786	0,01743	0,01700	0,01659	0,01618	0,01578	0,01539	0,01500	0,01463	0,01426
2,2	0,01390	0,01355	0,01321	0,01287	0,01255	0,01222	0,01191	0,01160	0,01130	0,01101
2,3	0,01072	0,01044	0,01017	0,00990	0,00964	0,00939	0,00914	0,00889	0,00866	0,00842
2,4	0,00820	0,00798	0,00776	0,00755	0,00734	0,00714	0,00695	0,00676	0,00657	0,00639
2,5	0,00621	0,00604	0,00587	0,00570	0,00554	0,00539	0,00523	0,00508	0,00494	0,00480
2,6	0,00466	0,00453	0,00440	0,00427	0,00415	0,00402	0,00391	0,00379	0,00368	0,00357
2,7	0,00347	0,00336	0,00326	0,00317	0,00307	0,00298	0,00289	0,00280	0,00272	0,00264
2,8	0,00256	0,00248	0,00240	0,00233	0,00226	0,00219	0,00212	0,00205	0,00199	0,00193
2,9	0,00187	0,00181	0,00175	0,00169	0,00164	0,00159	0,00154	0,00149	0,00144	0,00139

z		z		z		z		z		z	
3,0	0,001350	3,2	0,000687	3,4	0,000337	3,6	0,000159	3,8	0,000072	4,0	0,000032
3,1	0,000967	3,3	0,000483	3,5	0,000233	3,7	0,000108	3,9	0,000048	4,1	0,000021

Tafel 3 Kritische Werte der STUDENTschen t-Verteilung
Quelle: SACHS 1984, S. 111
Bei vorgegebenem α und Freiheitsgrad FG ist der berechnete $\hat{t}$-Wert signifikant, wenn $\hat{t} \geq t_{FG;\alpha}$. Bei einem zweiseitigen Test wird die Tabelle von „oben" gelesen, bei einem einseitigen Test von „unten".

	Irrtumswahrscheinlichkeit α für den zweiseitigen Test								
FG	0,50	0,20	0,10	0,05	0,02	0,01	0,002	0,001	0,0001
1	1,000	3,078	6,314	12,706	31,821	63,657	318,309	636,619	6366,198
2	0,816	1,886	2,920	4,303	6,965	9,925	22,327	31,598	99,992
3	0,765	1,638	2,353	3,182	4,541	5,841	10,214	12,924	28,000
4	0,741	1,533	2,132	2,776	3,747	4,604	7,173	8,610	15,544
5	0,727	1,476	2,015	2,571	3,365	4,032	5,893	6,869	11,178
6	0,718	1,440	1,943	2,447	3,143	3,707	5,208	5,959	9,082
7	0,711	1,415	1,895	2,365	2,998	3,499	4,785	5,408	7,885
8	0,706	1,397	1,860	2,306	2,896	3,355	4,501	5,041	7,120
9	0,703	1,383	1,833	2,262	2,821	3,250	4,297	4,781	6,594
10	0,700	1,372	1,812	2,228	2,764	3,169	4,144	4,587	6,211
11	0,697	1,363	1,796	2,201	2,718	3,106	4,025	4,437	5,921
12	0,695	1,356	1,782	2,179	2,681	3,055	3,930	4,318	5,694
13	0,694	1,350	1,771	2,160	2,650	3,012	3,852	4,221	5,513
14	0,692	1,345	1,761	2,145	2,624	2,977	3,787	4,140	5,363
15	0,691	1,341	1,753	2,131	2,602	2,947	3,733	4,073	5,239
16	0,690	1,337	1,746	2,120	2,583	2,921	3,686	4,015	5,134
17	0,689	1,333	1,740	2,110	2,567	2,898	3,646	3,965	5,044
18	0,688	1,330	1,734	2,101	2,552	2,878	3,610	3,922	4,966
19	0,688	1,328	1,729	2,093	2,539	2,861	3,579	3,883	4,897
20	0,687	1,325	1,725	2,086	2,528	2,845	3,552	3,850	4,837
21	0,686	1,323	1,721	2,080	2,518	2,831	3,527	3,819	4,784
22	0,686	1,321	1,717	2,074	2,508	2,819	3,505	3,792	4,736
23	0,685	1,319	1,714	2,069	2,500	2,807	3,485	3,767	4,693
24	0,685	1,318	1,711	2,064	2,492	2,797	3,467	3,745	4,654
25	0,684	1,316	1,708	2,060	2,485	2,787	3,450	3,725	4,619
26	0,684	1,315	1,706	2,056	2,479	2,779	3,435	3,707	4,587
27	0,684	1,314	1,703	2,052	2,473	2,771	3,421	3,690	4,558
28	0,683	1,313	1,701	2,048	2,467	2,763	3,408	3,674	4,530
29	0,683	1,311	1,699	2,045	2,462	2,756	3,396	3,659	4,506
30	0,683	1,310	1,697	2,042	2,457	2,750	3,385	3,646	4,482
35	0,682	1,306	1,690	2,030	2,438	2,724	3,340	3,591	4,389
40	0,681	1,306	1,684	2,021	2,423	2,704	3,307	3,551	4,321
45	0,680	1,303	1,679	2,014	2,412	2,690	3,281	3,520	4,269
50	0,679	1,301	1,676	2,009	2,403	2,678	3,261	3,496	4,228
60	0,679	1,299	1,671	2,000	2,390	2,660	3,232	3,460	4,169
70	0,678	1,296	1,667	1,994	2,381	2,648	3,211	3,435	4,127
80	0,678	1,294	1,664	1,990	2,374	2,639	3,195	3,416	4,096
90	0,677	1,292	1,662	1,987	2,368	2,632	3,183	3,402	4,072
100	0,677	1,291	1,660	1,984	2,364	2,626	3,174	3,390	4,053
120	0,677	1,290	1,658	1,980	2,358	2,617	3,160	3,373	4,025
200	0,676	1,289	1,653	1,972	2,345	2,601	3,131	3,340	3,970
500	0,675	1,283	1,648	1,965	2,334	2,586	3,107	3,310	3,922
1000	0,675	1,282	1,646	1,962	2,330	2,581	3,098	3,300	3,906
∞	0,675	1,282	1,645	1,960	2,326	2,576	3,090	3,290	3,891
FG	0,25	0,10	0,05	0,025	0,01	0,005	0,001	0,0005	0,00005
	Irrtumswahrscheinlichkeit α für den einseitigen Test								

Tafel 4 Werte von x zu gegebenen Werten $F(x)$ der Verteilungsfunktion der χ^2-Verteilung für verschiedene Freiheitsgrade FG
Quelle: KREYSZIG 1968, S. 402-403

Die kritischen Werte für das Signifikanzniveau $\alpha = 5\%$ finden sich bei einseitiger Fragestellung in der Spalte für $F(x) = 1 - \alpha = 0{,}95$; bei zweiseitiger Fragestellung in der Spalte für $F(x) = 1 - \alpha/2 = 0{,}975$.
Für $FG > 30$ ist $z = \sqrt{2\,\hat{\chi}^2} - \sqrt{2\,FG - 1}$ annähernd standardnormalverteilt und dieses so berechnete z kann zur Signifikanzprüfung benutzt werden.

	F(x)									
FG	0,01	0,05	0,10	0,50	0,75	0,90	0,95	0,975	0,99	0,999
1	0,00	0,00	0,02	0,45	1,32	2,71	3,84	5,02	6,63	10,83
2	0,02	0,10	0,21	1,39	2,77	4,61	5,99	7,38	9,21	13,82
3	0,11	0,35	0,58	2,37	4,11	6,25	7,81	9,35	11,34	16,27
4	0,30	0,71	1,06	3,36	5,39	7,78	9,49	11,14	13,28	18,47
5	0,55	1,15	1,61	4,35	6,63	9,24	11,07	12,83	15,09	20,52
6	0,87	1,64	2,20	5,35	7,84	10,64	12,59	14,45	16,81	22,46
7	1,24	2,17	2,83	6,35	9,04	12,02	14,07	16,01	18,48	24,32
8	1,65	2,73	3,49	7,34	10,22	13,36	15,51	17,53	20,09	26,13
9	2,09	3,33	4,17	8,34	11,39	14,68	16,92	19,02	21,67	27,88
10	2,56	3,94	4,87	9,34	12,55	15,99	18,31	20,48	23,21	29,59
11	3,05	4,57	5,58	10,34	13,70	17,28	19,68	21,92	24,73	31,26
12	3,57	5,23	6,30	11,34	14,85	18,55	21,03	23,34	26,22	32,91
13	4,11	5,89	7,04	12,34	15,98	19,81	22,36	24,74	27,69	34,53
14	4,55	6,57	7,79	13,34	17,12	21,06	23,68	26,12	29,14	36,12
15	5,23	7,26	8,55	14,34	18,25	22,31	25,00	27,49	30,58	37,70
16	5,81	7,96	9,31	15,34	19,37	23,54	26,30	28,85	32,00	39,25
17	6,41	8,67	10,09	16,34	20,49	24,77	27,59	30,19	33,41	40,79
18	7,01	9,39	10,86	17,34	21,60	25,99	28,87	31,53	34,81	42,31
19	7,63	10,12	11,65	18,34	22,72	27,20	30,14	32,85	36,19	43,82
20	8,26	10,85	12,44	19,34	23,83	28,41	31,41	34,17	37,57	45,32
21	8,9	11,6	13,2	20,3	24,9	29,6	32,7	35,5	38,9	46,8
22	9,5	12,3	14,0	21,3	26,0	30,8	33,9	36,8	40,3	49,3
23	10,2	13,1	14,8	22,3	27,1	32,0	35,2	38,1	41,6	49,7
24	10,9	13,8	15,7	23,3	28,2	33,2	36,4	39,4	43,0	51,2
25	11,5	14,6	16,5	24,3	29,3	34,4	37,7	40,6	44,3	52,6
26	12,2	15,4	17,3	25,3	30,4	35,6	38,9	41,9	45,6	54,1
27	12,9	16,2	18,1	26,3	31,5	36,7	40,1	43,2	47,0	55,5
28	13,6	16,9	18,9	27,3	32,6	37,9	41,3	44,5	48,3	56,9
29	14,3	17,7	19,8	28,3	33,7	39,1	42,6	45,7	49,6	58,3
30	15,0	18,5	20,6	29,3	34,8	40,3	43,8	47,0	50,9	59,7

Tafel 5 Kritische Werte der F-Verteilung für das Signifikanzniveau $\alpha = 5\%$ (einseitige Fragestellung) und für (m_1,m_2) Freiheitsgrade
Quelle: KREYSZIG 1968, S. 406-407

Angegeben sind die x-Werte mit $F(x) = 0{,}95$ der F-Verteilung. Der kritische Wert bei $(7,4)$ Freiheitsgraden für das Signifikanzniveau $\alpha = 5\%$ ist beispielsweise $x = 6{,}09$.

	m_1							
m_2	1	2	3	4	5	6	7	8
1	161	200	216	225	230	234	237	239
2	18,5	19,0	19,2	19,2	19,3	19,3	19,4	19,4
3	10,13	9,55	9,28	9,12	9,01	8,94	8,89	8,85
4	7,71	6,94	6,59	6,36	6,26	6,16	6,09	6,04
5	6,61	5,79	5,41	5,19	5,05	4,95	4,88	4,82
6	5,99	5,14	4,76	4,53	4,39	4,28	4,21	4,15
7	5,59	4,74	4,35	4,12	3,97	3,87	3,79	3,73
8	5,32	4,46	4,07	3,84	3,69	3,58	3,50	3,44
9	5,12	4,26	3,86	3,63	3,48	3,37	3,29	3,23
10	4,96	4,10	3,71	3,48	3,33	3,22	3,14	3,07
11	4,84	3,98	3,59	3,36	3,20	3,09	3,01	2,95
12	4,75	3,89	3,49	3,26	3,11	3,00	2,91	2,85
13	4,67	3,81	3,41	3,18	3,03	2,92	2,83	2,77
14	4,60	3,74	3,34	3,11	2,96	2,85	2,76	2,70
15	4,54	3,68	3,29	3,06	2,90	2,79	2,71	2,64
16	4,49	3,63	3,24	3,01	2,85	2,74	2,66	2,59
17	4,45	3,59	3,20	2,96	2,81	2,70	2,61	2,55
18	4,41	3,55	3,16	2,93	2,77	2,66	2,58	2,51
19	4,38	3,52	3,13	2,90	2,74	2,63	2,54	2,48
20	4,35	3,49	3,10	2,87	2,71	2,60	2,51	2,45
22	4,30	3,44	3,05	2,82	2,66	2,55	2,46	2,40
24	4,26	3,40	3,01	2,78	2,62	2,51	2,42	2,36
26	4,23	3,37	2,98	2,74	2,59	2,47	2,39	2,32
28	4,20	3,34	2,95	2,71	2,56	2,45	2,36	2,29
30	4,17	3,32	2,92	2,69	2,53	2,42	2,33	2,27
40	4,08	3,23	2,84	2,61	2,45	2,34	2,25	2,18
60	4,00	3,15	2,76	2,53	2,37	2,25	2,17	2,10
80	3,96	3,11	2,72	2,49	2,33	2,21	2,13	2,06
100	3,94	3,09	2,70	2,46	2,31	2,19	2,10	2,03
200	3,89	3,04	2,65	2,42	2,26	2,14	2,06	1,98
∞	3,84	3,00	2,60	2,37	2,21	2,10	2,01	1,94

	m_1							
m_2	9	10	15	20	30	50	100	∞
1	241	242	246	248	250	252	253	254
2	19,4	19,4	19,4	19,4	19,5	19,5	19,5	19,5
3	8,81	8,79	8,70	8,66	8,62	8,58	8,55	8,53
4	6,00	5,96	5,86	5,80	5,75	5,70	5,66	5,63
5	4,77	4,74	4,62	4,56	4,50	4,44	4,41	4,37
6	4,10	4,06	3,94	3,87	3,81	3,75	3,71	3,67
7	3,68	3,64	3,51	3,44	3,38	3,32	3,27	3,23
8	3,39	3,35	3,22	3,15	3,08	3,02	2,97	2,93
9	3,18	3,14	3,01	2,94	2,86	2,80	2,76	2,71
10	3,02	2,98	2,85	2,77	2,70	2,64	2,59	2,54
11	2,90	2,85	2,72	2,65	2,57	2,51	2,46	2,40
12	2,80	2,75	2,62	2,54	2,47	2,40	2,35	2,30
13	2,71	2,67	2,53	2,46	2,38	2,31	2,26	2,21
14	2,65	2,60	2,46	2,39	2,31	2,24	2,19	2,13
15	2,59	2,54	2,40	2,33	2,25	2,18	2,12	2,07
16	2,54	2,49	2,35	2,28	2,19	2,12	2,07	2,01

Fortsetzung auf der nächsten Seite

Tafel 5 Fortsetzung

m_2	m_1							
	9	10	15	20	30	50	100	∞
17	2,49	2,45	2,31	2,23	2,15	2,08	2,02	1,96
18	2,46	2,41	2,27	2,19	2,11	2,04	1,98	1,92
19	2,42	2,38	2,23	2,16	2,07	2,00	1,94	1,88
20	2,39	2,35	2,20	2,12	2,04	1,97	1,91	1,84
22	2,34	2,30	2,15	2,07	1,98	1,91	1,85	1,78
24	2,30	2,25	2,11	2,03	1,94	1,86	1,80	1,73
26	2,27	2,22	2,07	1,99	1,90	1,82	1,76	1,69
28	2,24	2,19	2,04	1,96	1,87	1,79	1,73	1,65
30	2,21	2,16	2,01	1,93	1,84	1,76	1,70	1,62
40	2,12	2,08	1,92	1,84	1,74	1,66	1,59	1,51
60	2,04	1,99	1,84	1,75	1,65	1,56	1,48	1,39
80	2,00	1,95	1,79	1,70	1,60	1,51	1,43	1,32
100	1,97	1,93	1,77	1,68	1,57	1,48	1,39	1,28
200	1,93	1,88	1,72	1,62	1,52	1,41	1,32	1,19
∞	1,88	1,83	1,67	1,57	1,46	1,35	1,24	1,00

Tafel 6 Die kritischen Werte der U-Verteilung zu den Stichprobenumfängen n_1 und n_2 für das Signifikanzniveau $\alpha = 0{,}025 = 2{,}5\%$ (einseitige Fragestellung) bzw. $\alpha = 0{,}05 = 5\%$ (zweiseitige Fragestellung)
Quelle: SACHS/HEDDERICH 2009, S. 455

n_1 (n_2)	n_1 (n_2)																			
	1	2	3	4	5	6	7	8	9	10	11	12	13	14	15	16	17	18	19	20
1	–																			
2	–	–																		
3	–	–	–																	
4	–	–	–	0																
5	–	–	0	1	2															
6	–	–	1	2	3	5														
7	–	–	1	3	5	6	8													
8	–	0	2	4	6	8	10	13												
9	–	0	2	4	7	10	12	15	17											
10	–	0	3	5	8	11	14	17	20	23										
11	–	0	3	6	9	13	16	19	23	26	30									
12	–	1	4	7	11	14	18	22	26	29	33	37								
13	–	1	4	8	12	16	20	24	28	33	37	41	45							
14	–	1	5	9	13	17	22	26	31	36	40	45	50	55						
15	–	1	5	10	14	19	24	29	34	39	44	49	54	59	64					
16	–	1	6	11	15	21	26	31	37	42	47	53	59	64	70	75				
17	–	2	6	11	17	22	28	34	39	45	51	57	63	69	75	81	87			
18	–	2	7	12	18	24	30	36	42	48	55	61	67	74	80	86	93	99		
19	–	2	7	13	19	25	32	38	45	52	58	65	72	78	85	92	99	106	113	
20	–	2	8	14	20	27	34	41	48	55	62	69	76	83	90	98	105	112	119	127

Tafel 7 Kritische Werte des Produktmoment-Korrelationskoeffizienten für verschiedene Signifikanzniveaus α
Quelle: SACHS/HEDDERICH 2009, S. 634

Ist bei gegebenem Signifikanzniveau α und dem Freiheitsgrad FG der Betrag des berechneten Korrelationskoeffizient r größer als der zugehörige Tabellenwert, dann wird die Nullhypothese $H_0 : \rho = 0$ zugunsten der Alternativhypothese abgelehnt.

	Zweiseitiger Test			Einseitiger Test		
FG	0,05	0,01	0,001	0,05	0,01	0,001
1	0,9969	A^*	B^*	0,9877	0,9995	C^*
2	0,9500	0,9900	0,9990	0,9000	0,9800	0,9980
3	0,8783	0,9587	0,9911	0,805	0,934	0,986
4	0,811	0,917	0,974	0,729	0,882	0,963
5	0,754	0,875	0,951	0,669	0,833	0,935
6	0,707	0,834	0,925	0,621	0,789	0,905
7	0,666	0,798	0,898	0,582	0,750	0,875
8	0,632	0,765	0,872	0,549	0,715	0,847
9	0,602	0,735	0,847	0,521	0,685	0,820
10	0,576	0,708	0,823	0,497	0,658	0,795
11	0,553	0,684	0,801	0,476	0,634	0,772
12	0,532	0,661	0,780	0,457	0,612	0,750
13	0,514	0,641	0,760	0,441	0,592	0,730
14	0,497	0,623	0,742	0,426	0,574	0,711
15	0,482	0,606	0,725	0,412	0,558	0,694
16	0,468	0,590	0,708	0,400	0,543	0,678
17	0,456	0,575	0,693	0,389	0,529	0,662
18	0,444	0,561	0,679	0,378	0,516	0,648
19	0,433	0,549	0,665	0,369	0,503	0,635
20	0,423	0,537	0,652	0,360	0,492	0,622
22	0,404	0,515	0,629	0,344	0,472	0,599
24	0,388	0,496	0,607	0,330	0,453	0,578
26	0,374	0,478	0,588	0,317	0,437	0,559
28	0,361	0,463	0,570	0,306	0,423	0,541
30	0,349	0,449	0,554	0,296	0,409	0,526
35	0,325	0,418	0,519	0,275	0,381	0,492
40	0,304	0,393	0,490	0,257	0,358	0,463
50	0,273	0,354	0,443	0,231	0,322	0,419
60	0,250	0,325	0,408	0,211	0,295	0,385
70	0,232	0,302	0,380	0,195	0,274	0,358
80	0,217	0,283	0,357	0,183	0,257	0,336
90	0,205	0,267	0,338	0,173	0,242	0,318
100	0,195	0,254	0,321	0,164	0,230	0,302
120	0,178	0,232	0,294	0,150	0,210	0,277
150	0,159	0,208	0,263	0,134	0,189	0,249
200	0,138	0,181	0,230	0,116	0,164	0,216
250	0,124	0,162	0,206	0,104	0,146	0,194
300	0,113	0,148	0,188	0,095	0,134	0,177
350	0,105	0,137	0,175	0,0878	0,124	0,164
400	0,0978	0,128	0,164	0,0822	0,116	0,154
500	0,0875	0,115	0,146	0,0735	0,104	0,138
700	0,0740	0,0972	0,124	0,0621	0,0878	0,116
1000	0,0619	0,0813	0,104	0,0520	0,0735	0,0975
1500	0,0505	0,0664	0,0847	0,0424	0,0600	0,0795
2000	0,0438	0,0575	0,0734	0,0368	0,0519	0,0689

$A^* = 0{,}99877$
$B^* = 0{,}99999877$
$C^* = 0{,}9999951$

Tafel 8 Signifikanz der SPEARMANschen Rang-Korrelationskoeffizienten r_s
Quelle: GLASSER/WINTER 1961, S. 447

Die Signifikanzniveaus gelten für die einseitige Fragestellung. Bei zweiseitiger Fragestellung müssen die Signifikanzniveaus verdoppelt werden.

	Signifikanzniveau α				
n	0,0010	0,0050	0,0100	0,0250	0,0500
4	–	–	–	–	0,8000
5	–	–	0,9000	0,9000	0,8000
6	–	0,9429	0,8857	0,8286	0,7714
7	0,9643	0,8929	0,8571	0,7450	0,6786
8	0,9286	0,8571	0,8095	0,6905	0,5952
9	0,9000	0,8167	0,7667	0,6833	0,5833
10	0,8667	0,7818	0,7333	0,6364	0,5515
11	0,8455	0,7545	0,7000	0,6091	0,5273
12	0,8182	0,7273	0,6713	0,5804	0,4965
13	0,7912	0,6978	0,6429	0,5549	0,4780
14	0,7670	0,6747	0,6220	0,5341	0,4593
15	0,7464	0,6536	0,6000	0,5179	0,4429
16	0,7265	0,6324	0,5824	0,5000	0,4265
17	0,7083	0,6152	0,5637	0,4853	0,4118
18	0,6904	0,5975	0,5480	0,4716	0,3994
19	0,6737	0,5825	0,5333	0,4579	0,3895
20	0,6586	0,5684	0,5203	0,4451	0,3789
21	0,6455	0,5545	0,5078	0,4351	0,3688
22	0,6318	0,5426	0,4963	0,4241	0,3597
23	0,6186	0,5306	0,4852	0,4150	0,3518
24	0,6070	0,5200	0,4748	0,4061	0,3435
25	0,5962	0,5100	0,4654	0,3977	0,3362
26	0,5856	0,5002	0,4564	0,3894	0,3299
27	0,5757	0,4915	0,4481	0,3822	0,3236
28	0,5660	0,4828	0,4401	0,3749	0,3175
29	0,5567	0,4744	0,4320	0,3685	0,3113
30	0,5479	0,4665	0,4251	0,3620	0,3059

Sachverzeichnis

Studienbücher der **Geographie**

Statistische Methoden in der Geographie

Band 2 Multivariate Statistik

von G. Bahrenberg, E. Giese, N. Mevenkamp und J. Nipper

3., neu bearbeitete Auflage
2008. 386 Seiten, 112 Abbildungen, 24 Tabellen
ISBN **978-3-443-07144-8** broschiert, € 29,-

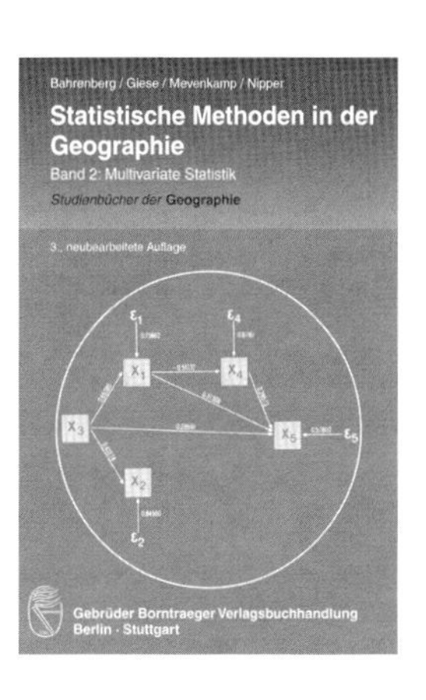

Band 2 „Multivariate Statistik" der Statistischen Methoden in der Geographie ist vollständig neubearbeitet und bietet Studenten der Geographie und benachbarter Wissenschaften wie Regionalforschung, Raum- und Landesplanung, Stadtplanung, Ökologie eine umfassende Einführung in die multivariaten statistischen Methoden und ihre Anwendungen. Neu konzipierte Textboxen – Formeln/Formales, Möglichkeiten/Grenzen, Methode in der Geographie – ermöglichen dem Leser eine noch bessere Übersicht.
Neue Abbildungen und neue Beispiele aus dem unmittelbaren räumlichen und zeitlichen Umfeld der heutigen Leser erleichtern das Verständnis für die vorgestellten Methoden.

- Partielle und multiple Korrelation
- multiple Regressionsanalyse
- Regressionsanalyse mit Dummy-Variablen
- Pfadanalyse
- Varianzanalyse
- Analyse kategorialer Variablen
- lineares Logit-Modell und kategoriale Regressionsanalyse
- mehrdimensionale Kontingenztabellen und loglineares Modell
- Hauptkomponentenanalyse
- Raumtypisierung und Clusteranalyse
- Diskriminanzanalyse
- Zeitliche Autokorrelation und Kreuzkorrelation
- räumliche Autokorrelation

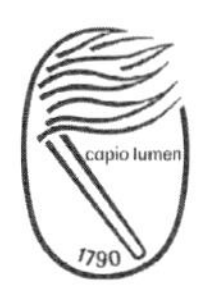

Borntraeger Science Publishers Stuttgart
Johannesstr. 3 A, 70176 Stuttgart, Germany
Auslieferung: E. Schweizerbart'sche Verlagsbuchhandlung, Johannesstr. 3 A, 70176 Stuttgart, Germany, Tel. +49 (0)711 351 4560, Fax +49 (0)711 351 45699
mail@schweizerbart.de, www.schweizerbart.de